CAD/CAE/CAM 软件典型工程应用

AutoCAD 2017

机械制图从基础到实训

赵　罘　赵　楠　张剑峰　等编著

机 械 工 业 出 版 社

本书针对 AutoCAD 2017 中文版，通过具体实例详尽地介绍了平面和三维图形的绘制和编辑、图层设置、草图约束、精确定位、图案填充、表格应用、文本注释、尺寸标注、模型渲染等方面的功能。本书章节安排由浅入深、循序渐进。利用数十个典型范例使读者了解具体的操作方法，实例操作步骤翔实，图文并茂，引领读者方便、透彻地使用 AutoCAD 软件进行机械制图工作。

本书适合作为广大工程技术人员的 AutoCAD 自学教程和参考书籍，也适合作为大专院校计算机辅助设计课程的指导教材。

本书附光盘一张，包含本书的实例模型文件、操作屏幕录像文件和 PPT 演示文件。

图书在版编目（CIP）数据

AutoCAD2017 机械制图从基础到实训/赵罘等编著．—2 版．—北京：机械工业出版社，2017.1（2024.1 重印）
（CAD/CAE/CAM 软件典型工程应用）
ISBN 978-7-111-55854-5

Ⅰ.①A… Ⅱ.①赵… Ⅲ.①机械制图 - AutoCAD 软件 - 教材 Ⅳ.①TH126

中国版本图书馆 CIP 数据核字（2016）第 324780 号

机械工业出版社（北京市百万庄大街 22 号 邮政编码 100037）
策划编辑：李万宇 责任编辑：李万宇
责任校对：樊钟英 封面设计：马精明
责任印制：单爱军
北京虎彩文化传播有限公司印刷
2024 年 1 月第 2 版第 6 次印刷
184mm×260mm · 16.75 印张 · 412 千字
标准书号：ISBN 978-7-111-55854-5
ISBN 978-7-89386-111-6（光盘）
定价：98.00 元（含 1DVD）

电话服务	网络服务
客服电话：010 - 88361066	机 工 官 网：www. cmpbook. com
010 - 88379833	机 工 官 博：weibo. com/cmp1952
010 - 68326294	金 书 网：www. golden - book. com
封底无防伪标均为盗版	机工教育服务网：www. cmpedu. com

前　言

AutoCAD 是目前应用最广泛的计算机辅助绘图和设计软件之一，由美国 Autodesk 公司开发，广泛应用于机械设计、土木建筑、装饰装潢、城市规划、园林设计、电子电路、服装鞋帽、航空航天、轻工化工等诸多领域。在各类大中专院校，AutoCAD 是 CAD 技术的必修内容，熟练掌握 AutoCAD 软件的方法和技巧，已成为工科类学生及工程技术人员的基本技能之一。

最新版本中文版 AutoCAD 2017 在运行速度、图形处理及网络功能等方面有了很大的提高和更新，具有方便上手，运行高效、快捷等特点。

本书作者长期从事 AutoCAD 专业设计和教学，对 AutoCAD 有深入的了解，并积累了大量的实际工作经验。本书精选数十个具有典型特征的实例进行讲解，实例展示了独立、完整的设计制作过程，每个操作步骤都有文字说明和图例展示，并在附赠光盘中提供了多媒体影音视频讲解，讲解形式活泼、方便、实用，以便使读者从本书的范例制作过程中尽快熟悉中文版 AutoCAD 2017 的各项功能，培养实际设计能力。书中的实例均采用表格形式排版，左侧为实例制作过程的屏幕抓图，右侧为文字讲解，方便读者阅读和对照。

本书主要由赵罘、赵楠、张剑峰等编写，参加编写的还有刘玥、龚堰珏、张艳婷、刘玢、刘良宝、肖科峰、于勇、李娜、薛美荣、于鹏程、孙士超、张世龙、王荃、林建邦、刘宝辉、杨晓雪。

本书适用于 AutoCAD 的初、中级用户，可以作为理工科高等院校相关专业的学生用书和 CAD 专业课程实训教材、技术培训教材，适合工业企业、研究院所的产品开发和技术部门人员使用。

由于作者水平有限，书中难免会有疏漏和不足之处，恳请广大读者提出宝贵意见，作者的电子邮箱是 zhaoffu@163. com。

作　者

目 录

第 1 章 AutoCAD 2017 入门

1.1 认识 AutoCAD 2017

AutoCAD 是由美国 Autodesk 公司为微机上应用 CAD 技术（Computer Aided Design，计算机辅助设计）而开发的绘图程序软件包，经过不断地完善，现已经成为国际上广为流行的绘图工具之一。现在最新的版本为 AutoCAD 2017。

AutoCAD 具有广泛的适应性，它可以在各种操作系统支持的微型计算机和工作站上运行，并支持分辨率由 320·200 到 2048·1024 的各种图形显示设备 40 多种，以及数字仪和鼠标器 30 多种，绘图仪和打印机数十种，这些就为 AutoCAD 的普及创造了条件。

AutoCAD 广泛应用于机械设计、土木建筑、装饰装潢、城市规划、园林设计、电子电路、服装鞋帽、航空航天、轻工化工等诸多领域。AutoCAD 具有良好的用户界面，通过交互菜单或命令行方式便可以进行各种操作。它的多文档设计环境，让非计算机专业人员也能很快地学会使用。然后在不断实践的过程中更好地掌握它的各种应用和开发技巧，从而能不断提高工作效率。

1.1.1 软件功能

1. 二维绘图

AutoCAD 能以多种方式创建直线、圆、椭圆、多边形、样条曲线等基本二维图形对象。

2. 编辑图形

AutoCAD 具有强大的编辑功能，可以移动、复制、旋转、阵列、拉伸、延长、修剪、缩放对象等。

3. 标注尺寸

可以创建多种类型尺寸，标注外观可以自行设定。

4. 书写文字

能轻易在图形的任何位置、沿任何方向书写文字，可设定文字字体、倾斜角度及宽度缩放比例等属性。

5. 图层管理功能

图形对象都位于某一图层上，可设定图层颜色、线型、线宽等特性。

6. 三维建模

可创建 3D 实体及表面模型，能对实体本身进行编辑。可以运用雾化、光源和材质，将模型渲染为具有真实感的图像。

7. 网络功能

可将图形在网络上发布，或是通过网络访问 AutoCAD 资源。

8. 数据交换

AutoCAD 提供了多种图形图像数据交换格式及相应命令。

9. 二次开发

AutoCAD 允许用户定制菜单和工具栏，并能利用内嵌语言 AutoLisp、VisualLisp、VBA、ADS、ARX 等进行二次开发。

最新版本 AutoCAD 2017 系列产品进一步提供了多种全新的高效设计工具，帮助使用者显著提升草图绘制、详细设计和设计修订的速度，提升产品的整体性能，并展现了优良的图形和视觉体验：

- PDF 支持：可以将几何图形、填充、光栅图像和 TrueType 文字从 PDF 文件输入到当前图形中。PDF 数据可以来自当前图形中附着的 PDF，也可以来自指定的任何 PDF 文件。
- 共享设计视图：可以将设计视图发布到 Autodesk A360 内的安全、匿名位置，也可以通过向指定的人员转发生成的链接来共享设计视图，而无须发布 DWG 文件本身。
- 关联的中心标记和中心线：可以创建与圆弧和圆关联的中心标记，以及与选定的直线和多段线段关联的中心线。
- 对象捕捉支持：可以使用标准二维端点和中心对象捕捉在附着的协调模型上的指定精确位置，但此功能仅适用于 64 位 AutoCAD。
- 针对渲染视觉样式改进了 3DORBIT 的性能和可靠性。
- 二维平移和缩放操作的性能已得到改进。
- 线型的视觉质量已得到改进。

1.1.2 操作界面

启动 AutoCAD 2017，系统默认进入【草图与注释】工作空间，其操作界面如图 1-1 所示，其中包括工具栏、工具选项板、状态栏和菜单栏（默认状态下被隐藏）等。

工作空间是一组菜单、工具栏、选项板和功能区面板的集合，可对其进行编组来创建基于任务的绘图环境。

AutoCAD 2017 定义了以下 4 种工作空间，使用不同工作空间时，只会显示与任务相关的菜单、工具栏和选项板。

- 【草图与注释】：显示二维绘图特有的工具。
- 【三维基础】：显示特定于三维建模的基础工具。
- 【三维建模】：显示三维建模特有的工具。
- 【AutoCAD 经典】：显示不带有功能区的 AutoCAD 界面。

默认状态下，系统打开的是【草图与注释】空间。除【AutoCAD 经典】工作空间外，每个工作空间都显示功能区和应用程序菜单。

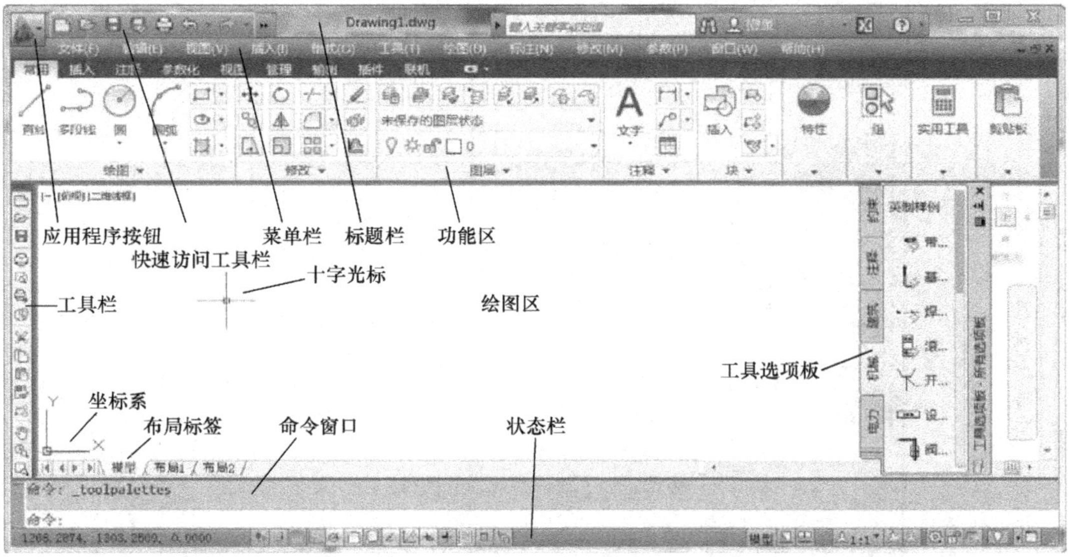

图 1-1 AutoCAD 2017【草图与注释】工作空间

1.2 文件管理

图形文件管理包括创建新文件、打开已有的图形文件、保存文件及关闭图形文件等。

1.2.1 创建新文件

创建一个新的绘图文件，以便于开始绘制一张新图。可单击快速访问工具栏中的【新建】按钮或者单击【应用程序】按钮，在弹出的菜单中选择【文件】|【新建】，也可以在命令行窗口输入“NEW”命令。

此时打开【选择样板】对话框，如图 1-2 所示。所有图形都是通过默认图形样板文件或用户创建的自定义图形样板文件来创建的，日常设计最常用的是“acad”和“acadiso”样板，图形样板文件存储默认设置、样式和其他数据。

此时单击【打开】或【取消】按钮，都会新建一个绘图文件，文件名将显示在标题栏上。单击选择样板对话框右下角【打开】按钮右侧的小三角形符号，会弹出【无样板打开—英制】或【无样板打开—公制】选项卡。

1.2.2 打开图形文件

打开已经存在的文件，以便于继续绘图、编辑或进行其他操作。单击快速访问工具栏中的【打开】按钮，或单击【应用程序】按钮，在弹出的菜单中选择【文件】|【打开】菜单命令，也可以在命令行窗口输入“OPEN”命令，此时将打开【选择文件】对话框，如图 1-3 所示。

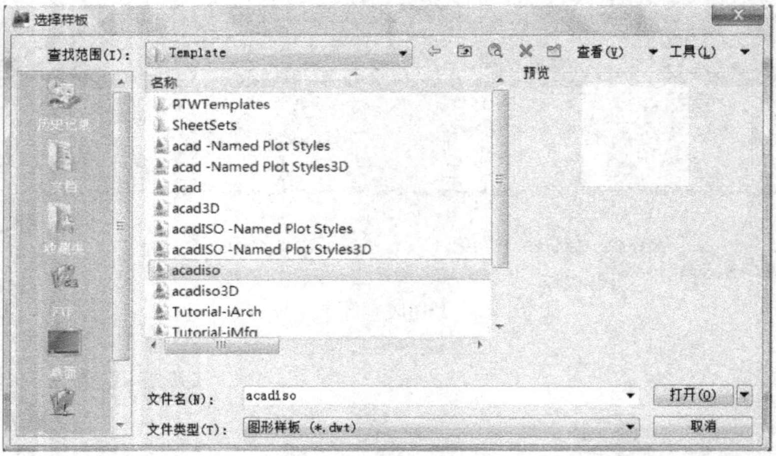

图 1-2 【选择样板】对话框

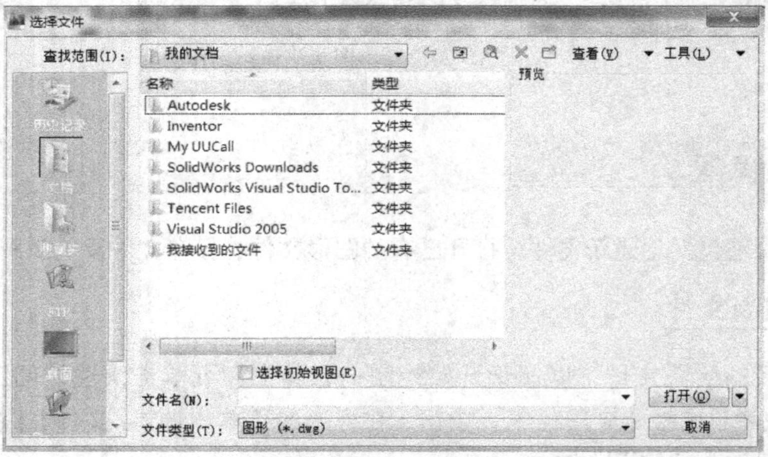

图 1-3 【选择文件】对话框

1.3 基本操作

1.3.1 绘图环境设置

在使用 AutoCAD 绘图前，经常需要对绘图环境的某些参数，如绘图单位、图形界限等进行设置，使其更符合自己的使用习惯，从而提高绘图效率。

1. 绘图单位设置

设置绘图时显示坐标、距离和角度要使用的格式、精度及其他约定，可保存在图形样板文件中，也可以在当前图形文件中更改这些设置。

1）菜单栏：单击 【应用程序】按钮，在弹出的菜单中选择【图形实用工具】|

【单位】菜单命令；或者在经典菜单栏中选择【格式】|【单位】菜单命令。

2）命令行：UNITS。

打开【图形单位】对话框，如图 1-4 所示。

- 【长度】选项卡：指定测量的当前单位及当前单位的精度。
- 【角度】选项卡：分别通过【类型】窗口和【精度】窗口指定当前角度格式和当前角度显示的精度。
- 【插入时的缩放单位】选项卡：控制插入到当前图形中的块和图形的比例大小。

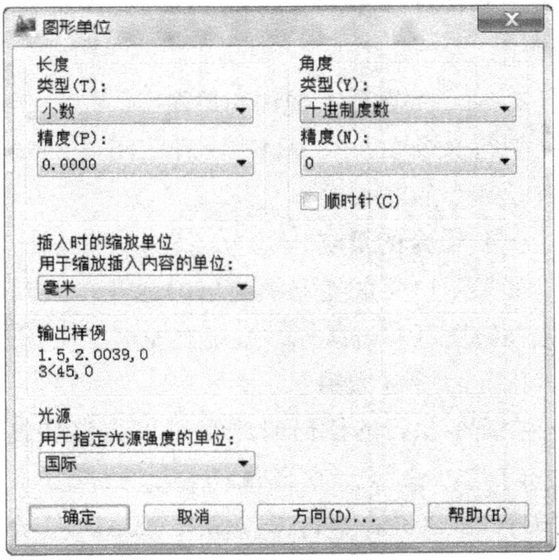

图 1-4 【图形单位】对话框

2. 图形界限设置

图形界限就是绘图区域，也称为图限。为了将绘制的图纸方便地打印输出，在绘图前应设置好图形界限。

1）菜单栏：在经典菜单栏中选择【格式】|【图形界限】菜单命令。

2）命令行：LIMITS。

命令窗口将显示以下提示：

指定左下角点或［开(ON)/关(OFF)］<0.0000,0.0000> //输入左下角点坐标,按【Enter】键

指定右上角点或 <420.0000,297.0000>： //输入右上角点坐标,按【Enter】键

1.3.2 基本命令和数据输入操作

1. 命令的输入

常用的命令输入方式有：命令行输入、菜单栏命令、工具栏按钮、命令别名或快捷键，它们大都是相互对应的，可以选择任一方式绘图。

（1）使用命令行输入

可以在当前命令行提示下输入命令、对象参数等内容，按【Enter】键表示确认，并根据命令行的提示信息进行绘图操作。命令字符可不区分大小写，执行命令时，在命令行提示中经常会出现命令选项。例如，输入绘制直线的命令“LINE”后，命令行提示与操作如下：

命令：LINE↙

指定第一点： //在屏幕上指定一点或输入一个点的坐标

指定下一点或［放弃(U)］：

（2）菜单栏或屏幕菜单输入

菜单栏或屏幕菜单的内容一致，单击菜单栏进行命令选择，该方式比命令行输入快。

（3）工具栏或功能区面板输入

可以单击工具栏或控制面板上命令选项按钮的方式绘图，这种方式更快捷。工具栏中的每个工具按钮都与菜单栏中的菜单命令对应，单击按钮即可执行相应的绘图命令。

（4）在命令窗口输入命令别名

有些命令具有缩写的名称，称为命令别名，如 LINE 的命令别名为 L。这是 AutoCAD 命令输入的快捷方式，用户可以自己为任何 AutoCAD 命令、设备驱动程序命令或外部命令定义别名。

2. 命令的重复、撤销和重做

执行命令中，AutoCAD 一般使用【Enter】键或【Spacebar】键，或快速单击鼠标右键来确认命令的输入。

（1）命令的重复

如果用户要重复上次使用的命令，可以再次键入【Enter】键或【Spacebar】键，或者直接在绘图区右击鼠标，系统立即重复执行上次使用的命令。

（2）命令的撤销

在命令执行的任何时刻都可以取消和终止命令的执行。可以在菜单栏选择【编辑】|【放弃】菜单命令，或者单击快速访问工具栏中的【放弃】按钮，或者使用快捷键【ESC】，或者在命令行窗口输入“UNDO”命令。

（3）命令的重做

已撤销的命令还可以恢复重做。可以在菜单栏选择【编辑】|【重做】菜单命令，或者单击快速访问工具栏中的【重做】按钮，或者在命令行窗口输入“REDO”命令。

3. 数据输入方法

在 AutoCAD 二维绘图中，一般使用直角坐标系（笛卡儿坐标系）或极坐标系输入二维坐标值。每种坐标又分别具有两种坐标输入方式：绝对坐标和相对坐标。

打开动态输入时，也可以在光标旁边的工具提示中输入坐标值。

1）直角坐标法：用点的（X，Y）坐标值表示的坐标。

① 绝对直角坐标。要使用笛卡儿直角坐标指定点，在命令行中输入点的坐标提示下，输入以逗号分隔的 X 值和 Y 值（X，Y）。X 值是沿水平轴以单位表示的正的或负的距离，Y 值是沿垂直轴以单位表示的正的或负的距离。

② 相对直角坐标。相对坐标是基于上一输入点的，如果知道某点与前一点的位置关系，可以使用相对（X，Y）坐标。要指定相对坐标，则在坐标前面添加一个“@”符号。

2）极坐标法：用距离和角度来定位点，只能表示二维点坐标。

输入极坐标需要用角括号“ <”分隔距离和角度。默认情况下，角度按逆时针方向增大，按顺时针方向减小。要指定顺时针方向，角度为负值。例如，输入“1 <300”和“1 < -60”代表相同的点。

① 绝对极坐标。绝对极坐标是相对于坐标原点的坐标。例如，“10 <45”是指从 X 轴正方向逆时针旋转 45°，距离原点 10 个单位的点。

② 相对极坐标。相对极坐标是基于上一个输入点的坐标。例如，相对于前一点距离为 10 个单位，角度为 45°的点，应输入@ 10 <45。

1.4 AutoCAD 快捷命令字典

1.4.1 数字开头的快捷命令

数字开头的快捷命令见表1-1。

表1-1 数字开头的快捷命令

命令名称	用 法
3D	创建三维多边形网格对象
3DARRAY（3a）	创建三维阵列
3DCLIP	启用交互式三维视图并打开“调整剪裁平面”窗口
3DCORBIT	启用交互式三维视图并允许用户设置对象在三维视图中连续运动
3DDISTANCE	启用交互式三维视图并使对象显示得更近或更远
3DFACE（3f）	创建三维面
3DMESH	创建自由格式的多边形网格
3DORBIT（3do）	控制在三维空间中交互式查看对象
3DPAN	启用交互式三维视图并允许用户水平或垂直拖动视图
3DPOLY（3p）	在三维空间中使用“连续”线型创建由直线段组成的多段线
3DSIN	输入3D Studio（3DS）文件
3DSOUT	输出3D Studio（3DS）文件
3DSWIVEL	启用交互式三维视图模拟旋转相机的效果
3DZOOM	启用交互式三维视图使用户可以缩放视图

1.4.2 字母开头的快捷命令

1）A字母开头的快捷命令见表1-2。

表1-2 A字母开头的快捷命令

命令名称	用 法
ABOUT	显示关于AutoCAD的信息
ACISIN	输入ACIS文件
ACISOUT	将AutoCAD实体对象输出到ACIS文件中
ADCCLOSE	关闭AutoCAD设计中心
ADCENTER（adc）	管理内容
ADCNAVIGATE	将AutoCAD设计中心的桌面引至用户指定的文件名、目录名或网络路径
ALIGN（al）	在二维和三维空间中将某对象与其他对象对齐
AMECONVERT	将AME实体模型转换为AutoCAD实体对象
APERTURE	控制对象捕捉靶框大小
APPLOAD（ap）	加载或卸载应用程序并指定启动时要加载的应用程序

（续）

命令名称	用　法
ARC（a）	创建圆弧
AREA（aa）	计算对象或指定区域的面积和周长
ARRAY（ar）	创建按指定方式排列的多重对象副本
ARX	加载、卸载和提供关于 ObjectARX 应用程序的信息
ATTDEF（Att、ddattdef）	创建属性定义
ATTDISP	全局控制属性的可见性
ATTEDIT（ate）	改变属性信息
ATTEXT（ddattext）	提取属性数据
ATTREDEF	重定义块并更新关联属性
AUDIT	检查图形的完整性

2）B 字母开头的快捷命令见表 1-3。

表 1-3　B 字母开头的快捷命令

命令名称	用　法
BACKGROUND	设置场景的背景效果
BASE	设置当前图形的插入基点
BHATCH（h、bh）	使用图案填充封闭区域或选定对象
BLIPMODE	控制点标记的显示
BLOCK（b）	根据选定对象创建块定义
BLOCKICON	为 R14 或更早版本创建的块生成预览图像
BMPOUT	按与设备无关的位图格式将选定对象保存到文件中
BOUNDARY（bo）	从封闭区域创建面域或多段线
BOX	创建三维的长方体
BREAK（br）	部分删除对象或把对象分解为两部分
BROWSER	启动系统注册表中设置的缺省 Web 浏览器

3）C 字母开头的快捷命令见表 1-4。

表 1-4　C 字母开头的快捷命令

命令名称	用　法
CAL	计算算术和几何表达式的值
CAMERA	设置相机和目标的不同位置
CHAMFER（cha）	给对象的边加倒角
CHANGE（-ch）	修改现有对象的特性
CHPROP	修改对象的颜色、图层、线型、线型比例因子、线宽、厚度和打印样式
CIRCLE（c）	创建圆
CLOSE	关闭当前图形

（续）

命令名称	用　　法
COLOR（col、colour、ddcolor）	定义新对象的颜色
COMPILE	编译形文件和 Postscript 字体文件
CONE	创建三维实体圆锥
CONVERT	优化 AutoCAD 或更早版本创建的二维多段线和关联填充
COPY（co、cp）	复制对象
COPYBASE	带指定基点复制对象
COPYCLIP	将对象复制到剪贴板
COPYHIST	将命令行历史记录文字复制到剪贴板
COPYLINK	将当前视图复制到剪贴板中，以使其可被链接到其他 OLE 应用程序
CUTCLIP	将对象复制到剪贴板并从图形中删除对象
CYLINDER	创建三维实体圆柱

4）D 字母开头的快捷命令见表 1-5。

表 1-5　D 字母开头的快捷命令

命令名称	用　　法
DBCCLOSE	关闭“数据库连接”管理器
DBCONNECT(aad、aex、ali、asq、aro、ase、dbc)	为外部数据库表提供 AutoCAD 接口
DBLIST	列出图形中每个对象的数据库信息
DDEDIT（ed）	编辑文字和属性定义
DDPTYPE	指定点对象的显示模式及大小
DDVPOINT（vp）	设置三维观察方向
DELAY	在脚本文件中提供指定时间的暂停
DIM	和
DIM1	进入标注模式
DIMALIGNED（dal、dimali）	创建对齐线性标注
DIMANGULAR（dan、dimang）	创建角度标注
DIMBASELINE（dba、dimbase）	从上一个或选定标注的基线处创建线性、角度或坐标标注
DIMCENTER（dce）	创建圆和圆弧的圆心标记或中心线
DIMCONTINUE（dco、dimcont）	从上一个或选定标注的第二尺寸界线处创建线性、角度或坐标标注
DIMDIAMETER（ddi、dimdia）	创建圆和圆弧的直径标注
DIMEDIT（ded、dimed）	编辑标注
DIMLINEAR（dli、dimlin）	创建线性尺寸标注
DIMORDINATE（dor、dimord）	创建坐标点标注
DIMOVERRIDE（dov、dimover）	替换标注系统变量
DIMRADIUS（dra、dimrad）	创建圆和圆弧的半径标注
DIMSTYLE（d、ddim、dst、dimsty）	创建或修改标注样式

（续）

命令名称	用　法
DIMTEDIT（dimted）	移动和旋转标注文字
DIST（di）	测量两点之间的距离和角度
DIVIDE（div）	将点对象或块沿对象的长度或周长等间隔排列
DONUT（do）	绘制填充的圆和环
DRAGMODE	控制 AutoCAD 显示拖动对象的方式
DRAWORDER（dr）	修改图像和其他对象的显示顺序
DSETTINGS（ds、ddrmodes、rm、se）	指定捕捉模式、栅格、极坐标和对象捕捉追踪的设置
DSVIEWER（av）	打开“鸟瞰视图”窗口
DVIEW（dv）	定义平行投影或透视视图
DWGPROPS	设置和显示当前图形的特性
DXBIN	输入特殊编码的二进制文件

5）E 字母开头的快捷命令见表 1-6。

表 1-6　E 字母开头的快捷命令

命令名称	用　法
EDGE	修改三维面的边缘可见性
EDGESURF	创建三维多边形网格
ELEV	设置新对象的拉伸厚度和标高特性
ELLIPSE（el）	创建椭圆或椭圆弧
ERASE（e）	从图形中删除对象
EXPLODE（x）	将组合对象分解为对象组件
EXPORT（exp）	以其他文件格式保存对象
EXPRESSTOOLS	如果已安装 AutoCAD 快捷工具但没有运行，则运行该工具
EXTEND（ex）	延伸对象到另一对象
EXTRUDE（ext）	通过拉伸现有二维对象来创建三维原型

6）F 字母开头的快捷命令见表 1-7。

表 1-7　F 字母开头的快捷命令

命令名称	用　法
FILL	控制多线、宽线、二维填充、所有图案填充和宽多段线的填充
FILLET（f）	给对象的边加圆角
FILTER（fi）	创建可重复使用的过滤器以便根据特性选择对象
FIND	查找、替换、选择或缩放指定的文字
FOG	控制渲染雾化

7）G 字母开头的快捷命令见表 1-8。

表 1-8 G 字母开头的快捷命令

命令名称	用 法
GRAPHSCR	从文本窗口切换到图形窗口
GRID	在当前视口中显示点栅格
GROUP（g）	创建对象的命名选择集

8）H 字母开头的快捷命令见表 1-9。

表 1-9 H 字母开头的快捷命令

命令名称	用 法
HATCH（h）	用图案填充一块指定边界的区域
HATCHEDIT（he）	修改现有的图案填充对象
HELP（F1）	显示联机帮助
HIDE（hi）	重生成三维模型时不显示隐藏线
HYPERLINK	附着超级链接到图形对象或修改已有的超级链接
HYPERLINKOPTIONS	控制超级链接光标的可见性及超级链接工具栏提示的显示

9）I 字母开头的快捷命令见表 1-10。

表 1-10 I 字母开头的快捷命令

命令名称	用 法
ID	显示位置的坐标
IMAGE（im）	管理图像
IMAGEADJUST（iad）	控制选定图像的亮度、对比度和褪色度
IMAGEATTACH（iat）	向当前图形中附着新的图像对象
IMAGECLIP（icl）	为图像对象创建新剪裁边界
IMAGEFRame	控制图像边框是显示在屏幕上还是在视图中隐藏
IMAGEQUALITY	控制图像显示质量
IMPORT（imp）	向 AutoCAD 输入多种文件格式
INSERT（ddinsert、i）	将命名块或图形插入到当前图形中
INSERTOBJ（io）	插入链接或嵌入对象
INTERFERE（inf）	用两个或多个三维实体的公用部分创建三维组合实体
INTERSECT（in）	用两个或多个实体或面域的交集创建组合实体或面域并删除交集以外的部分
ISOPLANE	指定当前等轴测平面

10）L 字母开头的快捷命令见表 1-11。

表 1-11 L 字母开头的快捷命令

命令名称	用 法
LAYER（ddlmodes、la）	管理图层
LAYOUT	创建新布局和重命名、复制、保存或删除现有布局

（续）

命令名称	用　法
LAYOUTWIZARD	启动“布局”向导，通过它可以指定布局的页面和打印设置
LEADER（lead）	创建一条引线将注释与一个几何特征相连
LENGTHEN（len）	拉长对象
LIGHT	处理光源和光照效果
LIMITS	设置并控制图形边界和栅格显示
LINE（l）	创建直线段
LINETYPE（lt、ltype、ddltype）	创建、加载和设置线型
LIST（li、ls）	显示选定对象的数据库信息
LOAD	加载形文件，为 SHAPE 命令加载可调用的形
LOGFILEOFF	关闭 LOGFILEON 命令打开的日志文件
LOGFILEON	将文本窗口中的内容写入文件
LSEDIT	编辑配景对象
LSLIB	管理配景对象库
LSNEW	在图形上添加具有真实感的配景对象，如树和灌木丛
LTSCALE（lts）	设置线型比例因子
LWEIGHT（lw、lineweight）	设置当前线宽、线宽显示选项和线宽单位

11）M 字母开头的快捷命令见表 1-12。

表 1-12　M 字母开头的快捷命令

命令名称	用　法
MASSPROP（ma）	计算并显示面域或实体的质量特性
MATCHPROP	把某一对象的特性复制给其他若干对象
MATLIB	材质库输入输出
MEASURE（me）	将点对象或块按指定的间距放置
MENU	加载菜单文件
MENULOAD	加载部分菜单文件
MENUUNLOAD	卸载部分菜单文件
MINSERT	在矩形阵列中插入一个块的多个引用
MIRROR（mi）	创建对象的镜像副本
MIRROR3D	创建相对于某一平面的镜像对象
MLEDIT	编辑多重平行线
MLINE（ml）	创建多重平行线
MLSTYLE	定义多重平行线的样式
MODEL	从布局选项卡切换到模型选项卡并把它置为当前
MOVE（m）	在指定方向上按指定距离移动对象
MSLIDE	为模型空间的当前视口或图纸空间的所有视口创建幻灯片文件

（续）

命令名称	用　　法
MSPACE（ms）	从图纸空间切换到模型空间视口
MTEXT（t、mt）	创建多行文字
MULTIPLE	重复下一条命令直到被取消
MVIEW（mv）	创建浮动视口和打开现有的浮动视口
MVSETUP	设置图形规格

12）N 字母开头的快捷命令见表 1-13。

表 1-13　N 字母开头的快捷命令

命令名称	用　　法
NEW	创建新的图形文件

13）O 字母开头的快捷命令见表 1-14。

表 1-14　O 字母开头的快捷命令

命令名称	用　　法
OFFSET（o）	创建同心圆、平行线和平行曲线
OLELINKS	更新、修改和取消现有的 OLE 链接
OLESCALE	显示“OLE 特性”对话框
OOPS	恢复已被删除的对象
OPEN	打开现有的图形文件
OPTIONS（ddgrips、gr、op、pr）	自定义 AutoCAD 设置
ORTHO	约束光标的移动
OSNAP	设置对象捕捉模式

14）P 字母开头的快捷命令见表 1-15。

表 1-15　P 字母开头的快捷命令

命令名称	用　　法
PAGESETUP	指定页面布局、打印设备、图纸尺寸，以及为每个新布局指定设置
PAN（p）	移动当前视口中显示的图形
PARTIALOAD	将附加的几何图形加载到局部打开的图形中
PARTIALOPEN	将选定视图或图层中的几何图形加载到图形中
PASTEBLOCK	将复制的块粘贴到新图形中
PASTECLIP	插入剪贴板数据
PASTEORIG	使用原图形的坐标将复制的对象粘贴到新图形中
PASTESPEC（pa）	插入剪贴板数据并控制数据格式
PCINWIZARD	显示向导，将 PCP 和 PC2 配置文件中的打印设置输入到【模型】选项卡或当前布局

（续）

命令名称	用　法
PEDIT（pe）	编辑多段线和三维多边形网格
PFACE	逐点创建三维多面网格
PLAN	显示用户坐标系平面视图
PLINE（pl）	创建二维多段线
PLOT（print）	将图形打印到打印设备或文件
PLOTSTYLE	设置新对象的当前打印样式，或者选定对象中已指定的打印样式
PLOTTERMANAGER	显示打印机管理器，从中可以启动“添加打印机”向导和“打印机配置编辑器”
POINT（po）	创建点对象
POLYGON（pol）	创建闭合的等边多段线
PREVIEW（pre）	显示打印图形的效果
PROPERTIES（ch、ddchprop、ddmodify、mo、props）	控制现有对象的特性
PROPERTIESCLOSE（prclose）	关闭“特性”窗口
PSDRAG	在使用 PSIN 输入 Postscript 图像并拖动到适当位置时控制图像的显示
PSETUPIN	将用户定义的页面设置输入到新的图形布局
PSFILL	用 Postscript 图案填充二维多段线的轮廓
PSIN	输入 Postscript 文件
PSOUT	创建封装 Postscript 文件
PSPACE（ps）	从模型空间视口切换到图纸空间
PURGE（pu）	删除图形数据库中没有使用的命名对象，如块或图层

15）Q 字母开头的快捷命令见表 1-16。

表 1-16　Q 字母开头的快捷命令

命令名称	用　法
QDIM	快速创建标注
QLEADER（le）	快速创建引线和引线注释
QSAVE	快速保存当前图形
QSELECT	基于过滤条件快速创建选择集
QTEXT	控制文字和属性对象的显示和打印
QUIT（exit）	退出

16）R 字母开头的快捷命令见表 1-17。

表 1-17　R 字母开头的快捷命令

命令名称	用　法
RAY	创建单向无限长的直线
RECOVER	修复损坏的图形

（续）

命令名称	用　　法
RECTANG（rec）	绘制矩形多段线
REDEFINE	恢复被UNDEFINE替代的AutoCAD内部命令
REDO	恢复前一个UNDO或U命令放弃执行的效果
REDRAW（r）	刷新显示当前视口
REDRAWALL（ra）	刷新显示所有视口
REFCLOSE	存回或放弃在位编辑参照（外部参照或块）时所做的修改
REFEDIT	选择要编辑的参照
REFSET	在位编辑参照（外部参照或块）时，从工作集中添加或删除对象
REGEN（re）	重生成图形并刷新显示当前视口
REGENALL（rea）	重新生成图形并刷新所有视口
REGENAUTO	控制自动重新生成图形
REGION（reg）	从现有对象的选择集中创建面域对象
REINIT	重新初始化数字化仪、数字化仪的输入/输出端口和程序参数文件
RENAME（ren）	修改对象名
RENDER（rr）	创建三维线框或实体模型的具有真实感的着色图像
RENDSCR	重新显示由RENDER命令执行的最后一次渲染
REPLAY	显示BMP、TGA或TIFF图像
RESUME	继续执行一个被中断的脚本文件
REVOLVE（rev）	绕轴旋转二维对象以创建实体
REVSURF	创建围绕选定轴旋转而成的旋转曲面
RMAT	管理渲染材质
ROTATE（ro）	绕基点移动对象
ROTATE3D	绕三维轴移动对象
RPREF（rpr）	设置渲染系统配置
RSCRIPT	创建不断重复的脚本
RULESURF	在两条曲线间创建直纹曲面

17）S字母开头的快捷命令见表1-18。

表1-18　S字母开头的快捷命令

命令名称	用　　法
SAVE	用当前或指定文件名保存图形
SAVEAS	指定名称保存未命名的图形或重命名当前图形
SAVEIMG	用文件保存渲染图像
SCALE（sc）	在X、Y和Z方向等比例放大或缩小对象
SCENE	管理模型空间的场景
SCRIPT（scr）	用脚本文件执行一系列命令

（续）

命令名称	用　法
SECTION（sec）	用剖切平面和实体截交创建面域
SELECT	将选定对象置于“上一个”选择集中
SETUV	将材质贴图到对象表面
SETVAR（set）	列出系统变量或修改变量值
SHADEMODE	在当前视口中着色对象
SHAPE	插入形
SHELL	访问操作系统命令
SHOWMAT	列出选定对象的材质类型和附着方法
SKETCH	创建一系列徒手画线段
SLICE（sl）	用平面剖切一组实体
SNAP（sn）	规定光标按指定的间距移动
SOLDRAW	在用 SOLVIEW 命令创建的视口中生成轮廓图和剖视图
SOLID（so）	创建二维填充多边形
SOLIDEDIT	编辑三维实体对象的面和边
SOLPROF	创建三维实体图像的剖视图
SOLVIEW	在布局中使用正投影法创建浮动视口来生成三维实体及体对象的多面视图与剖视图
SPELL（sp）	检查图形中文字的拼写
SPHERE	创建三维实体球体
SPLINE（spl）	创建二次或三次（NURBS）样条曲线
SPLINEDIT（spe）	编辑样条曲线对象
STATS	显示渲染统计信息
STATUS	显示图形统计信息、模式及范围
STLOUT	将实体保存到 ASCII 或二进制文件中
STRETCH（s）	移动或拉伸对象
STYLE（st）	创建或修改已命名的文字样式、设置图形中文字的当前样式
STYLESMANAGER	显示“打印样式管理器”
SUBTRACT（su）	用差集创建组合面域或实体
SYSWINDOWS	排列窗口

18）T 字母开头的快捷命令见表 1-19。

表 1-19　T 字母开头的快捷命令

命令名称	用　法
TABLET（ta）	校准、配置、打开和关闭已安装的数字化仪
TABSURF	沿方向矢量和路径曲线创建平移曲面
TEXT	创建单行文字
TEXTSCR	打开 AutoCAD 文本窗口
TIME	显示图形的日期及时间统计信息
TOLERANCE（tol）	创建形位公差标注

（续）

命令名称	用　　法
TOOLBAR（to）	显示、隐藏和自定义工具栏
TORUS（tor）	创建圆环形实体
TRACE	创建实线
TRANSPARENCY	控制图像的背景像素是否透明
TREESTAT	显示关于图形当前空间索引的信息
TRIM（tr）	用其他对象定义的剪切边修剪对象

19）U 字母开头的快捷命令见表 1-20。

表 1-20　U 字母开头的快捷命令

命令名称	用　　法
U	放弃上一次操作
UCS	管理用户坐标系
UCSICON	控制视口 UCS 图标的可见性和位置
UCSMAN	管理已定义的用户坐标系
UNDEFINE	允许应用程序定义的命令替代 AutoCAD 内部命令
UNDO	放弃命令的效果
UNION（uni）	通过并运算创建组合面域或实体
UNITS（un、ddunits）	设置坐标和角度的显示格式和精度

20）V 字母开头的快捷命令见表 1-21。

表 1-21　V 字母开头的快捷命令

命令名称	用　　法
VBAIDE	显示 VisualBasic 编辑器
VBALOAD	将全局 VBA 工程加载到当前 AutoCAD 任务中
VBAMAN	加载、卸载、保存、创建、内嵌和提取 VBA 工程
VBARUN	运行 VBA 宏
VBASTMT	在 AutoCAD 命令行中执行 VBA 语句
VBAUNLOAD	卸载全局 VBA 工程
VIEW（ddview、v）	保存和恢复已命名的视图
VIEWRES	设置在当前视口中生成的对象的分辨率
VLISP	显示 VisualLISP 交互式开发环境（IDE）
VPCLIP	剪裁视口对象
VPLAYER	设置视口中图层的可见性
VPOINT（-vp）	设置图形的三维直观图的查看方向
VPORTS	将绘图区域拆分为多个平铺的视口
VSLIDE	在当前视口中显示图像幻灯片文件

21）W 字母开头的快捷命令见表 1-22。

表 1-22 W 字母开头的快捷命令

命令名称	用　法
WBLOCK（w）	将块对象写入新图形文件
WEDGE（we）	创建三维实体使其倾斜面尖端沿 X 轴正向
WHOHAS	显示打开的图形文件的内部信息
WMFIN	输入 Windows 图元文件
WMFOPTS	设置 WMFIN 选项
WMFOUT	以 Windows 图元文件格式保存对象

22）X 字母开头的快捷命令见表 1-23。

表 1-23 X 字母开头的快捷命令

命令名称	用　法
XATTACH（xa）	将外部参照附着到当前图形中
XBIND（xb）	将外部参照依赖符号绑定到图形中
XCLIP（xc）	定义外部参照或块剪裁边界，并且设置前剪裁面和后剪裁面
XLINE（xl）	创建无限长的直线（即参照线）
XPLODE	将组合对象分解为组建对象
XREF（xr）	控制图形中的外部参照

23）Z 字母开头的快捷命令见表 1-24。

表 1-24 Z 字母开头的快捷命令

命令名称	用　法
ZOOM（z）	放大或缩小当前视口对象的外观尺寸

第 2 章 轮廓图实例

2.1 如何建立法兰垫片轮廓图

本实例用到 AutoCAD 2017 的知识点有：设定【图形界限】、【图层】、【直线】、【偏移】、【矩形】、【删除】、【镜像】、【圆】、【修剪】、【圆角】等命令。法兰垫片轮廓图如图 2-1 所示。

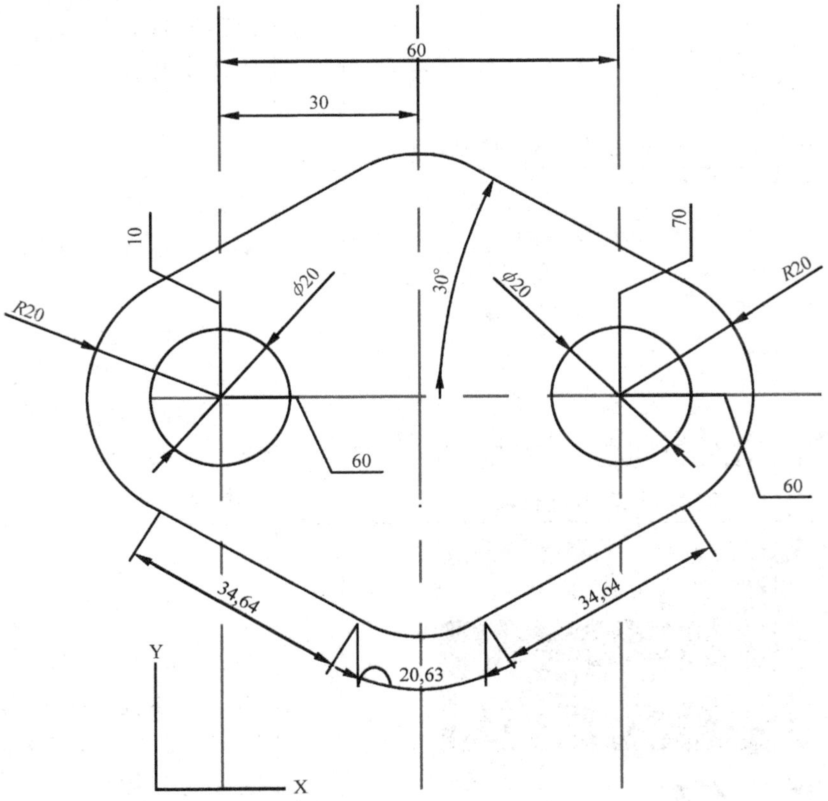

图 2-1　法兰垫片轮廓图

	完成模型	配套光盘 \ 模型文件 \ 2 \ 2.1
	作图录制	配套光盘 \ 屏幕录像 \ 2 \ 2.1

具体步骤如下。

2.1.1 设置图形界限

1）启动 AutoCAD 2017 后，将图形界限设定为“420×297”。在命令行中执行“LIMITS”命令，指定左下角为（0，0），指定右上角为（420，297）。

2）可以根据需要选择是否显示栅格，按【F7】键或单击状态栏中【栅格】按钮显示栅格。

2.1.2 设置图层

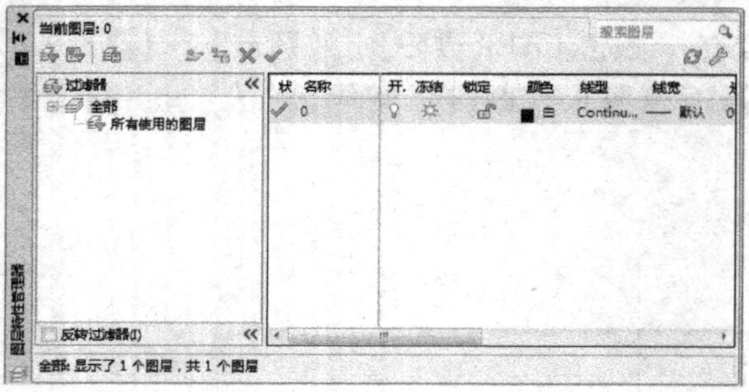

图 2-2 【图层特性管理器】对话框

Step01 选择【默认】选项卡，单击【图层】工具栏中的【图层特性】按钮，弹出【图层特性管理器】对话框，如图 2-2 所示。

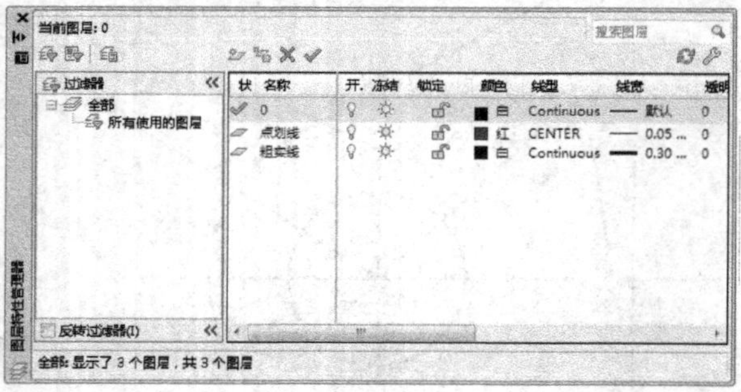

图 2-3 设置图层

Step02 单击【新建图层】按钮，新建 2 个图层，分别命名为【点划线】和【粗实线】。【点划线】层的颜色设为红色，线型为 CENTER，线宽为 0.05；【粗实线】层颜色设为白色，线型为 Continuous，线宽为 0.3，如图 2-3 所示。

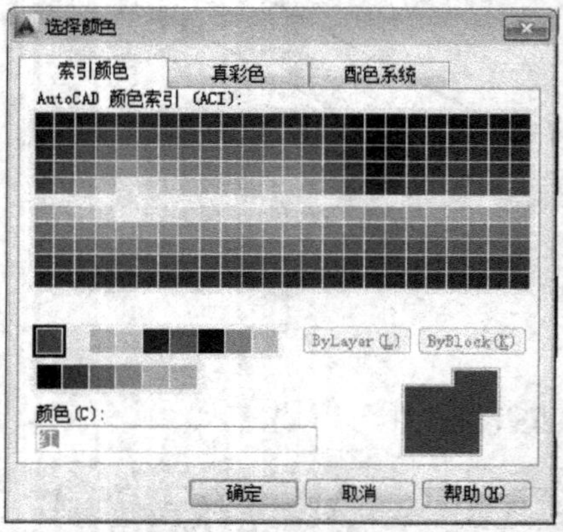

图 2-4 【选择颜色】选项卡

Step03 设置颜色时，单击该图层所对应的颜色项，弹出【选择颜色】选项卡，选择需要的颜色，然后单击【确定】按钮，完成设置颜色，如图 2-4 所示。

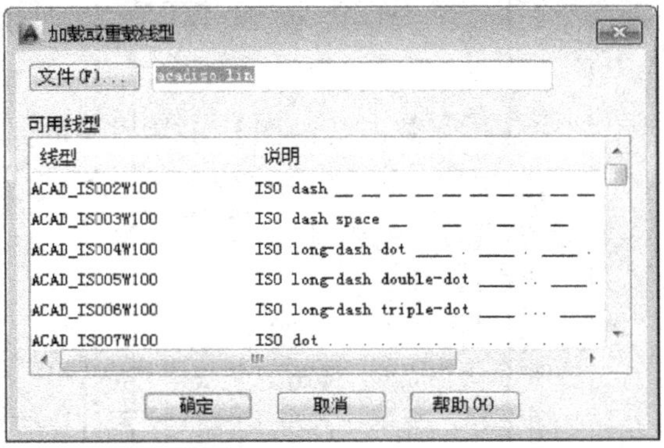

图 2-5　【加载或重载线型】选项卡

Step04 设置线型时，单击该图层所对应的线型项，弹出【选择线型】选项卡，由于设置第一次线型时，该选项卡中只有线型 Continuous，可以通过单击【加载】按钮，弹出【加载或重载线型】选项卡来选择更多线型，如图 2-5 所示。

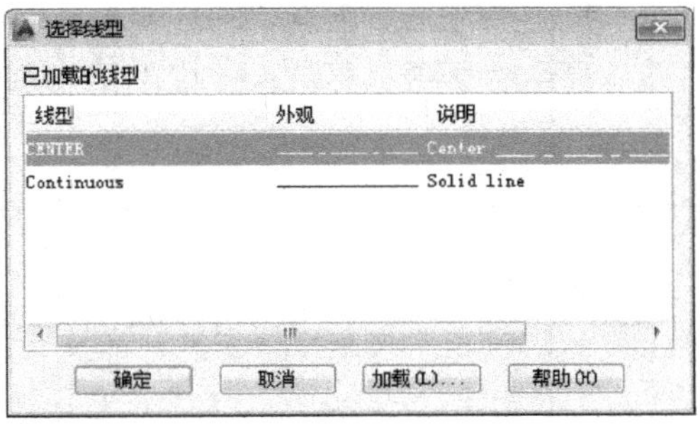

图 2-6　【选择线型】选项卡

Step05 加载后的【选择线型】选项卡如图 2-6 所示。

2.1.3　绘制构造线

（1）将【点划线】设置为当前图层

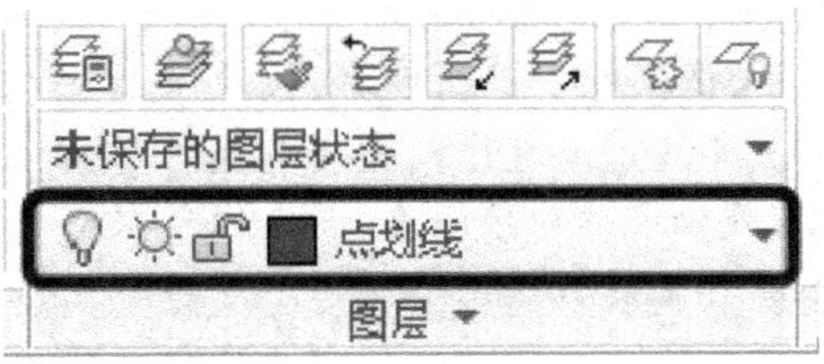

图 2-7　将【点划线】设置为当前图层

单击【图层特性管理器】的下拉菜单，将【点划线】设置为当前图层，如图 2-7 所示。

（2）绘制构造线

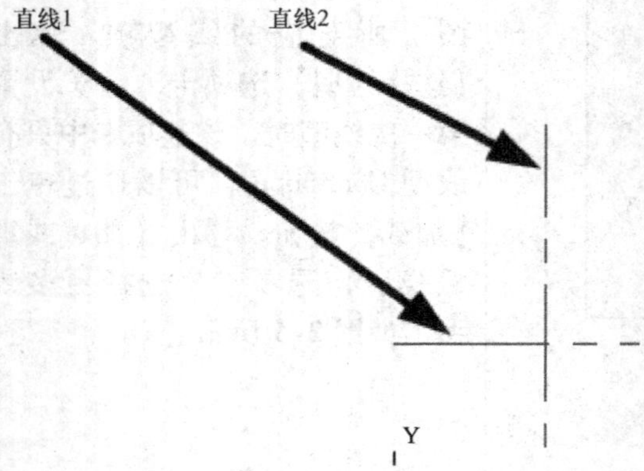

图 2-8 绘制构造线

Step01 单击【绘图】工具栏中的【直线】按钮或在命令行执行“LINE”命令，完成直线 1 的绘制。

命令：_ line
指定第一个点：0，60
指定下一点或［放弃（U)]：@100，0
指定下一点或［放弃（U)]：//按【Enter】键。

Step02 同样方法继续绘制直线 2，所得构造线如图 2-8 所示。

命令：_ line
指定第一个点：40，0
指定下一点或［放弃（U)]：@0，120
指定下一点或［放弃（U)]：//按【Enter】键。

（3）偏移构造线

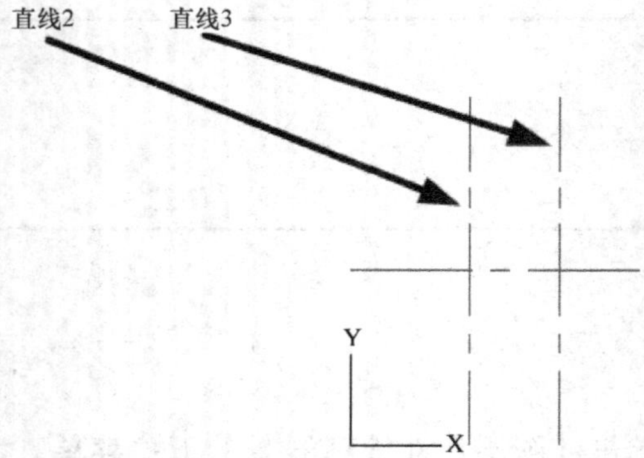

图 2-9 偏移构造线

单击【修改】工具栏｜【偏移】按钮或在命令行执行“OFFSET”命令，所得构造线如图 2-9 所示。

命令：_ offset
当前设置：删除源 = 否 图层 = 源
OFFSETGAPTYPE = 0 指定偏移距离或［通过(T)/删除(E)/图层(L)］<通过>：30
选择要偏移的对象，或［退出(E)/放弃(U)］<退出>：//单击直线 2。
指定要偏移的那一侧上的点，或［退出(E)/多个(M)/放弃(U)］<退出>：//单击直线 2 右侧。
选择要偏移的对象，或［退出(E)/放弃(U)］<退出>://按【Enter】键。

（4）镜像构造线

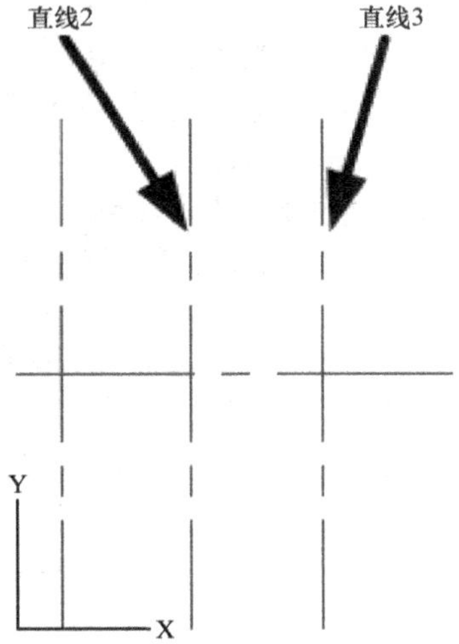

图 2-10 镜像构造线

单击【修改】工具栏｜【镜像】按钮或在命令行执行“MIRROR”命令，如图2-10所示

命令：_ mirror

选择对象：找到 1 个：//单击直线 3。

选择对象：//按【Enter】键。

指定镜像线的第一点：指定镜像线的第二点：//单击直线 2 的上下两端点。

要删除源对象吗？[是(Y)/否(N)] <N>:N

2.1.4 绘制轮廓视图

（1）将【粗实线】设置为当前图层

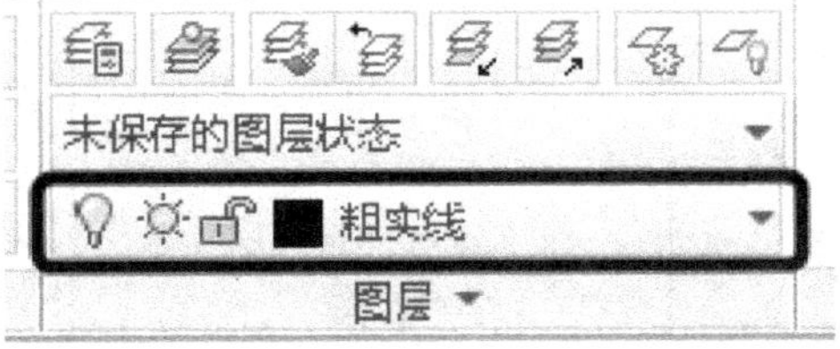

图 2-11 将【粗实线】设置为当前图层

单击【图层特性管理器】的下拉菜单，将【粗实线】设置为当前图层，如图 2-11 所示。

（2）绘制圆

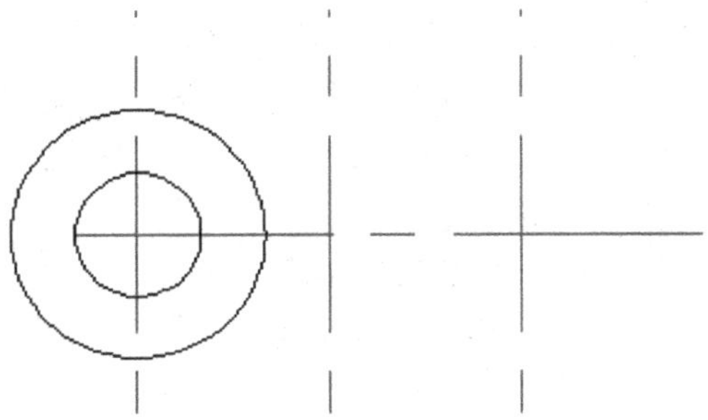

图 2-12 绘制圆

Step01 单击【绘图】工具栏｜【圆】按钮或在命令行执行“CIRCLE”命令，绘制圆。

命令：_ circle

指定圆的圆心或［三点（3P）/两点（2P）/切点、切点、半径（T）］：10，60

指定圆的半径或［直径（D）］：10

Step02 同样的方法绘制一个同心圆，如图 2-12 所示。

命令：_ circle

指定圆的圆心或[三点(3P)/两点(2P)/切点、切点、半径(T)]：10，60

指定圆的半径或[直径(D)] <10.000>：20

（3）绘制矩形

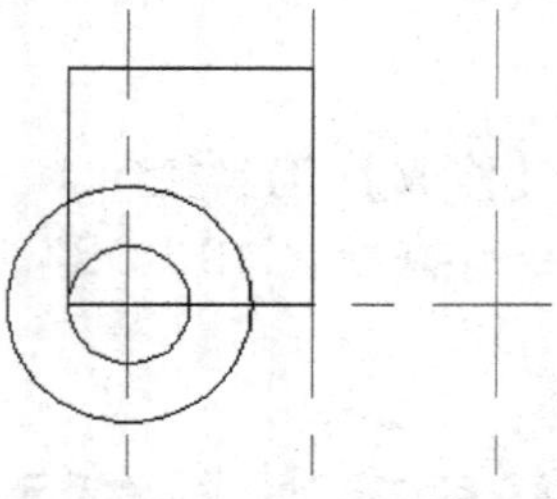

图 2-13 绘制矩形

单击【绘图】工具栏 | 【矩形】按钮，如图 2-13 所示。

命令:_rectang

指定第一个角点或[倒角(C)/标高(E)/圆角(F)/厚度(T)/宽度(W)]:0,60

指定另一个角点或[面积(A)/尺寸(D)/旋转(R)]:40,100

（4）绘制直线

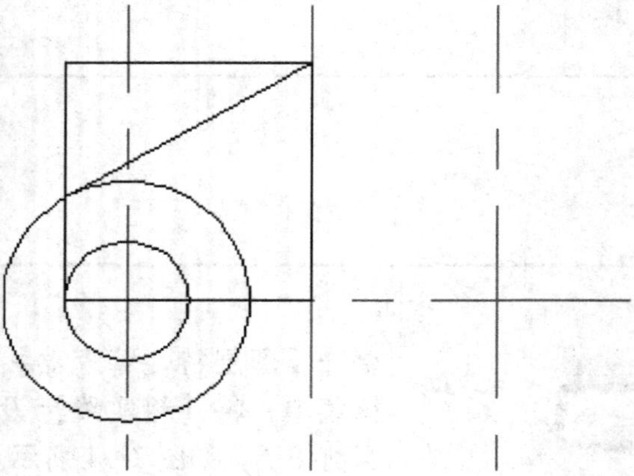

图 2-14 绘制直线

单击【绘图】工具栏中的【直线】按钮或在命令行执行“LINE”命令，如图 2-14 所示。

命令：_ line

指定第一个点：//单击大圆与矩形的交汇处。

指定下一点或［放弃（U）]：40，100

指定下一点或［放弃（U）]：//按【Enter】键。

（5）删除命令

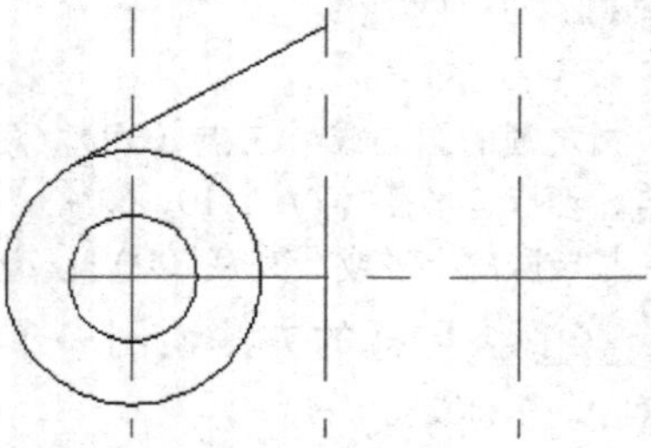

图 2-15 删除

单击【修改】工具栏 | 【删除】按钮或在命令行中执行“ERASE”命令，如图 2-15 所示。

命令：_ erase

选择对象：找到 1 个：//选择矩形。

选择对象：//按【Enter】键。

（6）镜像命令

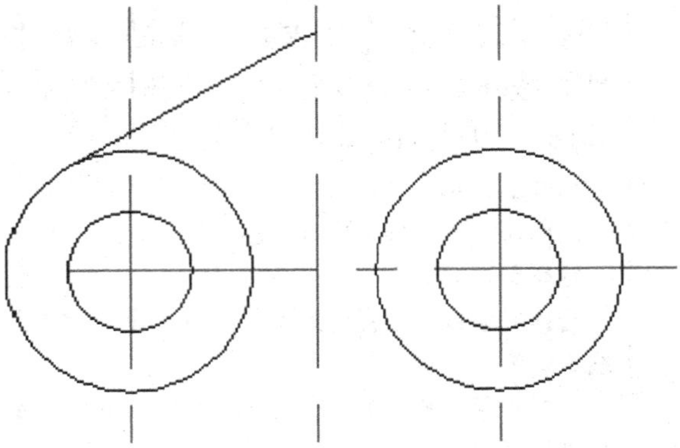

图 2-16 镜像圆

Step01 单击【修改】工具栏｜【镜像】按钮或在命令行执行“MIRROR”命令，如图 2-16 所示。

命令：_ mirror

选择对象：找到 1 个：//单击大圆。

选择对象：找到 1 个，总计 2 个：//单击小圆。

选择对象：//按【Enter】键。

指定镜像线的第一点：指定镜像线的第二点：//单击直线的上下两端点。

要删除源对象吗？［是（Y）/否（N）］<N>：N

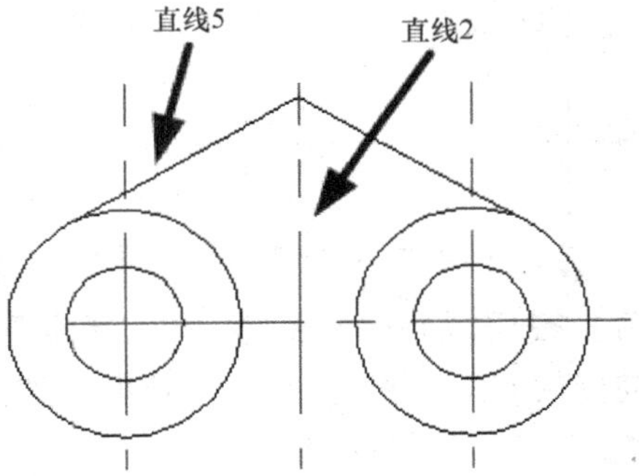

图 2-17 镜像直线（一）

Step02 单击【修改】工具栏｜【镜像】按钮或在命令行执行“MIRROR”命令，如图 2-17 所示。

命令：_ mirror

选择对象：找到 1 个：//单击直线 5。

选择对象：//按【Enter】键。

指定镜像线的第一点：指定镜像线的第二点：//单击直线 2 的上下两端点。

要删除源对象吗？［是（Y）/否（N）］<N>：N

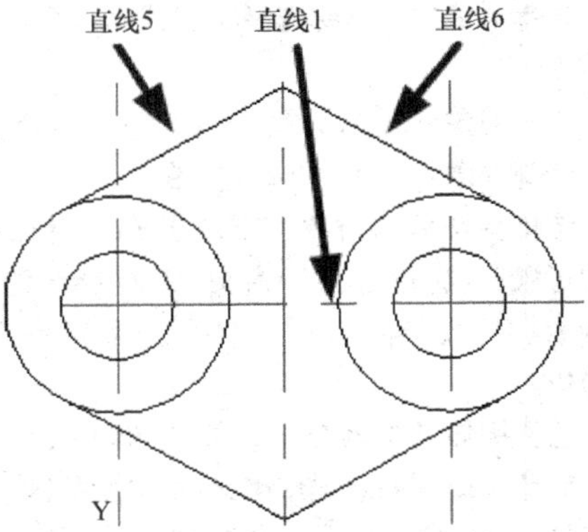

图 2-18 镜像直线（二）

Step03 单击【修改】工具栏｜【镜像】按钮或在命令行执行“MIRROR”命令，如图 2-18 所示。

命令：_ mirror

选择对象：找到 1 个：//单击直线 5。

选择对象：找到 1 个，总计 2 个：//单击直线 6。

选择对象：//按【Enter】键。

指定镜像线的第一点：指定镜像线的第二点//单击直线 1 的左右两端点。

要删除源对象吗？［是（Y）/否（N）］<N>：N

(7) 修剪命令

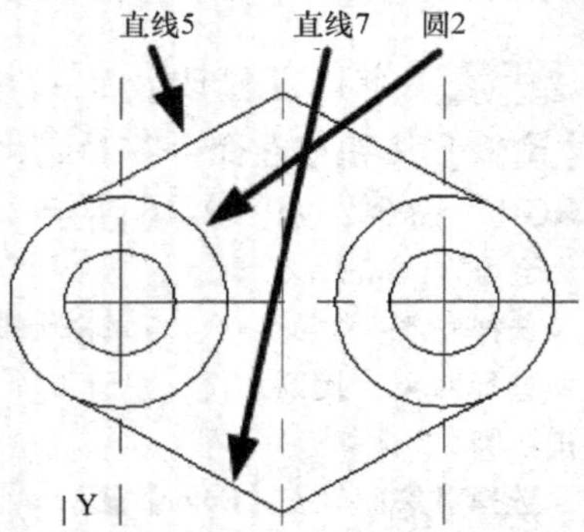

图 2-19 修剪圆

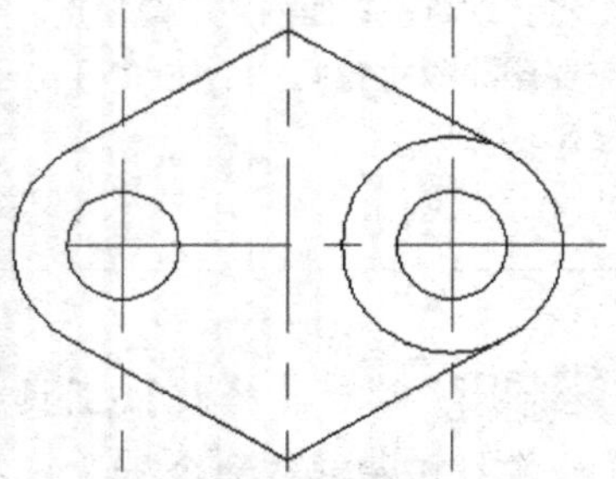

图 2-20 修剪完成

Step01 单击【修改】工具栏 | -/-- 【修剪】按钮或在命令行执行"TRIM"命令，如图 2-19 和如图 2-20 所示。

命令：_ trim

当前设置：投影 = UCS，边 = 无

选择剪切边...

选择对象或 <全部选择>：找到 1 个：//单击直线 5。

选择对象：找到 1 个，总计 2 个：//单击直线 7。

选择对象：//按【Enter】键。

选择要修剪的对象，或按住 Shift 键选择要延伸的对象，或[栏选(F)/窗交(C)/投影(P)/边(E)/删除(R)/放弃(U)]://单击需要修剪圆 2 的边。

选择要修剪的对象，或按住 Shift 键选择要延伸的对象，或[栏选(F)/窗交(C)/投影(P)/边(E)/删除(R)/放弃(U)]://按【Enter】键。

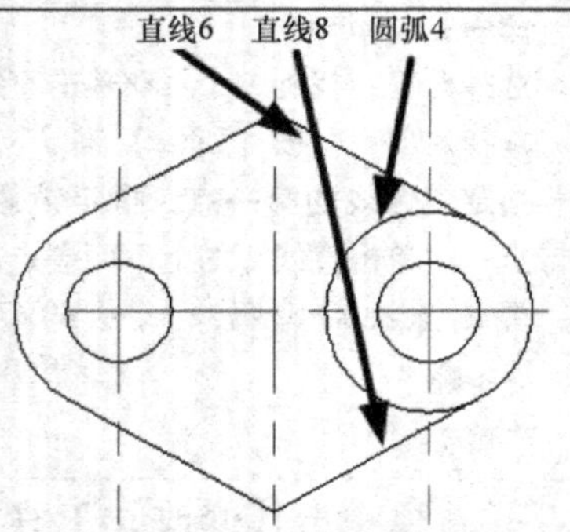

图 2-21 修剪圆弧

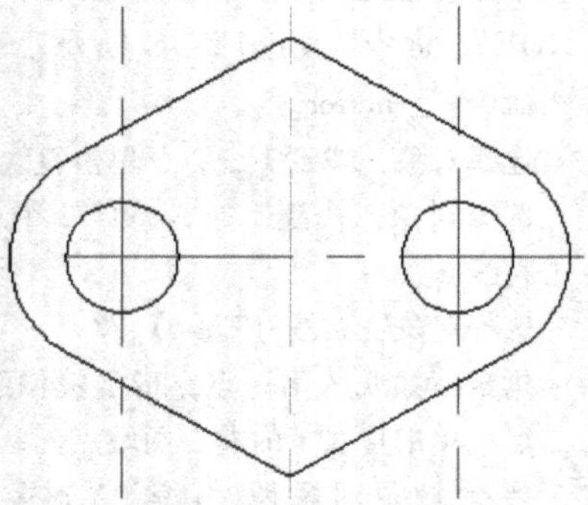

图 2-22 修剪完成

Step02 单击【修改】工具栏 | -/-- 【修剪】按钮或在命令行执行"TRIM"命令，同样的方法对圆弧 4 进行修剪，如图 2-21 和图 2-22 所示。

命令：_ trim

当前设置：投影 = UCS，边 = 无选择剪切边...

选择对象或 <全部选择>：找到 1 个：//单击直线 6。

选择对象：找到 1 个，总计 2 个：//单击直线 8。

选择对象：//按【Enter】键。

选择要修剪的对象，或按住 Shift 键选择要延伸的对象，或[栏选(F)/窗交(C)/投影(P)/边(E)/删除(R)/放弃(U)]：//单击需要修剪圆弧 4 的边。

选择要修剪的对象，或按住 Shift 键选择要延伸的对象，或[栏选(F)/窗交(C)/投影(P)/边(E)/删除(R)/放弃(U)]：//按【Enter】键。

(8) 圆角

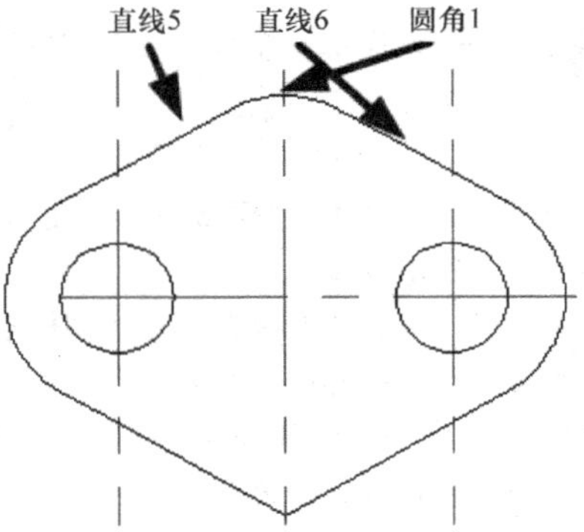

图 2-23 绘制圆角 1

Step01 单击【修改】工具栏 |【圆角】按钮或在命令行执行“FILLET”命令，得到圆角 1，如图 2-23 所示。

命令：_ fillet

当前设置：模式 = 修剪，半径 = 0.0000

选择第一个对象或[放弃(U)/多段线(P)/半径(R)/修剪(T)/多个(M)]:R

指定圆角半径 <0.0000>：20

选择第一个对象或[放弃(U)/多段线(P)/半径(R)/修剪(T)/多个(M)]://单击直线 5。

选择第二个对象，或按住 Shift 键选择对象以应用角点或［半径（R)]：//单击直线 6。

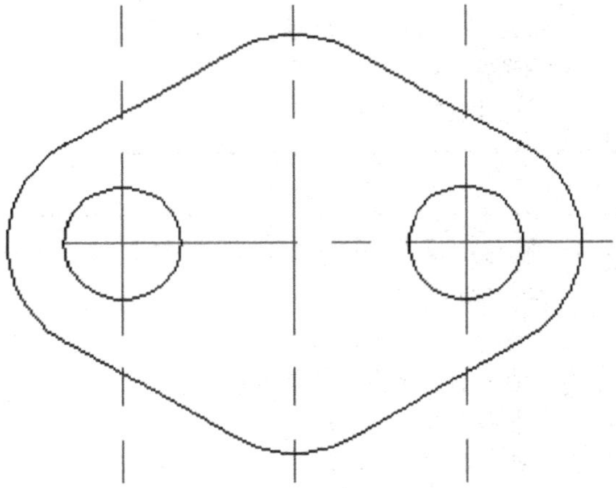

图 2-24 绘制圆角 2

Step02 用同样的方法绘制圆角 2，如图 2-24 所示。

命令：_ fillet

当前设置：模式 = 修剪，半径 = 0.0000

选择第一个对象或[放弃(U)/多段线(P)/半径(R)/修剪(T)/多个(M)]：R

指定圆角半径 <0.0000>：20

选择第一个对象或[放弃(U)/多段线(P)/半径(R)/修剪(T)/多个(M)]：//单击图形区域左下方的直线。

选择第二个对象，或按住 Shift 键选择对象以应用角点或［半径（R)]：//单击图形区域右下方的直线。

2.1.5 标注

(1) 线性标注

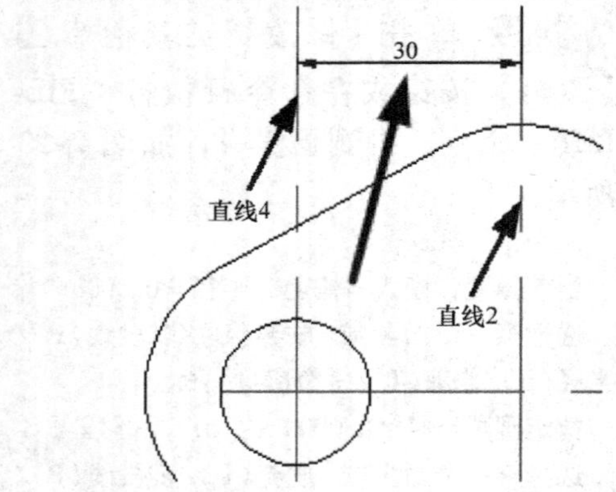

图 2-25 线性标注（一）

Step01 单击【注释】工具栏｜【线性】按钮或在命令行执行“DIMLINEAR”命令，如图 2-25 所示。

命令：_ dimlinear

指定第一个尺寸界线原点或 <选择对象>：//单击直线 4。

指定第二条尺寸界线原点：//单击直线 2。

指定尺寸线位置或[多行文字(M)/文字(T)/角度(A)/水平(H)/垂直(V)/旋转(R)]：//移动光标，在合适的位置单击。

标注文字 =30

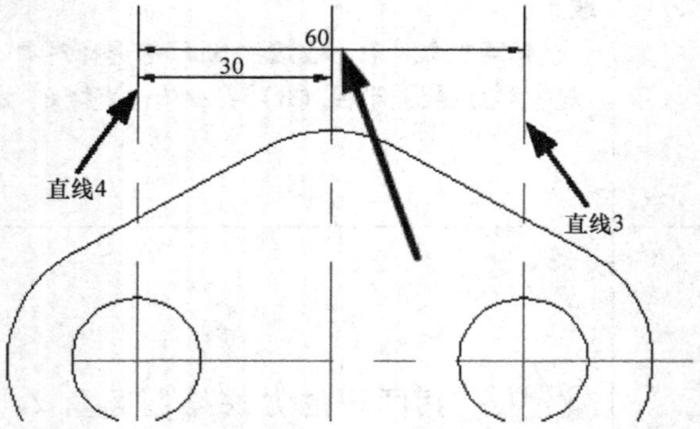

图 2-26 线性标注（二）

Step02 同样的方法进行线性标注，如图 2-26 所示。

命令：_ dimlinear

指定第一个尺寸界线原点或 <选择对象>：//单击直线 4。

指定第二条尺寸界线原点：//单击直线 3。

指定尺寸线位置或[多行文字(M)/文字(T)/角度(A)/水平(H)/垂直(V)/旋转(R)]：//移动光标，在合适的位置单击。

标注文字 =60

(2) 半径标注

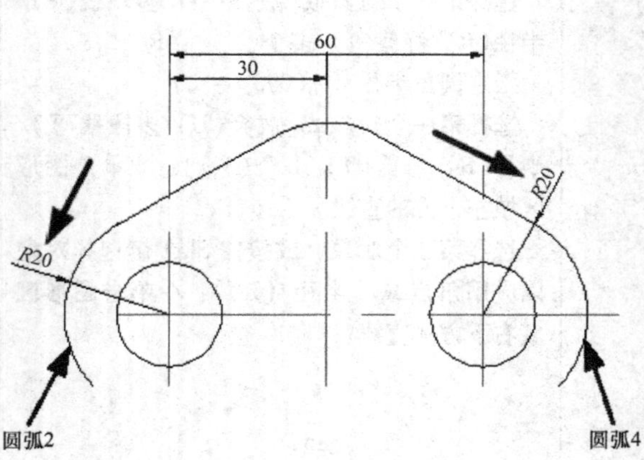

图 2-27 半径标注

Step01 单击【注释】工具栏｜【半径】按钮。

命令：_ dimradius

选择圆弧或圆：//单击圆弧 2。

标注文字 =20

指定尺寸线位置或 [多行文字 (M) /文字 (T) /角度 (A)]：//移动光标，在合适的位置单击。

Step02 同样的方法进行半径标注，如图 2-27 所示。

命令：_ dimradius

选择圆弧或圆：//单击圆弧 4。

标注文字 =20

指定尺寸线位置或 [多行文字 (M) /文字 (T) /角度 (A)]：//移动光标，在合适的位置单击。

(3) 直径标注

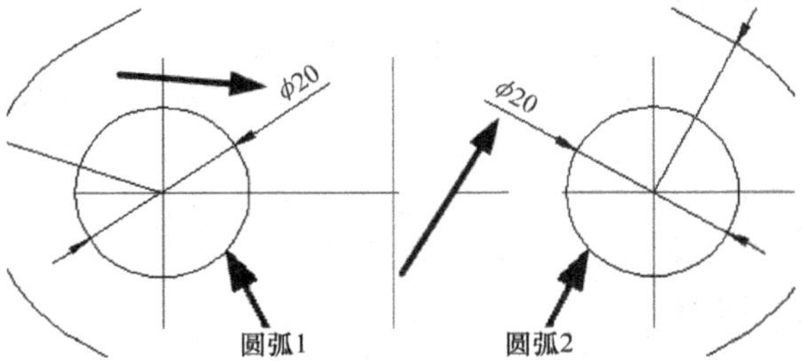

图 2-28 直径标注

Step01 单击【注释】工具栏 |【直径】按钮。

命令：_ dimdiameter

选择圆弧或圆：//单击圆弧 1。

标注文字 =20

指定尺寸线位置或 [多行文字 (M) /文字 (T) /角度 (A)]：//移动光标，在合适的位置单击。

Step02 同样的方法进行直径标注，如图2-28所示。

命令：_ dimdiameter

选择圆弧或圆：//单击圆弧 2。

标注文字 =20

指定尺寸线位置或 [多行文字 (M) /文字 (T) /角度 (A)]：//移动光标，在合适的位置单击。

(4) 角度标注

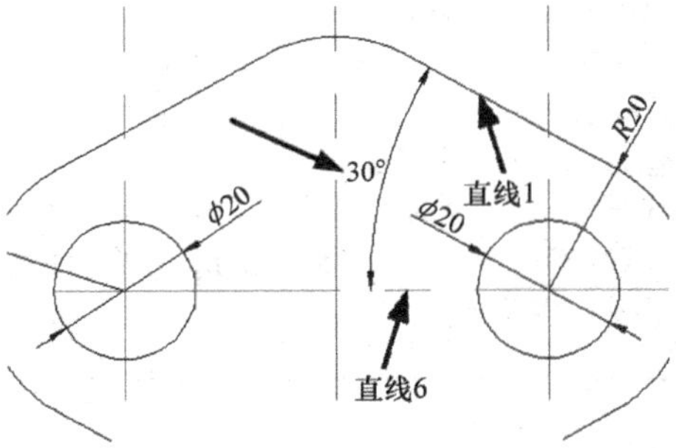

图 2-29 角度标注

单击【注释】工具栏 |【角度】按钮，如图 2-29 所示。

命令：_ dimangular

选择圆弧、圆、直线或 <指定顶点>：//单击直线 6。

选择第二条直线：//单击直线 1。

指定标注弧线位置或[多行文字(M)/文字(T)/角度(A)/象限点(Q)]：//移动光标，在合适的位置单击。

标注文字 =30

(5) 弧长标注

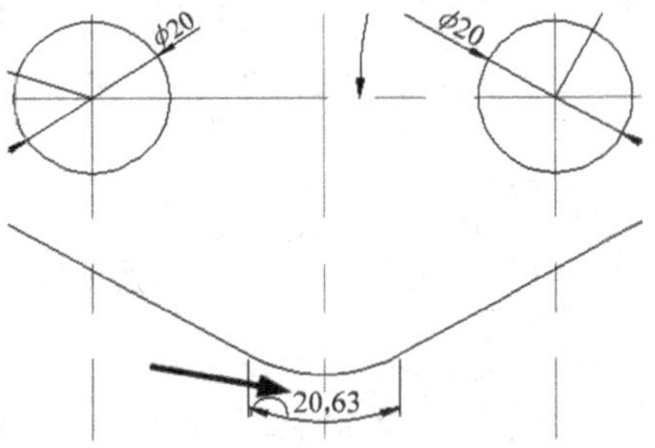

图 2-30 弧长标注

单击【注释】工具栏 |【弧长】按钮，如图 2-30 所示。

命令：dimarc

选择弧线段或多段线圆弧段：//单击圆角。

指定弧长标注位置或[多行文字(M)/文字(T)/角度(A)/部分(P)/]：//移动光标，在合适的位置单击。

标注文字 =20，63

(6) 坐标标注

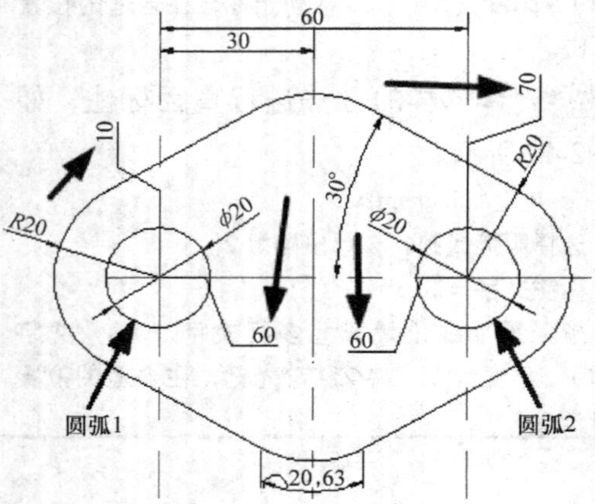

图 2-31 坐标标注

Step01 单击【注释】工具栏｜【坐标】按钮。

命令：_ dimordinate

指定点坐标：//单击圆弧 1 的圆心。

指定引线端点或[X 基准(X)/Y 基准(Y)/多行文字(M)/文字(T)/角度(A)]：//移动光标，在合适的位置单击，标出圆心的 Y 坐标。

标注文字 =10

Step02 用同样的方法进行坐标标注，如图 2-31所示。

命令：_ dimordinate

指定点坐标：//单击圆弧 1 的圆心。

指定引线端点或[X 基准(X)/Y 基准(Y)/多行文字(M)/文字(T)/角度(A)]：//移动光标，在合适的位置单击，标出圆心的 X 坐标。

标注文字 =60

命令：_ dimordinate

指定点坐标：//单击圆弧 2 的圆心。

指定引线端点或[X 基准(X)/Y 基准(Y)/多行文字(M)/文字(T)/角度(A)]：//移动光标，在合适的位置单击，标出圆心的 Y 坐标。

标注文字 =70

命令：_ dimordinate

指定点坐标：//单击圆弧 2 的圆心。

指定引线端点或[X 基准(X)/Y 基准(Y)/多行文字(M)/文字(T)/角度(A)]：//移动光标，在合适的位置单击，标出圆心的 X 坐标。

标注文字 =60

(7) 对齐标注

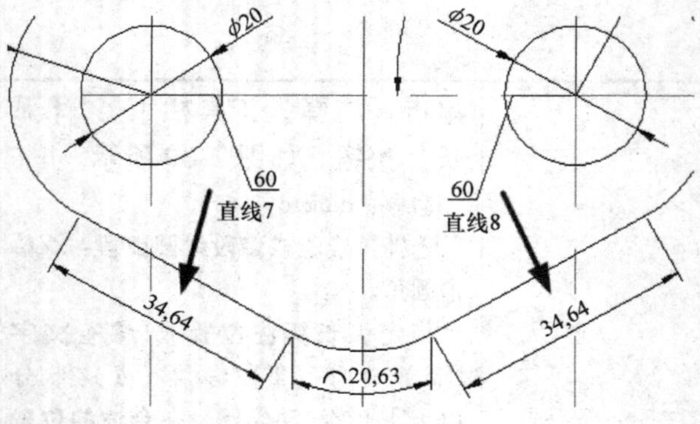

图 2-32 对齐标注

Step01 单击【注释】工具栏｜【对齐】按钮。

命令：_ dimaligned

指定第一个尺寸界线原点或 <选择对象>://单击直线 7 的一个端点。

指定第二条尺寸界线原点：//单击直线 7 的另一个端点。

指定尺寸线位置或［多行文字（M）/文字（T）/角度（A）］：//移动光标，在合适的位置单击。

标注文字 =34.64

Step02 同样的方法进行对齐标注，如图 2-32 所示。

命令：_ dimaligned

指定第一个尺寸界线原点或 < 选择对象 > ://单击直线 8 的一个端点。

指定第二条尺寸界线原点：//单击直线 8 的另一个端点。

指定尺寸线位置或[多行文字(M)/文字(T)/角度(A)]：//移动光标，在合适的位置单击。

标注文字 =34，64

2.2 如何建立密封垫片轮廓图

本实例用到了 AutoCAD 2017 的知识点有：设定【图形界限】、【图层】、【直线】、【矩形】、【缩放】、【圆】、【镜像】、【修剪】、【圆角】等命令。密封垫片轮廓图如图 2-33 所示。

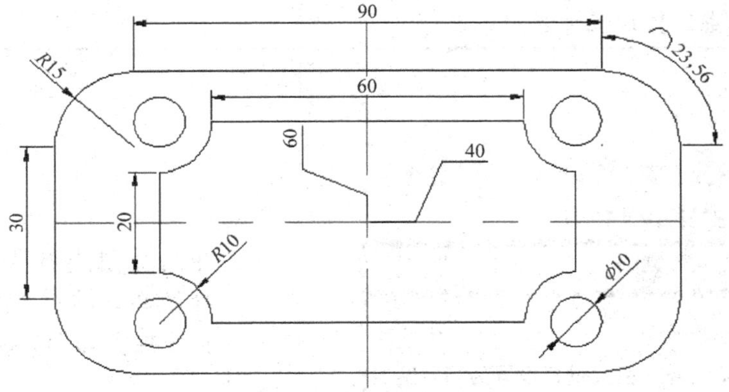

图 2-33　密封垫片轮廓图

	完成模型	配套光盘\模型文件\2\2.2
	作图录制	配套光盘\屏幕录像\2\2.2

具体步骤如下。

2.2.1　绘制构造线

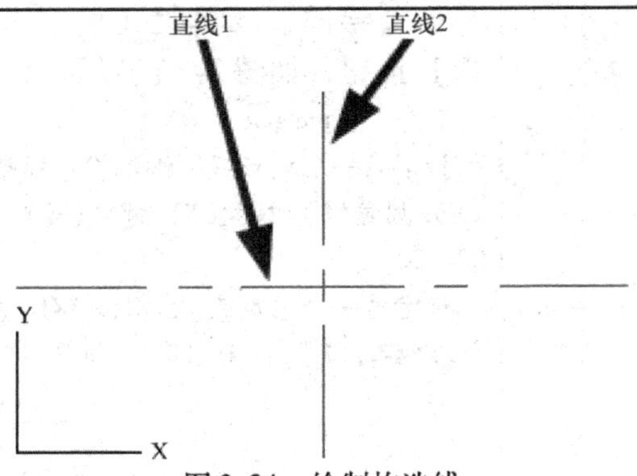

图 2-34　绘制构造线

Step01 单击【绘图】工具栏中的【直线】按钮或在命令行执行“LINE”命令，完成直线 1 的绘制。

命令：_ line

指定第一个点：0，40

指定下一点或[放弃(U)]：@120，0

指定下一点或[放弃(U)]：//按【Enter】键。

Step02 用同样的方法继续绘制直线 2，所得构造线如图 2-34 所示。

命令：_ line

指定第一个点：60，0

指定下一点或［放弃（U）］：@0，80

指定下一点或［放弃（U）］：//按【Enter】键。

2.2.2 绘制轮廓视图

（1）将【粗实线】设置为当前图层

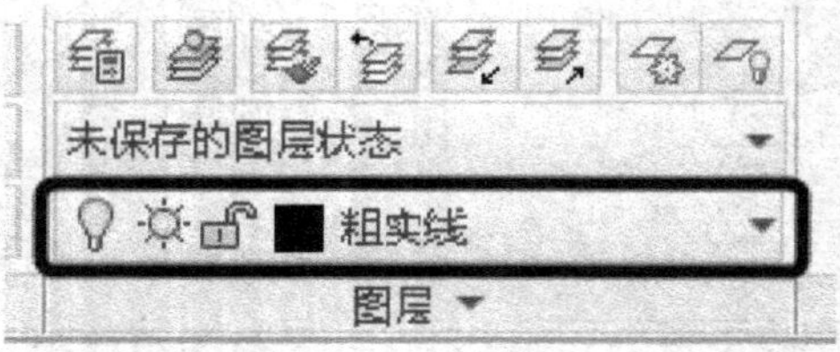

图 2-35　将【粗实线】设置为当前图层

单击【图层特性管理器】的下拉菜单，将【粗实线】设为当前图层，如图 2-35 所示。

（2）绘制矩形

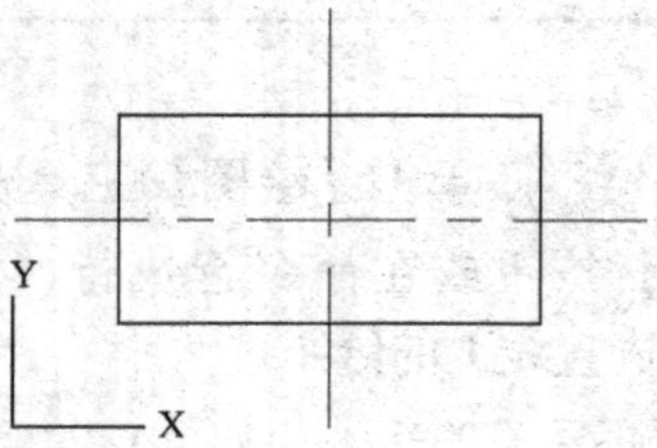

图 2-36　绘制矩形

单击【绘图】工具栏｜【矩形】按钮，如图 2-36 所示。

命令：_ rectang

指定第一个角点或［倒角(C)/标高(E)/圆角(F)/厚度(T)/宽度(W)］：20，20

指定另一个角点或［面积(A)/尺寸(D)/旋转(R)］:100，60

(3) 缩放矩形

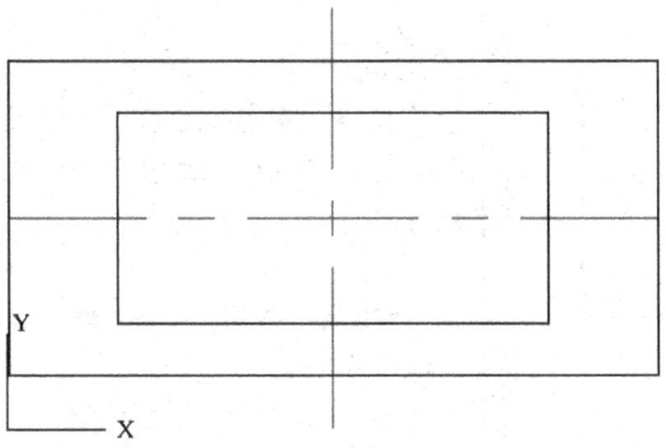

图 2-37　缩放矩形

单击【修改】工具栏中的【缩放】按钮，如图 2-37 所示。

命令：_ scale

选择对象：找到 1 个：//单击矩形。

选择对象：//按【Enter】键。

指定基点：60，40

指定比例因子或［复制（C）/参照（R）］：C 缩放一组选定对象。

指定比例因子或［复制（C）/参照（R）］：1.5

(4) 绘制圆

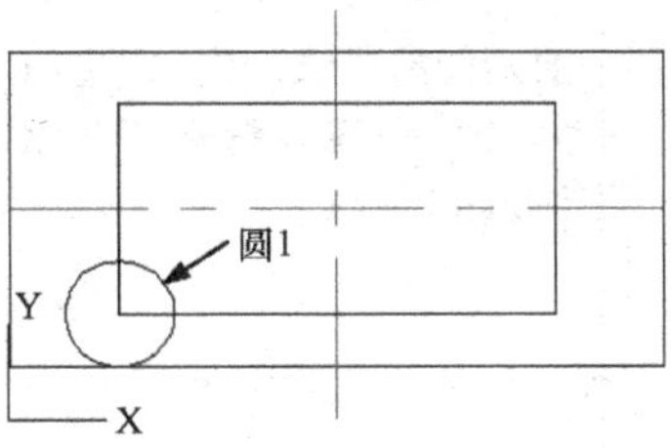

图 2-38　绘制圆 1

Step01 单击【绘图】工具栏|【圆】按钮或在命令行执行“CIRCLE”命令，绘制圆 1，如图 2-38 所示。

命令：_ circle

指定圆的圆心或［三点（3P）/两点（2P）/切点、切点、半径（T）］：20，20

指定圆的半径或［直径（D）］：10

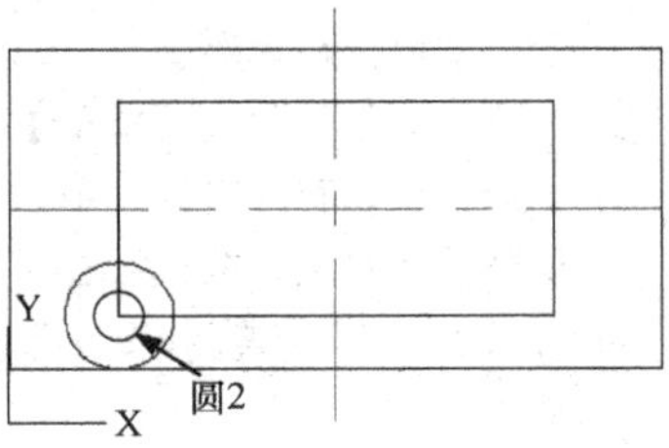

图 2-39　绘制圆 2

Step02 用同样的方法绘制圆 2，如图 2-39 所示。

命令：_ circle

指定圆的圆心或［三点（3P）/两点（2P）/切点、切点、半径（T）］：20，20

指定圆的半径或［直径（D）］<10.0000>：5

(5) 修剪命令

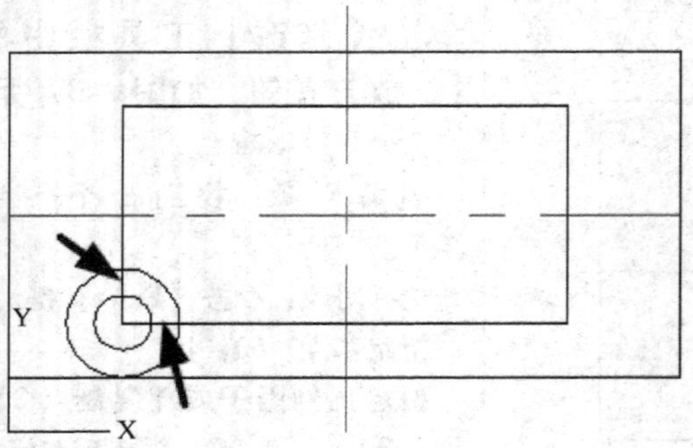

图 2-40　需要修剪的地方

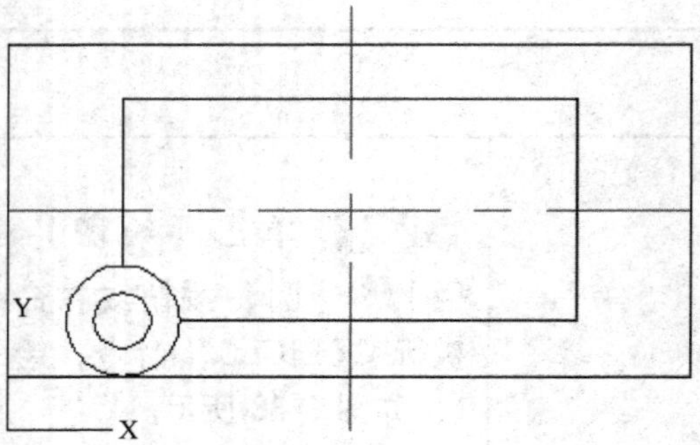

图 2-41　修剪后的效果 1

Step01 单击【修改】工具栏|【修剪】按钮或在命令行执行"TRIM"命令，如图 2-40 和图 2-41 所示。

命令：_ trim

当前设置：投影 = UCS，边 = 无

选择剪切边...

选择对象或 < 全部选择 >：找到 1 个：//单击大圆。

选择对象：//按【Enter】键。

选择要修剪的对象，或按住 Shift 键选择要延伸的对象，或[栏选(F)/窗交(C)/投影(P)/边(E)/删除(R)/放弃(U)]：//单击小矩形需要修剪的边。

选择要修剪的对象，或按住 Shift 键选择要延伸的对象，或[栏选(F)/窗交(C)/投影(P)/边(E)/删除(R)/放弃(U)]：//按【Enter】键。

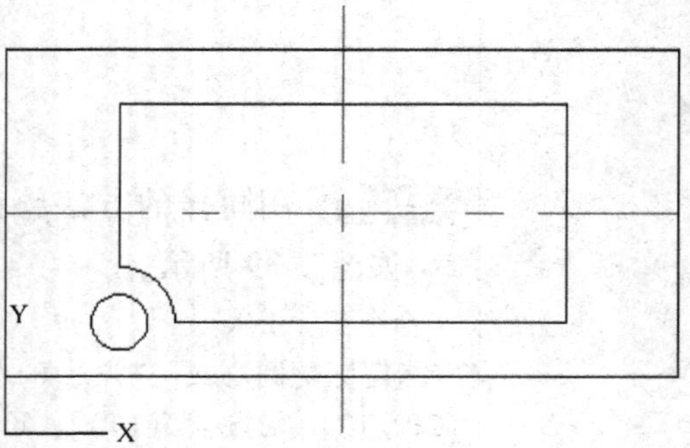

图 2-42　修剪后的效果 2

Step02 用同样的方法修剪圆如图 2-42 所示。

命令：_ trim

当前设置：投影 = UCS，边 = 无

选择剪切边...

选择对象或 < 全部选择 >：找到 1 个：//单击小矩形。

选择对象：//按【Enter】键。

选择要修剪的对象，或按住 Shift 键选择要延伸的对象，或[栏选(F)/窗交(C)/投影(P)/边(E)/删除(R)/放弃(U)]：//单击大圆。

选择要修剪的对象，或按住 Shift 键选择要延伸的对象，或[栏选(F)/窗交(C)/投影(P)/边(E)/删除(R)/放弃(U)]：//按【Enter】键。

(6) 镜像圆

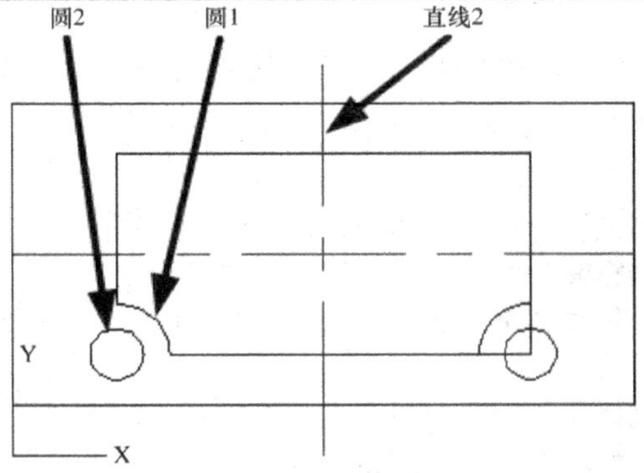

图 2-43 镜像(一)

Step01 单击【修改】工具栏|【镜像】按钮或在命令行执行“MIRROR”命令，如图2-43所示。

命令：_ mirror

选择对象：找到 1 个：//单击圆 1。

选择对象：找到 1 个，总计 2 个：//单击圆 2。

选择对象：//按【Enter】键。

指定镜像线的第一点：指定镜像线的第二点//单击直线 2 的上下两端点。

要删除源对象吗？[是(Y)/否(N)] <N>：N

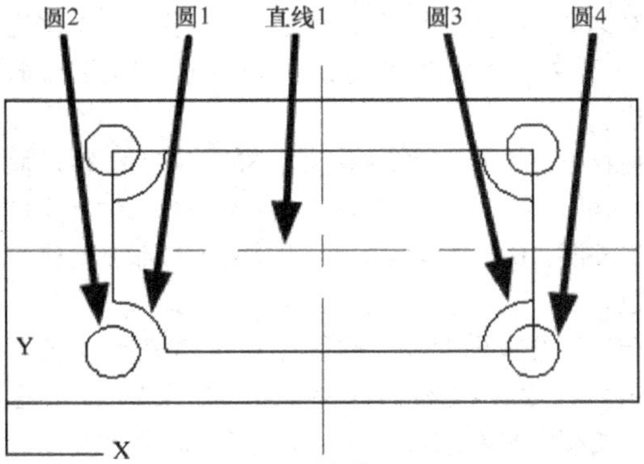

图 2-44 镜像(二)

Step02 用同样的方法镜像圆，如图 2-44 所示。

命令：_ mirror

选择对象：找到 1 个：//单击圆 1。

选择对象：找到 1 个，总计 2 个：//单击圆 2。

选择对象：找到 1 个，总计 3 个：//单击圆 3。

选择对象：找到 1 个，总计 4 个：//单击圆 4。

选择对象：//按【Enter】键。

指定镜像线的第一点：指定镜像线的第二点//单击直线 1 的左右两端点。

要删除源对象吗？[是(Y)/否(N)] <N>：N

(7) 修剪命令

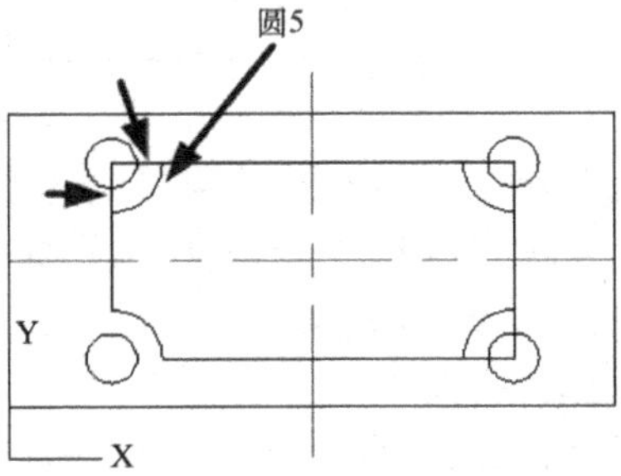

图 2-45 需要修剪的地方

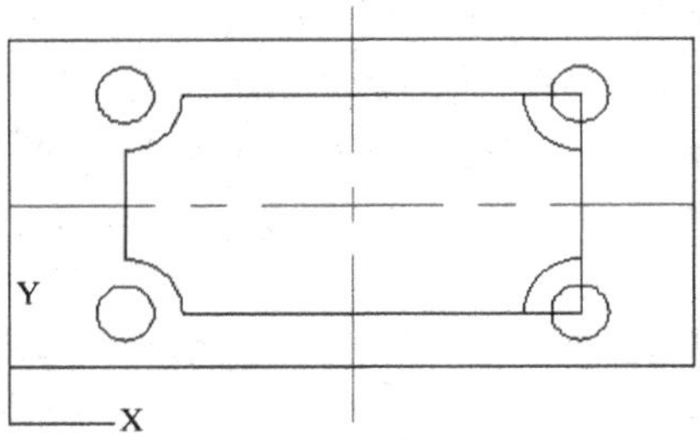

图 2-46 修剪后的效果

Step01 单击【修改】工具栏|【修剪】按钮或在命令行执行“TRIM”命令，如图2-45 和图 2-46 所示。

命令：_ trim

当前设置：投影 = UCS，边 = 无

选择剪切边...

选择对象或 <全部选择>：找到 1 个：//单击圆 5。

选择对象：//按【Enter】键。

选择要修剪的对象，或按住 Shift 键选择要延伸的对象，或[栏选(F)/窗交(C)/投影(P)/边(E)/删除(R)/放弃(U)]：//单击小矩形需要修剪的边。

选择要修剪的对象，或按住 Shift 键选择要延伸的对象，或[栏选(F)/窗交(C)/投影(P)/边(E)/删除(R)/放弃(U)]：//按【Enter】键。

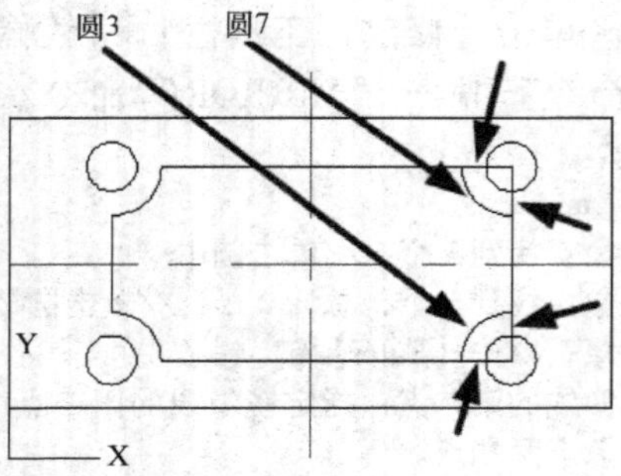

图 2-47　需要修剪的地方

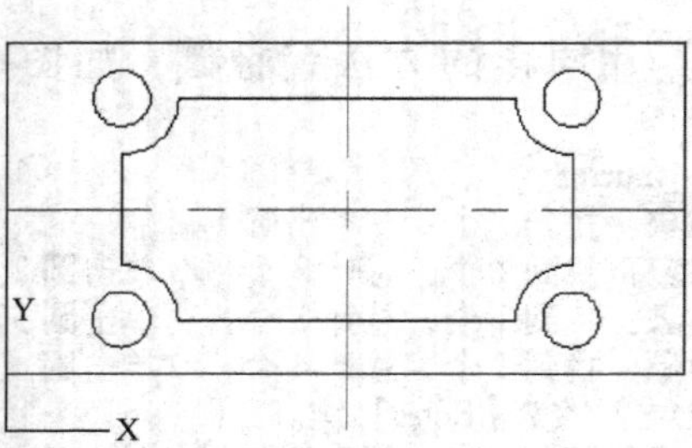

图 2-48　修剪后的效果

Step02 用同样的方法修剪矩形，如图 2-47和图 2-48 所示。

命令：_ trim

当前设置：投影 = UCS，边 = 无

选择剪切边...

选择对象或 < 全部选择 >：找到 1 个：//单击圆 3。

选择对象：找到 1 个，总计 2 个：//单击圆 7。

选择对象：//按【Enter】键。

选择要修剪的对象，或按住 Shift 键选择要延伸的对象，或［栏选（F）/窗交（C）/投影（P）/边（E）/删除（R）/放弃（U）］：//单击小矩形需要修剪的边。

选择要修剪的对象，或按住 Shift 键选择要延伸的对象，或［栏选（F）/窗交（C）/投影（P）/边（E）/删除（R）/放弃（U）］：//单击小矩形需要修剪的边。

选择要修剪的对象，或按住 Shift 键选择要延伸的对象，或［栏选（F）/窗交（C）/投影（P）/边（E）/删除（R）/放弃（U）］：//按【Enter】键。

（8）圆角命令

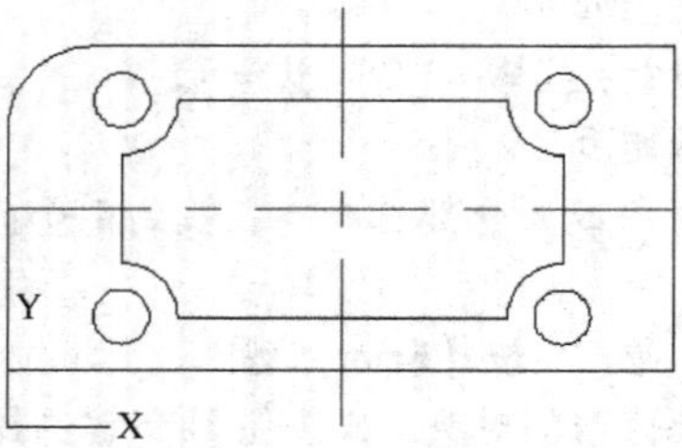

图 2-49　生成圆角后的效果

Step01 单击【修改】工具栏|【圆角】按钮或在命令行执行“FILLET”命令，得到圆角 1，如图 2-49 所示。

命令：_ fillet

当前设置：模式 = 修剪，半径 = 0.0000

选择第一个对象或［放弃（U）/多段线（P）/半径（R）/修剪（T）/多个（M）］：R

指定圆角半径 <0.0000>：15

选择第一个对象或［放弃（U）/多段线（P）/半径（R）/修剪（T）/多个（M）］：//单击大矩形上边的直线。

选择第二个对象，或按住 Shift 键选择对象以应用角点或［半径（R）］：//单击大矩形左边的直线。

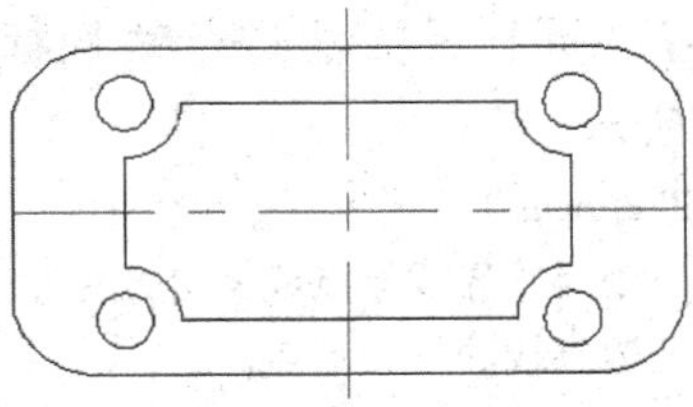 图 2-50　圆角	Step02 用同样的方法绘制其他 3 个圆角，如图 2-50 所示。

2.2.3　标注

(1) 线性标注

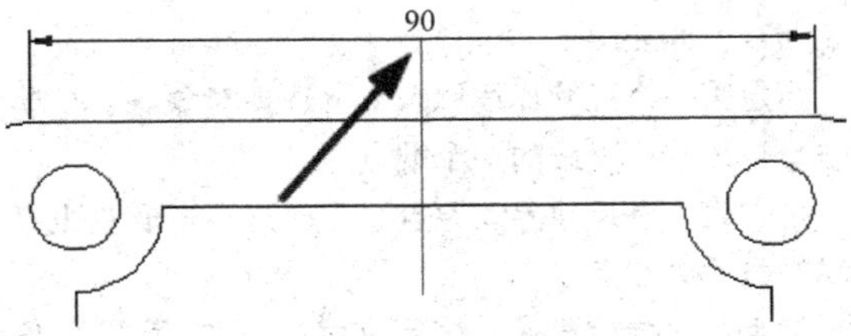 图 2-51　线性标注（一）	Step01 单击【注释】工具栏 【线性】按钮或在命令行执行“DIMLINEAR”命令，如图 2-51 所示。 命令：dimlinear 指定第一个尺寸界线原点或 <选择对象>：//单击大矩形上边直线的一个端点。 指定第二条尺寸界线原点：//单击大矩形上边直线的另一个端点。 指定尺寸线位置或［多行文字(M)/文字(T)/角度(A)/水平(H)/垂直(V)/旋转(R)］：//移动光标，在合适的位置单击。 标注文字 =90
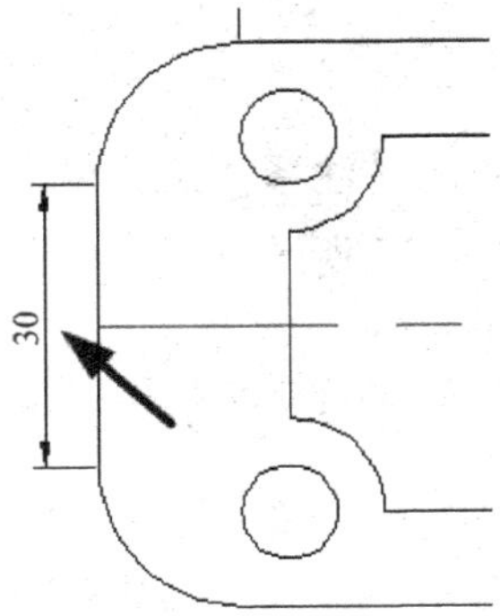 图 2-52　线性标注（二）	Step02 用同样的方法进行线性标注，如图 2-52 所示。 命令：dimlinear 指定第一个尺寸界线原点或 <选择对象>：//单击大矩形左边直线的一个端点。 指定第二条尺寸界线原点：//单击大矩形左边直线的另一个端点。 指定尺寸线位置或［多行文字(M)/文字(T)/角度(A)/水平(H)/垂直(V)/旋转(R)］：//移动光标，在合适的位置单击。 标注文字 =30

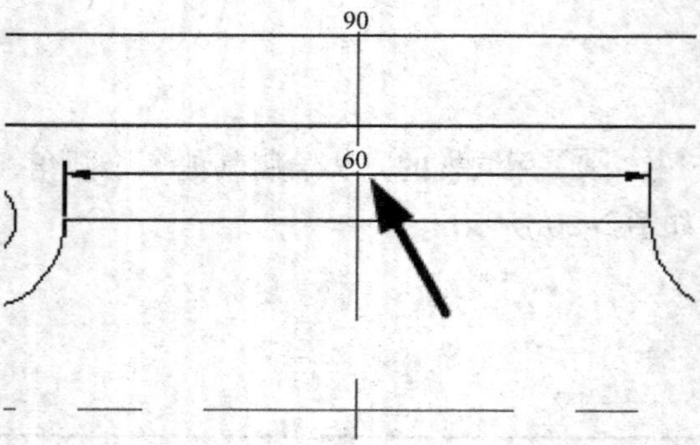

图 2-53　线性标注（三）

Step03 用同样的方法进行线性标注，如图 2-53 所示。

命令：dimlinear

指定第一个尺寸界线原点或 <选择对象>：//单击小矩形上边直线的一个端点。

指定第二条尺寸界线原点：//单击小矩形上边直线的另一个端点。

指定尺寸线位置或［多行文字(M)/文字(T)/角度(A)/水平(H)/垂直(V)/旋转(R)］：//移动光标，在合适的位置单击。

标注文字＝60

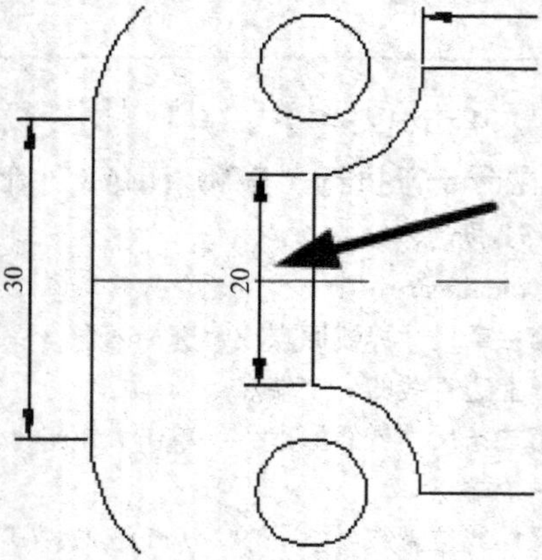

图 2-54　线性标注（四）

Step04 用同样的方法进行线性标注，如图 2-54 所示。

命令：dimlinear

指定第一个尺寸界线原点或 <选择对象>：//单击小矩形左边直线的一个端点。

指定第二条尺寸界线原点：//单击小矩形左边直线的另一个端点。

指定尺寸线位置或［多行文字(M)/文字(T)/角度(A)/水平(H)/垂直(V)/旋转(R)］：//移动光标，在合适的位置单击。

标注文字＝20

（2）半径标注

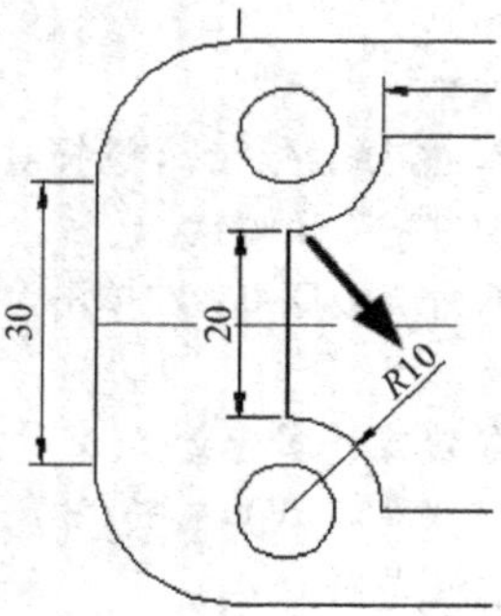

图 2-55　半径标注（一）

Step01 单击【注释】工具栏【半径】按钮，如图 2-55 所示。

命令：_ dimradius

选择圆弧或圆：//单击左下角的圆。

标注文字＝10

指定尺寸线位置或［多行文字(M)/文字(T)/角度(A)］：//移动光标，在合适的位置单击。

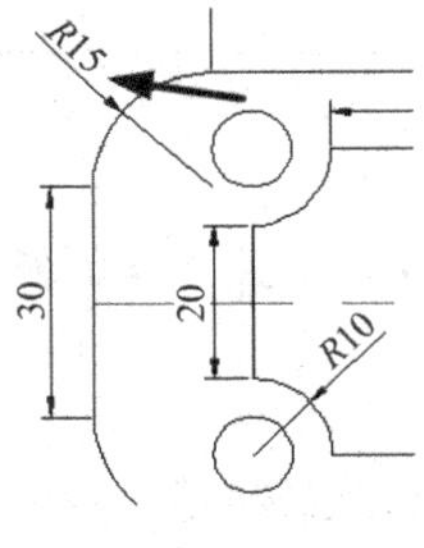

图 2-56 半径标注（二）

Step02 用同样的方法进行半径标注，如图 2-56 所示。

命令：_ dimradius

选择圆弧或圆：//单击左上角的圆

标注文字 = 15

指定尺寸线位置或［多行文字(M)/文字(T)/角度(A)］：//移动光标，在合适的位置单击。

（3）直径标注

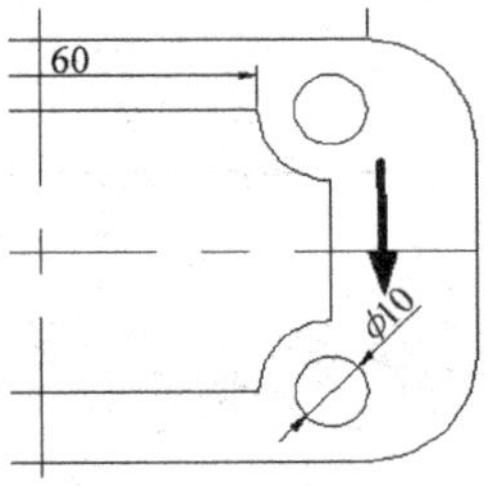

图 2-57 直径标注

单击【注释】工具栏 |【直径】按钮，如图 2-57 所示。

命令：_ dimdiameter

选择圆弧或圆：//单击右下角的圆

标注文字 = 10

指定尺寸线位置或［多行文字(M)/文字(T)/角度(A)］：//移动光标，在合适的位置单击。

（4）坐标标注

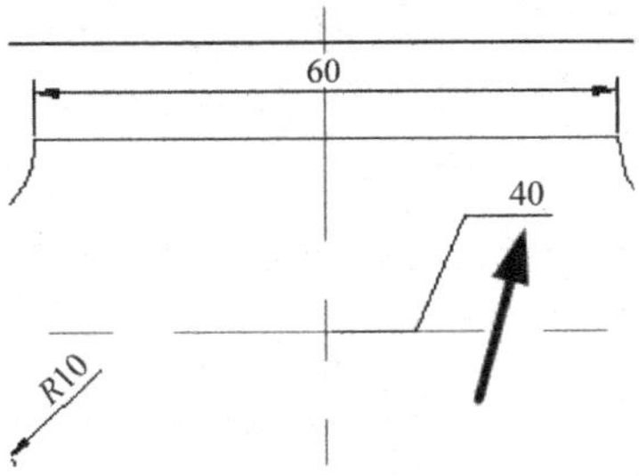

图 2-58 坐标标注（一）

Step01 单击【注释】工具栏 |【坐标】按钮，如图 2-58 所示。

命令：_ dimordinate

指定点坐标：//单击构造线中心点。

指定引线端点或［X 基准(X)/Y 基准(Y)/多行文字(M)/文字(T)/角度(A)］：//移动光标，在合适的位置单击，标出 X 坐标。

标注文字 = 40

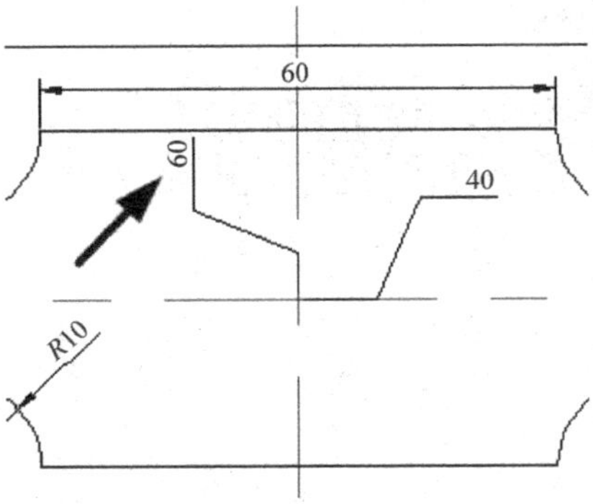

图 2-59 坐标标注（二）

Step02 用同样的方法进行坐标标注，如图 2-59 所示。

命令：_ dimordinate

指定点坐标：//单击构造线中心点。

指定引线端点或［X 基准(X)/Y 基准(Y)/多行文字(M)/文字(T)/角度(A)］：//移动光标，在合适的位置单击，标出 Y 坐标。

标注文字 = 60

（5）弧长标注

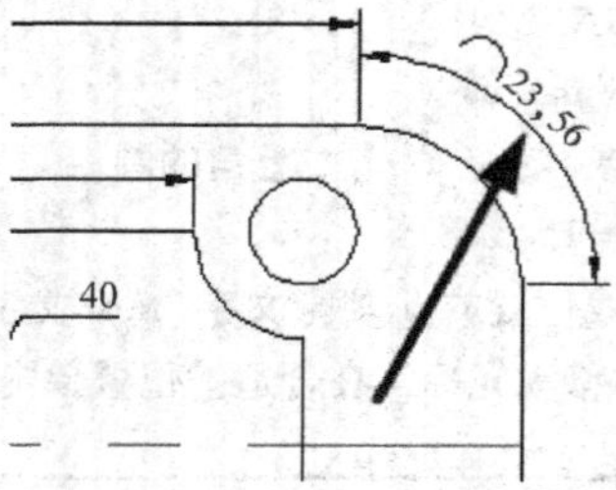

图 2-60　弧长标注

单击【注释】工具栏【弧长】按钮，如图 2-60 所示。

命令：dimarc

选择弧线段或多段线圆弧段：//单击圆角。

指定弧长标注位置或［多行文字(M)/文字(T)/角度(A)/部分(P)/］：//移动光标，在合适的位置单击。

标注文字 =23，56

2.3　如何建立四槽垫片轮廓图

本实例用到了 AutoCAD 2017 的知识点有：设定【图形界限】、【图层】、【直线】、【圆】、【矩形】、【相切】、【环形阵列】、【修剪】等命令。四槽垫片轮廓图如图 2-61 所示。

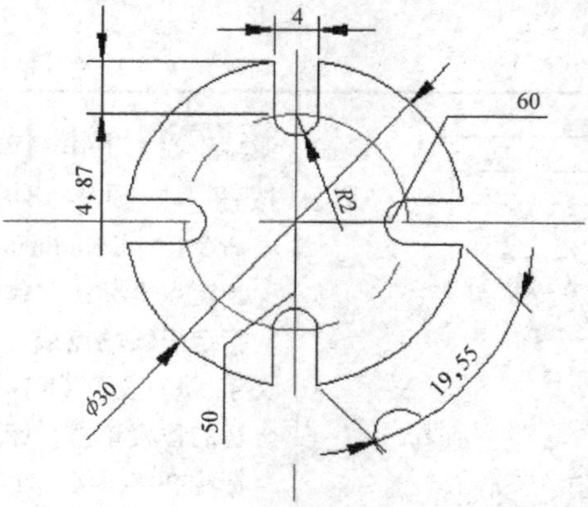

图 2-61　四槽垫片轮廓图

完成模型	配套光盘\模型文件\2\2.3
作图录制	配套光盘\屏幕录像\2\2.3

具体步骤如下。

2.3.1　绘制构造线

（1）绘制构造线

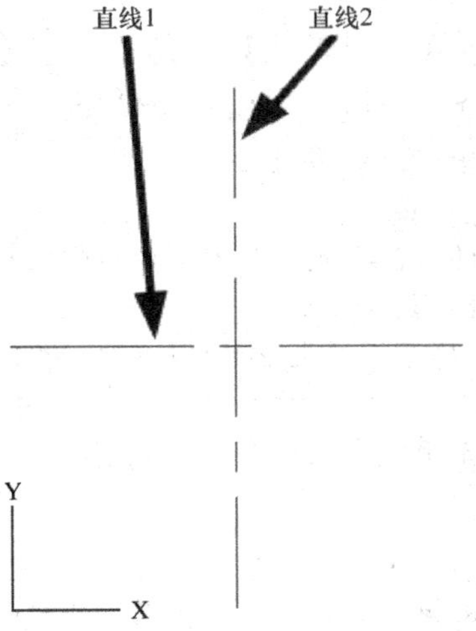

图 2-62 绘制构造线

Step01 单击【绘图】工具栏中的【直线】按钮或在命令行执行“LINE”命令，完成直线1的绘制。

命令：_ line
指定第一个点：0，60
指定下一点或［放弃(U)］：@100，0
指定下一点或［放弃(U)］：//按【Enter】键。

Step02 用同样的方法继续绘制直线2，所得构造线如图2-62所示。

命令：_ line
指定第一个点：50，0
指定下一点或［放弃(U)］：@0，120
指定下一点或［放弃(U)］：//按【Enter】键。

（2）绘制圆

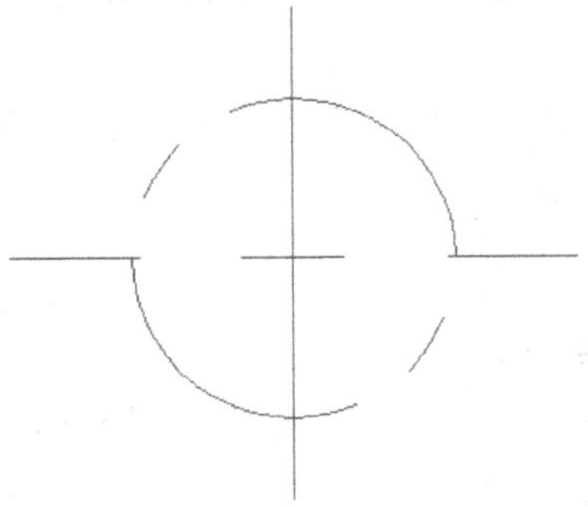
图 2-63 绘制圆

单击【绘图】工具栏｜【圆】按钮或在命令行执行“CIRCLE”命令，绘制圆，如图2-63所示。

命令：_ circle
指定圆的圆心或［三点(3P)/两点(2P)/切点、切点、半径(T)］：50，60
指定圆的半径或［直径(D)］：10

2.3.2 绘制轮廓视图

（1）将【粗实线】设置为当前图层

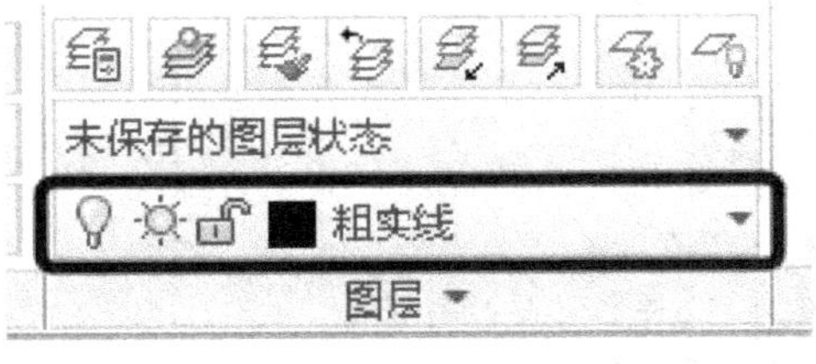

图 2-64 将【粗实线】设置为当前图层

单击【图层特性管理器】的下拉菜单，将【粗实线】设置为当前图层，如图2-64所示。

(2) 绘制圆

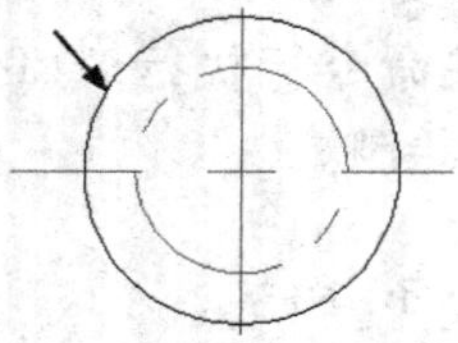

图 2-65　绘制圆（一）

Step01 单击【绘图】工具栏｜【圆】按钮或在命令行执行“CIRCLE”命令，绘制 1 个圆，如图 2-65 所示。

命令：_circle

指定圆的圆心或［三点(3P)/两点(2P)/切点、切点、半径(T)］：50，60

指定圆的半径或［直径（D）］＜10.0000＞：15

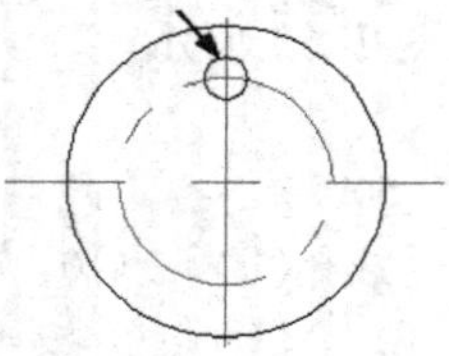

图 2-66　绘制圆（二）

Step02 用同样的方法绘制圆，如图 2-66 所示。

命令：_circle

指定圆的圆心或［三点(3P)/两点(2P)/切点、切点、半径(T)］：50，70

指定圆的半径或［直径(D)］＜15.0000＞：2

(3) 绘制矩形

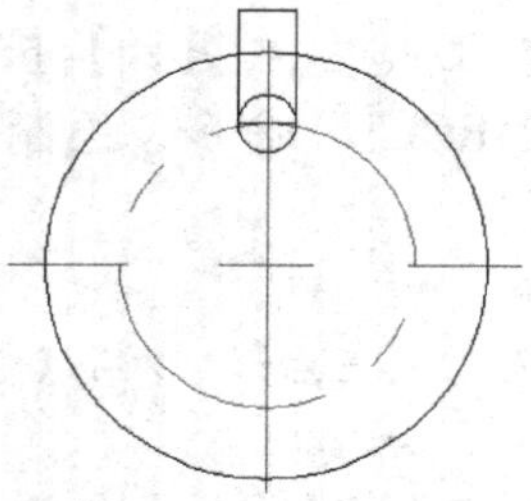

图 2-67　绘制矩形

单击【绘图】工具栏｜【矩形】按钮，如图 2-67 所示。

命令：_rectang

指定第一个角点或［倒角(C)/标高(E)/圆角(F)/厚度(T)/宽度(W)］：48，70

指定另一个角点或［面积(A)/尺寸(D)/旋转(R)］：@4，8

(4) 相切命令

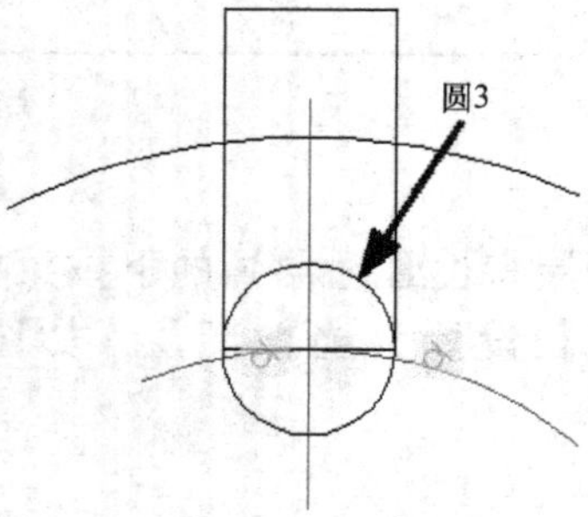

图 2-68　相切

单击【参数化】选项卡｜【几何】工具栏｜【相切】命令按钮，如图 2-68 所示。

命令：_GcTangent

选择第一个对象：//单击圆 3。

选择第二个对象：//单击矩形左边直线。

命令：_GcTangent

选择第一个对象：//单击圆 3。

选择第二个对象：//单击矩形右边直线。

(5) 修剪命令

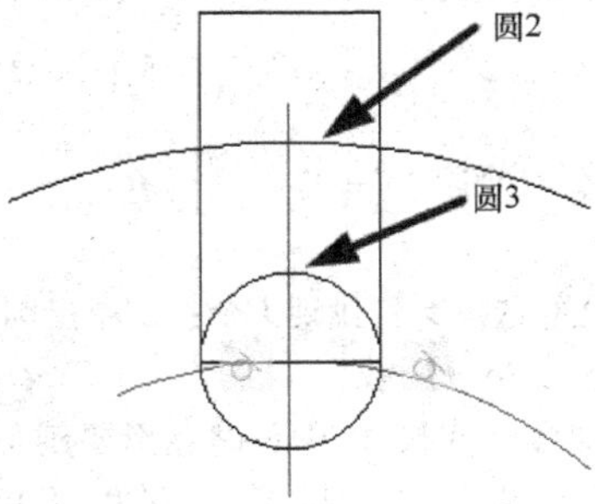

图 2-69 修剪的地方

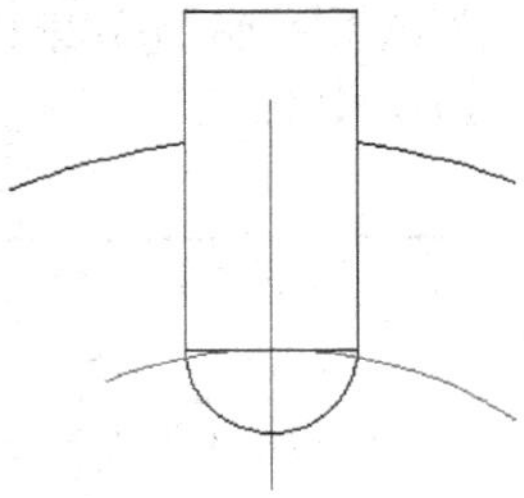

图 2-70 修剪后的效果

Step01 单击【修改】工具栏 | 【修剪】按钮或在命令行执行 “TRIM” 命令，如图 2-69 和图 2-70 所示。

命令：_ trim

当前设置：投影 = UCS，边 = 无

选择剪切边...

选择对象或 <全部选择>：找到 1 个：//单击矩形。

选择对象：//按【Enter】键。

选择要修剪的对象，或按住 Shift 键选择要延伸的对象，或［栏选(F)/窗交(C)/投影(P)/边(E)/删除(R)/放弃(U)］：//单击圆 2 需要修剪的地方。

选择要修剪的对象，或按住 Shift 键选择要延伸的对象，或［栏选(F)/窗交(C)/投影(P)/边(E)/删除(R)/放弃(U)］：//单击圆 3 需要修剪的地方。

选择要修剪的对象，或按住 Shift 键选择要延伸的对象，或［栏选(F)/窗交(C)/投影(P)/边(E)/删除(R)/放弃(U)］：//按【Enter】键。

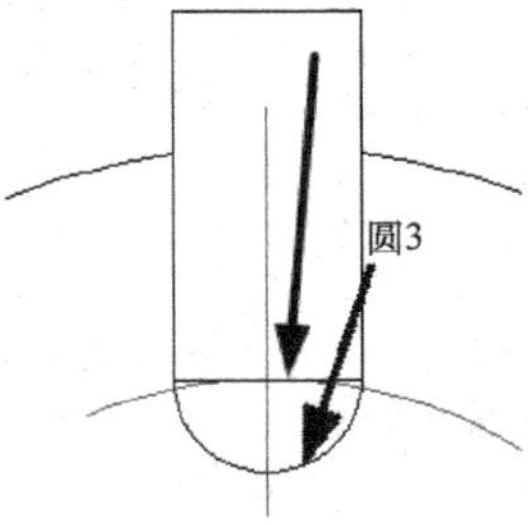

图 2-71 修剪的地方

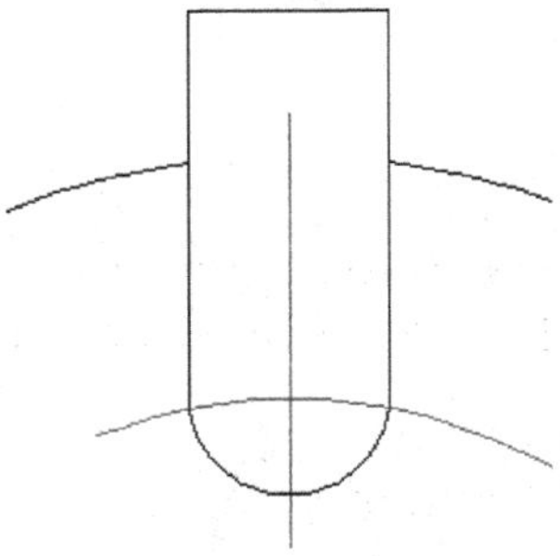

图 2-72 修剪后的效果

Step02 重复同样的操作进行修剪，如图 2-71 和图 2-72 所示。

命令：_ trim

当前设置：投影 = UCS，边 = 无

选择剪切边...

选择对象或 <全部选择>：找到 1 个：//单击圆 3。

选择对象：//按【Enter】键。

选择要修剪的对象，或按住 Shift 键选择要延伸的对象，或［栏选(F)/窗交(C)/投影(P)/边(E)/删除(R)/放弃(U)］：//单击矩形下边直线。

选择要修剪的对象，或按住 Shift 键选择要延伸的对象，或［栏选(F)/窗交(C)/投影(P)/边(E)/删除(R)/放弃(U)］：//按【Enter】键。

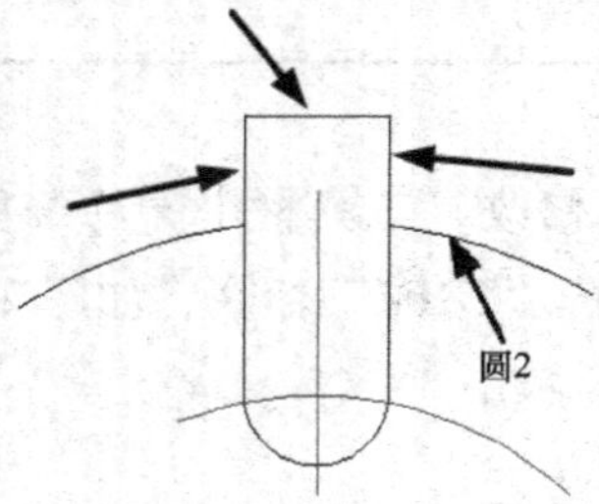

图 2-73　修剪的地方

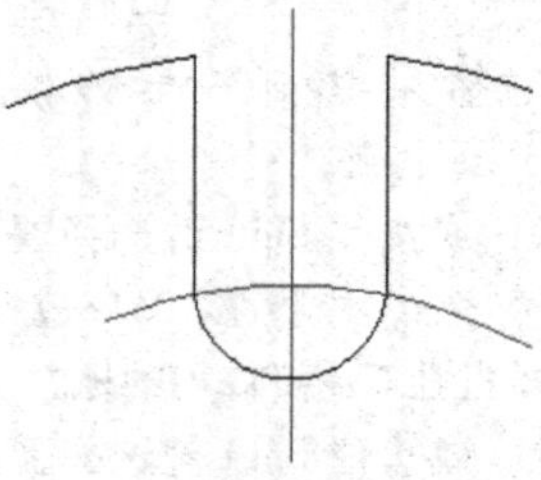

图 2-74　修剪后的效果

Step03 重复同样的操作进行修剪，如图 2-73 和图 2-74 所示。

命令：_ trim

当前设置：投影 = UCS，边 = 无

选择剪切边...

选择对象或 <全部选择>：找到 1 个：//单击圆 2。

选择对象：//按【Enter】键。

选择要修剪的对象，或按住 Shift 键选择要延伸的对象，或［栏选(F)/窗交(C)/投影(P)/边(E)/删除(R)/放弃(U)］：//单击矩形需要修剪的地方。

选择要修剪的对象，或按住 Shift 键选择要延伸的对象，或［栏选(F)/窗交(C)/投影(P)/边(E)/删除(R)/放弃(U)］：//按【Enter】键。

（6）绘制环形阵列

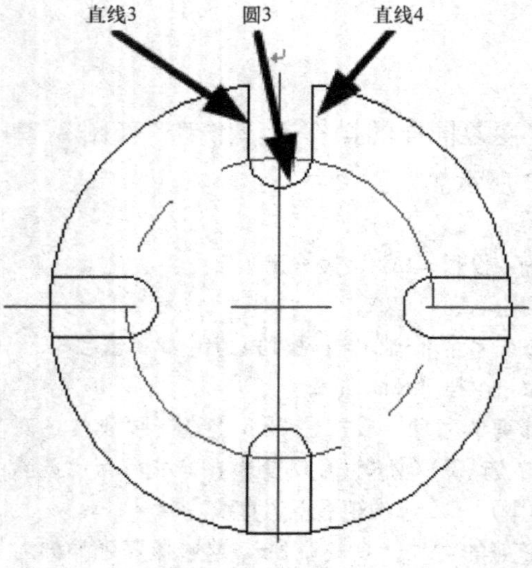

图 2-75　环形阵列

单击【修改】工具栏丨【环形阵列】按钮，如图 2-75 所示。

命令：_ arraypolar

选择对象：找到 1 个：//单击直线 3。

选择对象：找到 1 个，总计 2 个：//单击直线 4。

选择对象：找到 1 个，总计 3 个：//单击圆 3。

选择对象：//按【Enter】键。

类型 = 极轴　关联 = 是

指定阵列的中心点或［基点(B)/旋转轴(A)］：50，60

选择夹点以编辑阵列或［关联(AS)/基点(B)/项目(I)/项目间角度(A)/填充角度(F)/行(ROW)/层(L)/旋转项目(ROT)/退出(X)］ <退出>//在【项目数】输入“4”。

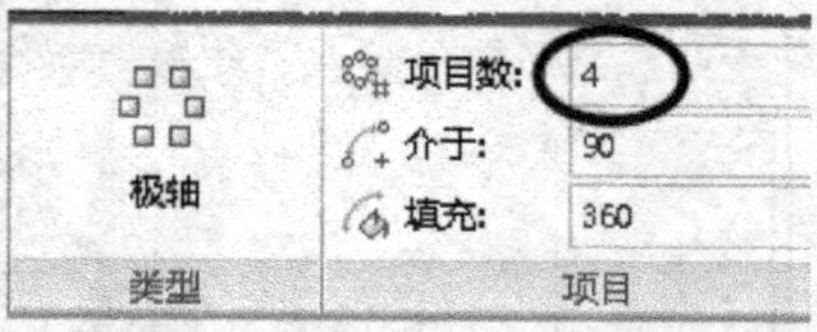

选择夹点以编辑阵列或［关联(AS)/基点(B)/项目(I)/项目间角度(A)/填充角度(F)/行(ROW)/层(L)/旋转项目(ROT)/退出(X)］ <退出>//单击【关闭阵列】按钮。

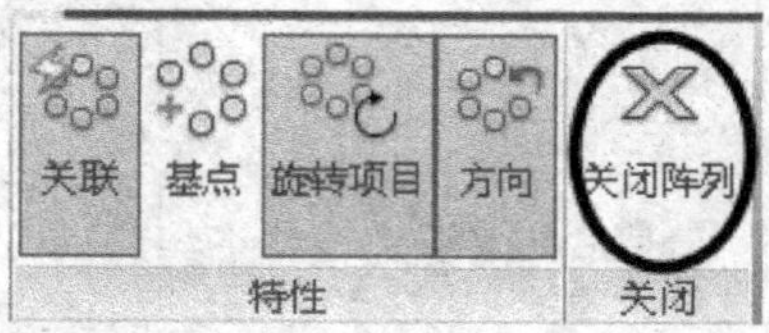

（7）修剪命令

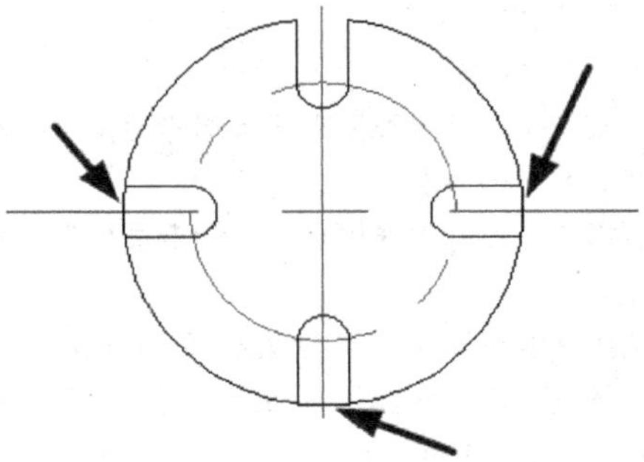

图 2-76　修剪的地方

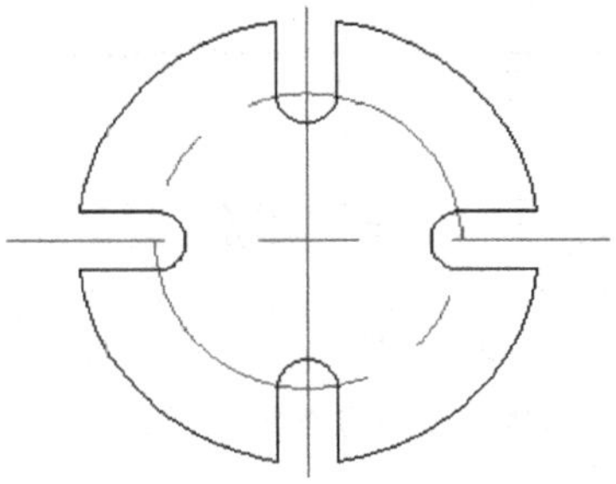

图 2-77　修剪后的效果

单击【修改】工具栏｜【修剪】按钮或在命令行执行“TRIM”命令，如图 2-76 和图 2-77 所示。

命令：_trim

当前设置：投影 = UCS，边 = 无

选择剪切边...

选择对象或 < 全部选择 >：找到 1 个//单击左边一条直线。

选择对象：找到 1 个，总计 2 个：//单击左边另一条直线。

选择对象：找到 1 个，总计 3 个：//单击下边一条直线。

选择对象：找到 1 个，总计 4 个：//单击下边另一条直线。

选择对象：找到 1 个，总计 5 个：//单击右边一条直线。

选择对象：找到 1 个，总计 6 个：//单击右边另一条直线。

选择对象：//按【Enter】键。

选择要修剪的对象，或按住 Shift 键选择要延伸的对象，或 [栏选(F)/窗交(C)/投影(P)/边(E)/删除(R)/放弃(U)]：//单击需要修剪的地方。

选择要修剪的对象，或按住 Shift 键选择要延伸的对象，或 [栏选(F)/窗交(C)/投影(P)/边(E)/删除(R)/放弃(U)]：//按【Enter】键。

2.3.3　标注

（1）线性标注

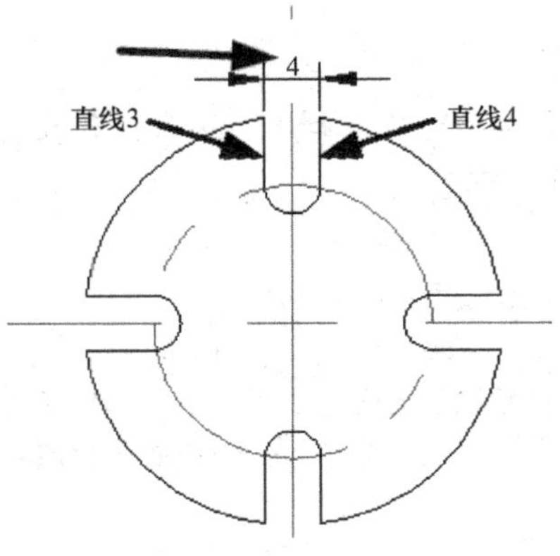

图 2-78　线性标注（一）

Step01 单击【注释】工具栏｜【线性】按钮或在命令行执行“DIMLINEAR”命令，如图 2-78 所示。

命令：dimlinear

指定第一个尺寸界线原点或 < 选择对象 >：//单击直线 3。

指定第二条尺寸界线原点：//单击直线 4。

指定尺寸线位置或 [多行文字(M)/文字(T)/角度(A)/水平(H)/垂直(V)/旋转(R)]：//移动光标，在合适的位置单击。

标注文字 = 4

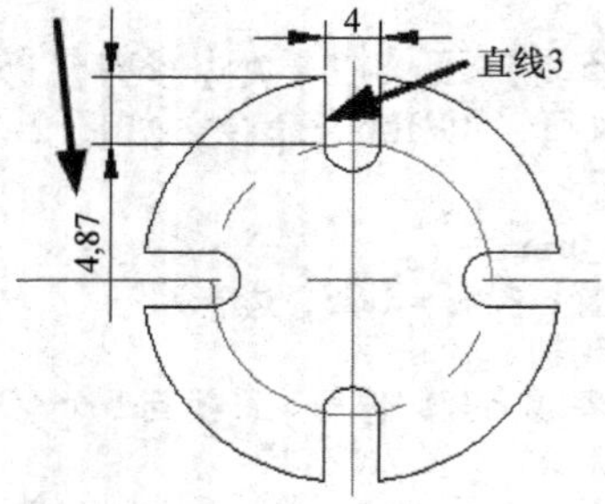

图 2-79　线性标注（二）

Step02 用同样的方法进行线性标注，如图 2-79 所示。

命令：dimlinear

指定第一个尺寸界线原点或 <选择对象>：//单击直线 3 的一个端点。

指定第二条尺寸界线原点：//单击直线 3 的另一个端点。

指定尺寸线位置或［多行文字(M)/文字(T)/角度(A)/水平(H)/垂直(V)/旋转(R)］：//移动光标，在合适的位置单击。

标注文字 =4，87

（2）半径标注

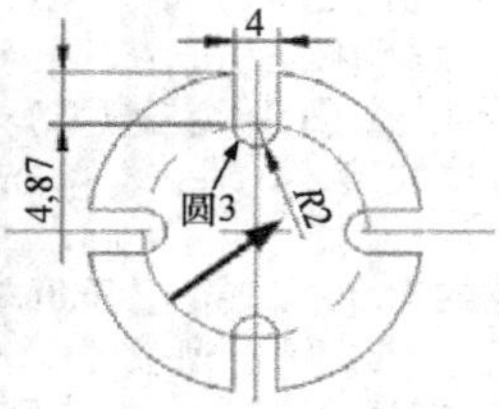

图 2-80　半径标注

单击【注释】工具栏 |【半径】按钮，如图 2-80 所示。

命令：_ dimradius

选择圆弧或圆：//单击圆 3。

标注文字 =2

指定尺寸线位置或［多行文字(M)/文字(T)/角度(A)］：//移动光标，在合适的位置单击。

（3）直径标注

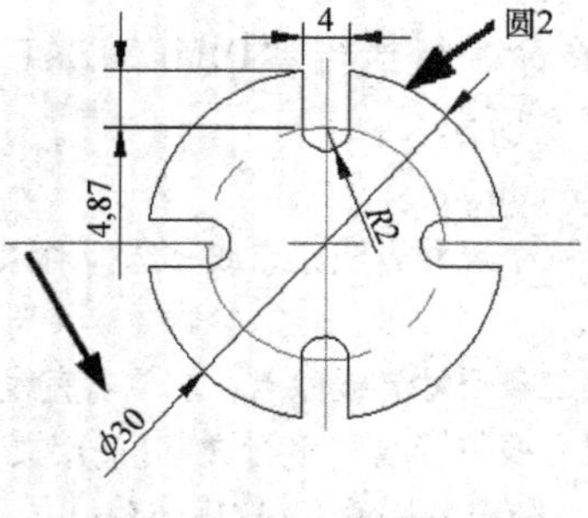

图 2-81　直径标注

单击【注释】工具栏 |【直径】按钮，如图 2-81 所示。

命令：_ dimdiameter

选择圆弧或圆：//单击圆 2。

标注文字 =30

指定尺寸线位置或［多行文字(M)/文字(T)/角度(A)］：//移动光标，在合适的位置单击。

(4) 坐标标注

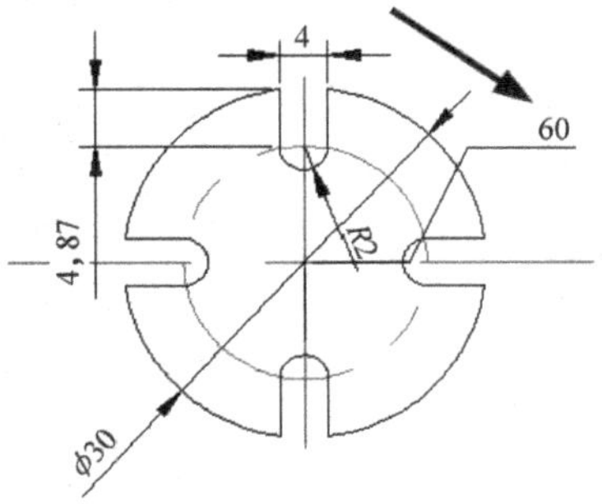

图 2-82　坐标标注（一）

Step01 单击【注释】工具栏｜【坐标】按钮，如图 2-82 所示。

命令：_dimordinate

指定点坐标：//单击构造线中心点。

指定引线端点或［X 基准(X)/Y 基准(Y)/多行文字(M)/文字(T)/角度(A)］：//移动光标，在合适的位置单击，标出圆心的 X 坐标。

标注文字 =60

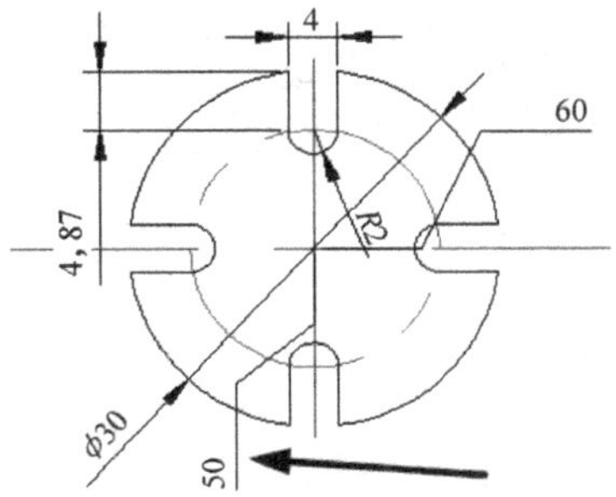

图 2-83　坐标标注（二）

Step02 用同样的方法进行坐标标注，如图 2-83 所示。

命令：_dimordinate

指定点坐标：//单击构造线中心点。

指定引线端点或［X 基准(X)/Y 基准(Y)/多行文字(M)/文字(T)/角度(A)］：//移动光标，在合适的位置单击，标出圆心的 Y 坐标。

标注文字 =50

(5) 弧长标注

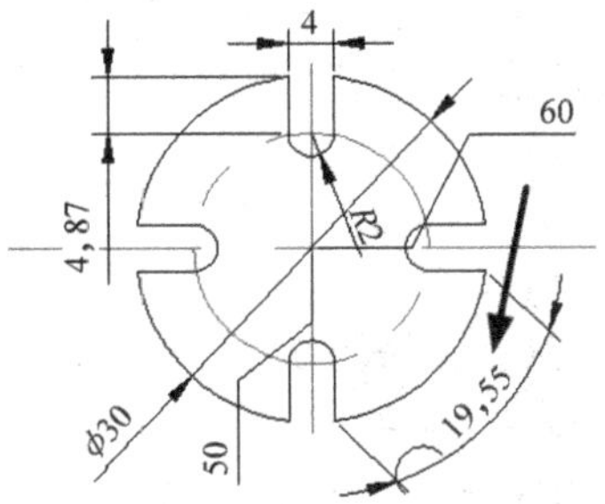

图 2-84　弧长标注

单击【注释】工具栏｜【弧长】按钮，如图 2-84 所示。

命令：dimarc

选择弧线段或多段线圆弧段：//单击圆 2。

指定弧长标注位置或［多行文字(M)/文字(T)/角度(A)/部分(P)/］：//移动光标，在合适的位置单击。

标注文字 =19，55

2.4 如何建立五孔垫片轮廓图

本实例用到 AutoCAD 2017 的知识点有：设定【图形界限】、【图层】、【直线】、【圆】、【环形阵列】、【圆弧】、【分解】、【矩形】、【修剪】等命令。五孔垫片轮廓图如图 2-85 所示。

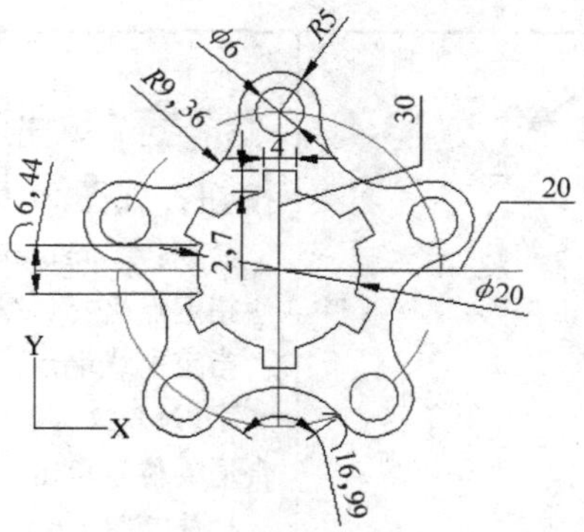

图 2-85 五孔垫片轮廓图

	完成模型	配套光盘 \ 模型文件 \ 2 \ 2.4
	作图录制	配套光盘 \ 屏幕录像 \ 2 \ 2.4

具体步骤如下。

2.4.1 绘制构造线

（1）绘制构造线

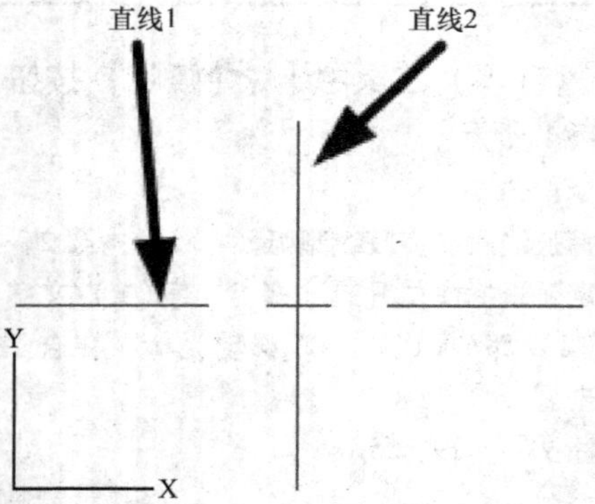

图 2-86 绘制构造线

Step01 单击【绘图】工具栏中的【直线】按钮或在命令行执行“LINE”命令，完成直线 1 的绘制。

命令：_ line
指定第一个点：0，20
指定下一点或［放弃(U)］：@60，0
指定下一点或［放弃(U)］：//按【Enter】键。

Step02 用同样的方法继续绘制直线 2，所得构造线如图 2-86 所示。

命令：_ line
指定第一个点：30，0
指定下一点或［放弃(U)］：@0，40
指定下一点或［放弃(U)］：//按【Enter】键。

（2）绘制圆

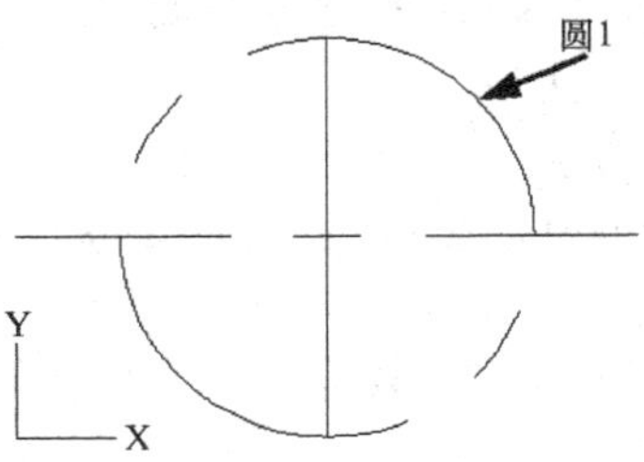

图2-87　绘制圆1

单击【绘图】工具栏 |【圆】按钮或在命令行执行“CIRCLE”命令，绘制圆1，如图2-87所示。

命令：_circle

指定圆的圆心或［三点(3P)/两点(2P)/切点、切点、半径(T)］：30，20

指定圆的半径或［直径(D)］：20

2.4.2　绘制轮廓视图

（1）将【粗实线】设置为当前图层

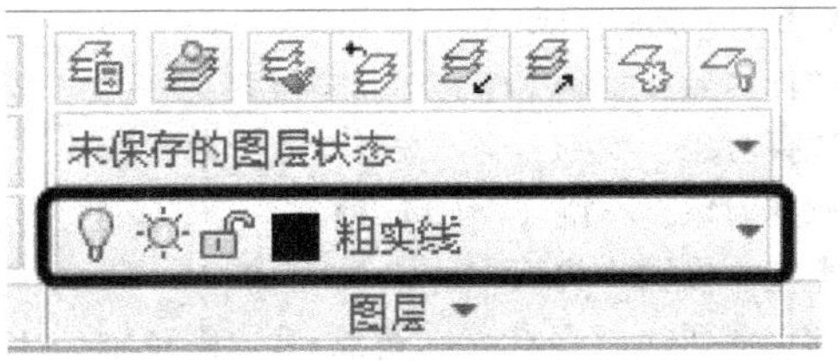

图2-88　将【粗实线】设置为当前图层

单击【图层特性管理器】的下拉菜单，将【粗实线】设置为当前图层，如图2-88所示。

（2）绘制圆

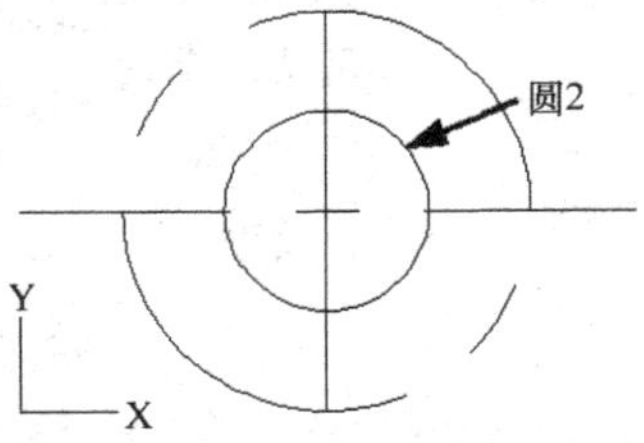

图2-89　绘制圆2

Step01 单击【绘图】工具栏 |【圆】按钮或在命令行执行“CIRCLE”命令，绘制圆2，如图2-89所示。

命令：_circle

指定圆的圆心或［三点(3P)/两点(2P)/切点、切点、半径(T)］：30，20

指定圆的半径或［直径(D)］<20.0000>：10

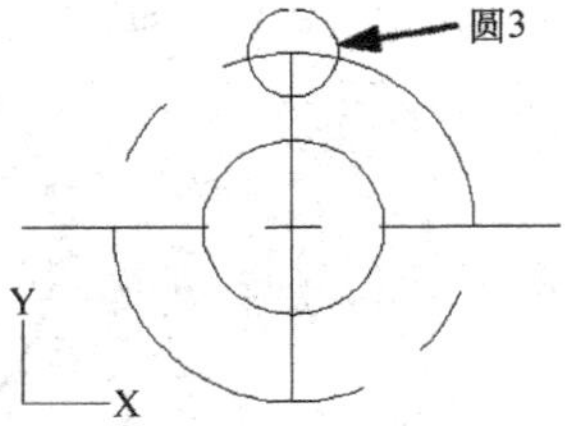

图2-90　绘制圆3

Step02 用同样的方法绘制小圆3，如图2-90所示。

命令：_circle

指定圆的圆心或［三点(3P)/两点(2P)/切点、切点、半径(T)］：30，40

指定圆的半径或［直径(D)］<10.0000>：5

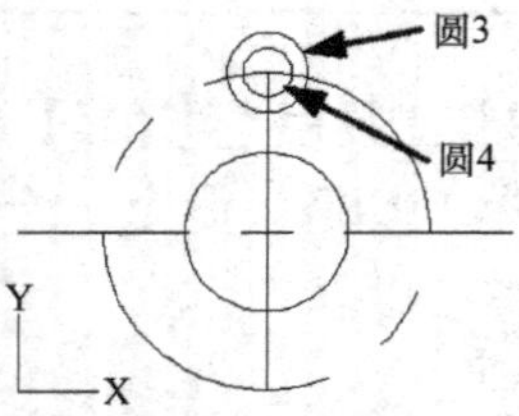

图 2-91　绘制圆 4

Step03 用同样的方法绘制最小的圆 4，如图 2-91 所示。

命令：_ circle

指定圆的圆心或［三点(3P)/两点(2P)/切点、切点、半径(T)］：30，40

指定圆的半径或［直径(D)］ <5.0000>：3

(3) 绘制环形阵列圆

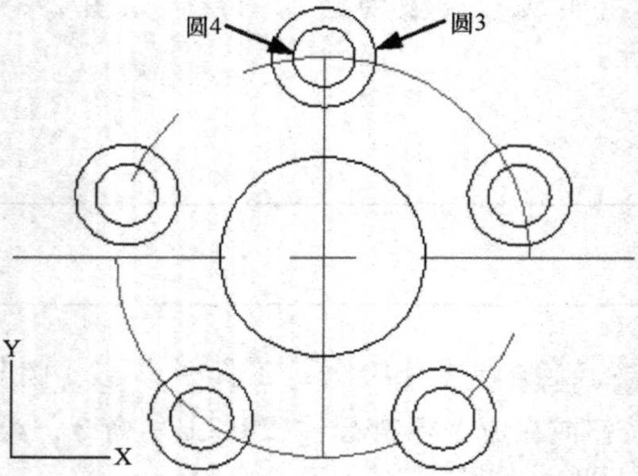

图 2-92　环形阵列圆

单击【修改】工具栏｜【环形阵列】按钮或在命令行执行“ARRAYPOLAR”命令，环形阵列圆，如图 2-92 所示。

命令：_ arraypolar

选择对象：找到 1 个：//单击圆 3。

选择对象：找到 1 个，总计 2 个//单击圆 4。

选择对象：//按【Enter】键。

类型 = 极轴　关联 = 是

指定阵列的中心点或［基点(B)/旋转轴(A)］：30，20

选择夹点以编辑阵列或［关联(AS)/基点(B)/项目(I)/项目间角度(A)/填充角度(F)/行(ROW)/层(L)/旋转项目(ROT)/退出(X)］ <退出>：//在【项目数】输入“5”。

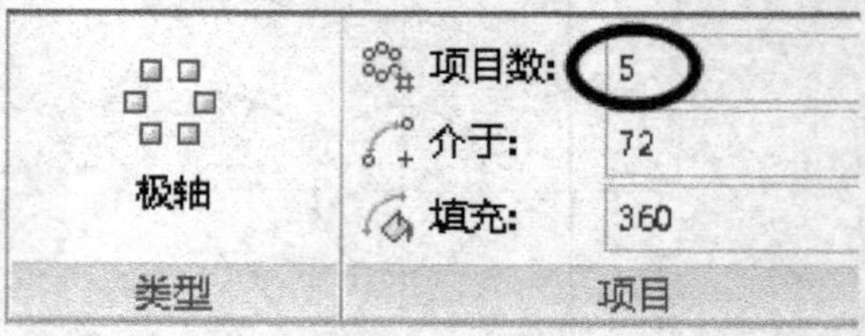

选择夹点以编辑阵列或［关联(AS)/基点(B)/项目(I)/项目间角度(A)/填充角度(F)/行(ROW)/层(L)/旋转项目(ROT)/退出(X)］ <退出>：//单击【关闭阵列】按钮。

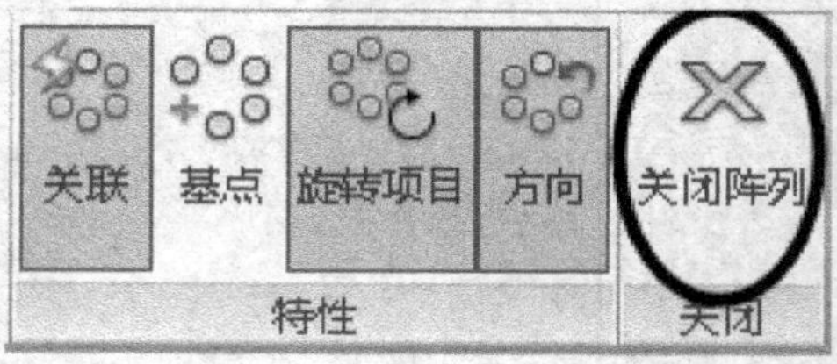

（4）绘制圆弧

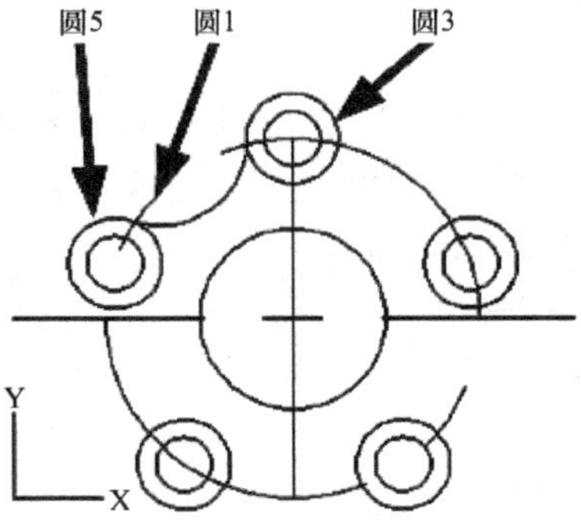

图 2-93　绘制圆弧

单击【绘图】工具栏 | 【圆弧】中的【三点】按钮或在命令行执行“ARC”命令，绘制圆弧，如图 2-93 所示。

命令：_ arc

圆弧创建方向：逆时针(按住 Ctrl 键可切换方向)。

指定圆弧的起点或［圆心(C)］：//单击圆 1 与圆 3 左边交汇处。

指定圆弧的第二个点或［圆心(C)/端点(E)］：21，32

指定圆弧的端点：//单击圆 2 与圆 5 上边交汇处。

（5）绘制环形阵列圆弧

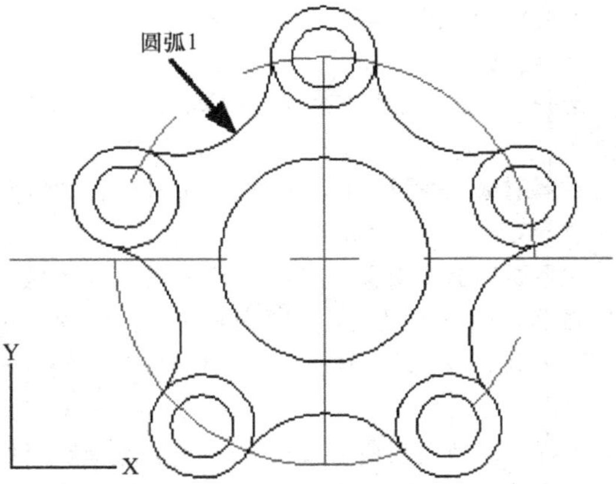

图 2-94　环形阵列圆

单击【修改】工具栏 | 【环形阵列】按钮或在命令行执行“ARRAYPOLAR”命令，环形阵列圆弧，如图 2-94 所示。

命令：_ arraypolar

选择对象：找到 1 个：//单击圆弧 1。

选择对象：//按【Enter】键。

类型 = 极轴　关联 = 是

指定阵列的中心点或［基点(B)/旋转轴(A)］：30，20

选择夹点以编辑阵列或［关联(AS)/基点(B)/项目(I)/项目间角度(A)/填充角度(F)/行(ROW)/层(L)/旋转项目(ROT)/退出(X)］<退出>：//在【项目数】输入【5】。

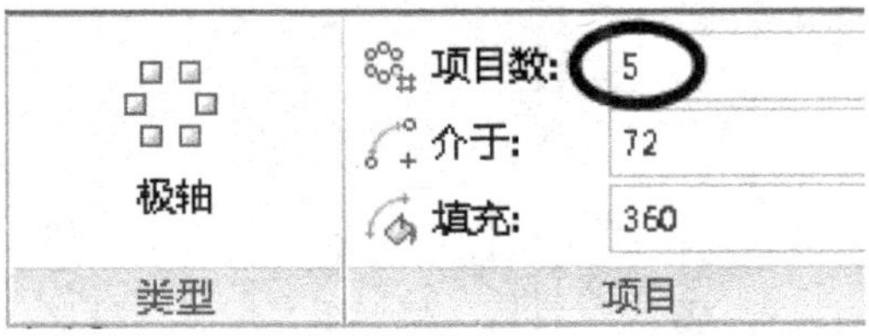

选择夹点以编辑阵列或［关联(AS)/基点(B)/项目(I)/项目间角度(A)/填充角度(F)/行(ROW)/层(L)/旋转项目(ROT)/退出(X)］<退出>：//单击【关闭阵列】按钮。

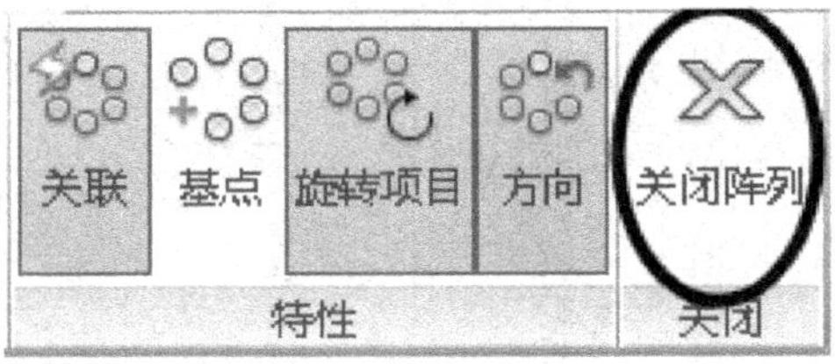

(6) 分解命令

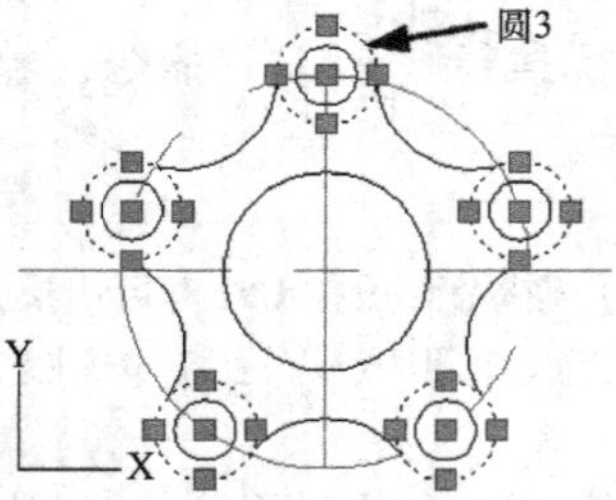

图 2-95　分解后的效果

单击【修改】工具栏 |【分解】按钮或在命令行执行“EXPLODE”命令，进行分解命令，如图 2-95 所示。

命令：_ explode

选择对象：找到 1 个：//单击圆 3。

选择对象：//按【Enter】键。

(7) 修剪命令

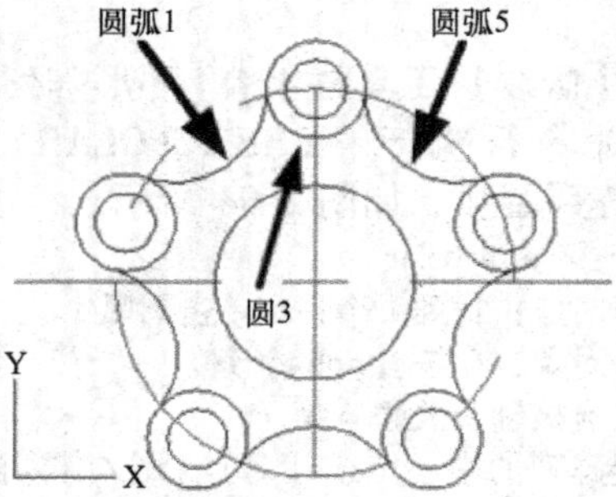

图 2-96　修剪的地方

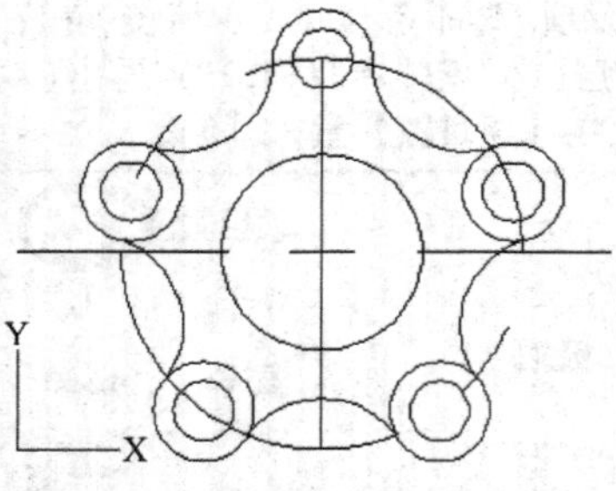

图 2-97　修剪后的效果

Step01 单击【修改】工具栏 |【修剪】按钮或在命令行执行“TRIM”命令，如图 2-96 和图 2-97 所示。

命令：_ trim

当前设置：投影 = UCS，边 = 无

选择剪切边...

选择对象或 <全部选择>：找到 1 个：//单击圆弧 1。

选择对象：找到 1 个，总计 2 个：//单击圆弧 5。

选择对象：//按【Enter】键。

选择要修剪的对象，或按住 Shift 键选择要延伸的对象，或 [栏选(F)/窗交(C)/投影(P)/边(E)/删除(R)/放弃(U)]：//单击圆 3 需要修剪的地方。

选择要修剪的对象，或按住 Shift 键选择要延伸的对象，或 [栏选(F)/窗交(C)/投影(P)/边(E)/删除(R)/放弃(U)]：//按【Enter】键。

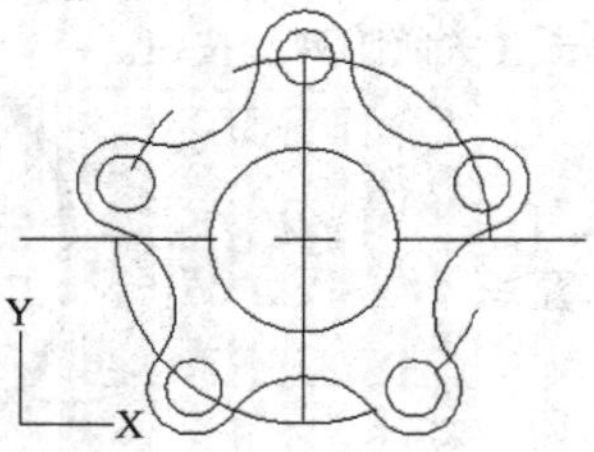

图 2-98　修剪

Step02 重复同样的操作进行修剪，如图 2-98 所示。

（8）绘制矩形

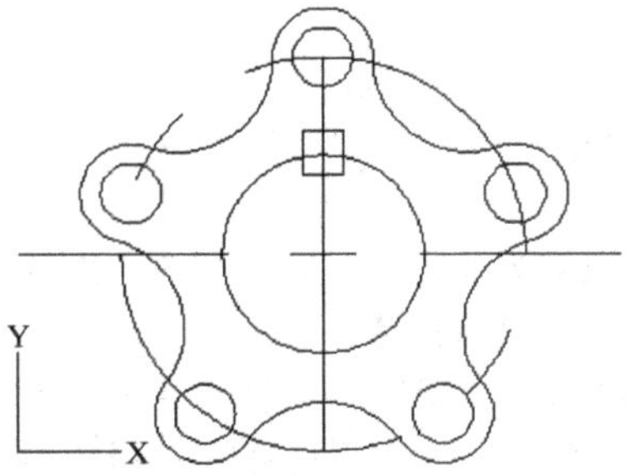

图2-99　绘制矩形

单击【绘图】工具栏｜【矩形】按钮或在命令行执行“RECTANG”命令，如图2-99所示。

命令：_rectang

指定第一个角点或［倒角(C)/标高(E)/圆角(F)/厚度(T)/宽度(W)］：28，28

指定另一个角点或［面积(A)/尺寸(D)/旋转(R)］：@4，4.5

（9）修剪命令

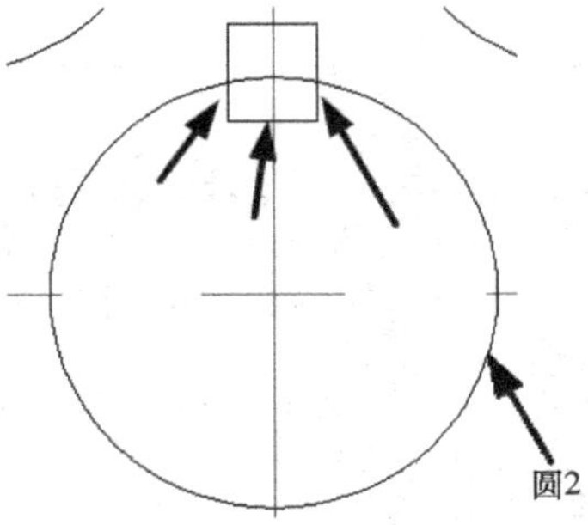

图2-100　修剪的地方（一）

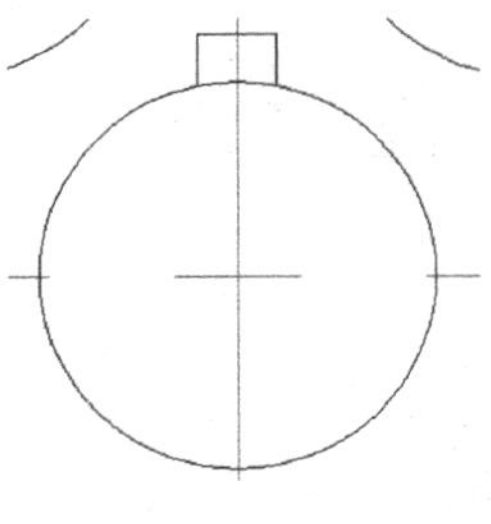

图2-101　修剪后的效果（一）

Step01 单击【修改】工具栏｜【修剪】按钮或在命令行执行“TRIM”命令，如图2-100和图2-101所示。

命令：_trim

当前设置：投影＝UCS，边＝无

选择剪切边...

选择对象或<全部选择>：找到1个：//单击圆2。

选择对象：//按【Enter】键。

选择要修剪的对象，或按住Shift键选择要延伸的对象，或［栏选(F)/窗交(C)/投影(P)/边(E)/删除(R)/放弃(U)］：//单击矩形需要修剪的地方。

选择要修剪的对象，或按住Shift键选择要延伸的对象，或［栏选(F)/窗交(C)/投影(P)/边(E)/删除(R)/放弃(U)］：//按【Enter】键。

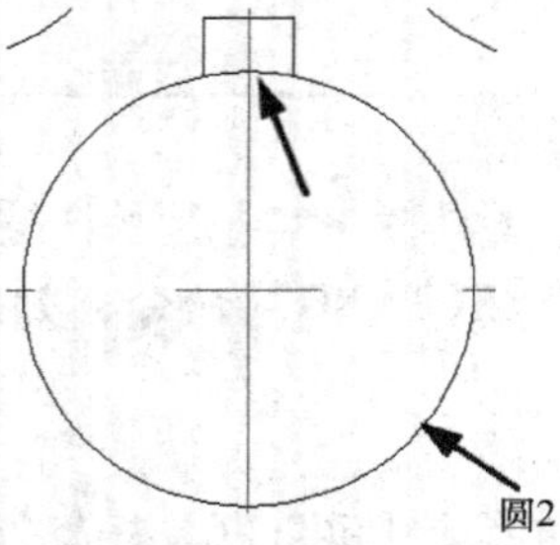

图 2-102　修剪的地方（二）

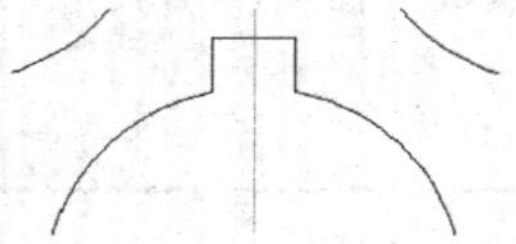

图 2-103　修剪后的效果（二）

Step02 重复同样的操作进行修剪，如图 2-102 和图 2-103 所示。

命令：_ trim

当前设置：投影 = UCS，边 = 无

选择剪切边...

选择对象或 <全部选择>：找到 1 个：//单击矩形。

选择对象：//按【Enter】键。

选择要修剪的对象，或按住 Shift 键选择要延伸的对象，或［栏选(F)/窗交(C)/投影(P)/边(E)/删除(R)/放弃(U)］：//单击圆 2 需要修剪的地方。

选择要修剪的对象，或按住 Shift 键选择要延伸的对象，或［栏选(F)/窗交(C)/投影(P)/边(E)/删除(R)/放弃(U)］：//按【Enter】键。

（10）绘制环形阵列矩形

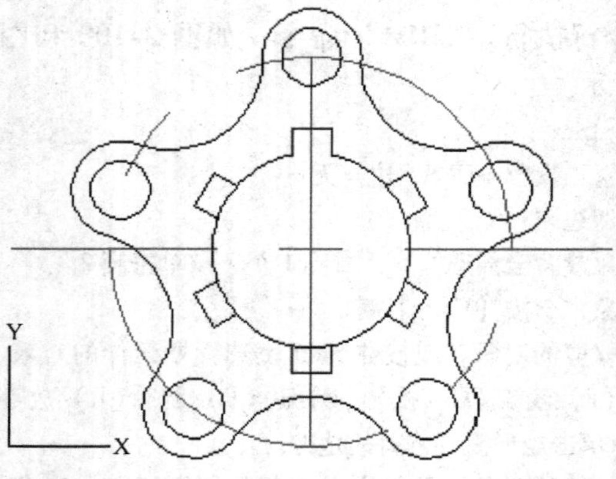

图 2-104　环形阵列矩形

单击【修改】工具栏丨【环形阵列】按钮或在命令行执行“ARRAYPOLAR”命令，绘制环形阵列矩形，如图 2-104 所示。

命令：_ arraypolar

选择对象：找到 1 个：//单击矩形。

选择对象：//按【Enter】键。

类型 = 极轴　关联 = 是

指定阵列的中心点或［基点(B)/旋转轴(A)］：30，20

选择夹点以编辑阵列或［关联(AS)/基点(B)/项目(I)/项目间角度(A)/填充角度(F)/行(ROW)/层(L)/旋转项目(ROT)/退出(X)］<退出>：//在【项目数】输入“6”。

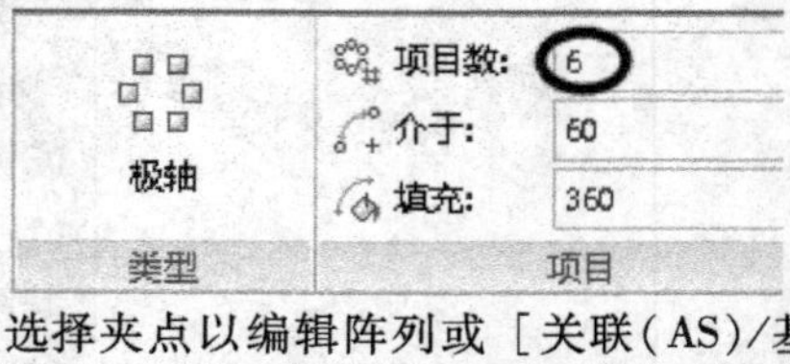

选择夹点以编辑阵列或［关联(AS)/基点(B)/项目(I)/项目间角度(A)/填充角度(F)/行(ROW)/层(L)/旋转项目(ROT)/退出(X)］<退出>：//单击【关闭阵列】按钮。

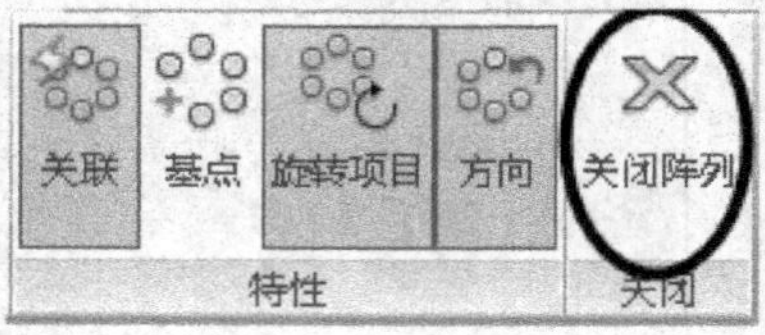

(11) 修剪命令

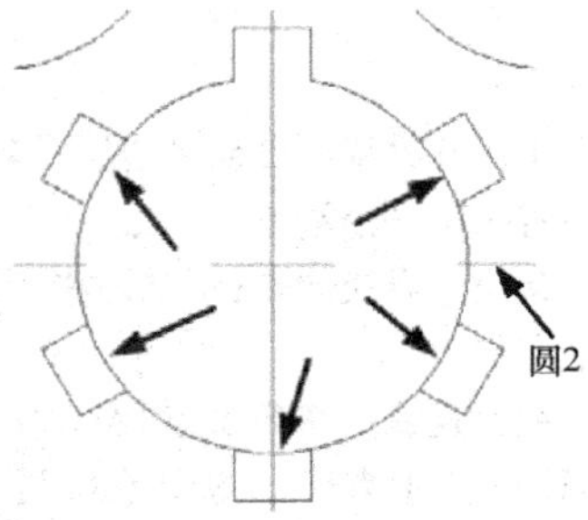

图 2-105 修剪的地方

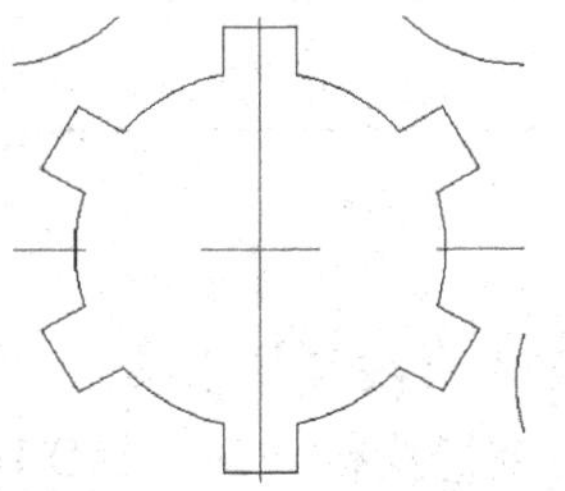

图 2-106 修剪后的效果

Step01 单击【修改】工具栏|【修剪】按钮或在命令行执行“TRIM”命令，如图 2-105 和图 2-106 所示。

命令：_ trim

当前设置：投影 = UCS，边 = 无

选择剪切边...

选择对象或 <全部选择>：找到 1 个

选择对象：找到 1 个，总计 2 个

选择对象：找到 1 个，总计 3 个

选择对象：找到 1 个，总计 4 个

选择对象：找到 1 个，总计 5 个：//分别单击环形阵列后的矩形。

选择对象：//按【Enter】键。

选择要修剪的对象，或按住 Shift 键选择要延伸的对象，或 [栏选(F)/窗交(C)/投影(P)/边(E)/删除(R)/放弃(U)]：//单击圆 2 需要修剪的地方。

选择要修剪的对象，或按住 Shift 键选择要延伸的对象，或 [栏选(F)/窗交(C)/投影(P)/边(E)/删除(R)/放弃(U)]：//按【Enter】键。

2.4.3 标注

(1) 线性标注

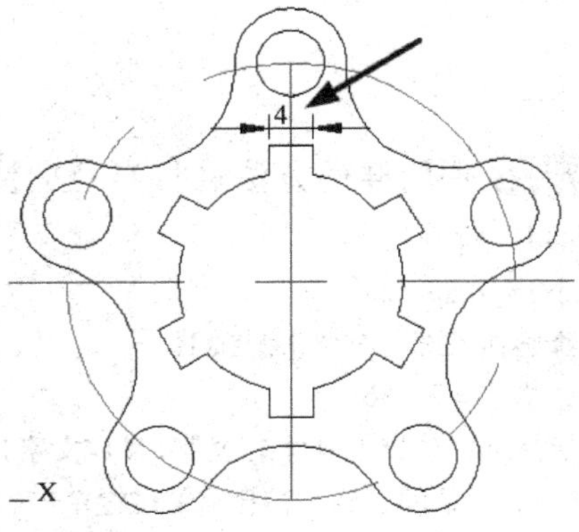

图 2-107 线性标注（一）

Step01 单击【注释】工具栏|【线性】按钮或在命令行执行“DIMLINEAR”命令，如图 2-107 所示。

命令：dimlinear

指定第一个尺寸界线原点或 <选择对象>：//单击矩形上边直线的一个端点。

指定第二条尺寸界线原点：//单击矩形上边直线的另一个端点。

指定尺寸线位置或 [多行文字(M)/文字(T)/角度(A)/水平(H)/垂直(V)/旋转(R)]：//移动光标，在合适的位置单击。

标注文字 = 4

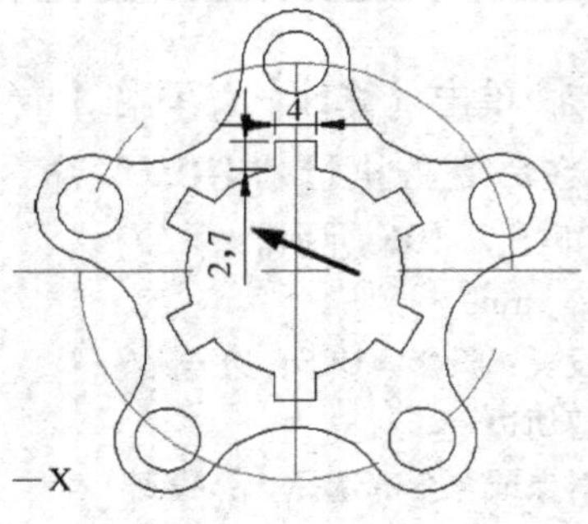

图 2-108　线性标注（二）

Step02 用同样的方法进行线性标注，如图 2-108 所示。

命令：dimlinear

指定第一个尺寸界线原点或 <选择对象>：//单击矩形左边直线的一个端点。

指定第二条尺寸界线原点：//单击矩形左边直线的另一个端点。

指定尺寸线位置或 [多行文字(M)/文字(T)/角度(A)/水平(H)/垂直(V)/旋转(R)]：//移动光标，在合适的位置单击。

标注文字 =2，7

（2）半径标注

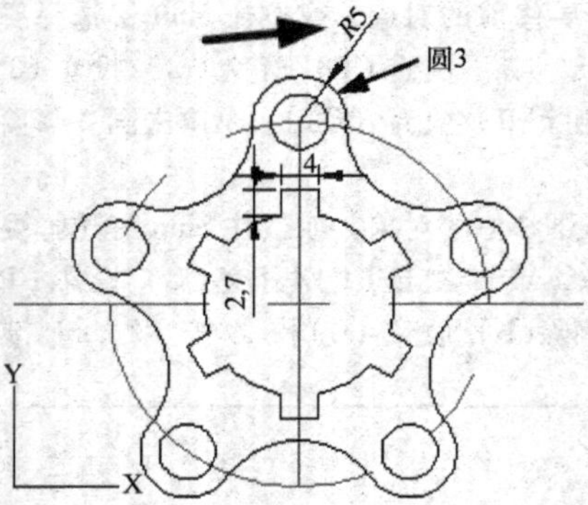

图 2-109　半径标注（一）

Step01 单击【注释】工具栏 | 【半径】按钮或在命令行执行"DIMRADIUS"命令，如图 2-109 所示。

命令：_ dimradius

选择圆弧或圆：//单击圆 3。

标注文字 =5

指定尺寸线位置或 [多行文字(M)/文字(T)/角度(A)]：//移动光标，在合适的位置单击。

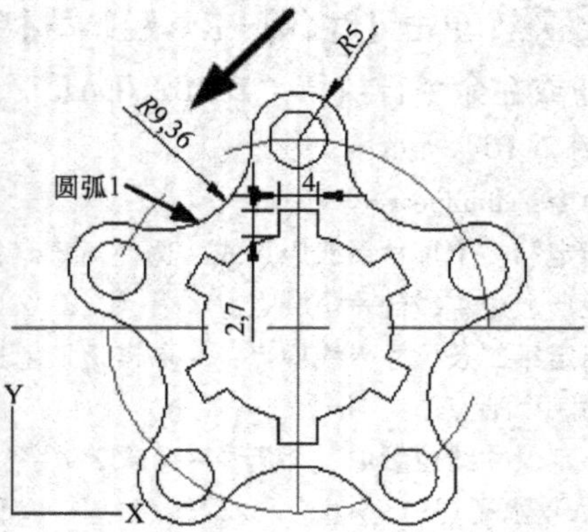

图 2-110　半径标注（二）

Step02 用同样的方法进行半径标注，如图 2-110 所示。

命令：_ dimradius

选择圆弧或圆：//单击圆弧 1。

标注文字 =9，36

指定尺寸线位置或 [多行文字(M)/文字(T)/角度(A)]：//移动光标，在合适的位置单击。

(3) 直径标注

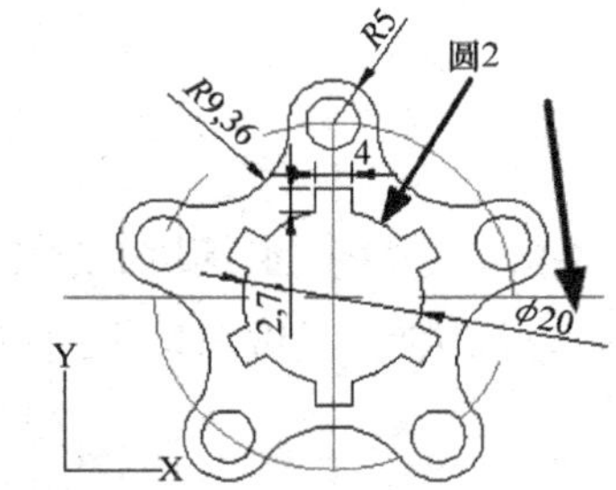

图 2-111　直径标注（一）

Step01 单击【注释】工具栏 |【直径】按钮或在命令行执行“DIMDIAMETER”命令，如图 2-111 所示。

命令：_ dimdiameter

选择圆弧或圆：//单击圆 2。

标注文字 =20

指定尺寸线位置或［多行文字(M)/文字(T)/角度(A)］：//移动光标，在合适的位置单击。

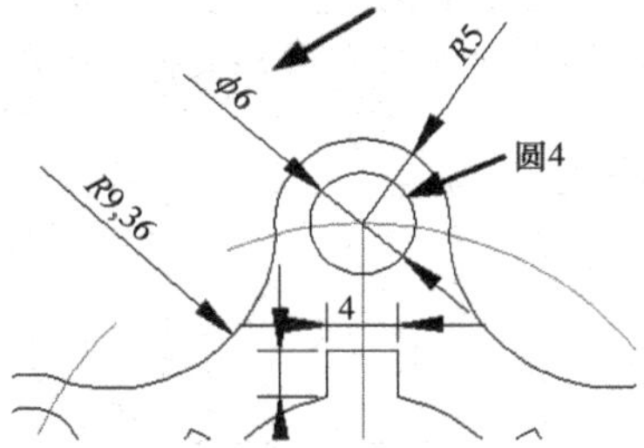

图 2-112　直径标注（二）

Step02 用同样的方法进行直径标注，如图 2-112 所示。

命令：_ dimdiameter

选择圆弧或圆：//单击圆 4。

标注文字 =6

指定尺寸线位置或［多行文字(M)/文字(T)/角度(A)］：//移动光标，在合适的位置单击。

(4) 坐标标注

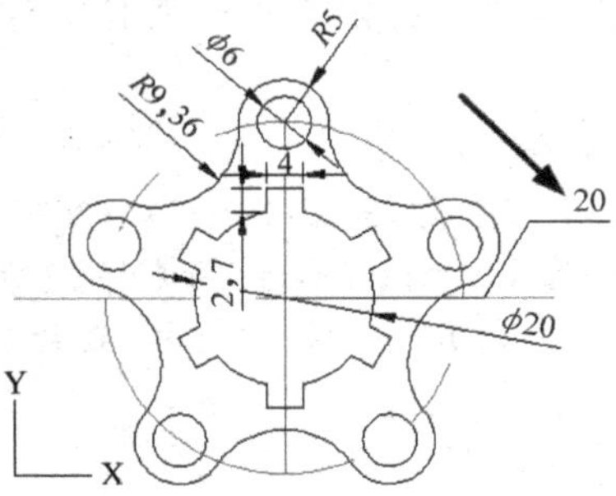

图 2-113　坐标标注（一）

Step01 单击【注释】工具栏 |【坐标】按钮或在命令行执行“DIMORDINATE”命令，如图 2-113 所示。

命令：_ dimordinate

指定点坐标：//单击构造线中心点。

指定引线端点或［X 基准(X)/Y 基准(Y)/多行文字(M)/文字(T)/角度(A)］：//移动光标，在合适的位置单击，标出圆心的 X 坐标。

标注文字 =20

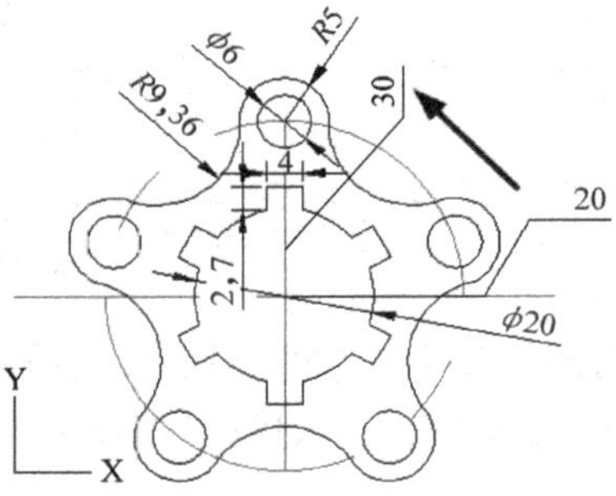

图 2-114　坐标标注（二）

Step02 用同样的方法进行坐标标注，如图 2-114 所示。

命令：_ dimordinate

指定点坐标：//单击构造线中心点。

指定引线端点或［X 基准(X)/Y 基准(Y)/多行文字(M)/文字(T)/角度（A)］：//移动光标，在合适的位置单击，标出圆心的 Y 坐标。

标注文字 =30

（5）弧长标注

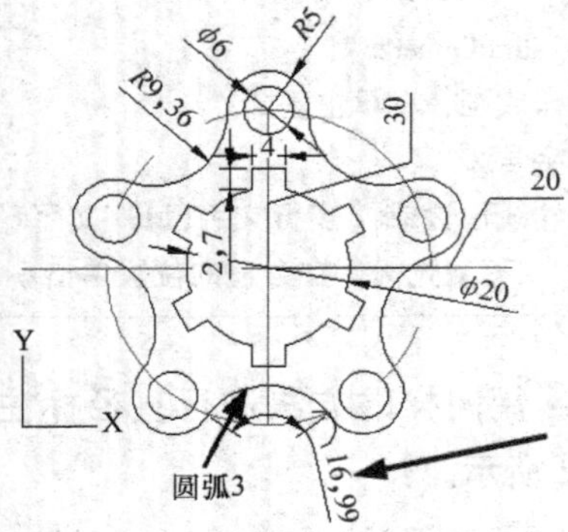

图 2-115　弧长标注（一）

Step01 单击【注释】工具栏【弧长】按钮或在命令行执行“DIMARC”命令，如图 2-115 所示。

命令：dimarc

选择弧线段或多段线圆弧段：//单击圆弧 3。

指定弧长标注位置或［多行文字(M)/文字(T)/角度(A)/部分(P)/］：//移动光标，在合适的位置单击。

标注文字 =16，99

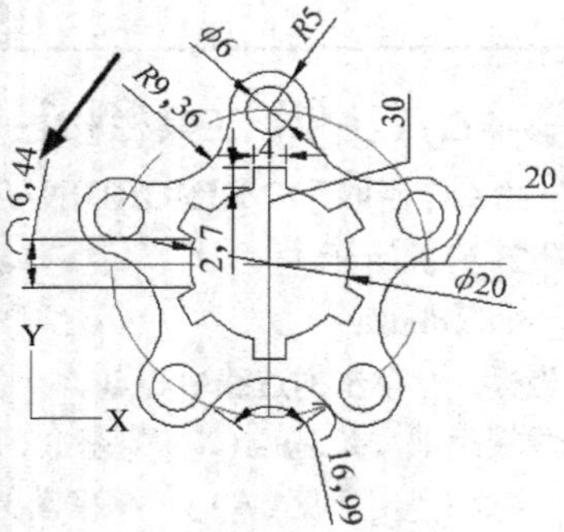

图 2-116　弧长标注（二）

Step02 用同样的方法进行弧长标注，如图 2-116 所示。

命令：dimarc

选择弧线段或多段线圆弧段：//单击圆 2。

指定弧长标注位置或［多行文字(M)/文字(T)/角度(A)/部分(P)/］：//移动光标，在合适的位置单击。

标注文字 =6，44

2.5 如何建立侧板轮廓图

本实例用到 AutoCAD 2017 的知识点有：设定【图形界限】、【图层】、【直线】、【矩形】、【圆】、【相切】、【修剪】、【镜像】、【矩形阵列】、【圆角】、【倒角】等命令。侧板轮廓图如图 2-117 所示。

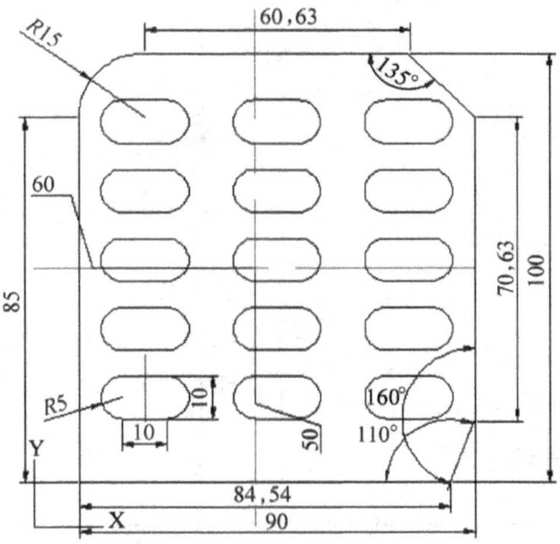

图 2-117 侧板轮廓图

	完成模型	配套光盘\模型文件\2\2.5
	作图录制	配套光盘\屏幕录像\2\2.5

具体步骤如下。

2.5.1 绘制构造线

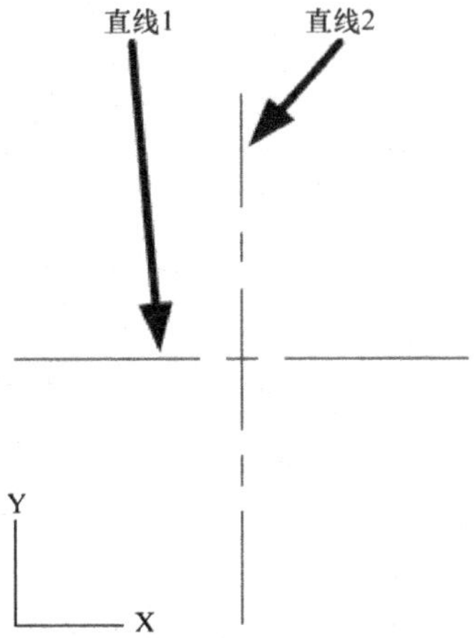

图 2-118 绘制构造线（一）

Step01 单击【绘图】工具栏中的【直线】按钮或在命令行执行“LINE”命令，完成直线 1 的绘制。

命令：_ line
指定第一个点：0，60
指定下一点或［放弃(U)]：@100，0
指定下一点或［放弃(U)]：//按【Enter】键。

Step02 用同样的方法继续绘制直线 2，所得构造线如图 2-118 所示。

命令：_ line
指定第一个点：50，0
指定下一点或［放弃(U)]：@0，120
指定下一点或［放弃(U)]：//按【Enter】键。

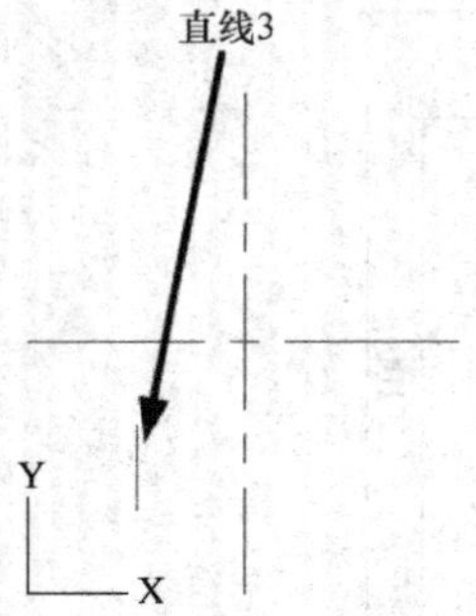

图 2-119　绘制构造线（二）

Step03 用同样的方法继续绘制直线 3，所得构造线如图 2-119 所示。

命令：_ line

指定第一个点：25，20

指定下一点或［放弃(U)］：25，40

指定下一点或［放弃(U)］：//按【Enter】键。

2.5.2　绘制轮廓视图

（1）将【粗实线】设置为当前图层

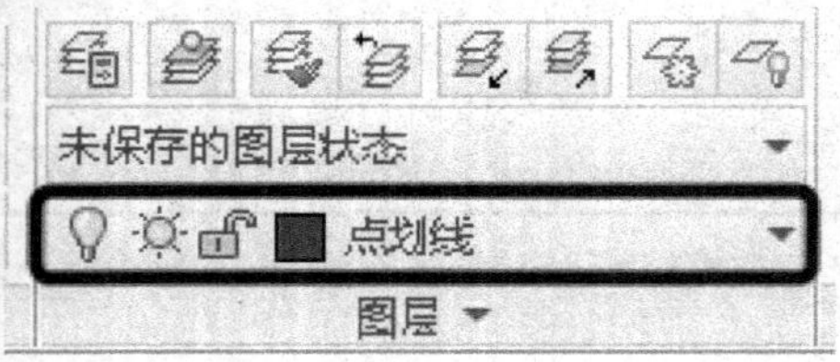

图 2-120　将【粗实线】设置为当前图层

单击【图层特性管理器】的下拉菜单，将【粗实线】设置为当前图层，如图 2-120 所示。

（2）绘制矩形

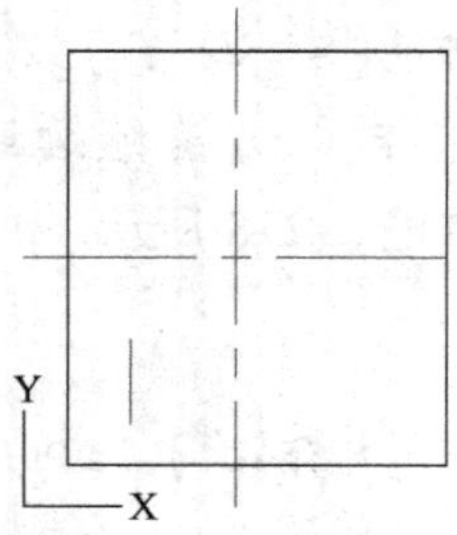

图 2-121　绘制矩形

单击【绘图】工具栏｜▭【矩形】按钮或在命令行执行“RECTANG”命令，如图 2-121所示。

命令：_ rectang

指定第一个角点或［倒角(C)/标高(E)/圆角(F)/厚度(T)/宽度(W)］：10，10

指定另一个角点或［面积(A)/尺寸(D)/旋转(R)］：@90，100

（3）绘制圆

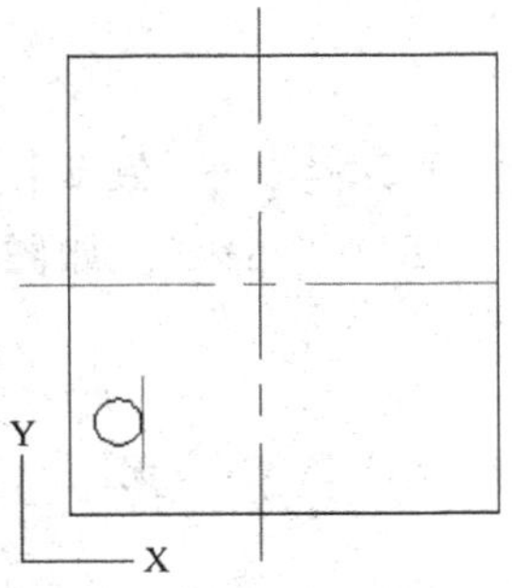

图 2-122 绘制圆

单击【绘图】工具栏|【圆】按钮或在命令行执行“CIRCLE”命令，绘制 1 个圆，如图 2-122 所示。

命令：_circle

指定圆的圆心或［三点(3P)/两点(2P)/切点、切点、半径（T)］：20，30

指定圆的半径或［直径(D)］：5

（4）绘制矩形

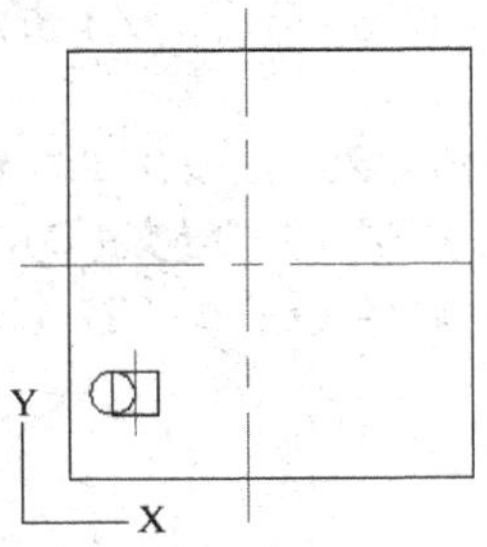

图 2-123 绘制矩形

单击【绘图】工具栏|【矩形】按钮或在命令行执行“RECTANG”命令，如图 2-123所示。

命令：_rectang

指定第一个角点或［倒角(C)/标高(E)/圆角(F)/厚度(T)/宽度(W)］：20，35

指定另一个角点或［面积(A)/尺寸(D)/旋转(R)］：30，25

（5）相切命令

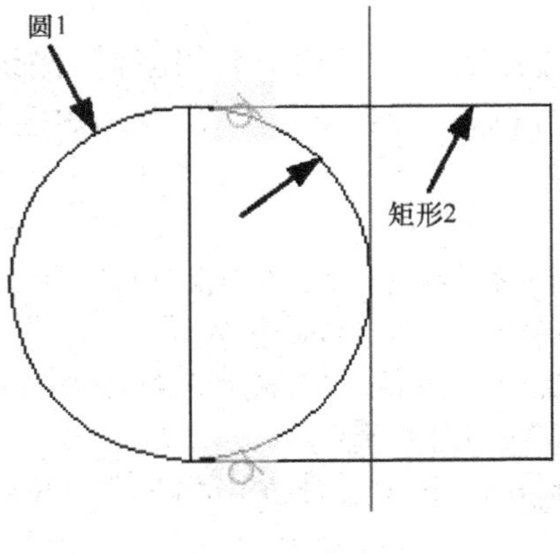

图 2-124 相切

单击【参数化】选项卡|【几何】工具栏|【相切】按钮或在命令行执行“GCTANGENT”命令，如图 2-124 所示。

命令：_GcTangent

选择第一个对象：//单击圆 1。

选择第二个对象：//单击矩形 2 上边直线。

命令：_GcTangent

选择第一个对象：//单击圆 1。

选择第二个对象：//单击矩形 2 下边直线。

(6) 修剪圆

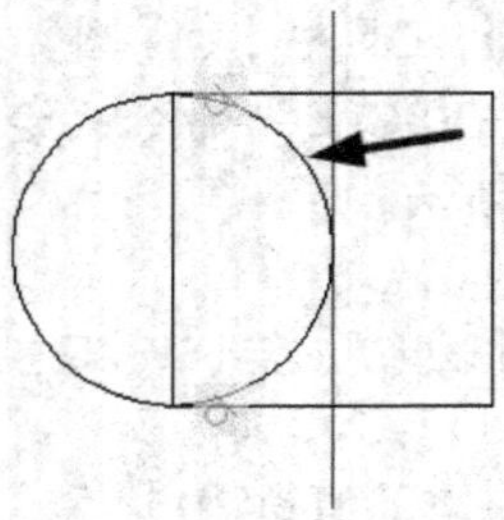

图 2-125 修剪的地方

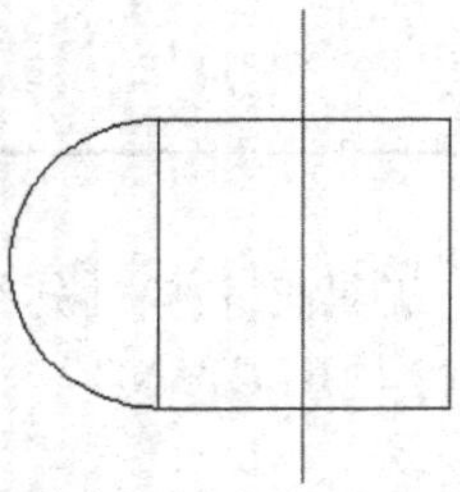

图 2-126 修剪后的效果

单击【修改】工具栏 |【修剪】按钮或在命令行执行“TRIM”命令，如图 2-125 和图 2-126 所示。

命令：_ trim

当前设置：投影 = UCS，边 = 无

选择剪切边...

选择对象或 <全部选择>：找到 1 个：//单击矩形 2。

选择对象：//按【Enter】键。

选择要修剪的对象，或按住 Shift 键选择要延伸的对象，或 [栏选(F)/窗交(C)/投影(P)/边(E)/删除(R)/放弃 (U)]：//单击圆 1 需要修剪的地方。

选择要修剪的对象，或按住 Shift 键选择要延伸的对象，或 [栏选(F)/窗交(C)/投影(P)/边(E)/删除(R)/放弃 (U)]：//按【Enter】键。

(7) 镜像圆

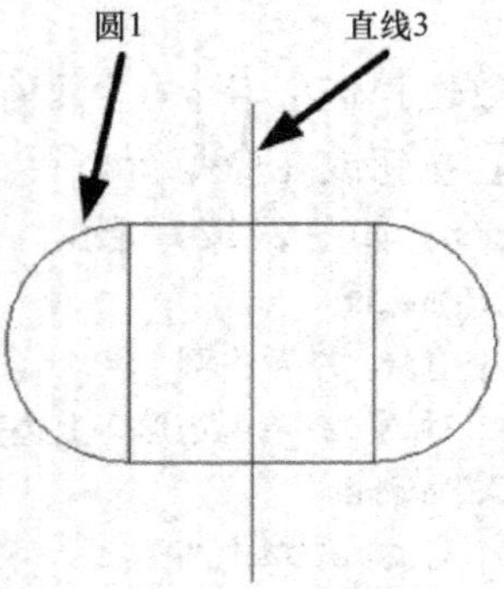

图 2-127 镜像圆

单击【修改】工具栏 |【镜像】按钮或在命令行执行“MIRROR”命令，如图2-127所示。

命令：_ mirror

选择对象：找到 1 个：//单击圆 1。

选择对象：//按【Enter】键。

指定镜像线的第一点：指定镜像线的第二点//单击直线 3 的上下两端点。

要删除源对象吗？[是(Y)/否(N)] <N>：N

（8）修剪矩形

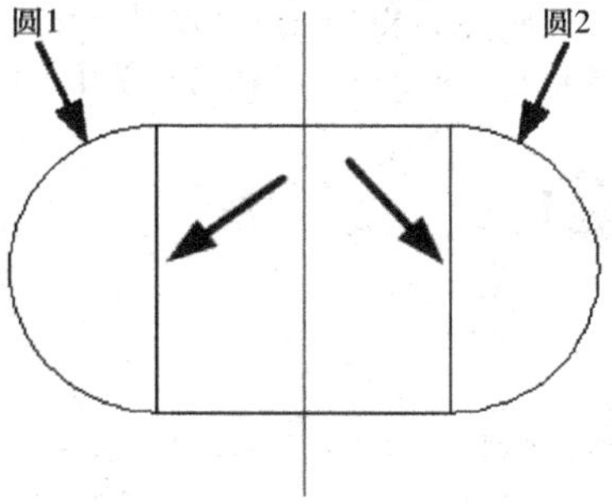

图 2-128　修剪的地方

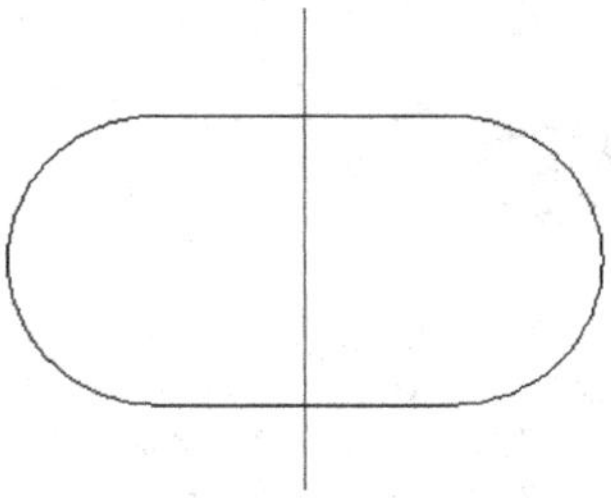

图 2-129　修剪后的效果

单击【修改】工具栏｜-/--【修剪】按钮或在命令行执行“TRIM”命令，如图 2-128 和图 2-129 所示。

命令：_ trim

当前设置：投影 = UCS，边 = 无

选择剪切边...

选择对象或 <全部选择>：找到 1 个：//单击圆 1。

选择对象：找到 1 个，总计 2 个：//单击圆 2。

选择对象：//按【Enter】键。

选择要修剪的对象，或按住 Shift 键选择要延伸的对象，或 [栏选(F)/窗交(C)/投影(P)/边(E)/删除(R)/放弃（U）]：//单击矩形 2 需要修剪的地方。

选择要修剪的对象，或按住 Shift 键选择要延伸的对象，或 [栏选(F)/窗交(C)/投影(P)/边(E)/删除(R)/放弃（U）]：//按【Enter】键。

（9）绘制矩形阵列

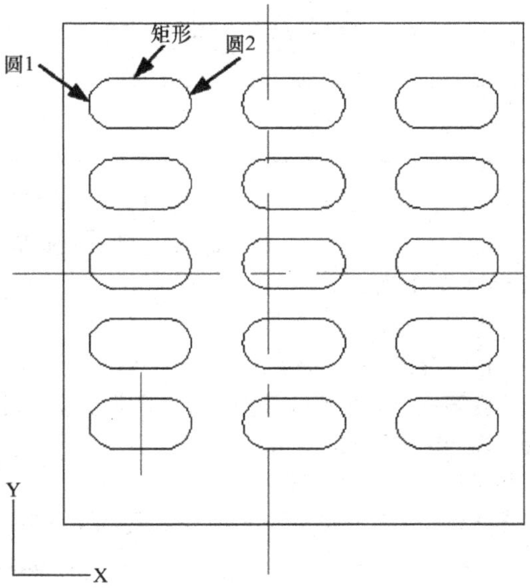

图 2-130　绘制矩形阵列

单击【修改】工具栏｜【矩形阵列】按钮或在命令行执行“ARRAYRECT”命令，绘制矩形阵列，如图 2-130 所示。

命令：_ arrayrect

选择对象：找到 1 个

选择对象：找到 1 个，总计 2 个

选择对象：找到 1 个，总计 3 个

选择对象：找到 1 个，总计 4 个：//单击圆 1、圆 2、矩形上下两条边。

选择对象：//按【Enter】键。

类型 = 矩形　关联 = 是

选择夹点以编辑阵列或 [关联(AS)/基点(B)/计数(COU)/间距(S)/列数(COL)/行数(R)/层数(L)/退出(X)] <退出>：//在【列数】键入“3”。

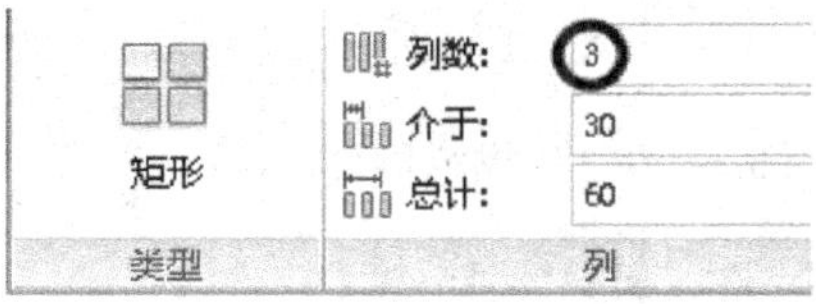

选择夹点以编辑阵列或［关联（AS）/基点(B)/计数(COU)/间距(S)/列数(COL)/行数(R)/层数(L)/退出(X)］＜退出＞：//在【行数】输入“5”。

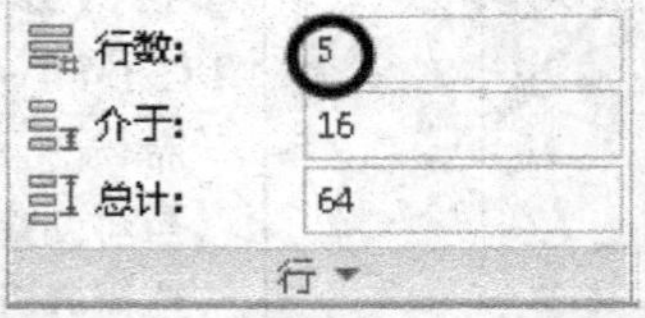

选择夹点以编辑阵列或［关联(AS)/基点(B)/计数(COU)/间距(S)/列数(COL)/行数(R)/层数(L)/退出(X)］＜退出＞：//在【列间距】键入“16”。

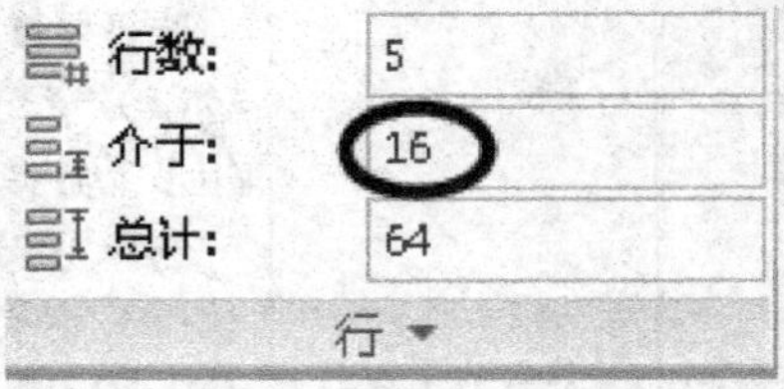

选择夹点以编辑阵列或［关联(AS)/基点(B)/计数(COU)/间距(S)/列数(COL)/行数(R)/层数(L)/退出(X)］＜退出＞：//单击【关闭阵列】按钮。

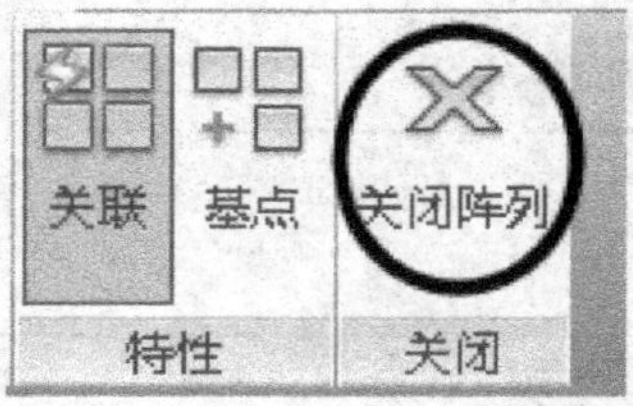

（10）圆角命令

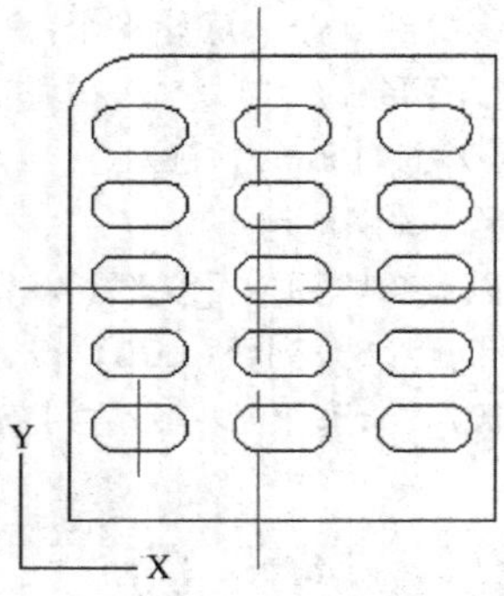

图 2-131　生成圆角后的效果

单击【修改】工具栏｜【圆角】按钮或在命令行执行“FILLET”命令，得到圆角，如图 2-131 所示。

命令：_ fillet

当前设置：模式 = 修剪，半径 = 0.0000

选择第一个对象或［放弃（U)/多段线(P)/半径(R)/修剪(T)/多个(M)］：R

指定圆角半径 <0.0000>：15

选择第一个对象或［放弃(U)/多段线(P)/半径(R)/修剪（T)/多个(M)］：//单击大矩形上边直线。

选择第二个对象，或按住 Shift 键选择对象以应用角点或［半径(R)］：//单击大矩形左边直线。

（11）倒角命令

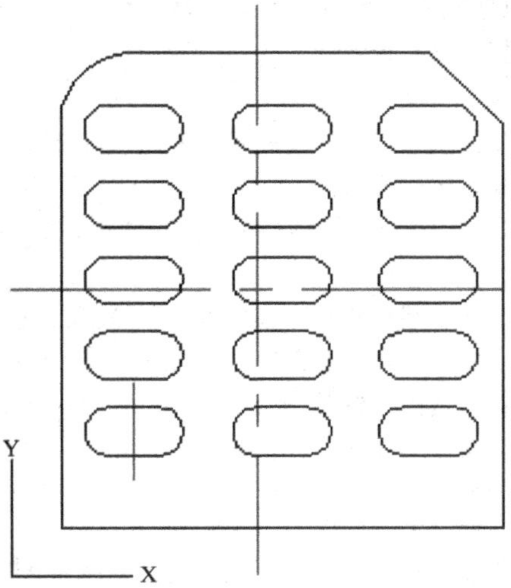

图 2-132 生成倒角后的效果

Step01 单击【修改】工具栏 |【倒角】按钮或在命令行执行“CHAMFER”命令，得到倒角，如图 2-132 所示。

命令：_chamfer

（“修剪”模式）当前倒角距离 1 = 0.0000，距离 2 = 0.0000

选择第一条直线或［放弃(U)/多段线(P)/距离(D)/角度(A)/修剪(T)/方式(E)/多个(M)]：D

指定第一个倒角距离 <0.0000>：15

指定第二个倒角距离 <15.0000>：15

选择第一条直线或［放弃(U)/多段线(P)/距离(D)/角度(A)/修剪(T)/方式(E)/多个(M)]：//单击大矩形上边直线。

选择第二条直线，或按住 Shift 键选择直线以应用角点或［距离(D)/角度(A)/方法(M)]：//单击大矩形右边直线。

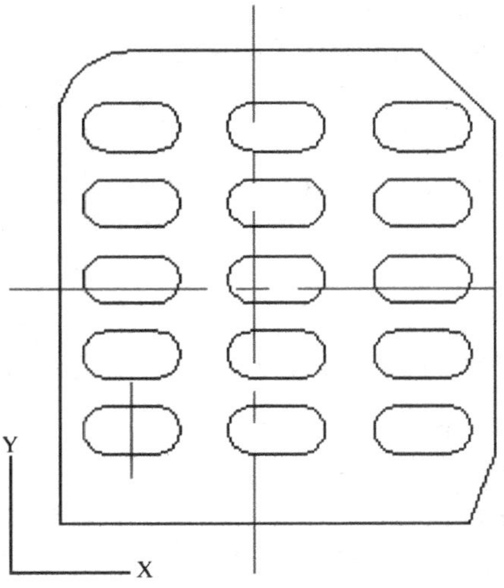

图 2-133 生成倒角后的效果

Step02 用同样的方法继续绘制倒角，如图 2-133 所示。

命令：_chamfer

（“修剪”模式）当前倒角距离 1 = 15.0000，距离 2 = 15.0000

选择第一条直线或［放弃(U)/多段线(P)/距离(D)/角度(A)/修剪(T)/方式(E)/多个(M)]：A

指定第一条直线的倒角长度 <0.0000>：15

指定第一条直线的倒角长度 <0>：20

选择第一条直线或［放弃(U)/ 多段线(P)/距离(D)/角度(A)/修剪(T)/方式(E)/多个(M)]：//单击大矩形右边直线。

选择第二条直线，或按住 Shift 键选择直线以应用角点或［距离(D)/角度(A)/方法(M)]：//单击大矩形下边直线。

2.5.3 标注

（1）线性标注

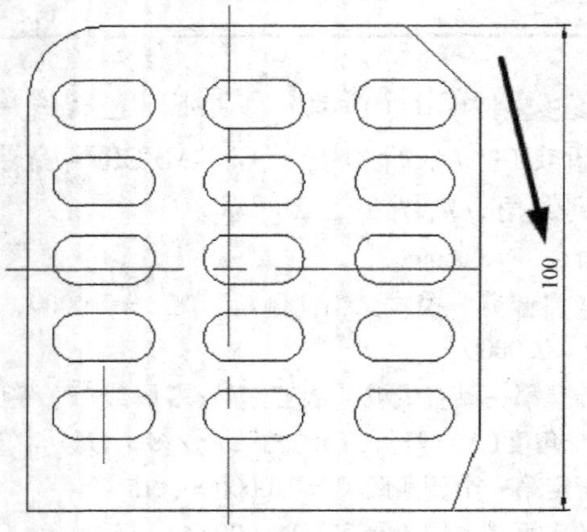

图 2-134　线性标注（一）

Step01 单击【注释】工具栏 | 【线性】按钮或在命令行执行“DIMLINEAR”命令，如图 2-134 所示。

命令：dimlinear

指定第一个尺寸界线原点或 <选择对象>：//单击大矩形上边直线。

指定第二条尺寸界线原点：//单击大矩形下边直线。

指定尺寸线位置或［多行文字(M)/文字(T)/角度(A)/水平(H)/垂直(V)/旋转(R)］：//移动光标，在合适的位置单击。

标注文字＝100

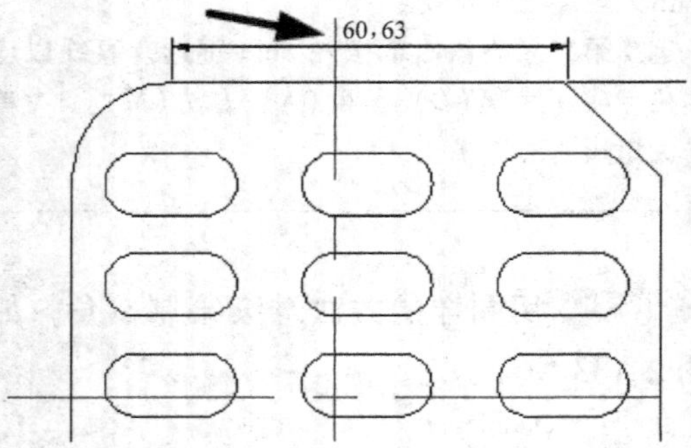

图 2-135　线性标注（二）

Step02 用同样的方法进行线性标注，如图 2-135 所示。

命令：dimlinear

指定第一个尺寸界线原点或 <选择对象>：//单击大矩形上边直线的一个端点。

指定第二条尺寸界线原点：//单击大矩形上边直线的另一个端点。

指定尺寸线位置或［多行文字(M)/文字(T)/角度(A)/水平(H)/垂直(V)/旋转(R)］：//移动光标，在合适的位置单击。

标注文字＝60，63

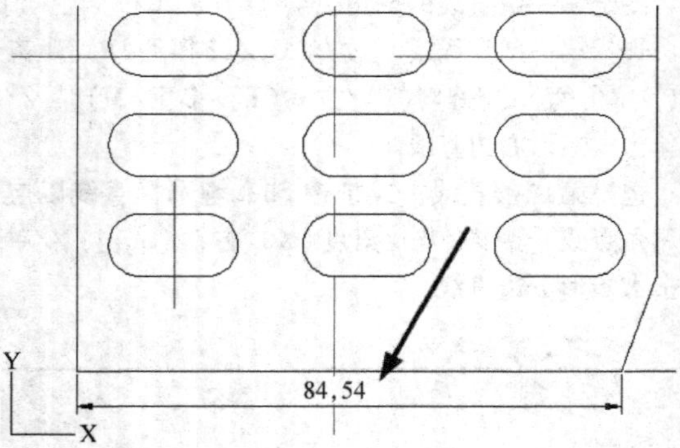

图 2-136　线性标注（三）

Step03 用同样的方法进行线性标注，如图 2-136 所示。

命令：dimlinear

指定第一个尺寸界线原点或 <选择对象>：//单击大矩形下边直线的一个端点。

指定第二条尺寸界线原点：//单击大矩形下边直线的另一个端点。

指定尺寸线位置或［多行文字(M)/文字(T)/角度(A)/水平(H)/垂直(V)/旋转(R)］：//移动光标，在合适的位置单击。

标注文字＝84，54

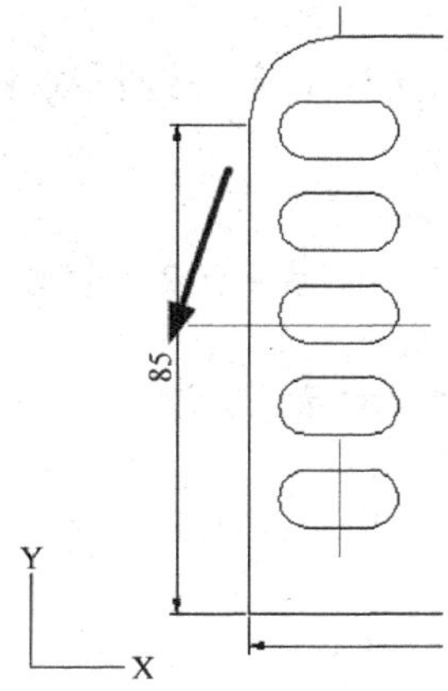

图 2-137　线性标注（四）

Step04 用同样的方法进行线性标注，如图 2-137 所示。

命令：dimlinear

指定第一个尺寸界线原点或 <选择对象>：//单击大矩形左边直线的一个端点。

指定第二条尺寸界线原点：//单击大矩形左边直线的另一个端点。

指定尺寸线位置或［多行文字(M)/文字(T)/角度(A)/水平(H)/垂直(V)/旋转(R)］：//移动光标，在合适的位置单击。

标注文字 = 85

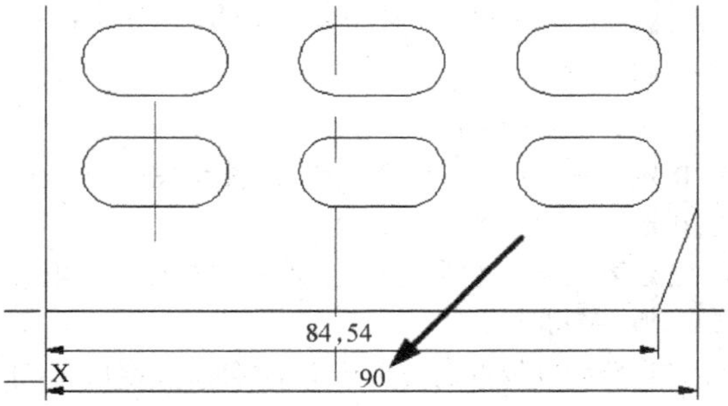

图 2-138　线性标注（五）

Step05 用同样的方法进行线性标注，如图 2-138 所示。

命令：dimlinear

指定第一个尺寸界线原点或 <选择对象>：//单击大矩形左边直线。

指定第二条尺寸界线原点：//单击大矩形右边直线。

指定尺寸线位置或［多行文字(M)/文字(T)/角度(A)/水平(H)/垂直(V)/旋转(R)］：//移动光标，在合适的位置单击。

标注文字 = 90

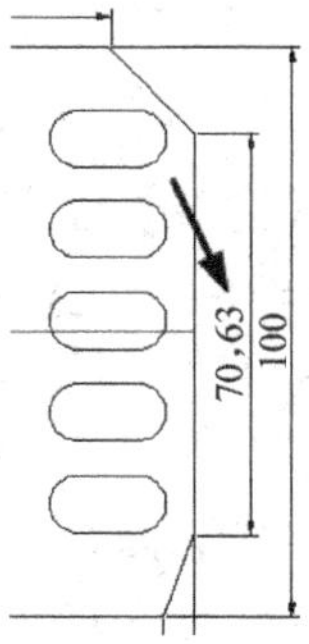

图 2-139　线性标注（六）

Step06 用同样的方法进行线性标注，如图 2-139 所示。

命令：dimlinear

指定第一个尺寸界线原点或 <选择对象>：//单击大矩形右边直线的一个端点。

指定第二条尺寸界线原点：//单击大矩形右边直线的另一个端点。

指定尺寸线位置或［多行文字(M)/文字(T)/角度(A)/水平(H)/垂直(V)/旋转(R)］：//移动光标，在合适的位置单击。

标注文字 = 70，63

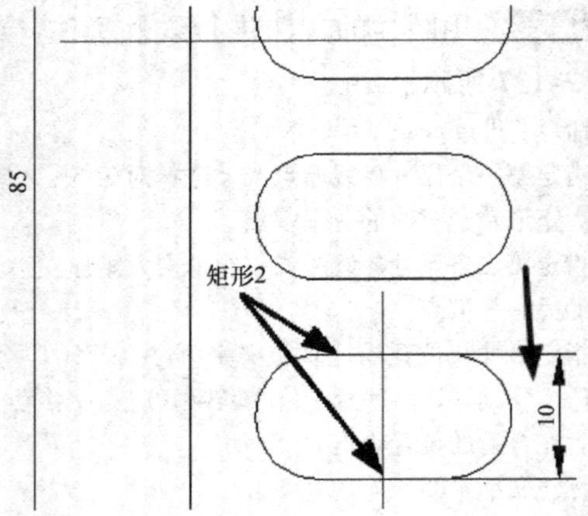

图 2-140　线性标注（七）

Step07 用同样的方法进行线性标注，如图 2-140 所示。

命令：dimlinear

指定第一个尺寸界线原点或 <选择对象>：//单击矩形 2 上边直线。

指定第二条尺寸界线原点：//单击矩形 2 下边直线。

指定尺寸线位置或［多行文字(M)/文字(T)/角度(A)/水平(H)/垂直(V)/旋转(R)］：//移动光标，在合适的位置单击。

标注文字 = 10

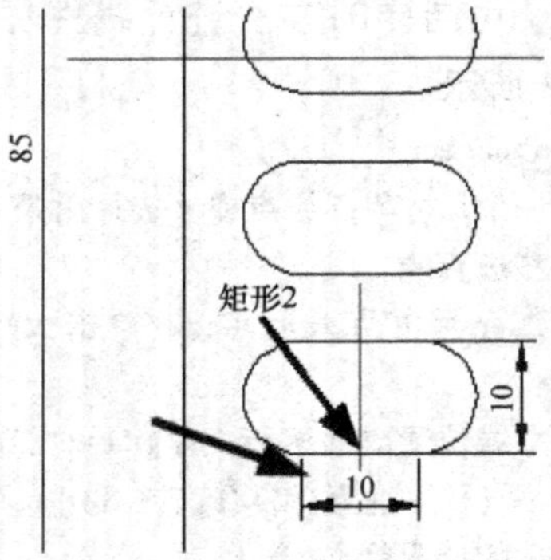

图 2-141　线性标注（八）

Step08 用同样的方法进行线性标注，如图 2-141 所示。

命令：dimlinear

指定第一个尺寸界线原点或 <选择对象>：//单击矩形 2 下边直线的一个端点。

指定第二条尺寸界线原点：//单击矩形 2 下边直线的另一个端点。

指定尺寸线位置或［多行文字(M)/文字(T)/角度(A)/水平(H)/垂直(V)/旋转(R)］：//移动光标，在合适的位置单击。

标注文字 = 10

（2）半径标注

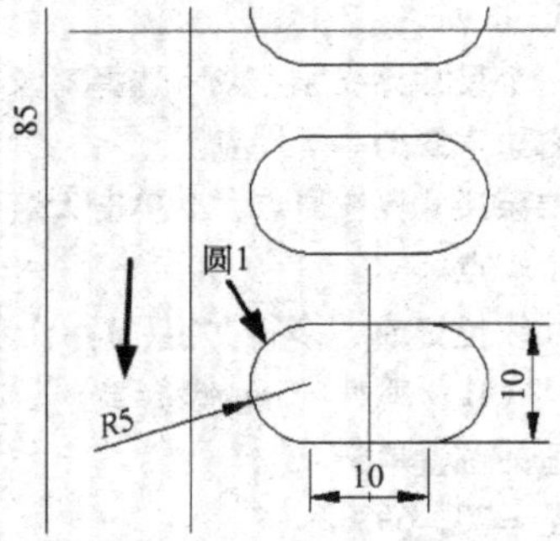

图 2-142　半径标注（一）

Step01 单击【注释】工具栏 | 【半径】按钮或在命令行执行“DIMRADIUS”命令，如图 2-142 所示。

命令：_dimradius

选择圆弧或圆：//单击圆 1。

标注文字 = 5

指定尺寸线位置或［多行文字(M)/文字(T)/角度(A)］：//移动光标，在合适的位置单击。

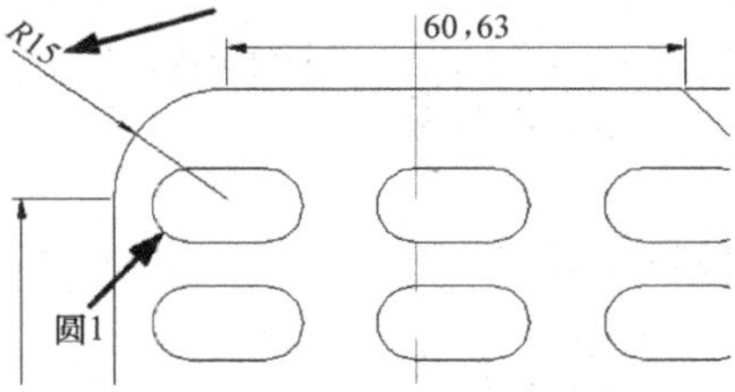

图 2-143　半径标注（二）

Step02 用同样的方法进行半径标注，如图 2-143 所示。

命令：_ dimradius

选择圆弧或圆：//单击圆 1。

标注文字 = 15

指定尺寸线位置或［多行文字(M)/文字(T)/角度(A)］：//移动光标，在合适的位置单击。

（3） 坐标标注

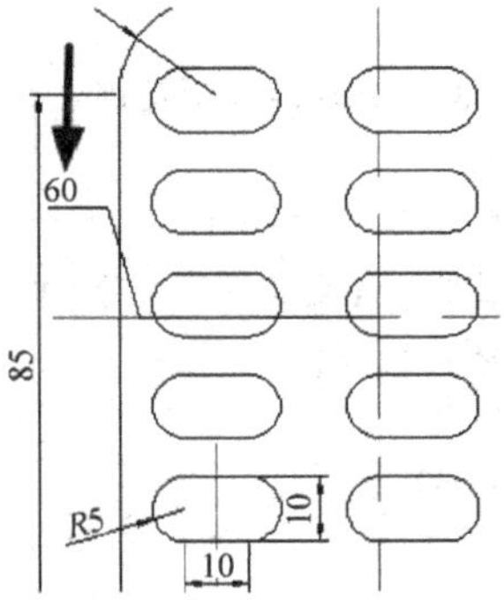

图 2-144　坐标标注（一）

Step01 单击【注释】工具栏｜【坐标】按钮或在命令行执行“DIMORDINATE”命令，如图 2-144 所示。

命令：_ dimordinate

指定点坐标：//单击构造线中心点。

指定引线端点或［X 基准(X)/Y 基准(Y)/多行文字(M)/文字(T)/角度(A)］：//移动光标，在合适的位置单击，标出圆心的 X 坐标。

标注文字 = 60

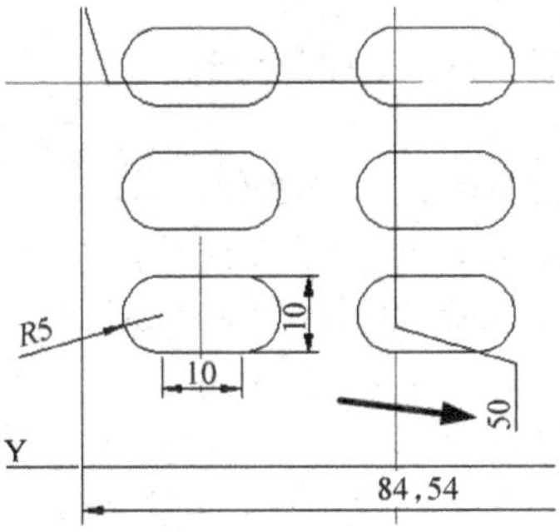

图 2-145　坐标标注（二）

Step02 用同样的方法进行坐标标注，如图 2-145 所示。

命令：_ dimordinate

指定点坐标：//单击构造线中心点。

指定引线端点或［X 基准(X)/Y 基准(Y)/多行文字(M)/文字(T)/角度(A)］：//移动光标，在合适的位置单击，标出圆心的 Y 坐标。

标注文字 = 50

（4）角度标注

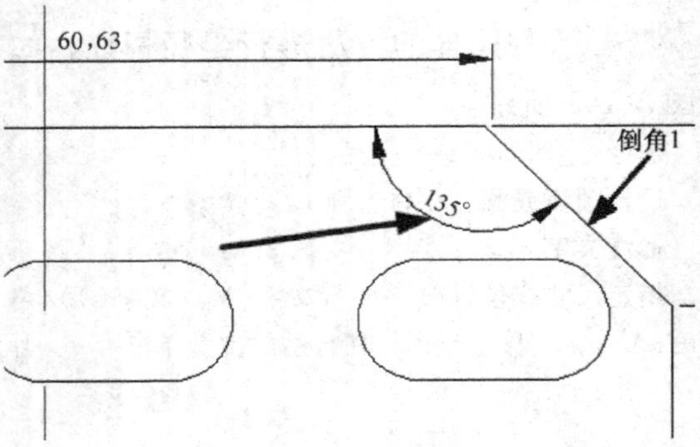

图 2-146　角度标注（一）

Step01 单击【注释】工具栏【角度】按钮或在命令行执行“DIMANGULAR”命令，如图 2-146 所示。

命令：_ dimangular

选择圆弧、圆、直线或 <指定顶点>：//单击大矩形上边直线。

选择第二条直线：//单击倒角 1。

指定标注弧线位置或［多行文字(M)/文字(T)/角度(A)/象限点(Q)］：//移动光标，在合适的位置单击。

标注文字 = 135

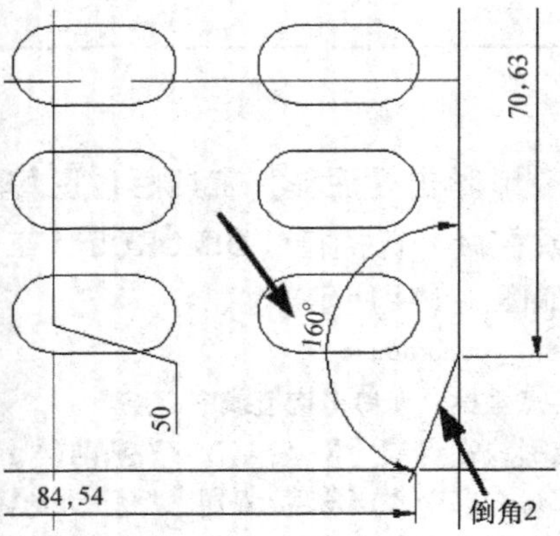

图 2-147　角度标注（二）

Step02 用同样的方法进行角度标注，如图 2-147 所示。

命令：_ dimangular

选择圆弧、圆、直线或 <指定顶点>：//单击大矩形右边直线。

选择第二条直线：//单击倒角 2。

指定标注弧线位置或［多行文字(M)/文字(T)/角度(A)/象限点(Q)］：//移动光标，在合适的位置单击。

标注文字 = 160

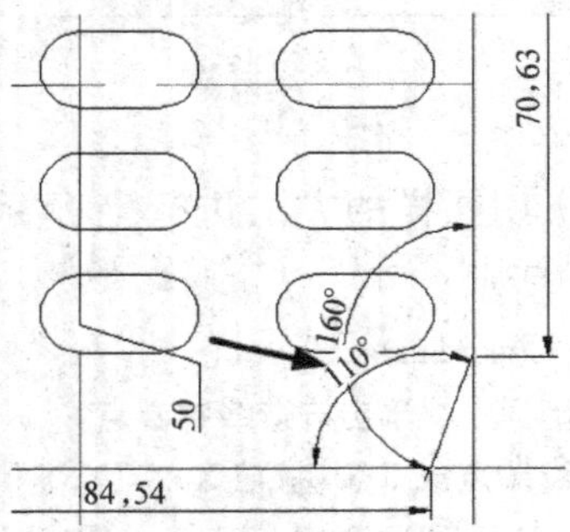

图 2-148　角度标注（三）

Step03 用同样的方法进行角度标注，如图 2-148 所示。

命令：_ dimangular

选择圆弧、圆、直线或 <指定顶点>：//单击大矩形下边直线。

选择第二条直线：//单击倒角 2。

指定标注弧线位置或［多行文字(M)/文字(T)/角度(A)/象限点(Q)］：//移动光标，在合适的位置单击。

标注文字 = 110

第 3 章 零件图实例

3.1 如何绘制连杆

本例主要应用二维图形的基本绘制和编辑方法完成连杆零件的主视图和俯视图，如图 3-1 所示。本实例用到的主要命令有：【图层】、【对象捕捉】、【直线】、【圆】、【修剪】、【删除】、【复制】、【偏移】、【图案填充】、【样条曲线】、【极轴】、【对象捕捉追踪】、【镜像】、【圆角】。

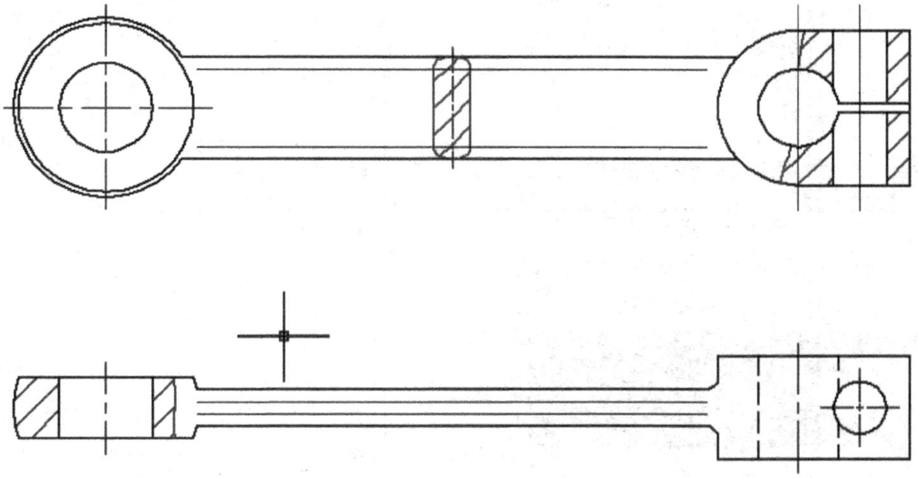

图 3-1 连杆零件

	完成模型	配套光盘 \ 模型文件 \ 3 \ 3.1
	作图录制	配套光盘 \ 屏幕录像 \ 3 \ 3.1

3.1.1 设置图形界限

1）启动 AutoCAD 2017 后，将图形界限设定为“420 × 297”。选择【格式】工具栏 |【图形界限】或在命令行中执行“LIMITS”命令，指定左下角为（0，0），指定右上角为（420，297）。

2）可以根据需要选择是否显示栅格，按【F7】键或单击状态栏中▦【栅格】按钮显示栅格。

3.1.2 设置图层

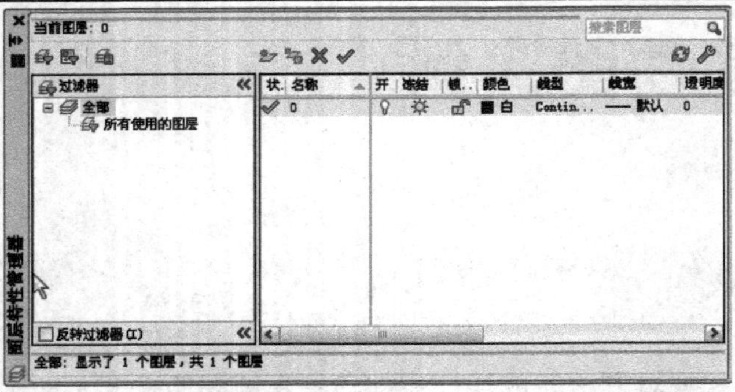

图 3-2 【图层特性管理器】对话框

Step01 单击【图层】工具栏｜【图层特性】按钮或选择菜单栏中【格式】|【图层】命令，弹出【图层特性管理器】对话框，如图 3-2 所示。

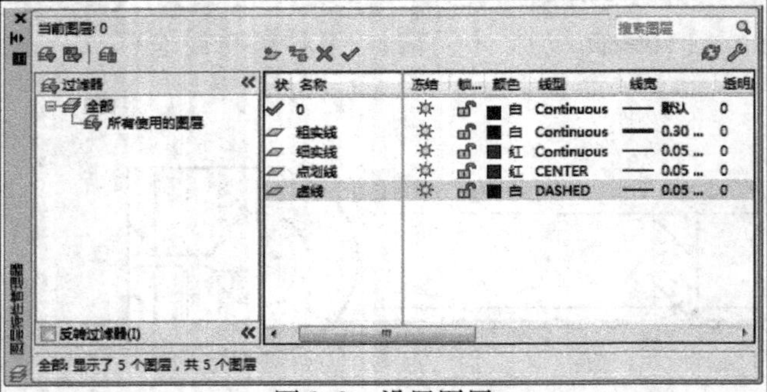

图 3-3 设置图层

Step02 单击【新建图层】按钮，新建 4 个图层，分别命名为：【点划线】、【粗实线】、【细实线】和【虚线】，将【点划线】层的颜色设为红色，线型为 CENTER，线宽为 0.05；【粗实线】层颜色为白色，线型为 Continuous，线宽为 0.3；【细实线】层颜色为红色，线型为 Continuous，线宽为 0.05；【虚线】层颜色为白色，线型为 DASHED，线宽为 0.05，如图 3-3 所示。

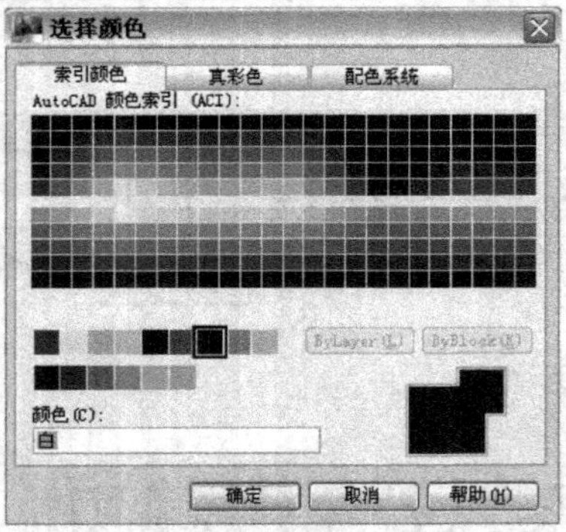

图 3-4 【选择颜色】选项卡

Step03 设置颜色时，单击该图层所对应的颜色项，弹出【选择颜色】选项卡。选择需要的颜色，然后单击【确定】按钮，完成设置颜色，如图 3-4 所示。

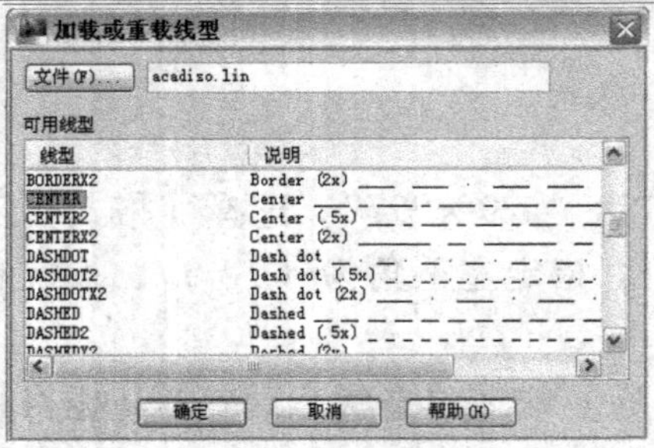

图 3-5 【加载或重载线型】选项卡

Step04 设置线型时，单击该图层所对应的线型项，弹出【选择线型】选项卡。由于设置第一次线型时，该选项卡中只有线型 Continuous，可以通过单击【加载】，弹出【加载或重载线型】选项卡来选择更多线型，如图 3-5 所示。

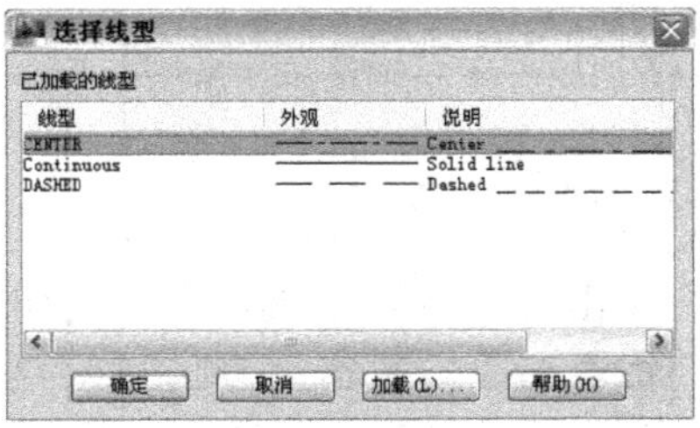

图 3-6 【选择线型】选项卡

Step05 加载后的【选择线型】选项卡如图 3-6 所示。

3.1.3 绘制构造线

（1）将【点划线】设置为当前图层

图 3-7 将【点划线】设置为当前图层

单击【图层特性管理器】的下拉菜单，将【点划线】设置为当前图层，如图 3-7 所示。

（2）绘制构造圆

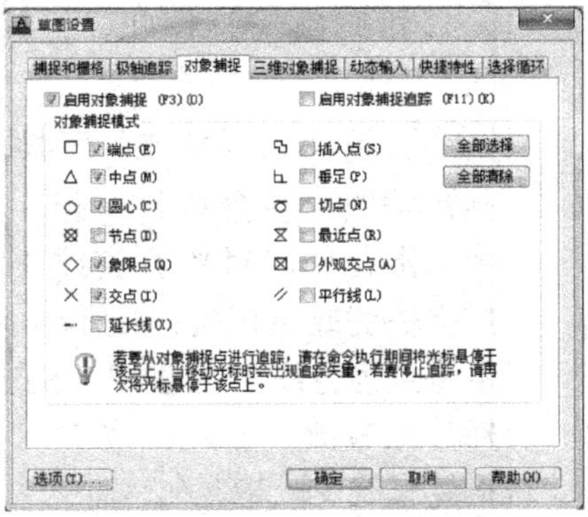

图 3-8 【草图设置】对话框

Step01 按 F3 键或单击状态栏中【对象捕捉】开关按钮，在该按钮上单击右键，在弹出的对话框中单击【设置】按钮，出现【草图设置】对话框，选中【端点】、【中点】、【圆心】、【象限点】和【交点】，如图 3-8 所示。

Step02 单击【绘图】工具栏 |【圆】按钮或在命令行执行“CIRCLE”（简写形式 C），绘制圆 1，指定绘图区域内任意一点为圆心，半径输入 17，得到圆 1。

（3）绘制构造线

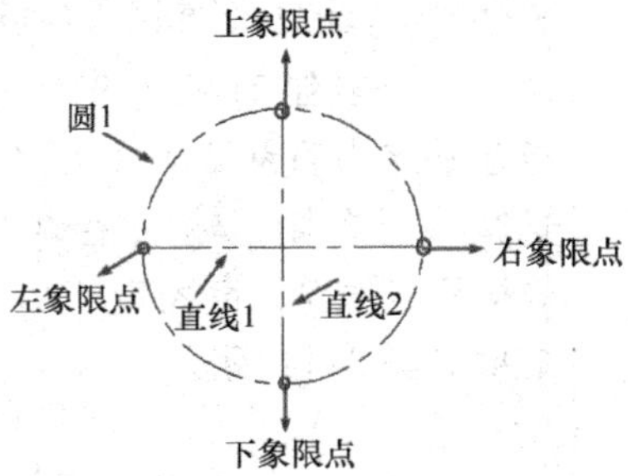

图 3-9 绘制构造线

Step01 单击【绘图】工具栏 |【直线】按钮，第一点指定为圆 1 的左象限点，下一点指定为圆 1 的右象限点。

Step02 按空格键或回车键继续绘制直线 2，第一点指定为圆 1 的上象限点，下一点指定为圆 1 的下象限点，如图 3-9 所示。

(4) 删除构造圆

图 3-10　删除构造圆

单击【修改】工具栏｜【删除】按钮或在命令行执行“ERASE”命令，指定删除对象为圆 1，按空格键或回车键完成对圆 1 的删除，如图 3-10 所示。

(5) 复制构造直线

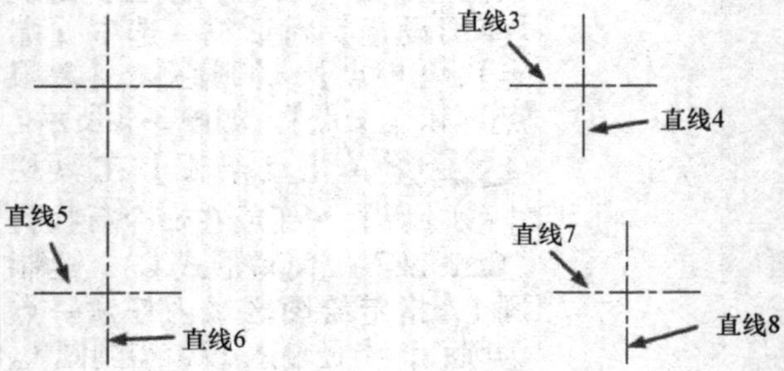

图 3-11　复制构造直线

Step01 按 F8 键或单击状态栏中【正交模式】按钮，打开【正交模式】。

Step02 单击【修改】工具栏｜【复制】按钮或在命令行执行“COPY”命令，指定复制对象为直线 1 与直线 2，按空格键或回车键；提示选择基点，指定基点为直线 1 与直线 2 的交点，将光标移至右侧，输入距离 112，按回车键得到直线 3、直线 4。

Step03 再将光标移至直线 1 与直线 2 的交点的下方，输入距离 50，按回车键得到直线 5、直线 6。

Step04 按空格键或回车键继续复制直线，指定复制对象为直线 5 与直线 6，指定基点为直线 5 与直线 6 的交点，将光标移至右侧，输入距离 122，按回车键得到直线 7、直线 8。

结果如图 3-11 所示。

（6）偏移构造直线

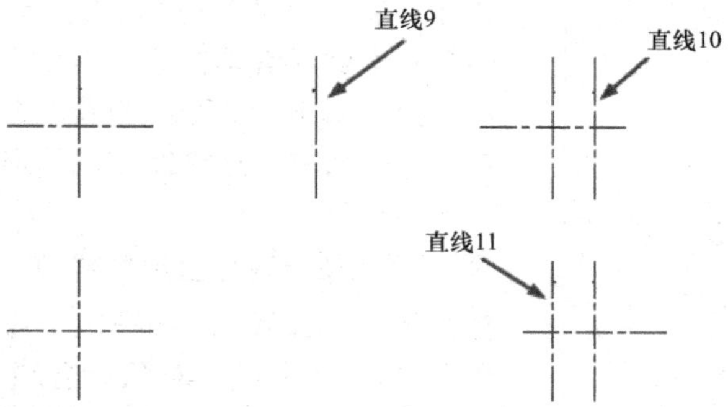

图 3-12 偏移构造直线

Step01 单击【修改】工具栏 | 【偏移】按钮或在命令行执行"OFFSET"命令（简写为 O），偏移距离设为 56，偏移对象为直线 1，指定偏移的一侧：单击右侧，得到直线 9，单击回车键。

Step02 按空格键继续偏移直线，设置偏移距离为 10，偏移对象为直线 3，指定偏移的一侧：单击右侧，得到直线 10。

Step03 按上述方法重复偏移，设置偏移距离为 10，偏移对象为直线 8，指定偏移的一侧：单击左侧，得到直线 11。

结果如图 3-12 所示。

（7）绘制构造圆

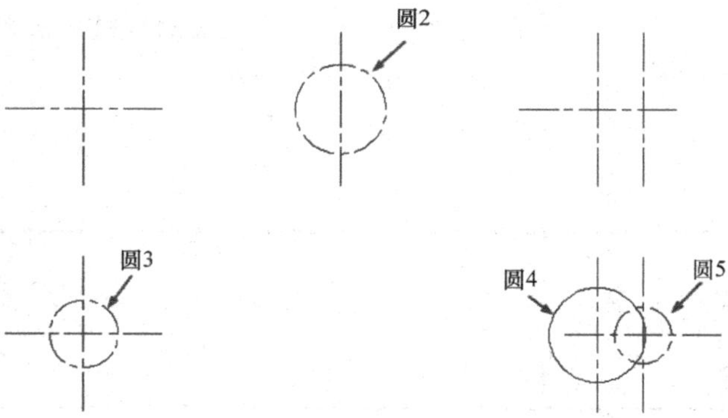

图 3-13 绘制构造圆

Step01 单击【绘图】工具栏 | 【圆】按钮或在命令行执行"CIRCLE"命令（简写为 C），绘制圆，指定圆心：直线 9 的中点，半径输入：10，得到圆 2。

Step02 按上述方法重复绘制圆，指定圆心：直线 5 与直线 6 的交点，半径输入：3.5，得到圆 3。

Step03 按上述方法重复绘制圆，指定圆心：直线 11 的中点，半径输入：10.5，得到圆 4。

Step04 按上述方法重复绘制圆，直线 7 与直线 8 的交点，半径输入：6.25，得到圆 5。

结果如图 3-13 所示。

（8）修剪构造直线

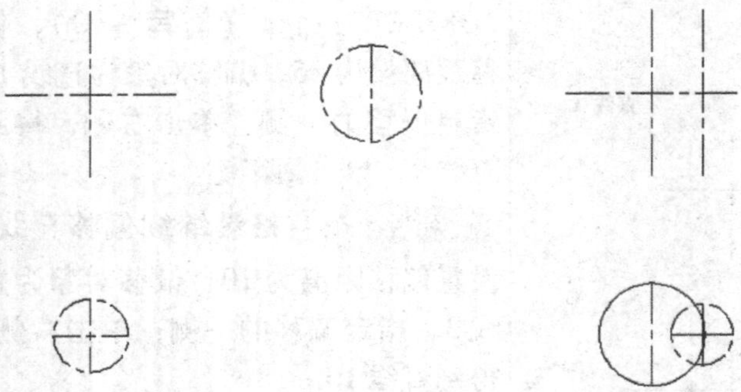

图 3-14　修剪构造直线

Step01 单击【修改】工具栏｜-/--【修剪】按钮或在命令执行“TRIM”命令（简写为 TR），提示选择对象（即修剪边），选择圆 2，再按回车键或者单击鼠标右键，提示选择要修剪的对象，选择直线 9 在圆外的两端，这样就完成了对直线 9 的修剪。

Step02 按上述方法继续修剪，选择修剪边：圆 3、圆 4 及圆 5，按回车键之后选择修剪对象：直线 5、直线 6、直线 11、直线 7、直线 8。结果如图 3-14 所示。

（9）删除构造圆

图 3-15　删除构造圆

单击【修改】工具栏｜【删除】按钮或在命令行执行“ERASE”命令，指定删除对象为圆 2、圆 3、圆 4、圆 5，按空格键或回车键完成删除，如图 3-15 所示。

3.1.4　绘制轮廓视图

（1）将【粗实线】设置为当前图层

图 3-16　将【粗实线】设置为当前图层

单击【图层特性管理器】的下拉菜单，将【粗实线】设置为当前图层，如图 3-16 所示。

(2) 绘制圆

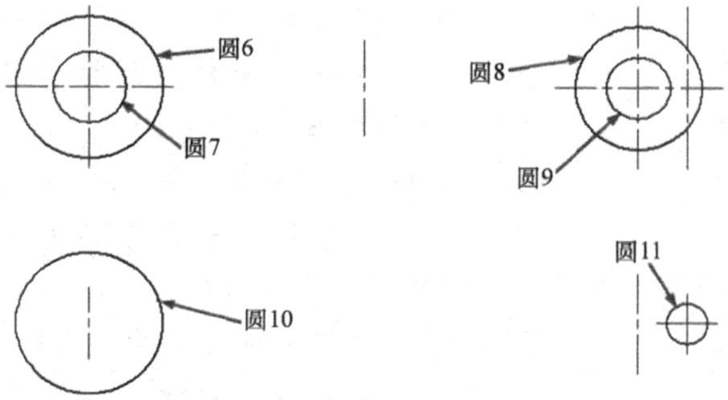

图3-17 绘制圆

Step01 单击【绘图】工具栏 | 【圆】按钮或在命令行执行"CIRCLE"命令(简写为C),绘制圆6,指定圆心为圆弧1与直线2的交点,半径输入15,得到圆6。

Step02 重复绘制圆,指定圆心为圆弧1与直线2的交点,半径输入3.5,得到圆7。

Step03 重复绘制圆,指定圆心为圆弧3与直线4的交点,半径输入13,得到圆8。

Step04 重复绘制圆,指定圆心为圆弧3与直线4的交点,半径输入6.5,得到圆9。

Step05 重复绘制圆,指定圆心为直线6的中点,半径输入15,得到圆10。

Step06 重复绘制圆,指定圆心为圆弧7与直线8的交点,半径输入4.25,得到圆11。

结果如图3-17所示。

(3) 连接线段

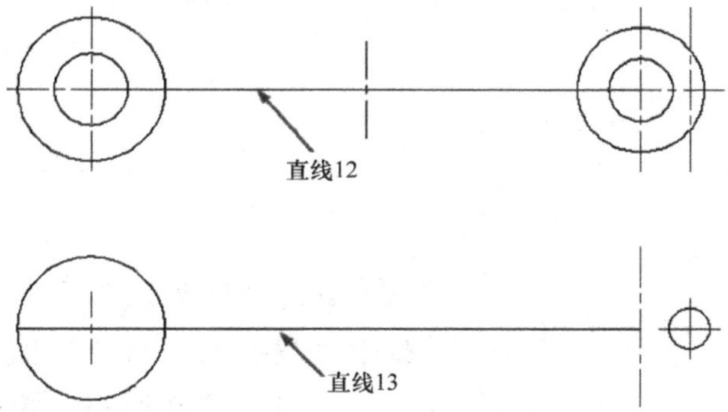

图3-18 连接线段

Step01 单击【绘图】工具栏 | 【直线】按钮,第一点指定为圆6的圆心,下一点指定为圆9的圆心,得到直线12。

Step02 按空格键或回车键继续绘制直线13,第一点指定为圆10的左象限点,下一点指定为圆9的圆心。

结果如图3-18所示。

（4）偏移线段

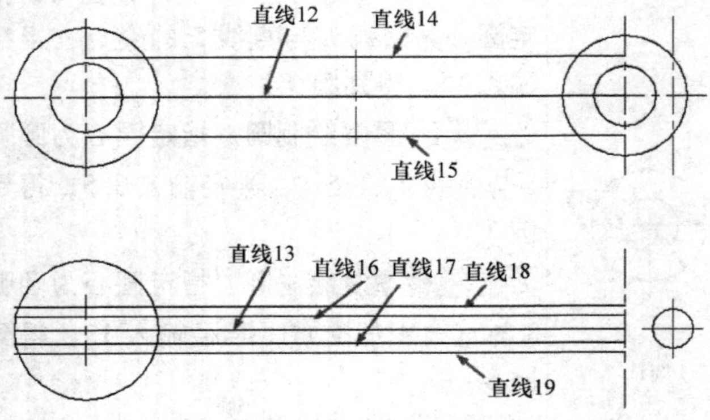

图 3-19　偏移线段

Step01 单击【修改】工具栏 |【偏移】按钮或在命令行执行“OFFSET”命令（简写为 O），偏移距离设为 8.5，偏移对象为直线 12，指定偏移的一侧：单击上侧，得到直线 14。

Step02 按上述方法重复偏移，将直线 12 再往下偏移，偏移量为 8.5，得到直线 15。

Step03 重复偏移，将直线 13 分别往上、下偏移，偏移量都为 3，得到直线 16、直线 17。

Step04 重复偏移，将直线 13 分别往上、下偏移，偏移量都为 5，得到直线 18、直线 19。

结果如图 3-19 所示。

（5）修剪并删除线段

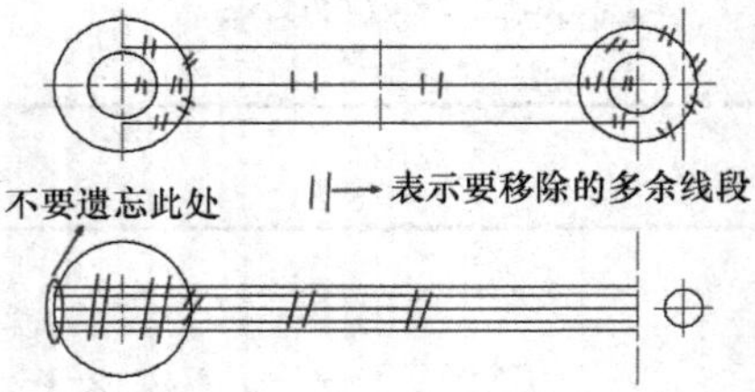

图 3-20　多余线段

Step01 单击【修改】工具栏 |【修剪】按钮或在命令行执行“TRIM”命令（简写为 TR），修剪多余线段，如图 3-20 所示。

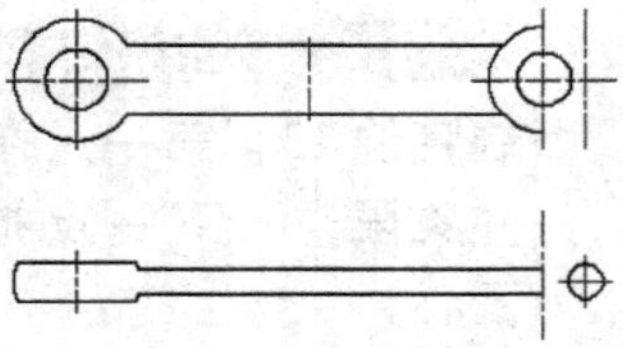

图 3-21　修剪并删除线段

Step02 单击【修改】工具栏 |【删除】按钮或在命令行执行“ERASE”命令，删除修剪不掉的多余线段，结果如图 3-21 所示。

（6）绘制线段

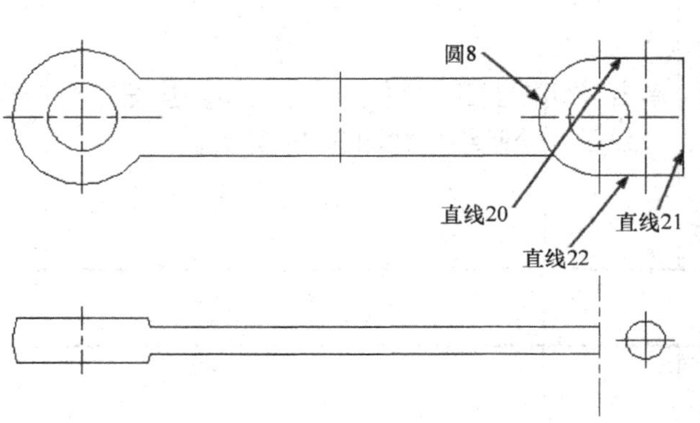

图 3-22 绘制线段

Step01 单击【绘图】工具栏｜【直线】按钮，第一点为圆 8 的上象限点，将光标移向右端，输入距离 18，按回车键，得到直线 20。（此时要确保在“正交模式”下，如果“正交模式”已经关闭，按 F8 键打开）

Step02 再将光标移向下端，输入距离 26，按回车键得到直线 21。

Step03 最后一点为圆 8 的下象限点，按空格或者回车键，得到直线 22，完成线段绘制。

结果如图 3-22 所示。

（7）绘制线段

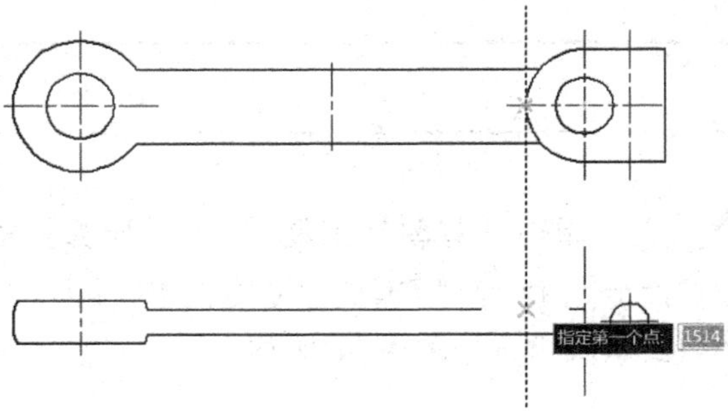

图 3-23 绘制线段

Step01 按【F10】键或单击状态栏中【极轴】开关按钮，确保该按钮在打开状态下。

Step02 按 F11 键或单击状态栏中【对象捕捉追踪】开关按钮，确保该按钮处于打开状态。

Step03 单击【绘图】工具栏｜【直线】按钮，将光标移至圆 8 的左象限点处，再将光标往下移，此时出现极轴线，如图 3-23 所示。

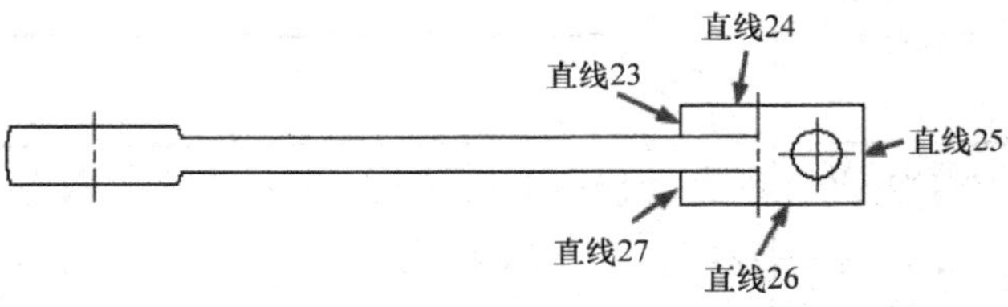

图 3-24 绘制线段

Step04 当光标移到上图所指的位置时，单击鼠标左键，确定直线第一点。

Step05 再将光标移向上端，输入距离 5.5，按回车键，得到直线 23。

Step06 再将光标移向右端，输入距离 31，按回车键，得到直线 24。

Step07 再将光标移向下端，输入距离 17，按回车键，得到直线 25。

Step08 再将光标移向下端，输入距离 31，按回车键，得到直线 26。

Step09 再将光标移向上端，输入距离 5.5，按回车键，得到直线 27。

结果如图 3-24 所示。

(8) 绘制构造线段

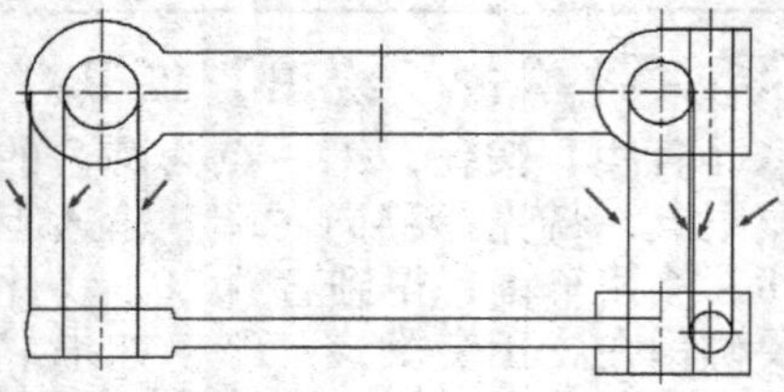

图 3-25　绘制构造线段

单击【绘图】工具栏 | 【直线】按钮，绘制构造线段，绘制结果如图 3-25 所示。

(9) 绘制圆

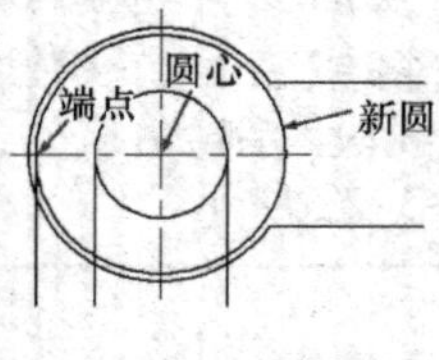

图 3-26　绘制圆

单击【绘图】工具栏 | 【圆】按钮，在主视图的左半部分绘制圆，圆心与端点的位置如图3-26所示。

(10) 修剪，删除多余的构造线

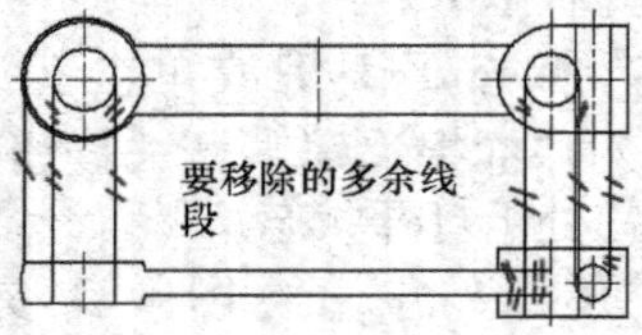

图 3-27　多余线段

Step01 单击【修改】工具栏 | 【修剪】按钮或在命令行执行"TRIM"命令（简写为 TR），修剪多余线段，如图 3-27 所示。

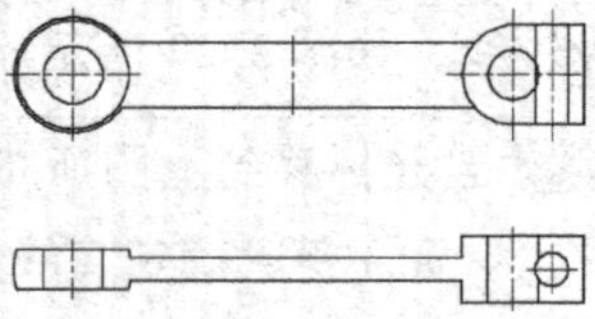

图 3-28　修剪、删除多余的构造线

Step02 单击【修改】工具栏 | 【删除】按钮或在命令行执行"ERASE"命令，删除多余的线段，结果如图 3-28 所示。

(11) 绘制圆角

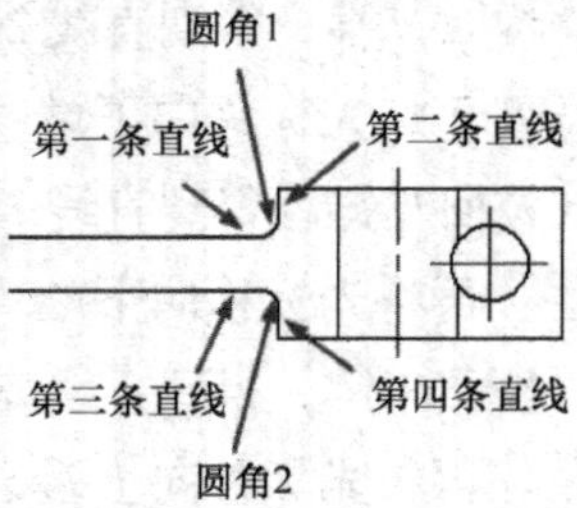

图 3-29　绘制圆角

Step01 单击【修改】工具栏 | 【圆角】按钮或在命令行执行"FILLET"命令，输入 R，按回车键，输入圆角半径为 2，再按回车键。

Step02 在俯视图右方单击第一条直线，再单击第二条直线，完成圆角 1 的绘制。

Step03 重复圆角，单击第三条直线，再单击第四条直线，完成圆角 2 的绘制。

结果如图 3-29 所示。

（12）偏移直线与线段

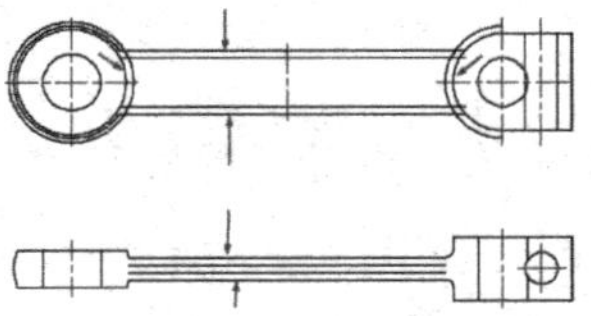

图 3-30　偏移直线与线段

Step01 单击【修改】工具栏｜【偏移】按钮，偏移图中所指的直线与圆弧，偏移量均为 2，结果如图 3-30 所示。

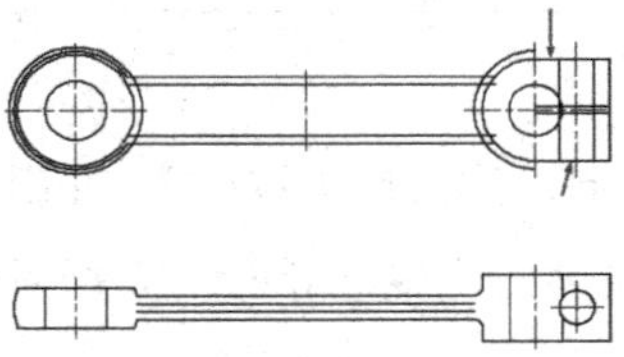

图 3-31　偏移直线与线段

Step02 单击【修改】工具栏｜【偏移】按钮，偏移图中所指的直线，偏移量均为 12.25，结果如图 3-31 所示。

（13）修剪，删除多余的构造线

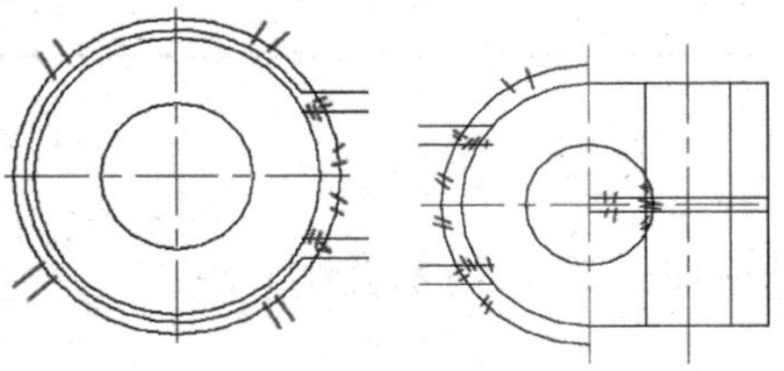

图 3-32　多余线段

Step01 单击使用【修改】工具栏｜【修剪】按钮或在命令行执行“TRIM”命令（简写为 TR），修剪多余线段，结果如图 3-32 所示。

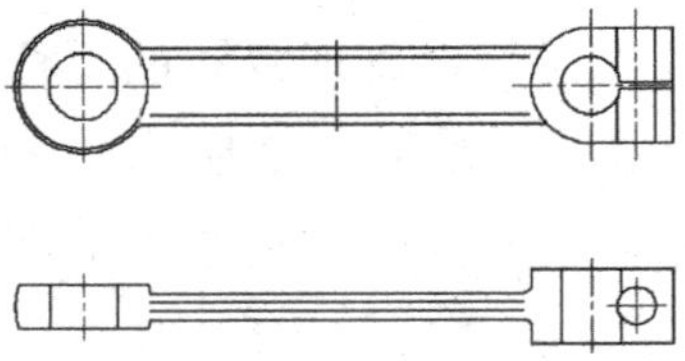

图 3-33　修剪，删除多余的构造线

Step02 单击【修改】工具栏｜【删除】按钮或在命令行执行“ERASE”命令，删除多余的线段，结果如图 3-33 所示。

3.1.5　绘制虚线

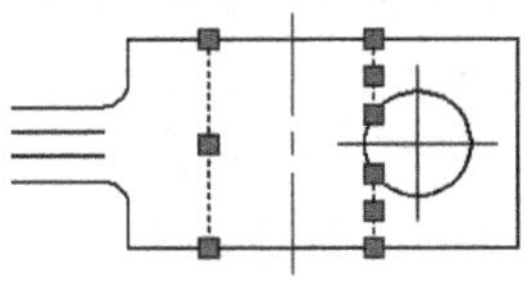

图 3-34　绘制虚线

Step01 选中如图 3-34 所示的直线。

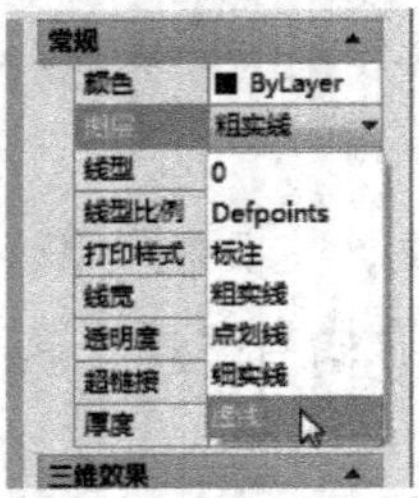

图 3-35 【特性】菜单

Step02 单击鼠标右键，选择【特性】，在【图层】栏中，选择【虚线】，如图 3-35 所示：

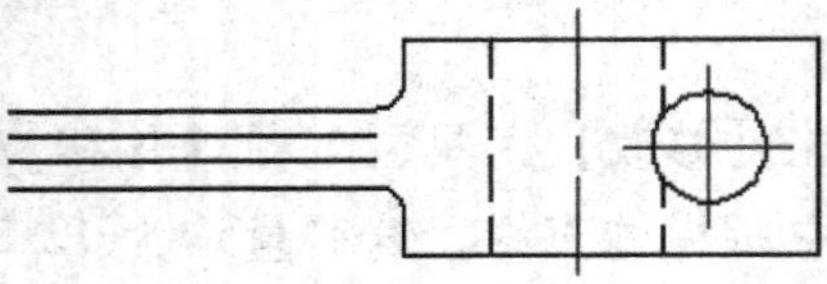

图 3-36 绘制虚线

Step03 按回车键并关闭【特性】对话框，所选的直线变成了虚线，结果如图 3-36 所示。

3.1.6 绘制细实线

（1）将粗实线转换为细实线

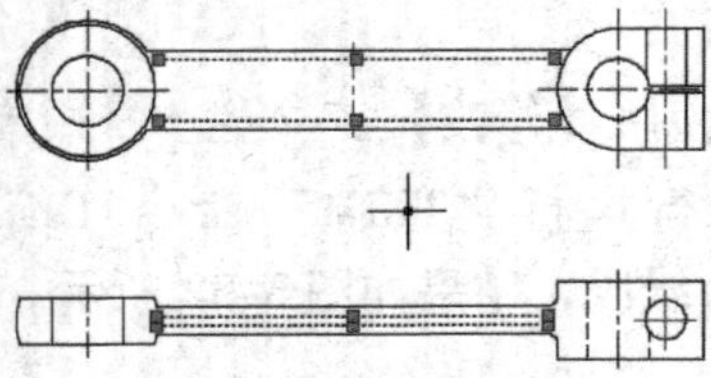

图 3-37 选中直线

Step01 选中如图 3-37 所示直线。

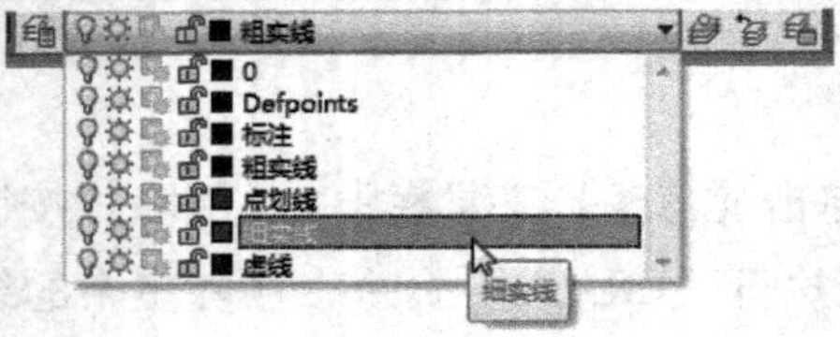

图 3-38 【图层特性管理器】下拉菜单

Step02 单击【图层特性管理器】的下拉菜单，单击【细实线】按钮，如图 3-38 所示。

Step03 按回车键，所选的直线变成了细实线。当前图层也更改为【细实线】图层。

（2）偏移直线

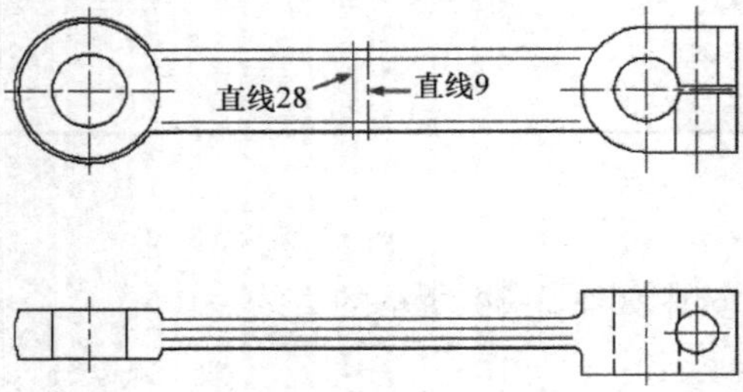

图 3-39 偏移直线

Step01 单击【修改】工具栏 | 【偏移】按钮或在命令行执行“OFFSET”命令（简写为 O），偏移距离设为 3，偏移对象为直线 9，指定偏移的一侧：单击上左侧，得到一条新直线。

Step02 再将新直线的图层更改到当前图层。结果如图 3-39 所示。

(3) 绘制圆角

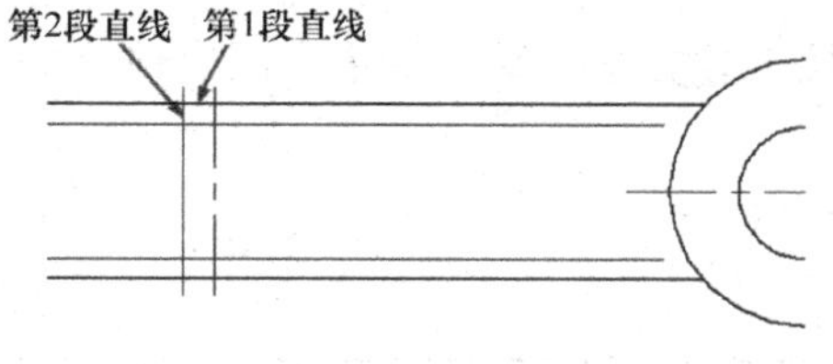

图 3-40 绘制圆角（一）

Step01 单击【修改】工具栏 |【圆角】按钮或在命令行执行“FILLET”命令，输入圆角半径为 2，依次单击第 1 段直线，第 2 段直线，完成圆角 3 的绘制，如图 3-40 所示。

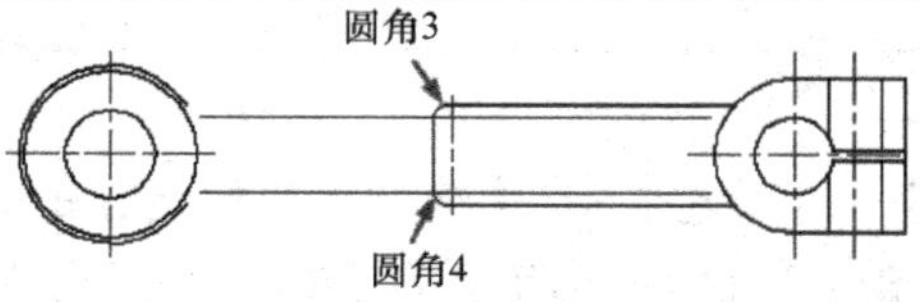

图 3-41 绘制圆角（二）

Step02 重复圆角，按上述方法完成圆角 4 的绘制。

结果如图 3-41 所示。

(4) 绘制直线

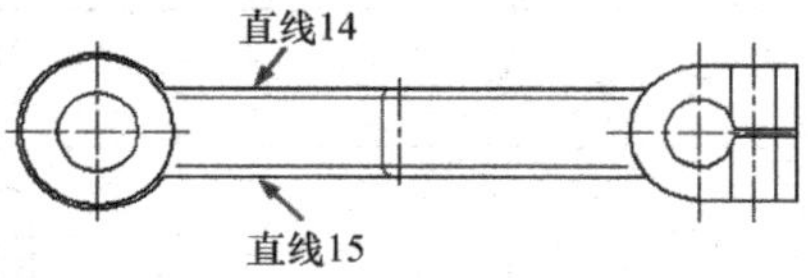

图 3-42 绘制直线

将图层切换到粗实线层，单击【绘图】工具栏 |【直线】按钮，补全直线 14、直线 15，结果如图 3-42 所示。

(5) 绘制镜像线

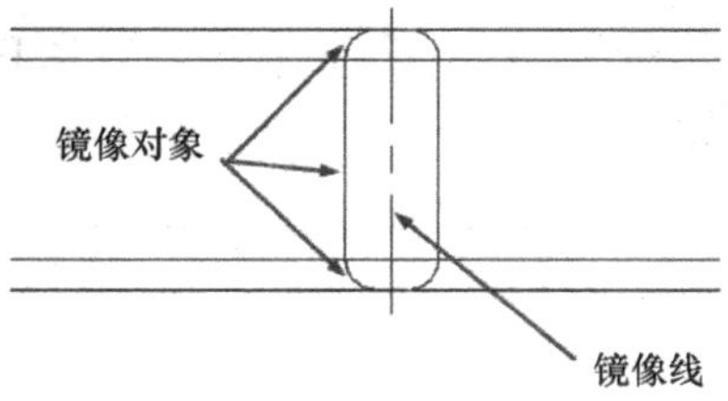

图 3-43 绘制镜像线

将图层切换到细实线层，单击【修改】工具栏 |【镜像】按钮或在命令行中执行“MIRROR”命令（简写为 MI），选择对象与镜像线，结果如图 3-43 所示。

(6) 绘制样条曲线

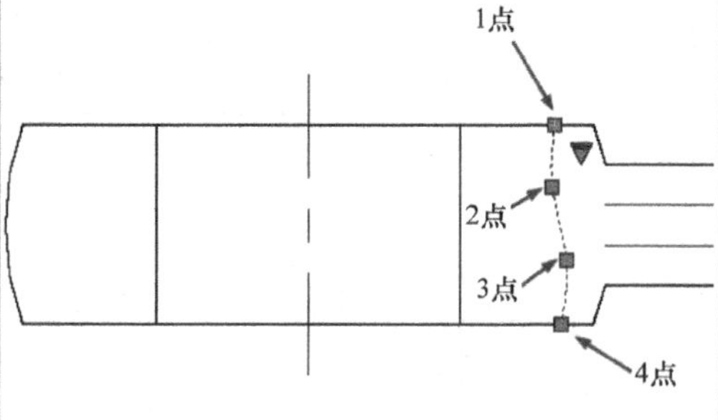

图 3-44 绘制样条曲线

Step01 在状态栏的【对象捕捉】按钮上单击鼠标右键，单击【最近点】按钮，确保“最近点”的对象捕捉打开。

Step02 按【F8】键关闭“正交模式”，单击【绘图】工具栏 |【样条曲线】按钮或在命令行执行“SPLINE”命令，在俯视图左侧，依次单击 1 点、2 点、3 点、4 点，按回车键或空格键，完成样条曲线的绘制。

结果如图 3-44 所示。

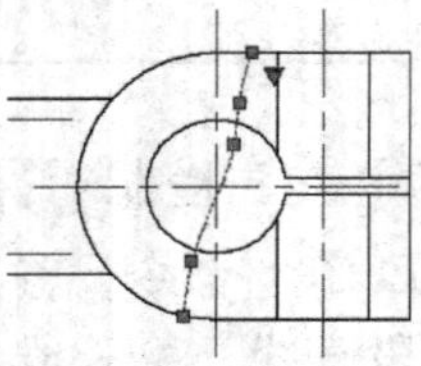

图 3-45　绘制样条曲线

Step03 按上述方法，继续在主视图右侧绘制样条曲线。

结果如图 3-45 所示。

（7）修剪样条曲线

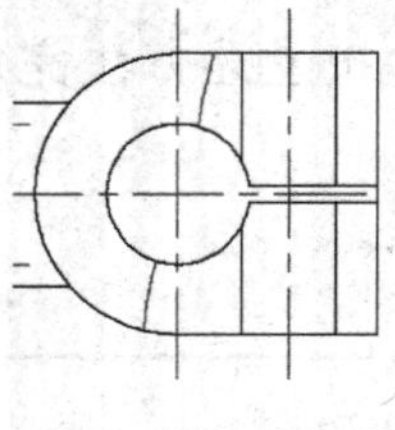

图 3-46　修剪样条曲线

单击【修改】工具栏｜【修剪】按钮或在命令行执行“TRIM”命令（简写为 TR），修剪主视图右侧多余的样条曲线，修剪结果如图 3-46 所示。

（8）图案填充

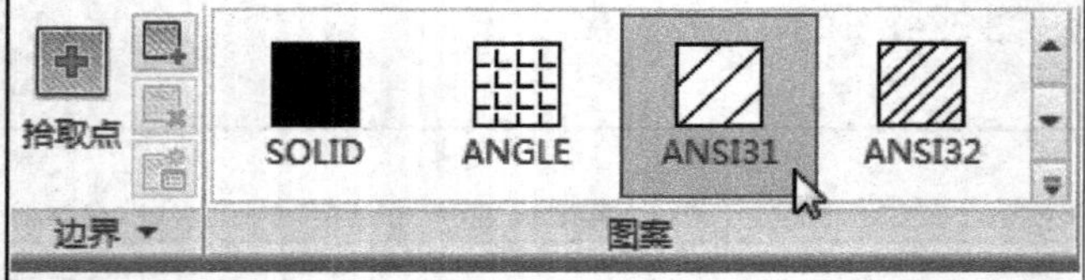

图 3-47　图案填充和渐变色

Step01 单击【绘图】工具栏｜【图案填充】按钮或在命令行执行“HATCH”命令。

Step02 在弹出的【图案填充和渐变色】对话框中，设置图案为【ANSI31】，如图 3-47 所示。

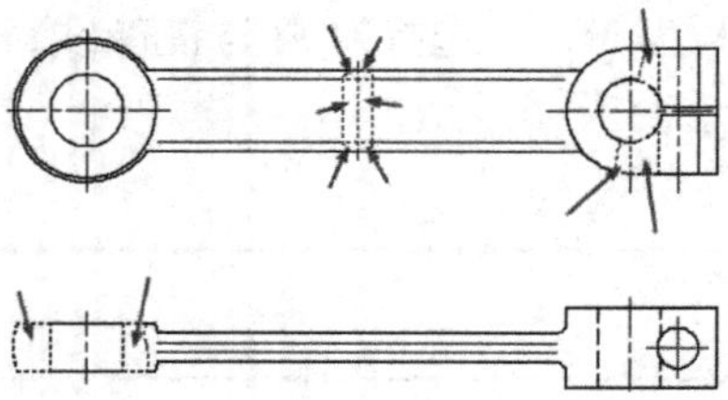

图 3-48　添加：拾取点

Step03 单击【拾取点】，依次单击要打剖面线的区域，如图 3-48 所示。

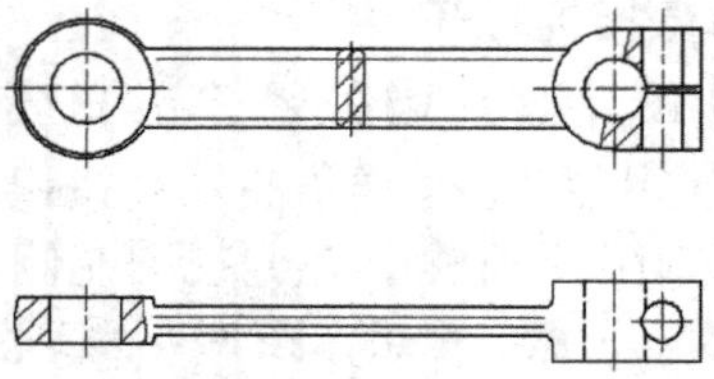

图 3-49　图案填充

Step04 按回车键，完成图案填充，如图 3-49 所示。

（9）拉长直线

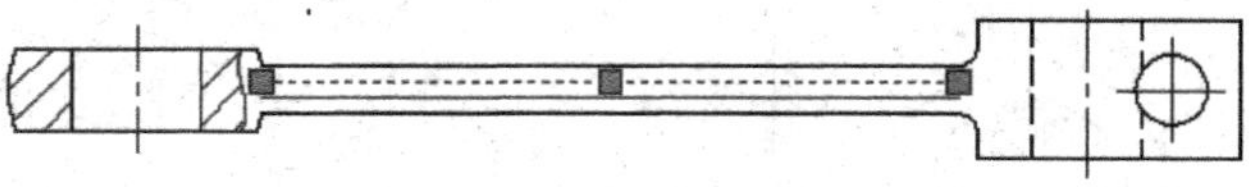

图 3-50　选中直线

Step01 如图 3-50 所示，选中俯视图的一条直线。

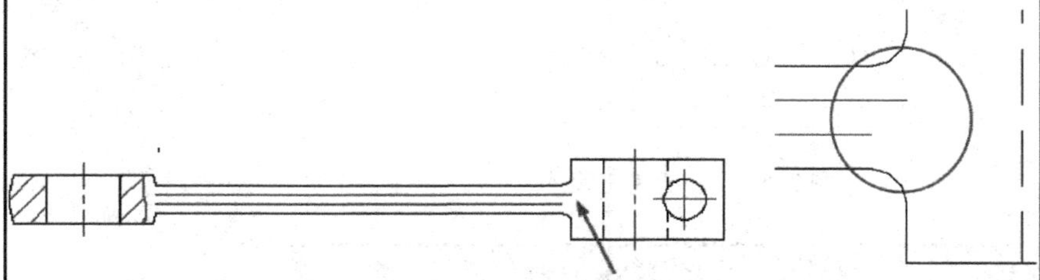

图 3-51　拉长直线（一）

Step02 再次单击该直线最右侧的点，此时该点变为红色，单击 F8 键打开正交模式，将光标移向右端，输入距离为 2，按回车键，再按【Esc】键，该直线被向右拉长距离为 2，如图 3-51 所示。

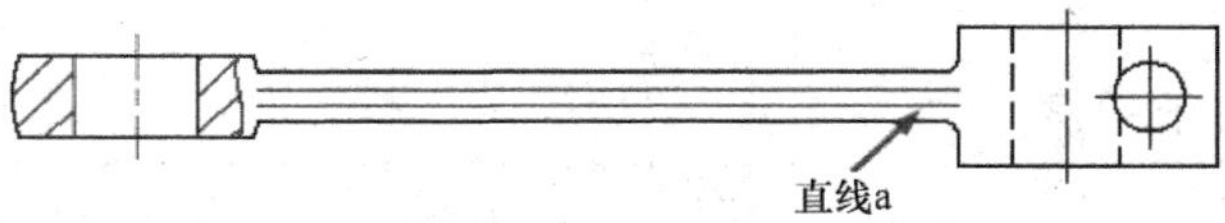

图 3-52　拉长直线（二）

Step03 按上述方法，对上述直线下方的“直线 a”向右拉长，拉长距离为 2，结果如图 3-52 所示。

（10）绘制完成

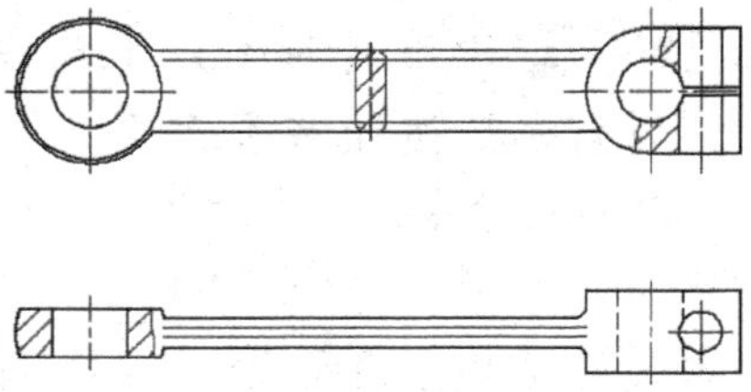

图 3-53　手把零件绘制完成

手把零件绘制完成，结果如图 3-53 所示。

3.2 如何绘制轴承座零件图

本例主要应用二维图形的基本绘制和编辑方法完成轴承座的主剖视图、左视图、俯视图和局部剖视图，本范例用到 AutoCAD 2017 的知识点有：设定【图形界限】、【图层】、【直线】、【偏移】、【矩形】、【倒角】、【圆角】、【分解】、【删除】、【镜像】、【样条曲线】、

【圆】、【更改直线的图层属性】、【修剪】、【图案填充】等命令。如图 3-54 所示。

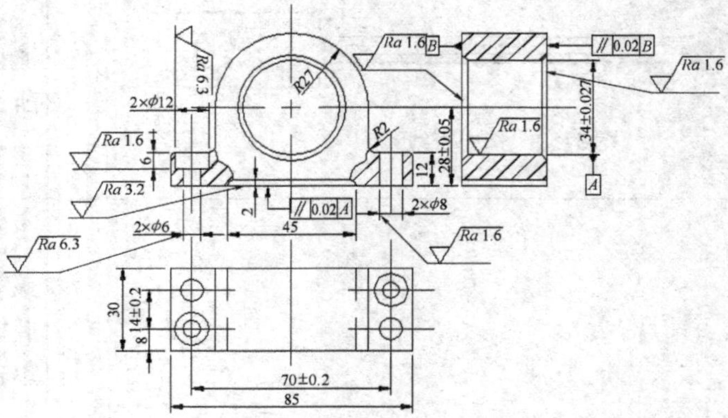

图 3-54　轴承座工程图

	完成模型	配套光盘\模型文件\3\3.2
	作图录制	配套光盘\屏幕录像\3\3.2

具体步骤如下。

3.2.1　绘制构造线

(1) 将【点划线】设置为当前图层

图 3-55　将【点划线】设置为当前图层

单击【图层特性管理器】的下拉菜单，将【点划线】设置为当前图层，如图 3-55 所示。

(2) 绘制构造线

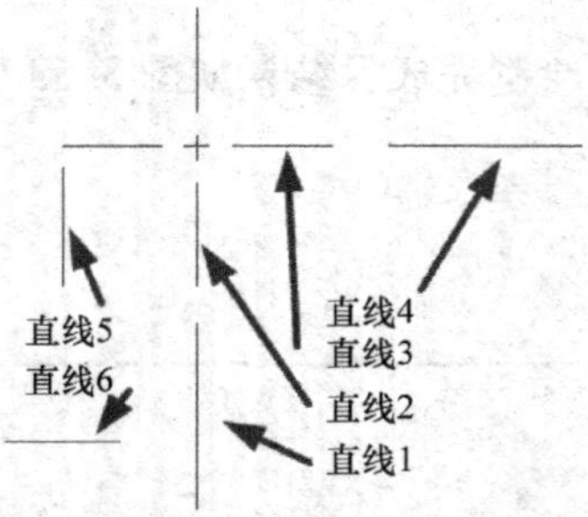

图 3-56　绘制构造线

Step01 单击【绘图】工具栏 | 【直线】按钮或在命令行执行“LINE”命令，绘制直线 1，坐标为{(50, 0), (@0, 50)}。

Step02 按空格键或单击回车键继续绘制直线 2，坐标为{(50, 60)、(@0, 75)}；按上述方法绘制直线 3、直线 4、直线 5、直线 6，坐标分别为{(15, 98), (@70, 0)}、{(100, 98), (@50, 0)}、{(15, 60), (@0, 32)}、{(0, 18), (@30, 18)}。

绘制结果如图 3-56 所示。

(3) 偏移构造线

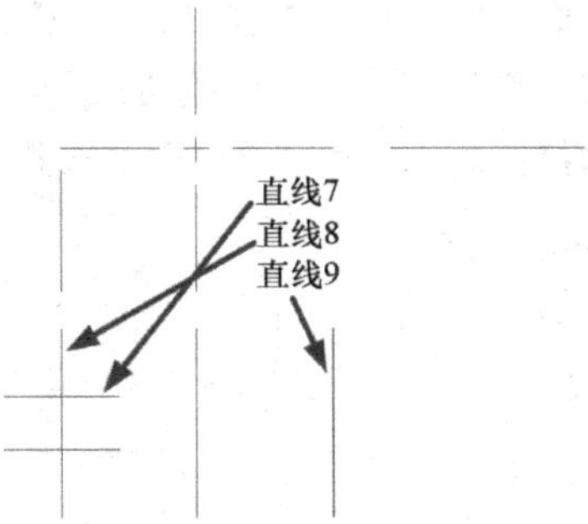

图 3-57　偏移构造线

Step01 单击【修改】工具栏 | 【偏移】按钮或在命令行执行“OFFSET”命令，偏移距离设为14，偏移对象为直线6，指定偏移的一侧：单击直线6上侧，得到直线7。

Step02 单击【修改】工具栏 | 【偏移】按钮或在命令行执行“OFFSET”（简写为O），偏移距离设为35，偏移对象为直线1，指定偏移的一侧：单击直线1的左、右两侧，得到直线8、直线9。

结果如图3-57所示。

(4) 镜像构造线

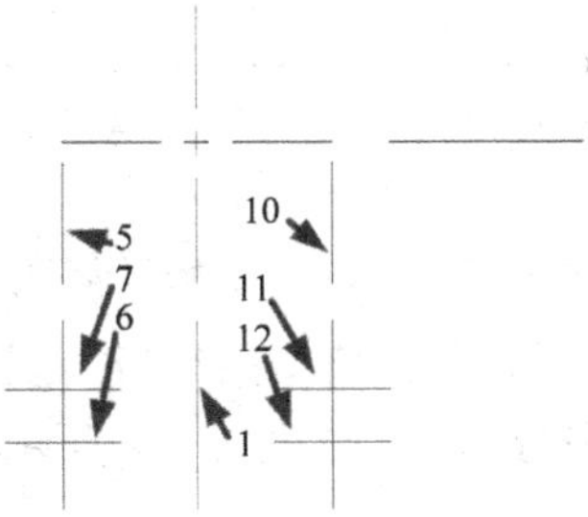

图 3-58　镜像构造线

单击【修改】工具栏 | 【镜像】按钮或在命令行执行“MIRROR”命令，选择直线5、6、7，单击回车键，指定镜像线的第一点与第二点分别为直线1的两端点，单击回车键后命令行提示“删除镜像源吗?[是(Y)/否(N)]<N>:”(默认为不删除)，输入N或单击回车键，得到直线10、12、11，如图3-58所示。

3.2.2　绘制轮廓视图

(1) 将【粗实线】设置为当前图层

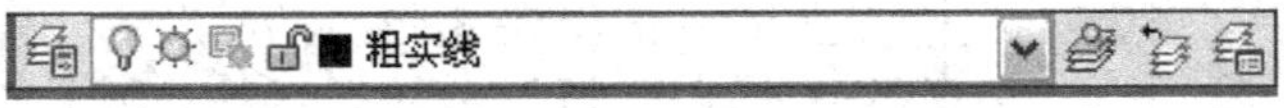

图 3-59　将【粗实线】设置为当前图层

单击【图层特性管理器】的下拉菜单，将【粗实线】设置为当前图层，如图3-59所示。

（2）绘制圆

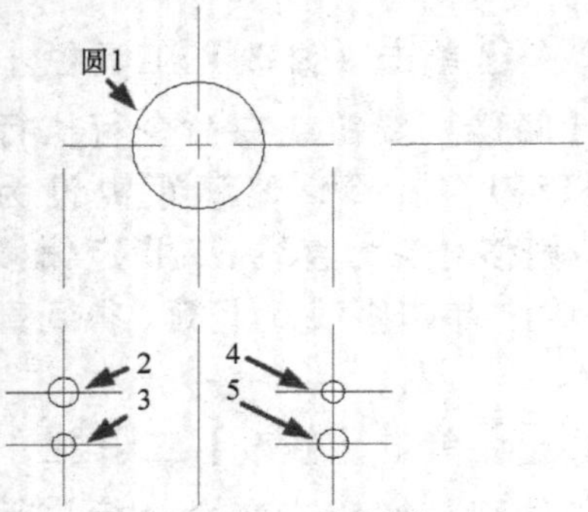

图 3-60　绘制圆

Step01 单击【绘图】工具栏｜【圆】按钮或在命令行执行“CIRCLE”命令，绘制圆 1，指定圆心为直线 2 与直线 3 的交点，半径输入 17，得到圆 1。

Step02 用同样的方法绘制圆 2、圆 3、圆 4、圆 5，半径分别为：4、3、3、4。

圆心如图 3-60 所示。

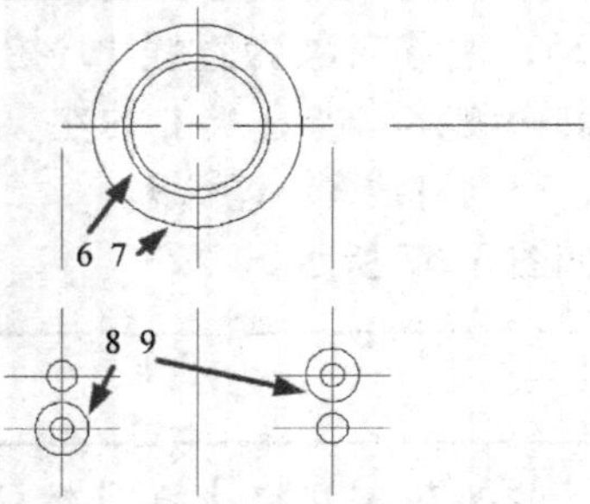

图 3-61　镜像圆

Step03 单击【修改】工具栏｜【偏移】按钮或在命令行执行“OFFSET”命令，偏移距离设为 2，偏移对象为圆 1，指定偏移的一侧：单击圆外侧，得到圆 6。

Step04 用同样的方法对圆 1、圆 2、圆 3 进行偏移，偏移距离分别为：10、3、3，得到圆 7、圆 8、圆 9。

结果如图 3-61 所示。

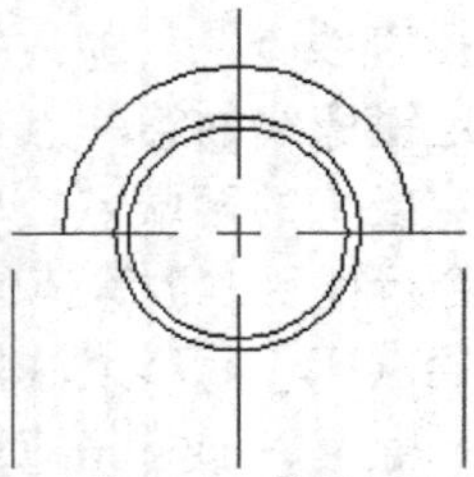
图 3-62　修剪圆

Step05 单击【修改】工具栏｜【修剪】按钮或在命令行执行“TRIM”命令，单击回车键，对上一步所得的圆 7 的下半圆弧进行修剪，如图 3-62 所示。

（3）绘制矩形

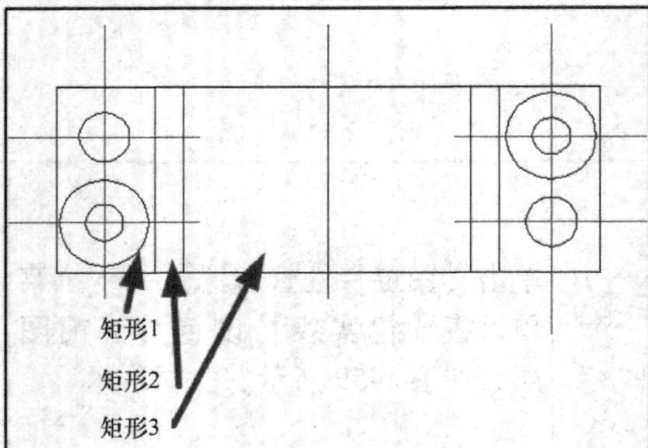

图 3-63　绘制矩形

Step01 单击【绘图】工具栏｜【矩形】按钮，在“指定第一个角点或［面积(A)/尺寸(D)/旋转(R)］:”输入(3.5，10)，接着命令行提示：“指定另一个角点或［面积(A)/尺寸(D)/旋转(R)］:”输入(85，30)，得到矩形 1。

Step02 按上述方法绘制矩形 2、矩形 3，输入的角点坐标分别为｛(23，10)，(54，30)｝、｛(23.5，10)，(45，30)｝，如图 3-63 所示。

Step03 单击【修改】工具栏｜【分解】按钮，选择对象为矩形 1、2、3，单击回车键，完成矩形分解。

(4) 修改图层属性

图 3-64 更改前的图形属性

Step01 选中上述矩形 3 的左右两边界线，【图层特性管理器】显示为【粗实线】层，如图 3-64 所示。

图 3-65 更改后的图形属性

Step02 单击【图层特性管理器】的下拉菜单，将【虚线】设为当前图层，如图 3-65 所示。

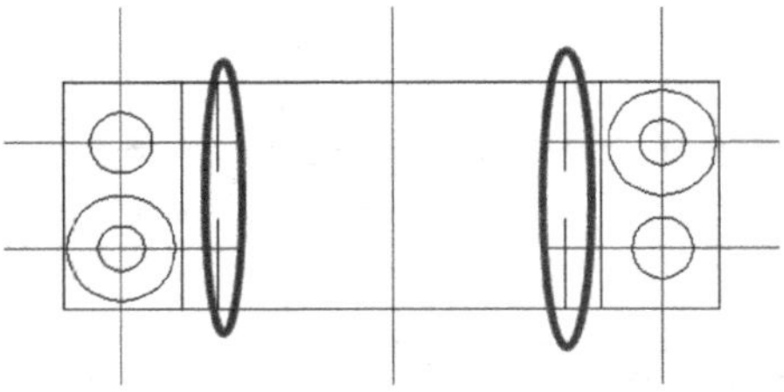

图 3-66 修改构造线图层属性

Step03 图层改变后如图 3-66 所示。

(5) 绘制矩形

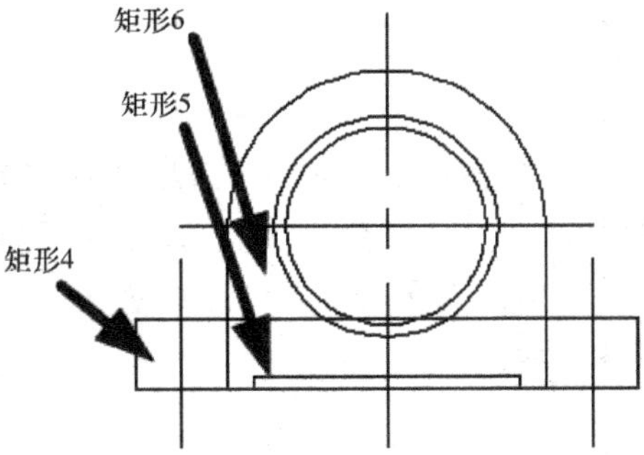

图 3-67 绘制矩形

Step01 单击【绘图】工具栏｜【矩形】按钮，在“指定第一个角点或［面积(A)/尺寸(D)/旋转(R)］:”输入(3.5, 70)，接着命令行提示：“指定另一个角点或［面积(A)/尺寸(D)/旋转(R)］:”输入(85, 12)，得到矩形 4。

Step02 按上述方法绘制矩形 5、矩形 6，输入的角点坐标分别为｛(23.5, 10)，(45, 2)｝、｛(23, 70)，(54, 28)｝，如图 3-67 所示。

Step03 单击【修改】工具栏｜【分解】按钮，选择对象为矩形 4、5、6，单击回车键，完成矩形分解。

(6) 删除、剪切

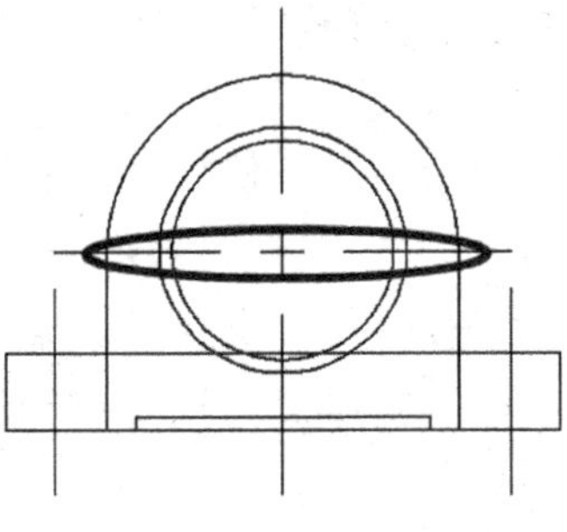

图 3-68 删除

Step01 单击【修改】工具栏｜【删除】按钮或在命令行中执行“ERASE”命令，选择对象为上述矩形 6 的上边界线，单击回车键，如图 3-68 所示。

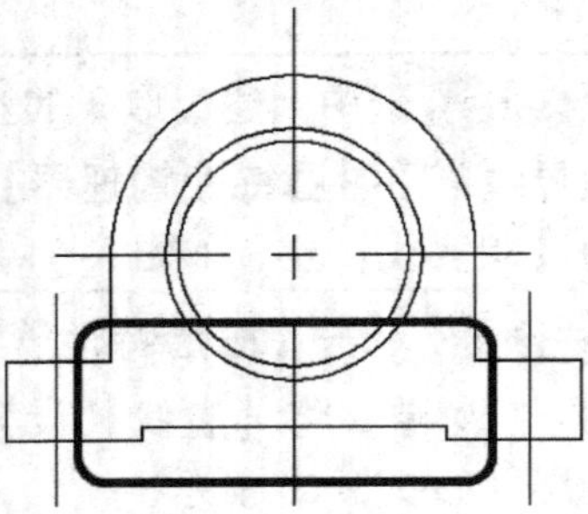

图 3-69 修剪

Step02 单击【修改】工具栏｜【修剪】按钮或在命令行执行“TRIM”命令，单击回车键，对矩形 4、5、6 进行修剪，如图 3-69 所示。

(7) 圆角

```
命令: _fillet
当前设置: 模式 = 修剪, 半径 = 1.5000
选择第一个对象或 [放弃(U)/多段线(P)/半径(R)/修剪(T)/多个(M)]: R
指定圆角半径 <1.5000>: 2
选择第一个对象或 [放弃(U)/多段线(P)/半径(R)/修剪(T)/多个(M)]:
选择第二个对象, 或按住 Shift 键选择对象以应用角点或 [半径(R)]:
```

图 3-70 圆角命令

Step01 单击【修改】工具栏｜【圆角】按钮或在命令行执行“FILLET”命令，选择直线 11 部分和直线 12 为圆角的两边，得到圆角 1，如图 3-70 所示。

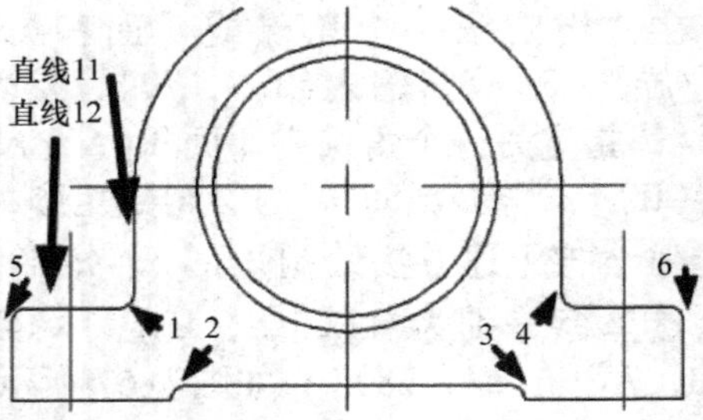

图 3-71 圆角

Step02 用同样的方法绘制圆角 2、3、4，圆角半径为 2，绘制圆角 5、6，圆角半径为 1.5，如图 3-71 所示。

(8) 绘制矩形

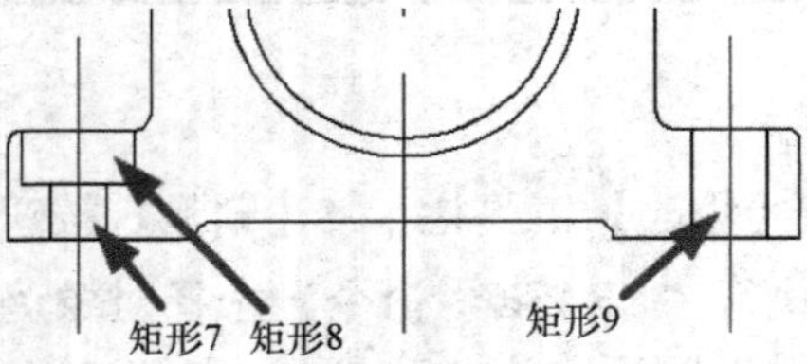

图 3-72 绘制矩形

Step01 单击【绘图】工具栏｜【矩形】按钮，在“指定第一个角点或 [面积(A)/尺寸(D)/旋转(R)]:”输入(12, 70)，接着命令行提示：“指定另一个角点或 [面积(A)/尺寸(D)/旋转(R)]:”输入(6, 6)，得到矩形 7。

Step02 按上述方法绘制矩形 8、矩形 9，输入的角点坐标分别为 {(9, 76)，(12, 6)}、{(81, 70)，(8, 12)}，如图 3-72 所示。

（9）绘制样条曲线

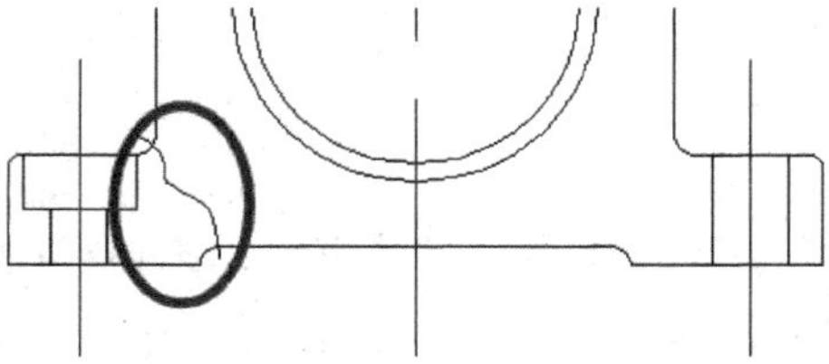

图 3-73 绘制样条曲线

Step01 单击【绘图】工具栏|【样条曲线】按钮或在命令行执行“SPLINE”命令，绘制样条曲线，初始点选取在如图 3-73 所示圆角 1 的内侧，然后沿图中样条曲线的大致位置依次点取，单击回车键，得到样条曲线。

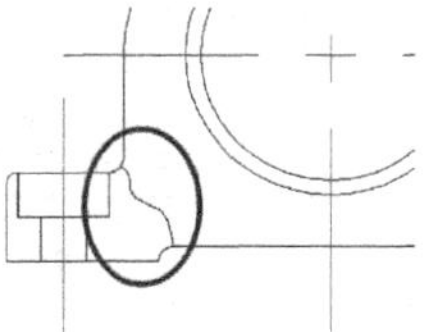

图 3-74 修剪样条曲线

Step02 单击【修改】工具栏|【修剪】按钮或在命令执行“TRIM”命令，单击回车键，对上一步所得的样条曲线进行修剪，如图 3-74 所示。

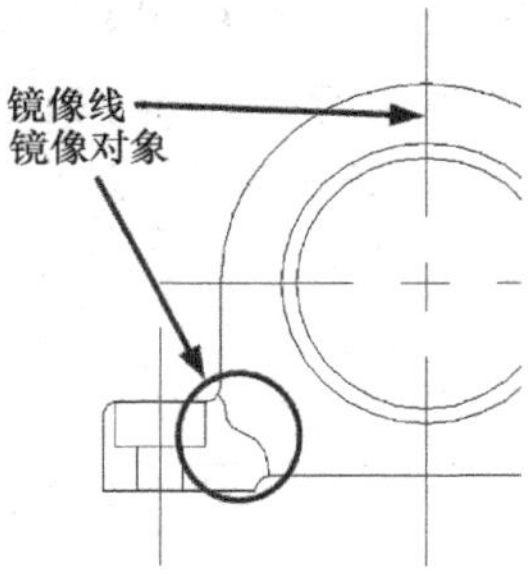

图 3-75 镜像样条曲线

Step03 单击【修改】工具栏|【镜像】按钮或在命令行执行“MIRROR”命令，选择上述样条曲线，单击回车键，指定镜像线的第一点与第二点分别为直线 2 的两端点，单击回车键后命令行提示“删除镜像源吗？［是（Y）/否（N）］<N>：”（默认为不删除），输入 N 或单击回车键，得到另一条样条曲线，如图 3-75 所示。

（10）绘制矩形

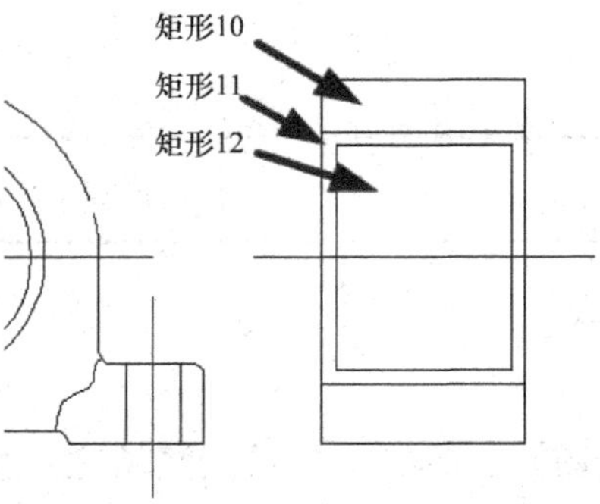

图 3-76 绘制矩形

Step01 单击【绘图】工具栏|【矩形】按钮，在“指定第一个角点或［面积(A)/尺寸(D)/旋转(R)］：”输入(110，70)，接着命令行提示：“指定另一个角点或［面积(A)/尺寸(D)/旋转(R)］：”输入(30，55)，得到矩形 10。

Step02 按上述方法绘制矩形 11、矩形 12，输入的角点坐标分别为{(110，79)，(30，38)}、{(112，81)，(26，34)}，如图 3-76 所示。

Step03 单击【修改】工具栏|【分解】按钮，选择对象为矩形 10、11、12，单击回车键，完成矩形分解。

（11）绘制直线及修剪删除

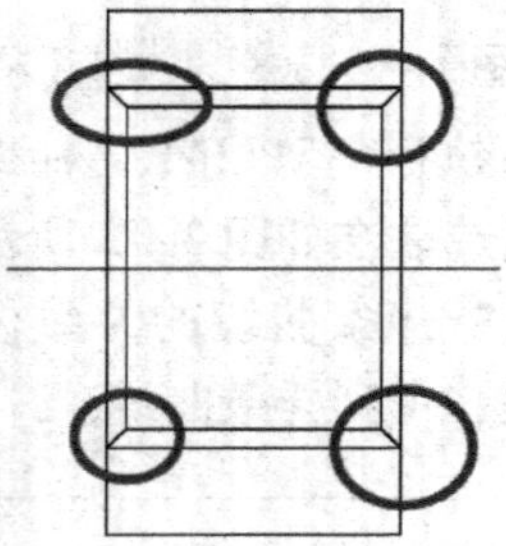 图 3-77　直线连接	Step01 单击【绘图】工具栏丨【直线】按钮或在命令行执行“LINE”命令，绘制直线，连接矩形 11、12 对应角的点，得到如图 3-77 所示。
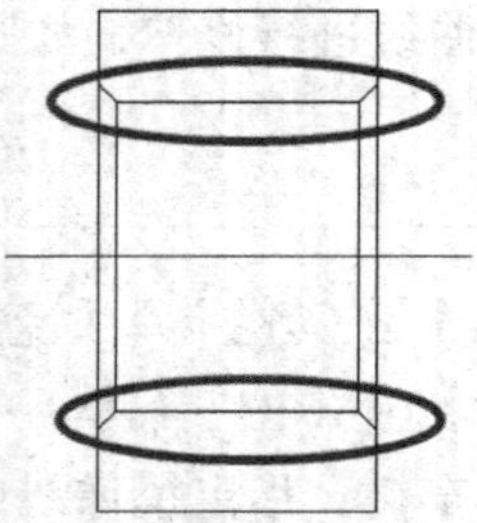 图 3-78　删除	Step02 单击【修改】工具栏丨【删除】按钮或在命令行中执行“ERASE”命令，选择对象为上述矩形 11 的上下边界线，单击回车键，如图 3-78 所示。
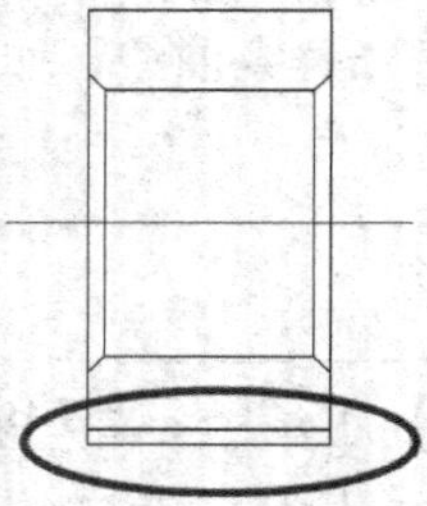 图 3-79　偏移	Step03 单击【修改】工具栏丨【偏移】按钮，选择偏移对象为矩形 12 的下边界，指定偏移距离为 2，偏移的一侧为上侧，如图 3-79 所示。

（12）填充阴影

 图 3-80　【图案填充和渐变色】对话框	Step01 单击【绘图】工具栏丨【图案填充】按钮，弹出【图案填充和渐变色】对话框，如图 3-80 所示。

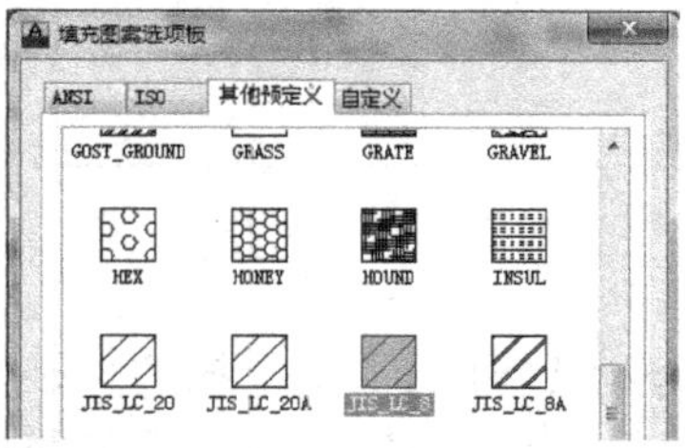

图 3-81 【填充图案选项板】对话框

Step02 单击【颜色】按钮，选择黑色，弹出【填充图案选项板】对话框，选取 JIS－LC－8 样图，如图3-81 所示。

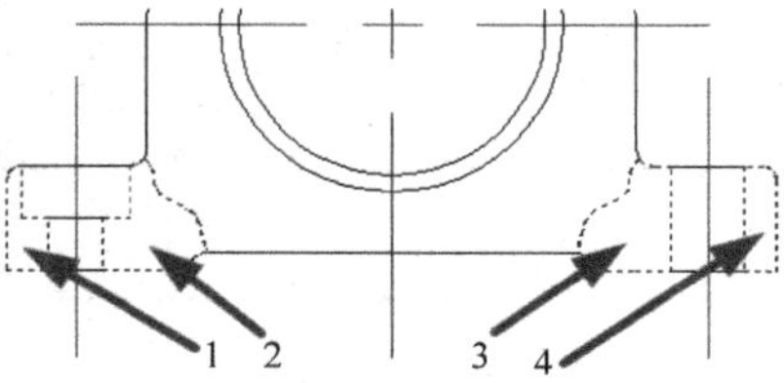

图 3-82

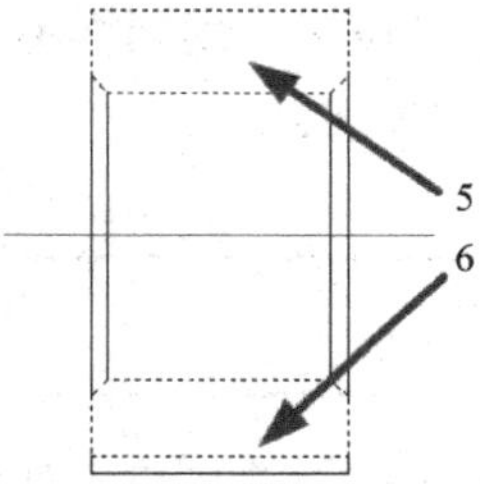

图 3-83 拾取点

Step03 单击【确定】按钮后，单击【比例】为 0.5，然后单击【添加：拾取点（K）】，选择需要添加阴影的部分，在内部单击添加如图 3-82、图 3-83 的 6 个区域。

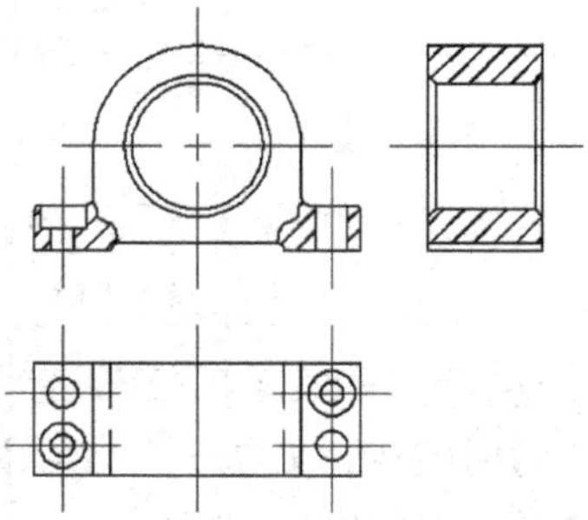

图 3-84 图案填充完成

Step04 单击回车键，返回【图案填充和渐变色】对话框，单击【确定】按钮即可，如图 3-84 所示。

3.2.3 标注

（1）线性标注

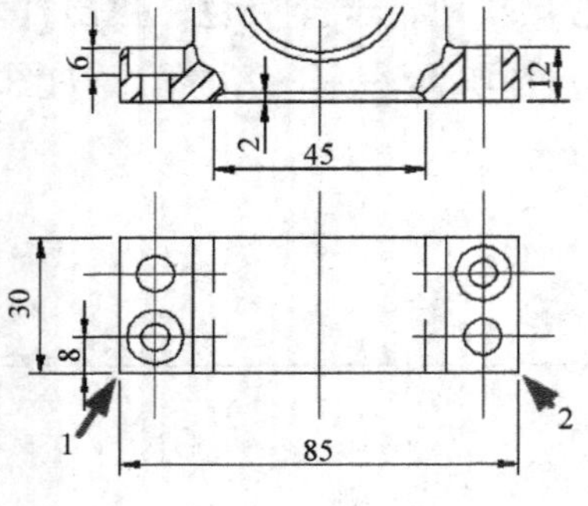

图 3-85　线性标注

单击【菜单】工具栏 |【标注】| 【线性】按钮或在命令行执行“DIMLINEAR”命令。选取需要的标注距离的两端点，如图 3-85 所示中的 1 点和 2 点，移动光标指定尺寸数字位置，用同样的方法对图中的其他线形尺寸进行标注。

（2）半径标注

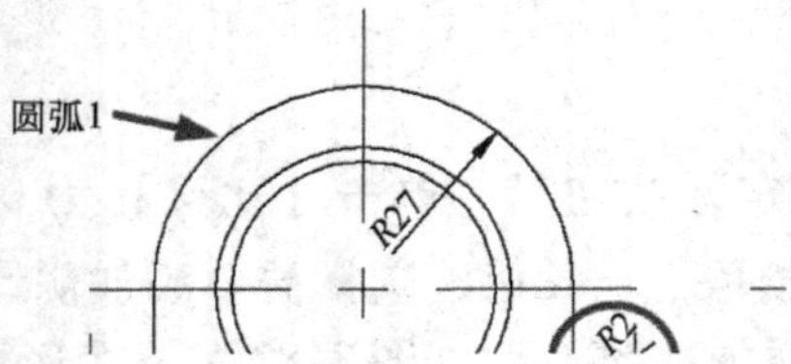

图 3-86　半径标注

单击【菜单】工具栏 |【标注】| 【半径】按钮。选取需要的圆弧，如图 3-86 所示中的圆弧 1，移动光标指定尺寸数字位置，用同样的方法对图中的其他对齐尺寸进行标注。

（3）线性偏差标注

图 3-87　选择【标记样式】

Step01 单击【标记样式】下拉菜单，如图3-87 所示。

图 3-88　选择后

Step02 选中【公差－不对称样式】，如图 3-88 所示。

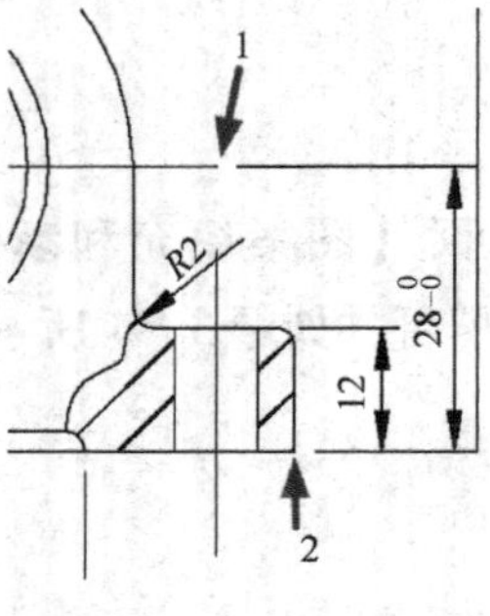

图 3-89　公差标注

Step03 单击【菜单】工具栏 |【标注】| 【线性】按钮或在命令行执行“DIMLINEAR”命令。选取需要的标注距离的两端点，如图 3-89 所示中的 1、2 点，移动光标指定尺寸数字位置。

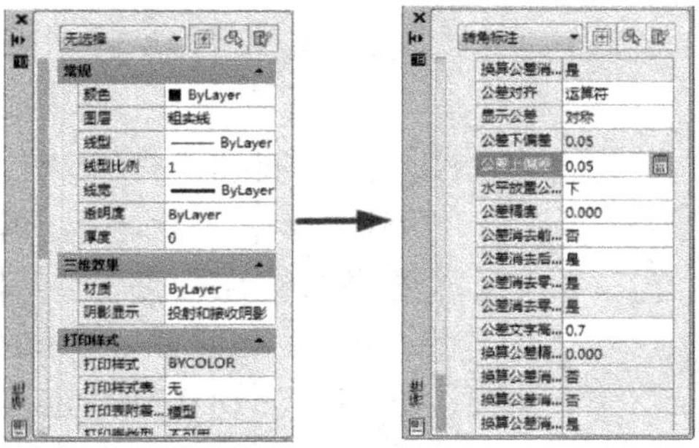 图 3-90　更改标注【特性】	Step04 在命令行中输入“mo”单击回车键，弹出【特性】对话框，选中上一步所做的标注，【特性】对话框显示选中标注的特性，将对话框下拉至最底端，在【公差上偏差】和【公差下偏差】栏中分别输入“0.05”和“0.05”，如图 3-90所示。
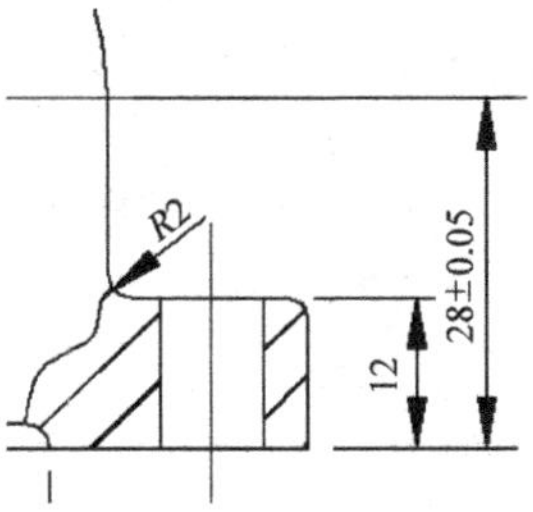 图 3-91　修改后	Step05 单击结束【特性】对话框，显示如图 3-91 所示（注意：在输入公差下偏差时，输入的数为正数时显示的数为负，输入的数为负数时显示结果为正）。
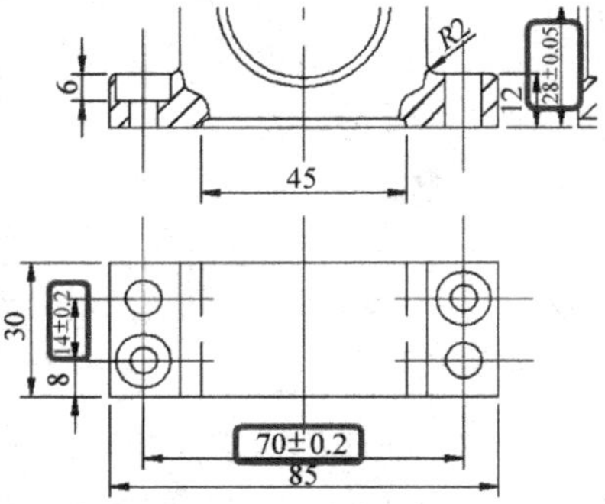 图 3-92　其他尺寸偏差	Step06 用同样的方法对图中的其他线性尺寸偏差进行标注，如图 3-92 所示。

（4）直径标注

 图 3-93　选择【公差－不对称样式】	Step01 单击【公差－不对称样式】下拉菜单，如图 3-93 所示。
 图 3-94　选择后	Step02 选中【工程标注】样式，如图 3-94 所示。

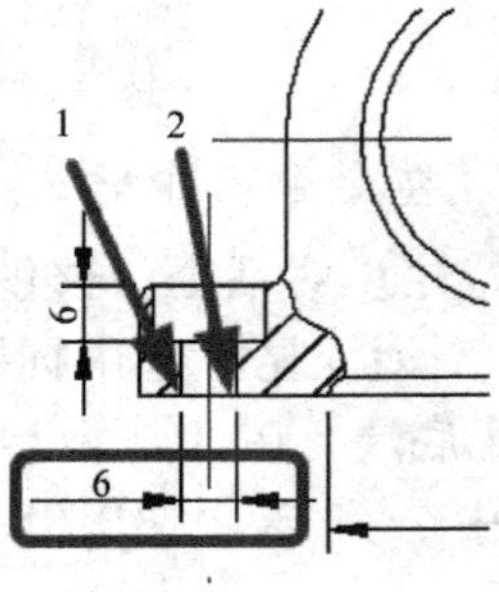

图 3-95　线性标注

Step03 单击【菜单】工具栏 |【标注】| ⊢ 【线性】按钮或在命令行执行“DIMLINEAR”命令。选取需要的标注距离的两端点，如图 3-95 所示中的 1、2 点，移动光标指定尺寸数字位置。

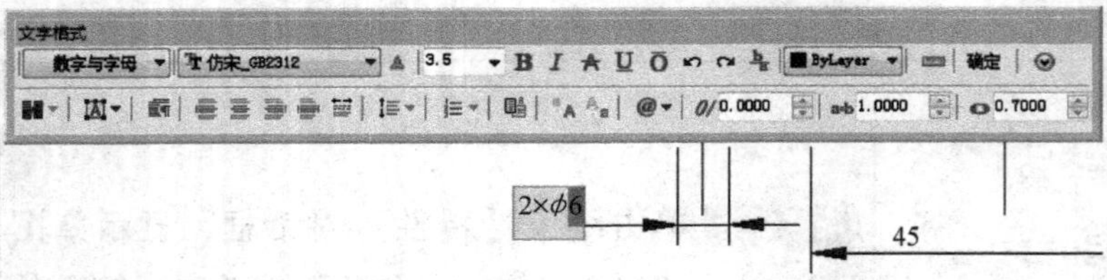

图 3-96　更改为直径标注

Step04 双击图中需要更改为直径标注的尺寸，弹出【文字格式】对话框，可对尺寸进行编辑，输入“2X%%C”，如图 3-96 所示。

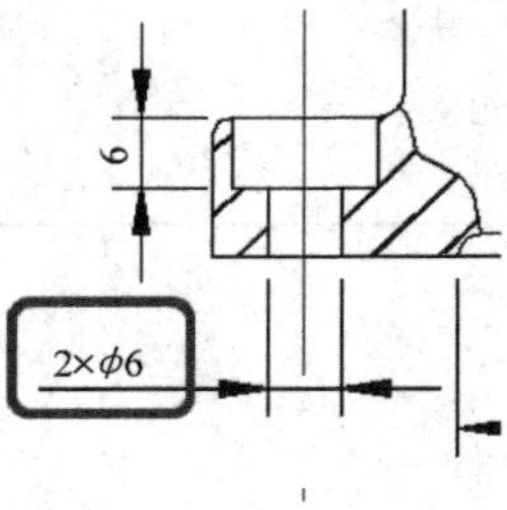

图 3-97　更改后

Step05 单击任意空白处，结束编辑，如图 3-97 所示。

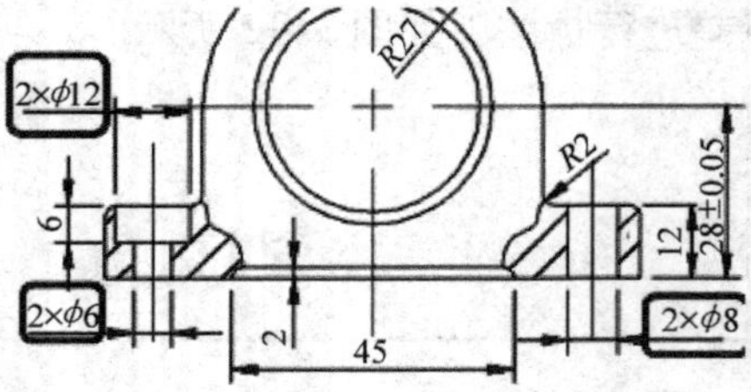

图 3-98　其他直径标注

Step06 用同样的方法，对图中的其他圆的直径尺寸进行编辑，如图 3-98 所示。

（5）公差标注

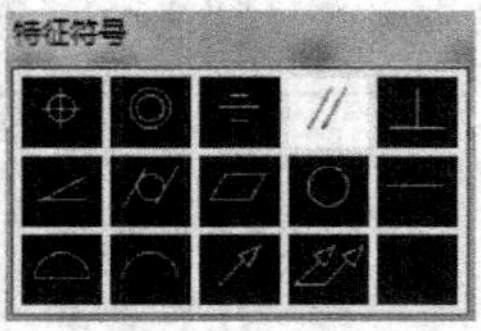

图 3-99　【特征符号】对话框

Step01 单击【菜单】工具栏 |【标注】| ⊕1【公差】按钮，弹出【形位公差】对话框，单击【符号】按钮，弹出【特征符号】对话框，选中平行度，如图 3-99 所示。

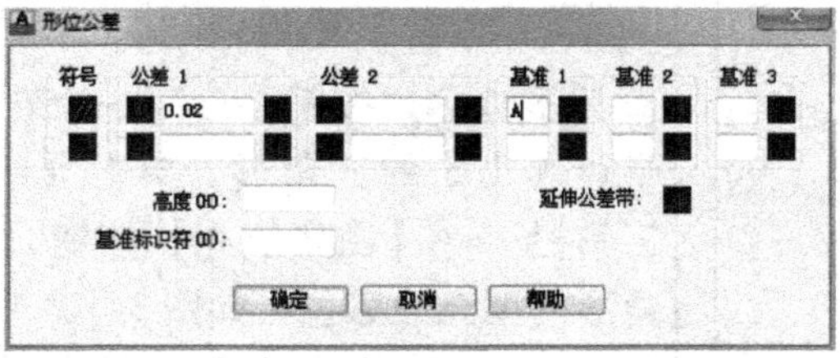

图 3-100　【形位公差】设置

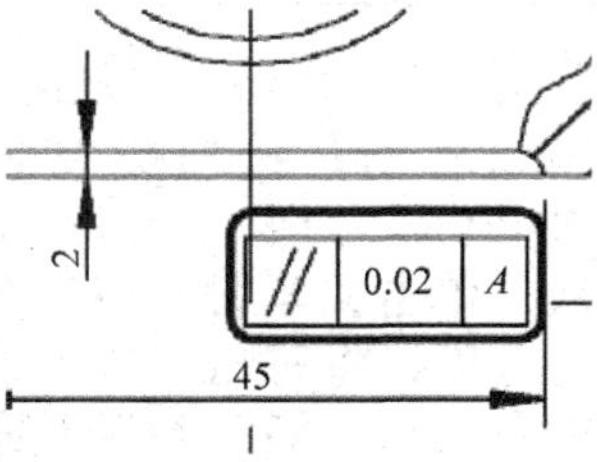

图 3-101　放置公差

Step02【形位公差】对话框的设置如图 3-100 所示，单击【确定】按钮，在图中适当的位置放置，如图 3-101所示。

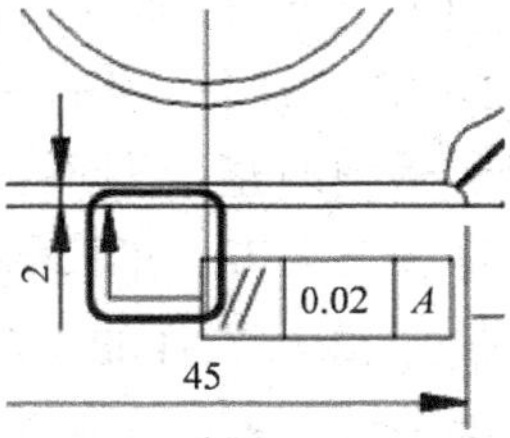

图 3-102　绘制箭头

Step03 单击【菜单】工具栏｜【标注】｜ 多重引线(E)【多重引线】按钮，在形状公差的右上端点的水平导航线与右侧竖直线的交点为起点，在左端的水平线上选取一点为另一点，如图 3-102 所示。

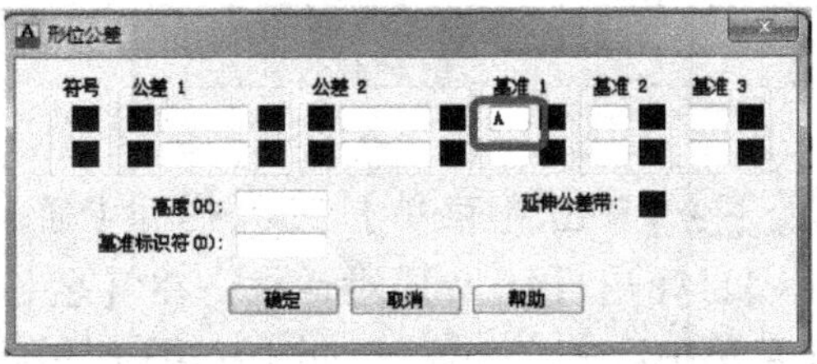

图 3-103　【形位公差】设置

图 3-104　放置公差

Step04 单击【菜单】工具栏｜【标注】｜【公差】，弹出【形位公差】对话框，【形位公差】对话框的设置如图 3-103 所示，单击【确定】，在图中适当的位置放置，如图 3-104 所示。

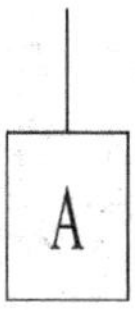

图 3-105　绘制直线

Step05 单击【绘图】工具栏｜【直线】按钮，在上图上边的中点处向上绘制一条长为 5 的直线如图 3-105所示。

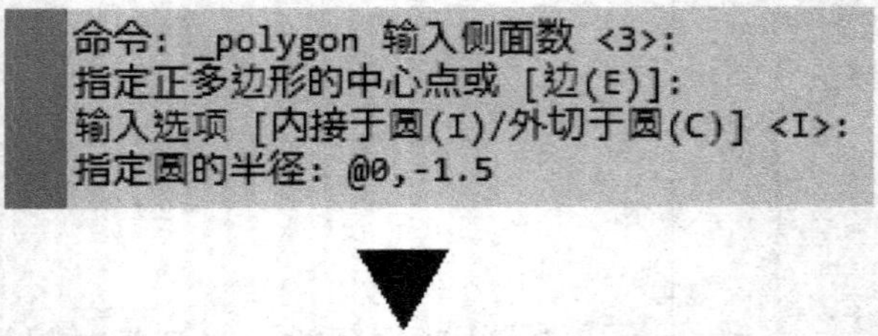

图 3-106　绘制三角形及填充

Step06 单击【绘图】工具栏｜【多边形】按钮，绘制一个外接圆半径为 1.5 的三角形，单击【绘图】工具栏｜【图案填充】按钮，将三角形内填充为黑色，如图 3-106 所示。（注：图案填充上面已做详细说明，此处不再赘述）

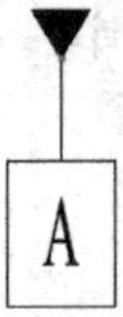

图 3-107　移动后

Step07 单击【修改】工具栏｜【移动】按钮或在命令行中执行“MOVE”命令，选中上述三角形为对象，单击回车键，以三角形的上定点为基点，将三角形移到第 4 步的直线的下端点，如图 3-107 所示。

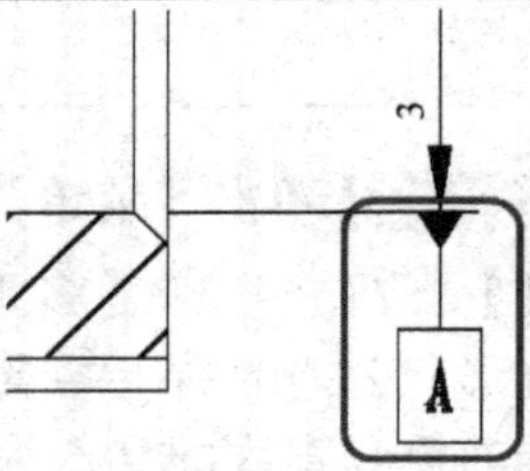

图 3-108　选择参考面

Step08 单击【修改】工具栏｜【移动】按钮或在命令行中执行“MOVE”命令，用同样的方法将上一步所得到的整个图形移动到左端圆柱的标注线上方，如图 3-108 所示。

Step09 用同样的方法，对图中的其他的形位公差进行编辑。

(6) 粗糙度标注

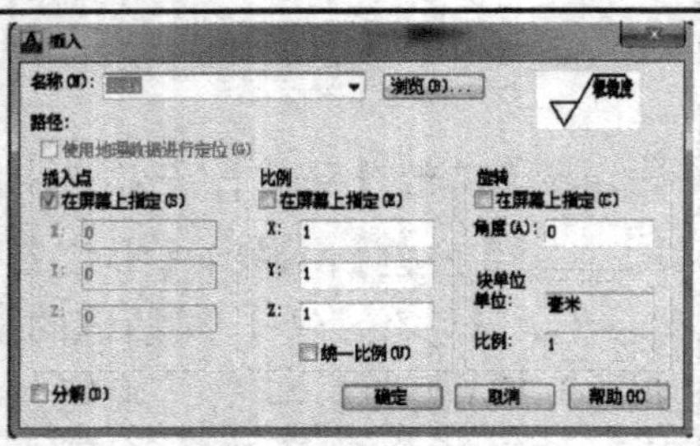

图 3-109　选择块

Step01 单击【菜单】工具栏｜【插入】｜【块】，弹出【插入】对话框，在【名称】下拉菜单中选中“ccda”，如图 3-109 所示。

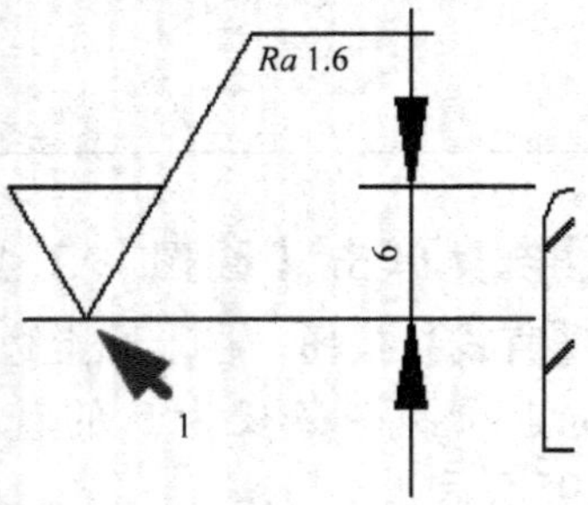

图 3-110　标注

Step02 单击【确定】按钮，在图中 1 点点取，输入粗糙度值为 1.6，单击回车键，如图 3-110 所示。（注意：选取点时，为了选取点的方便，可以根据需要对 对象捕捉【对象捕捉】进行启用、关闭、设置。）

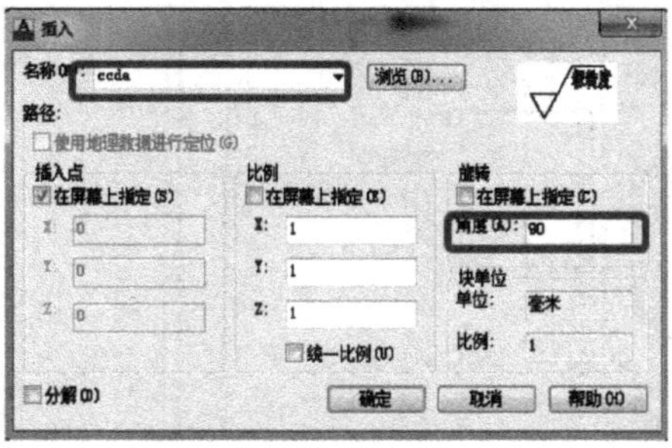

图 3-111　选择块

Step03 单击【菜单】工具栏｜【插入】｜【块】，弹出【插入】对话框，在【名称】下拉菜单中选中“ccda”，在【角度】中输入“90”，如图 3-111 所示。

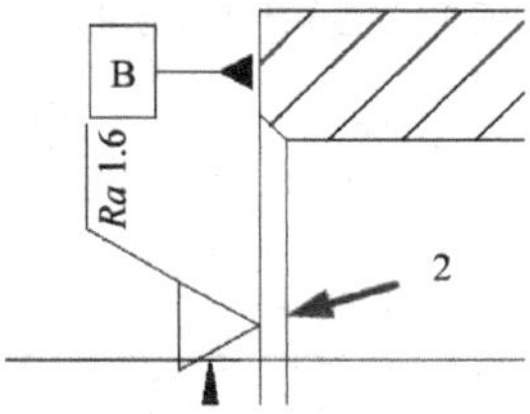

图 3-112　侧面粗糙度

Step04 单击【确定】按钮，在图中选取点2，输入粗糙度值为 1.6，单击回车键，如图3-112所示。

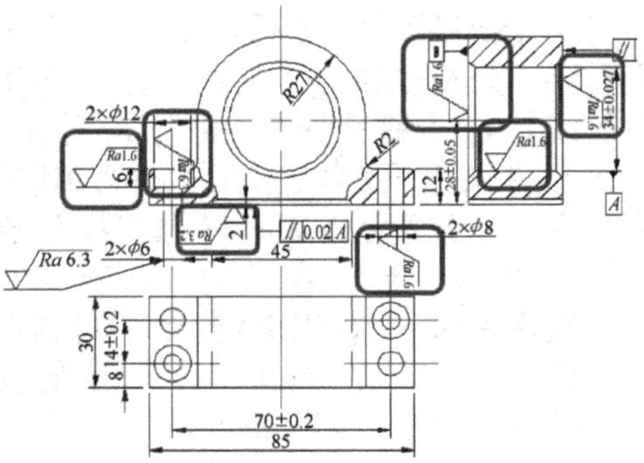

图 3-113　其他粗糙度

Step05 用同样的方法对图中的其他粗糙度进行标注，如图 3-113 所示。

3.3 如何绘制支架零件图

本例主要应用二维图形的基本绘制和编辑方法，完成支架零件的主视图和左视图，如图 3-114 所示。本范例中用到 Auto CAD 2017 的知识点有：【直线】、【圆】、【圆角】、【倒角】、【镜像】、【修剪】、【删除】、【阵列】、【偏移】 等命令。

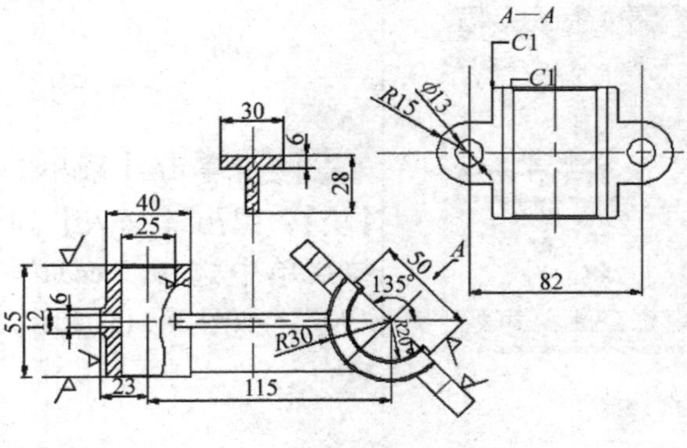

图 3-114　支架工程图

	完成模型	配套光盘\模型文件\3\3.3
	作图录制	配套光盘\屏幕录像\3\3.3

具体步骤如下。

3.3.1　设置图层

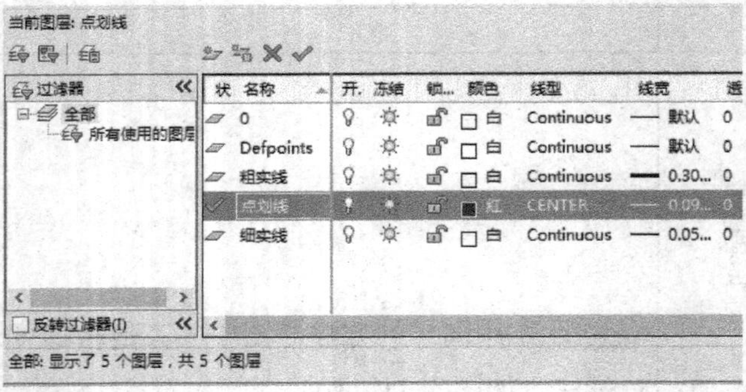

图 3-115　设置图层

单击【图层】工具栏丨【图层特性管理器】按钮或选择菜单栏中【格式】丨【图层】命令，弹出【图层特性管理器】对话框。单击【新建图层】按钮，新建 3 个图层，分别命名为【点划线】、【粗实线】和【细实线】，将【点划线】层的颜色设为红色，线型为 CENTER，线宽为 0.05；【粗实线】层颜色为白色，线型为 Continuous，线宽为 0.3；【细实线】层颜色为白色，线型为 Continuous，线宽为 0.05，如图 3-115 所示。

3.3.2　绘制构造线

（1）将【点划线】设置为当前图层

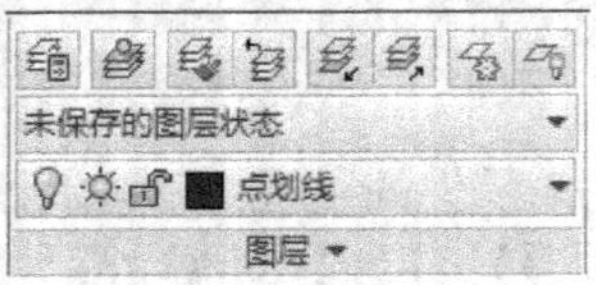

图 3-116　将【点划线】设置为当前图层

单击【图层特性管理器】的下拉菜单，将【点划线】设置为当前图层，如图 3-116 所示。

（2）绘制构造线

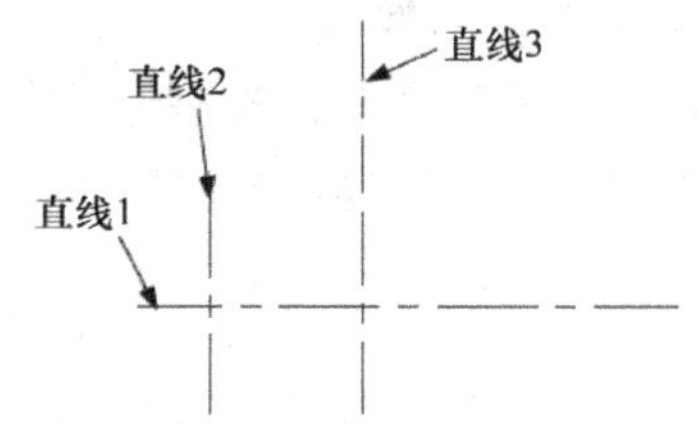

图 3-117 绘制构造线

单击【绘图】工具栏｜【直线】按钮或在命令行执行“LINE”命令。输入起点坐标（20，0），然后输入长度174，单击【Enter】键，移动光标，使直线与水平线间夹角为0，完成直线1的绘制。单击【Enter】键，继续直线绘制，输入坐标（43，-40），（@43，40）完成直线2的绘制。单击【Enter】键，继续直线绘制，输入坐标（92，-40），（@92，80）完成直线3的绘制。结果如图3-117所示。

3.3.3 绘制主视图轮廓线

（1）将【粗实线】设置为当前图层

图 3-118 将【粗实线】设置为当前图层

单击【图层特性管理器】的下拉菜单，将【粗实线】设置为当前图层，如图3-118所示。

（2）绘制轮廓直线

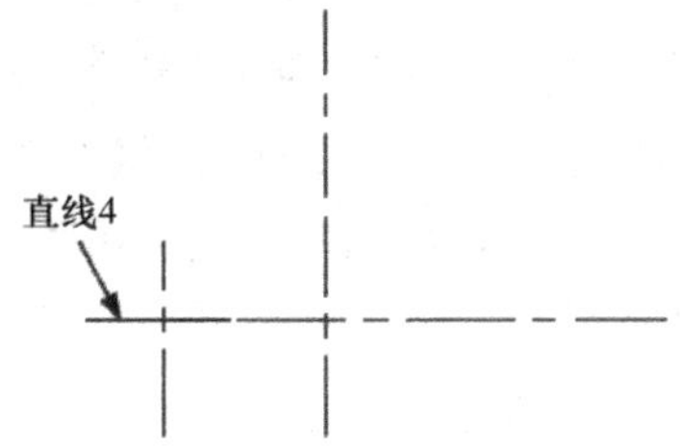

图 3-119 绘制粗实线

Step01 为了在坐标系中便于绘制水平线和垂直线，可使用“正交模式”绘图，在命令栏输入：ORTHO，单击【ON】即可。

Step02 单击【绘图】工具栏｜【直线】按钮或在命令行执行“LINE”命令。输入起点坐标（20，0），然后输入长度43，单击【Enter】键，完成直线4的绘制，如图3-119所示

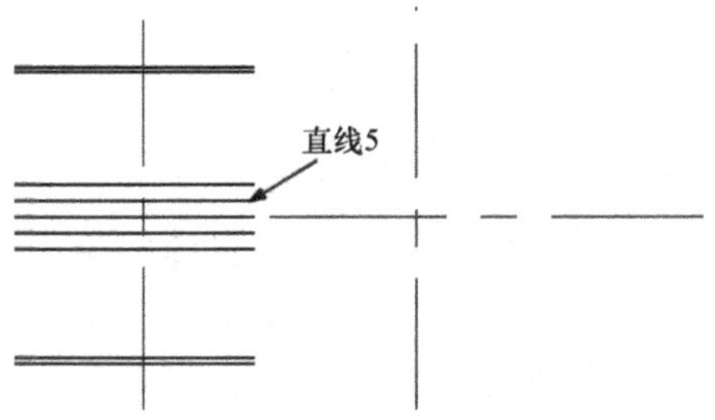

图 3-120 偏移轮廓线

Step03 单击【修改】工具栏｜【偏移】按钮，设定偏移距离为3，偏移对象为直线2，移动光标至直线2上方，单击鼠标左键，即可得到直线5。再用同样的方法，依次设定偏移距离为3、6、26.5、23.5，画出上部的轮廓直线，同理画出对称的下部轮廓线，如图3-120所示。

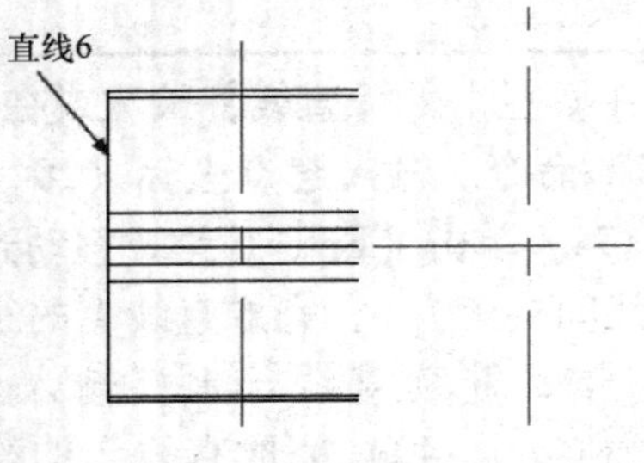

图 3-121　绘制轮廓线

Step04 单击【绘图】工具栏 |【直线】按钮或在命令行执行“LINE”命令。选择最上和最下直线的两个左端点，完成直线 6 的绘制，如图 3-121所示。

（3）偏移轮廓直线

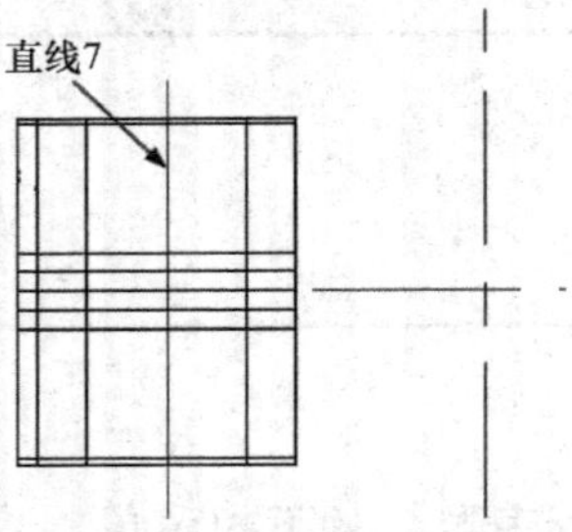

图 3-122　偏移轮廓直线

单击【修改】工具栏 |【偏移】按钮或在命令行执行“OFFSET”命令，偏移距离设为 23，偏移对象为直线 6，偏移到直线 6 的右侧，得到直线 7。单击【Enter】键，继续执行【偏移】功能，以直线 7 为偏移对象，偏移距离在左右侧分别为 12.5、20，如图 3-122 所示。

（4）修剪轮廓直线

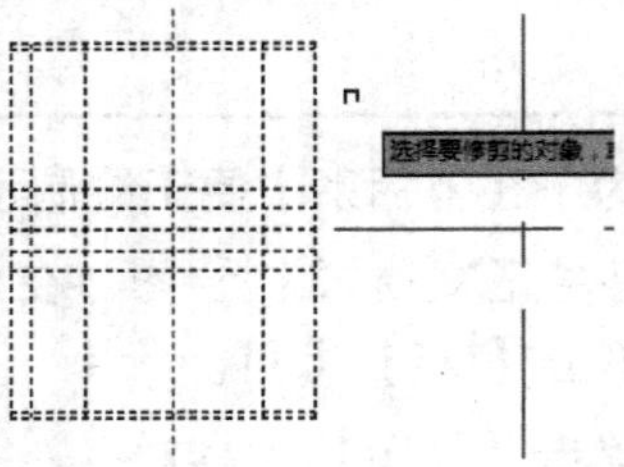

图 3-123　选择修剪直线

Step01 单击【修改】工具栏 |【修剪】按钮或在命令行执行“TRIM”命令，将图中直线全部选中（被选中的呈虚线状态），如图 3-123 所示。

图 3-124　修剪提示

Step02 单击鼠标右键，会出现提示选择需要修剪线段的状态，如图 3-124 所示

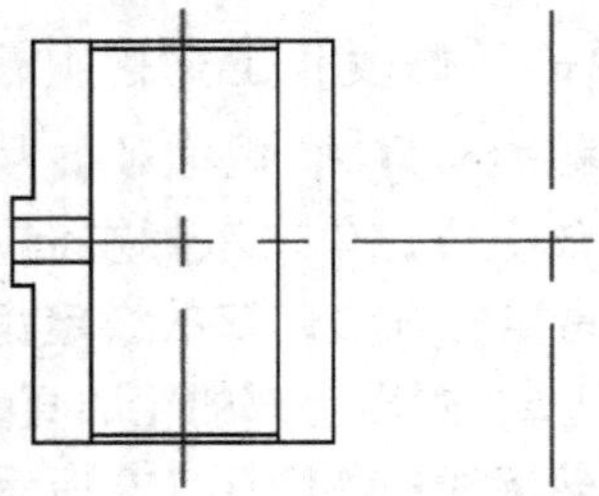

图 3-125　修剪轮廓线

Step03 单击鼠标左键，选择轮廓中多余的线段，然后单击鼠标右键，单击【确定】按钮，再使用【修改】工具栏 |【删除】工具，将多余的线段删除，如图 3-125 所示。

(5) 绘制轮廓线

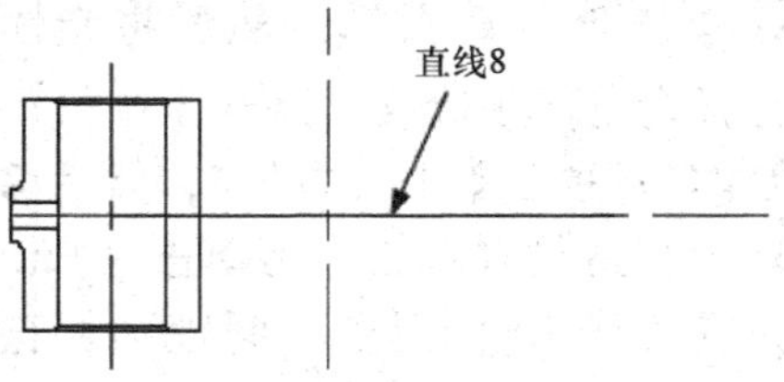

图 3-126 绘制轮廓线偏移线

Step01 单击【绘图】工具栏 |【直线】按钮或在命令行执行“LINE”命令。输入起点坐标(43, 0)，然后输入长度 115，单击【Enter】键，完成直线 8 的绘制，如图 3-126 所示。

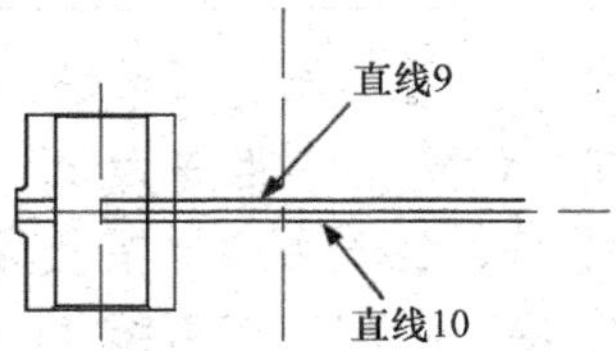

图 3-127 偏移直线

Step02 单击【修改】工具栏 |【偏移】按钮，设定偏移距离为 3，偏移对象为直线 8，在直线 8 上侧单击，绘出直线 9。同理，在直线 8 下侧绘出直线 10，偏移距离为 3，偏移对象为直线 8，偏移如图 3-127 所示。

(6) 绘制圆轮廓

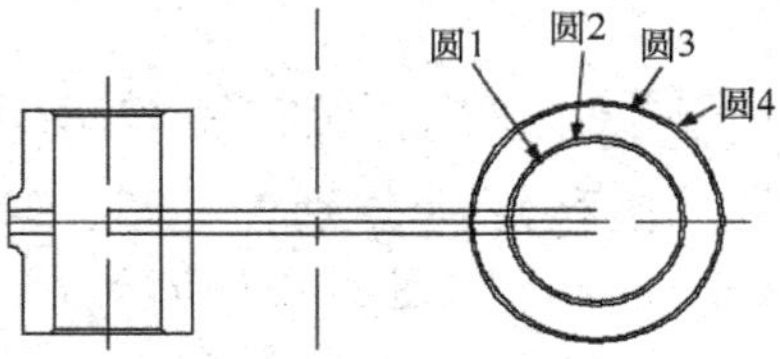

图 3-128 绘制圆轮廓

Step01 单击【绘图】工具栏 |【圆】按钮或在命令行执行“CIRCLE”命令，绘制圆 1、圆 2、圆 3 和圆 4，指定圆心均为直线 8 的右端点，半径分别为 20、21、29、30，如图 3-128 所示。

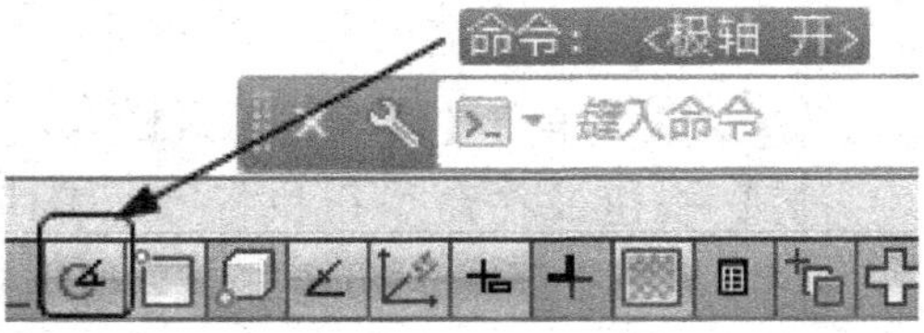

图 3-129 开启【极轴追踪】

Step02 单击【修改】工具栏 |【偏移】按钮，设定偏移距离为 25，偏移对象为直线 8，在直线 8 下侧单击，绘出直线 13。

Step03 为了在坐标系中绘制与水平线或竖直线有一定夹角的直线，可使用【极轴追踪】功能，在屏幕最下端的【状态栏】中单击【极轴追踪】按钮，开启极轴模式，如图 3-129 所示。

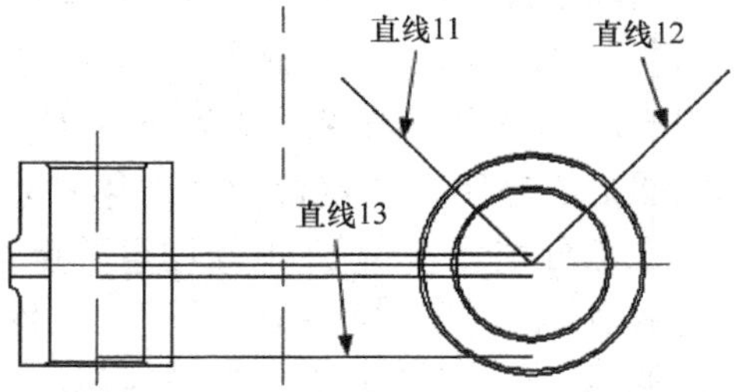

图 3-130 绘制轮廓线

Step04 单击【绘图】工具栏 |【直线】按钮或在命令行执行“LINE”命令。移动光标，在直线 8 的右端点单击，确定起点坐标，继续移动光标，使直线与水平线夹角为 45°，停止移动，输入长度 80，单击【Enter】键，完成直线 11 的绘制。同理，绘制直线 12，直线 12 与水平夹角为 90°，长度为 80，如图 3-130 所示。

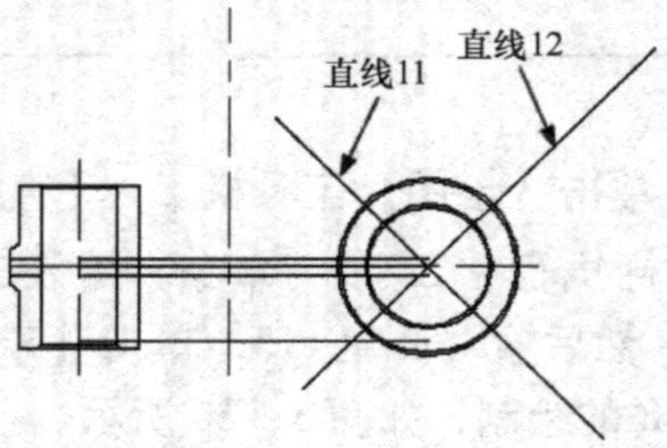

图 3-131　拉长直线

Step05 单击直线 12，然后将光标移动至直线左下侧端点，弹出【拉长】和【拉伸】选项，单击【拉长】，然后移动光标到合适位置单击，再单击【Enter】键完成直线 12 的延长。同理延长直线 13，如图 3-131 所示。

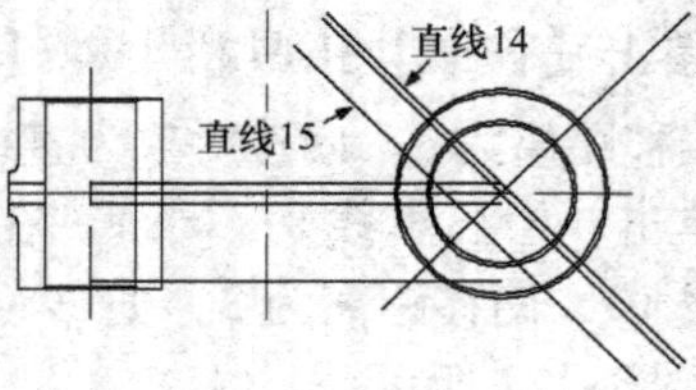

图 3-132　偏移直线

Step06 单击【修改】工具栏 |【偏移】按钮，设定偏移距离为 2，偏移对象为直线 11，在直线 11 右上侧单击，绘出直线 14。同理，在直线 11 的左下侧绘出直线 15，偏移距离为 11，如图 3-132所示。

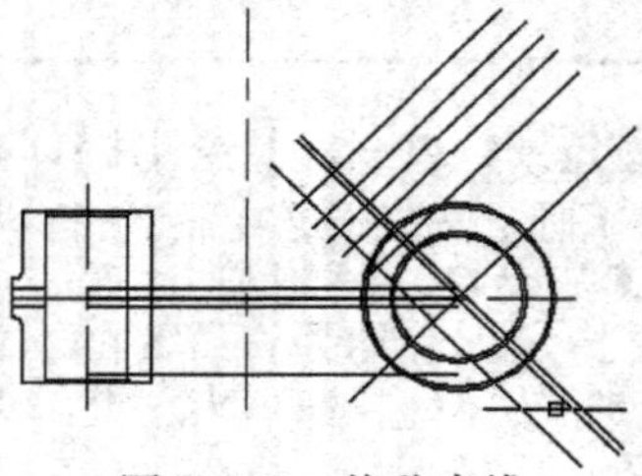
图 3-133　偏移直线

Step07 同理，对直线 12 向右上侧偏移，偏移距离分别为：25、34.5、41、43.5、56，如图 3-133 所示。

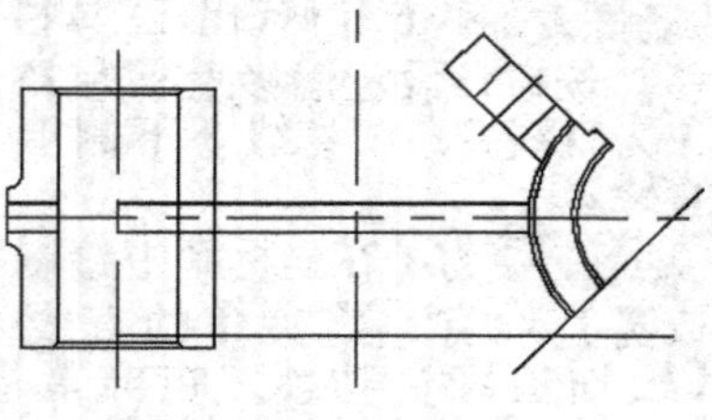
图 3-134　修剪得右侧半轮廓

Step08 单击【修改】工具栏 |【修剪】按钮或在命令行执行“TRIM”命令，将图中直线全部选中，单击选中线段，如图 3-134 所示。

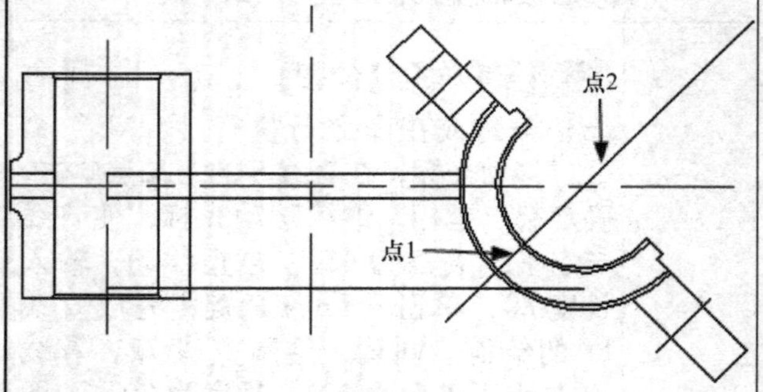

图 3-135　镜像得右侧轮廓

Step09 单击【修改】工具栏 |【镜像】按钮或在命令行执行“MIRROR”命令，选择对象为上一步所修剪出的半轮廓，指定镜像线的第一点与第二点分别为直线 12 上的任意两点：点 1 和点 2，回车后命令行提示“删除镜像源吗？[是 (Y)/否 (N)] <N>：”（默认为不删除），输入 N 或回车，结果如图 3-135 所示。

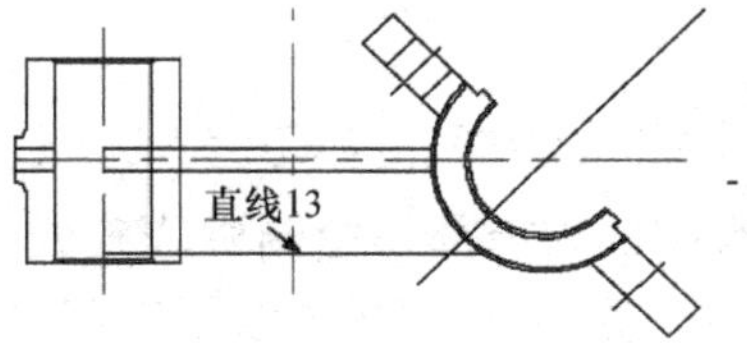

图3-136　修剪得右侧轮廓

Step10 单击【修改】工具栏|【修剪】按钮或在命令行执行“TRIM”命令，选中全图，单击图中直线13与半圆相交部分将其删除，如图3-136所示。

（7）绘制筋的剖视图

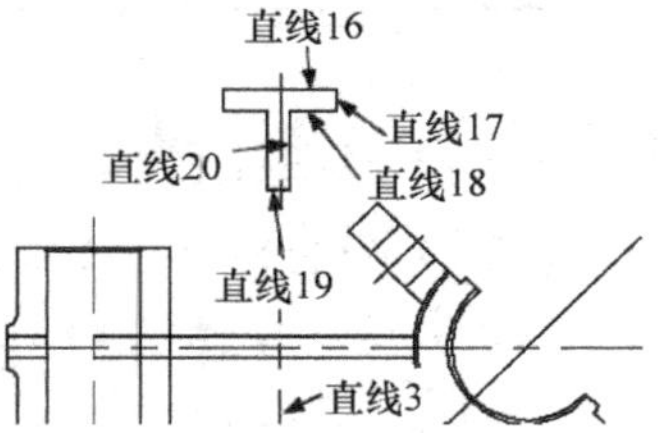

图3-137　绘制筋的剖视图

单击【绘图】工具栏|【直线】按钮，第一点指定为直线3上一点，然后拖动光标绘制直线16，在弹出的长度框中输入15。继续拖动光标，绘制直线17、直线18、直线19、直线20，其长度依次为15、6、12、22、6。绘制完整轮廓，如图3-137所示。

3.3.4　绘制局部剖视图

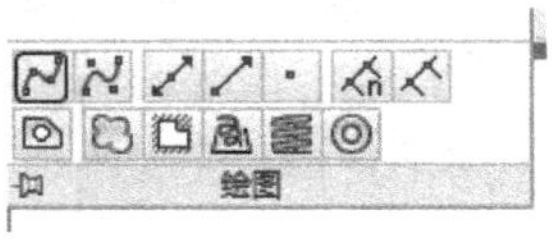

图3-138　绘图下拉菜单

Step01 单击【绘图】工具栏的下拉按钮，弹出隐藏工具，如图3-138所示。

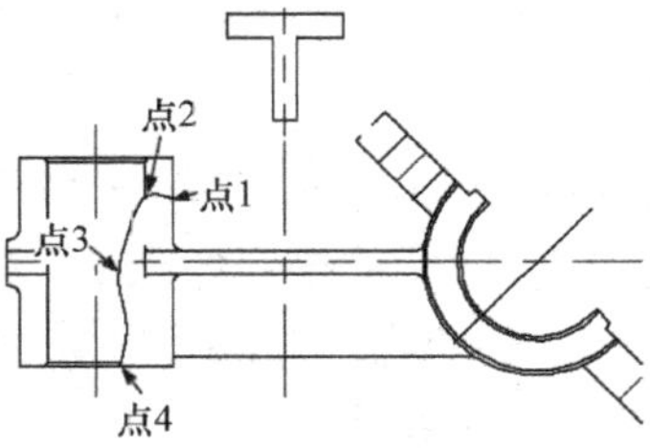

图3-139　绘制局部剖曲线

Step02 单击下拉菜单中的【样条曲线拟合】按钮，然后单击图中的点1、点2、点3、点4。绘制局部剖切曲线，然后使用【修改】工具栏|【修剪】工具，将多余部分删除，如图3-139所示。

3.3.5　绘制局部向视图

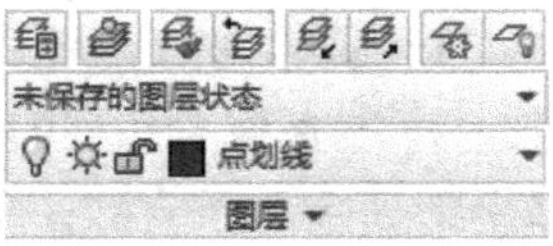

图3-140　设置【点划线】图层

Step01 单击【图层特性管理器】的下拉菜单，将【点划线】设置为当前图层，如图3-140所示。

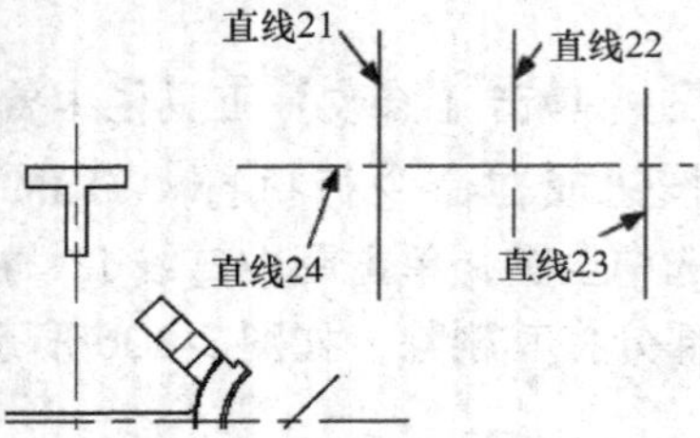

图 3-141　绘制中心线

Step02 单击【绘图】工具栏 |【直线】按钮，在主视图的右上部，绘制中心直线 24、直线 21、直线 22、直线 23。其中水平直线 24 长 140，竖直直线 21、直线 22、直线 23 长均为 80，间隔 41，如图 3-141 所示。

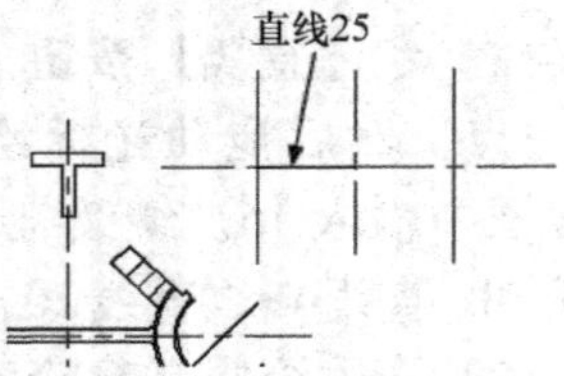

图 3-142　绘制直线

Step03 单击【绘图】工具栏 |【直线】按钮，第一点指定为直线 21 与直线 24 交点，第二点为直线 22 与直线 24 交点。单击【Enter】键，完成直线 25 的绘制，如图 3-142 所示。

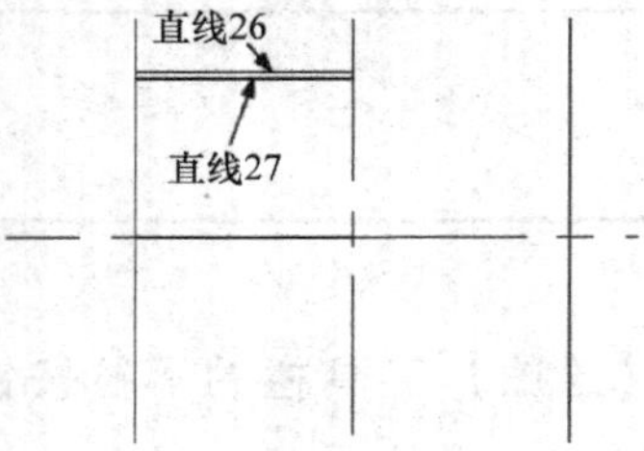

图 3-143　偏移直线

Step04 单击【修改】工具栏 |【偏移】按钮，指定偏移距离为 32，偏移对象为直线 25，移动光标至直线 25 上侧单击，得到直线 26。同理，偏移得到直线 27，偏移距离为 31，偏移对象为直线 25，如图 3-143 所示。

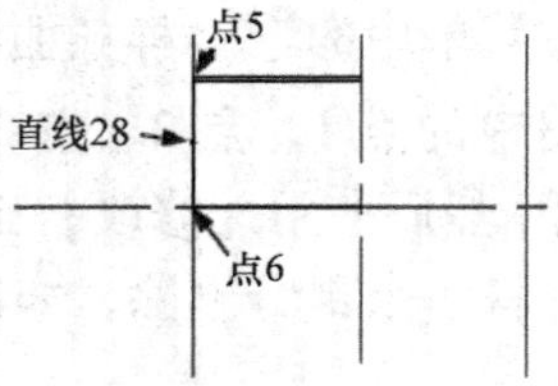

图 3-144　绘制直线

Step05 单击【绘图】工具栏 |【直线】按钮，第一点指定为直线 26 左端点即点 5，第二点直线 27 左端点即点 6。单击【Enter】键，完成直线 28 的绘制，如图 3-144 所示。

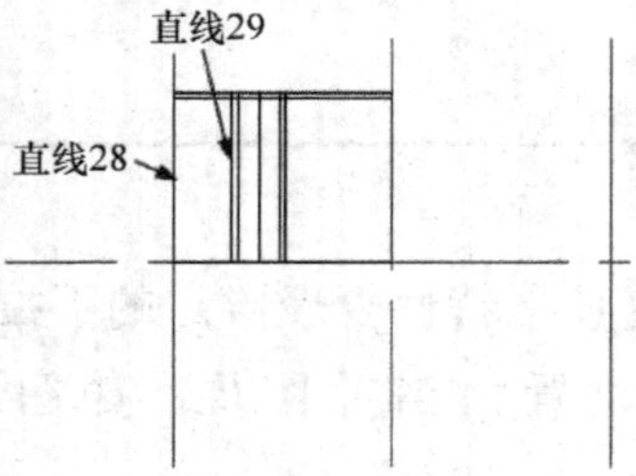

图 3-145　偏移直线

Step06 单击【修改】工具栏 |【偏移】按钮，设定偏移距离为 11，偏移对象为直线 28，在直线 28 右上侧单击，绘出直线 29。同理，在直线 28 的右侧，偏移得到其余 5 条直线，偏移距离依次为：12、16、20、21、41，如图 3-145 所示。

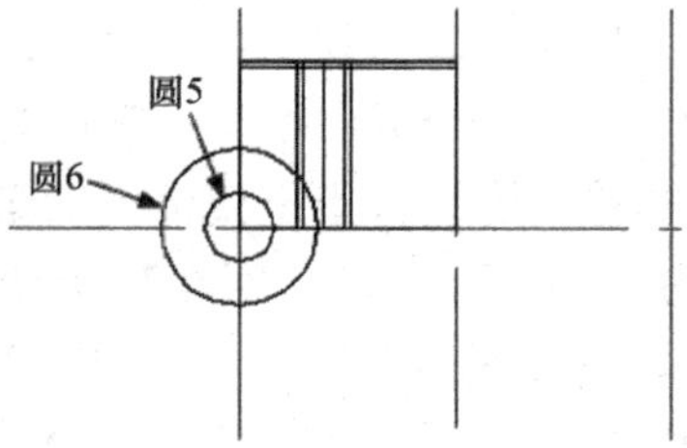

图 3-146 绘制圆

Step07 单击【绘图】工具栏｜【圆】按钮或在命令行执行“CIRCLE”命令，指定圆心为直线 21 与直线 24 的交点，半径输入 6.5，得到圆 5。同理，绘出半径为 15 的圆 6，如图 3-146 所示。

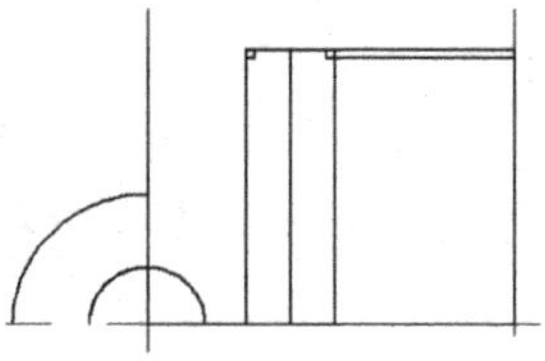

图 3-147 修剪线段

Step08 单击【修改】工具栏｜【修剪】按钮或在命令行执行“TRIM”命令，选中全图，单击图中不需要的线段将其删除，如图 3-147 所示。

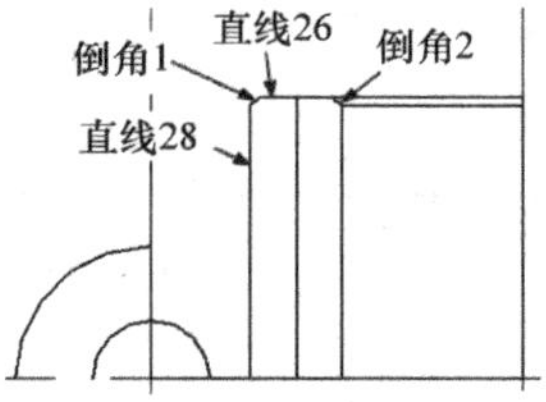

图 3-148 绘制倒角

Step09 单击【绘图】工具栏｜【倒角】按钮或在命令行执行“CHAMFER”命令，指定两条线的距离【D】都为 1，然后选择直线 26 和直线 28，单击【Enter】键得到倒角 1。同理，绘出倒角 2，如图 3-148 所示。

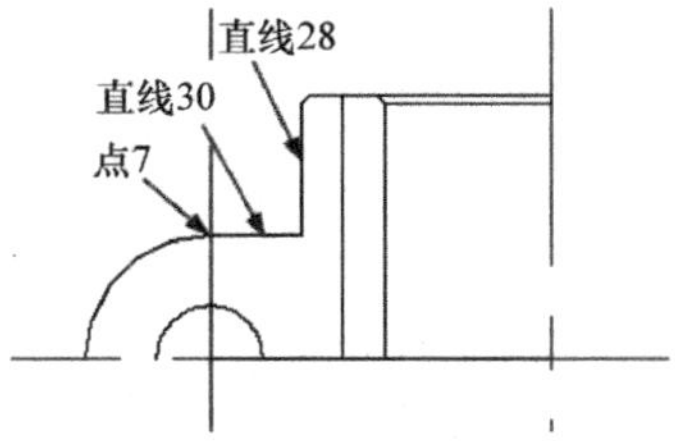

图 3-149 绘制直线

Step10 单击【绘图】工具栏｜【直线】按钮，绘制水平直线 30。第一点指定为圆 6 的上端点即点 7，第二点在直线 28 上。单击【Enter】键，完成水平直线 28 的绘制，如图 3-149 所示。

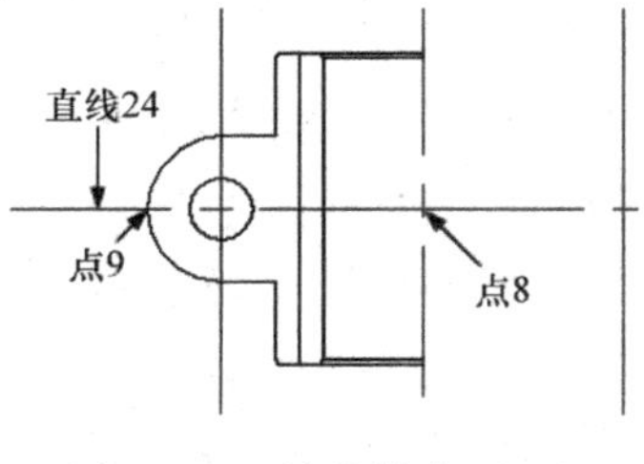

图 3-150 镜像轮廓（一）

Step11 单击【修改】工具栏｜【镜像】按钮或在命令行执行“MIRROR”命令，选择对象为直线 24 上的所有轮廓线，指定镜像线的第一点与第二点分别为点 8 和点 9，回车后命令行提示“删除镜像源吗？ [是（Y）/否（N）] <N>:”（默认为不删除），输入 N 或回车，如图 3-150 所示。

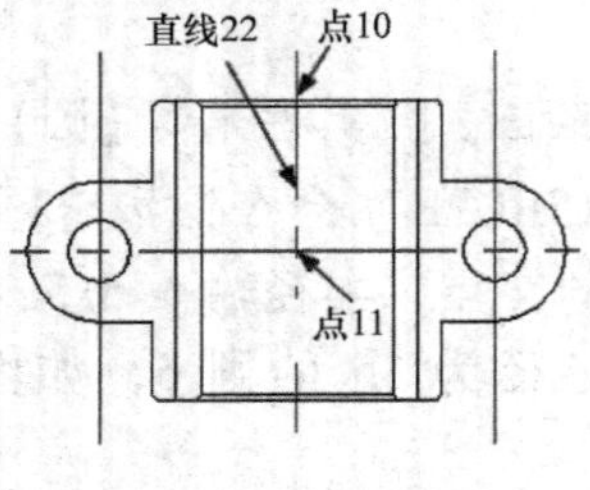 图 3-151　镜像轮廓（二）	Step12 单击【修改】工具栏｜【镜像】按钮或在命令行执行“MIRROR”命令，选择对象为直线 22 左侧的所有轮廓线，指定镜像线的第一点与第二点分别为点 10 和点 11，回车后命令行提示“删除镜像源吗？[是（Y）/否（N）]<N>：”（默认为不删除），输入 N 或回车，如图 3-151 所示。
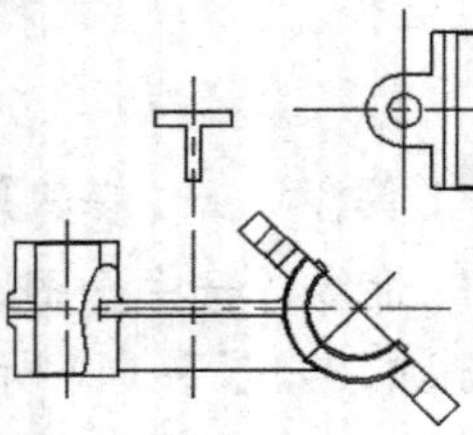 图 3-152　支架	至此支架视图绘制完成，如图 3-152 所示。

3.3.6　绘制剖面线

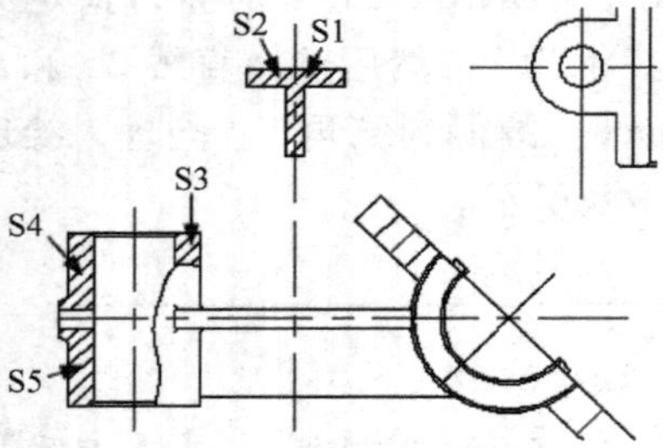 图 3-153　绘制剖面线	单击【绘图】工具栏｜【图案填充】按钮，在弹出的【图案】框中选择“ANSI31”，然后单击如图 3-153 所示中的剖面区域 S1、S2、S3、S4、S5。

3.3.7　尺寸标注

（1）常规线性尺寸标注

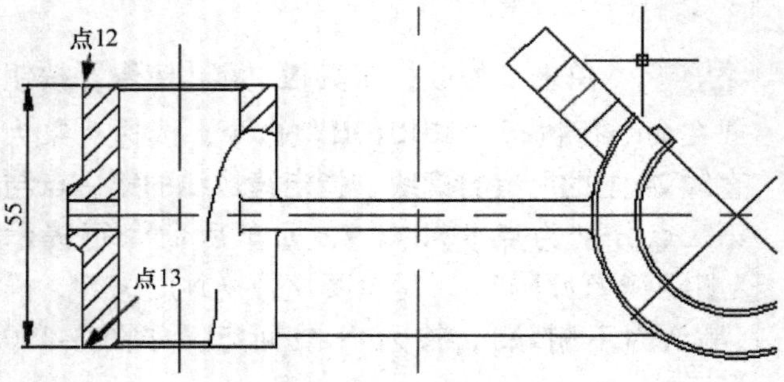 图 3-154　线性标注（一）	Step01 单击【注释】，在弹出的对话框中，单击【标注】的下拉箭头，在下拉列表中选择【线性】，其默认模式为“ISO-25”。然后依次单击如图 3-154 所示中的点 12、点 13，移动光标至线段左侧的合适位置，单击，完成点 12 和点 13 两点间的线性标注。

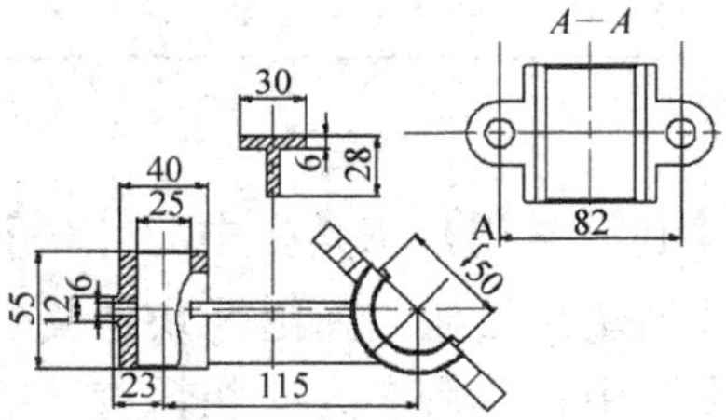

图3-155 线性标注（二）

Step02 再次使用【线性】或者单击【Enter】键，继续线性的标注，完成其余线性的标注，如图3-155所示。

（2）直径尺寸标注

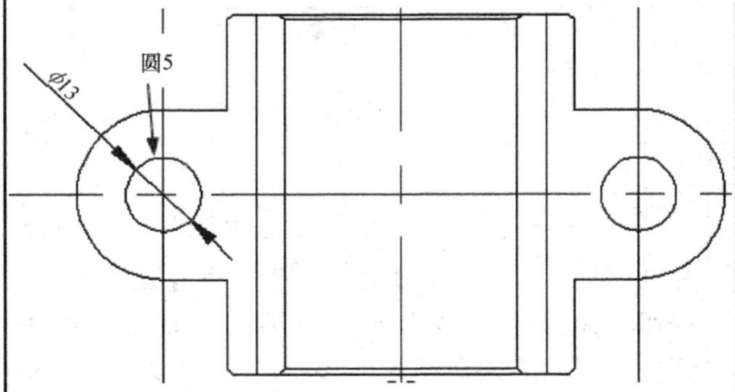

图3-156 标注圆5的直径

Step01 单击【注释】，在弹出的对话框中，单击【标注】的下拉箭头，在下拉列表中选择【直径】，再单击右侧的下拉箭头，选择“ISO－25”。单击【直径】按钮，移动光标选择圆5，然后移动光标至合适位置，单击，完成圆5的直径尺寸标注，如图3-156所示。

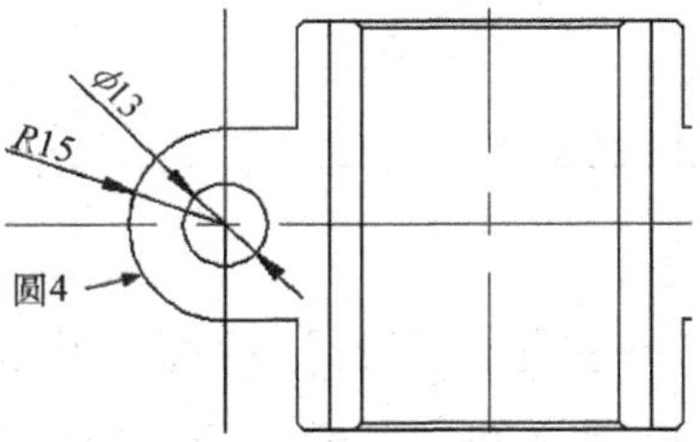

图3-157 标注半径尺寸

Step02 单击【标注】的下拉箭头，在下拉列表中选择【半径】，其余不变。移动光标选择圆4，然后移动光标至合适位置，单击，完成圆4的直径尺寸标注，如图3-157所示。

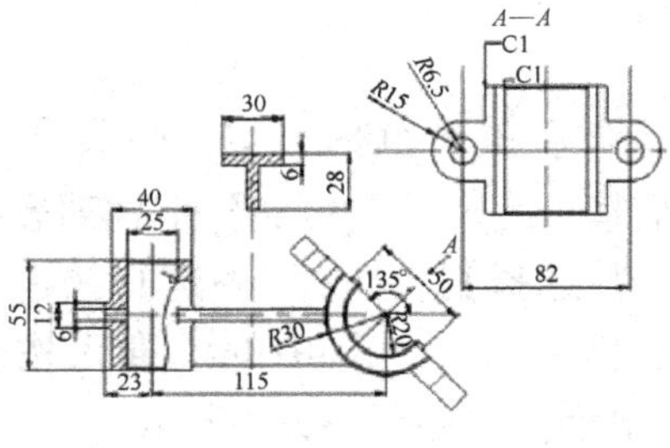

图3-158 线性尺寸标注

Step03 同理，可以标注零件图上其他直径和半径尺寸，如图3-158所示。

Step04 单击【绘图】工具栏｜【直线】按钮，在绘图区任意空白处，绘制出【粗糙度】符号√。

（3）粗糙度标注

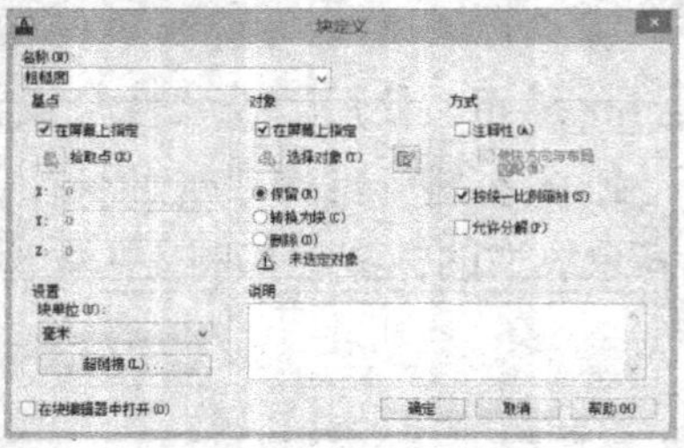

图 3-159　定义块

Step01 在【常用】工具栏中的【块】选框中，单击【创建】按钮，弹出【块定义】对话框，在【名称】中将其命名为“粗糙度”，并在【对象】框下将【转换为块】改选为【保留】，如图 3-159 所示。

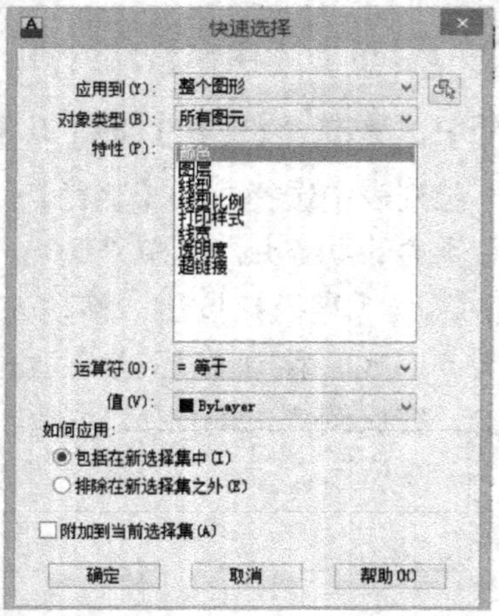

图 3-160　定义块参数

Step02 在【对象】框下将【转换为块】改选为【保留】。单击【对象】栏中的【选择对象】按钮，弹出【快速选择】对话框，此时【应用到】下拉列表框后面为【整个图形】，如图 3-160 所示。

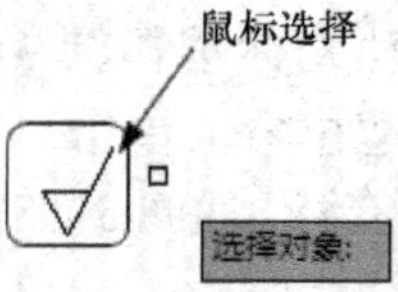

图 3-161　选择粗糙度图形

Step03 单击【应用到】后面的按钮，弹出选择对象提示，单击鼠标左键，选中图中的√粗糙度图形，如图 3-161 所示。

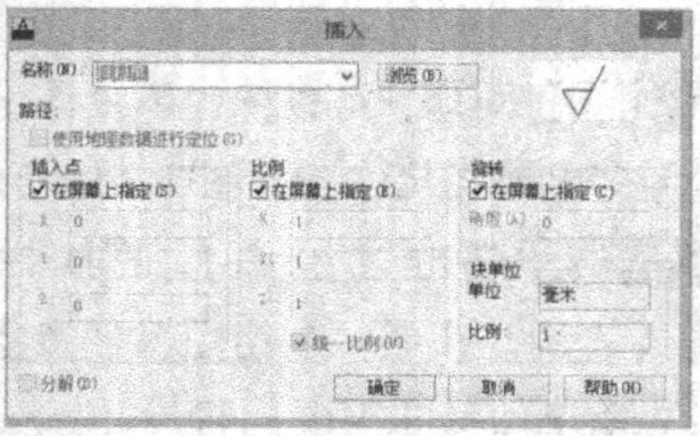

图 3-162　插入粗糙度块

Step04 然后单击鼠标右键，弹回到【快速选择】对话框，此时【应用到】下拉列表框后面已变为【当前选择】。单击【确定】按钮，进入绘图界面。再单击【块】中的插入按钮，弹出【插入】对话框，如图 3-162 所示。

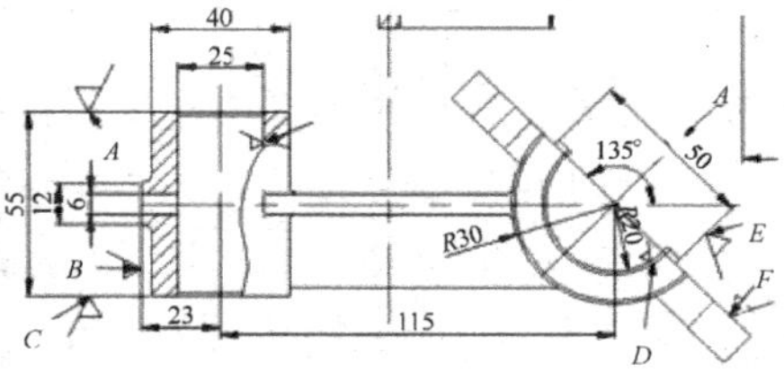图 3-163　添加粗糙度符号	Step05 单击【确定】按钮，然后在图中的 *A*、*B*、*C*、*D*、*E*、*F* 点分别插入√“粗糙度”符号，如图 3-163 所示。 至此，工程图绘制完成。

3.4 如何绘制右盘盖零件图

本例主要应用二维图形的基本绘制和编辑方法，完成右盘盖零件的主视图和左视图，如图 3-164 所示。本范例中用到 AutoCAD 2017 的知识点有：【直线】、【圆】、【圆角】、【倒角】、【镜像】、【修剪】、【删除】、【阵列】、【偏移】 等命令。

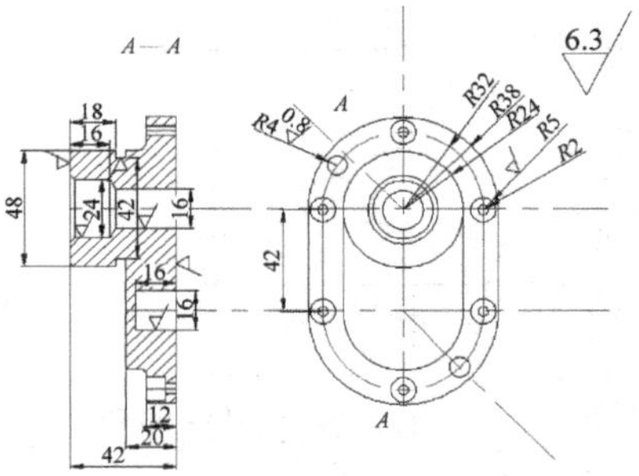

图 3-164　右盘盖工程图

	完成模型	配套光盘 \ 模型文件 \ 3 \ 3.4
	作图录制	配套光盘 \ 屏幕录像 \ 3 \ 3.4

具体步骤如下。

3.4.1 绘制构造线

(1) 将【点划线】设置为当前图层

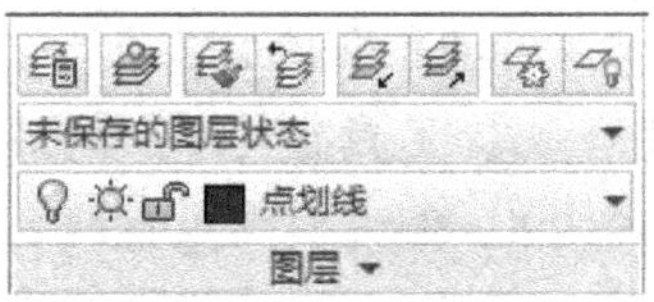图 3-165　将【点划线】设置为当前图层	单击【图层特性管理器】的下拉菜单，将【点划线】设置为当前图层，如图 3-165 所示。

（2）绘制构造线

图 3-166　构造线（一）

Step01 单击【绘图】工具栏 | 【直线】按钮或在命令行执行“LINE”命令。输入起点坐标（20，200），然后输入长度 60，单击【Enter】键，移动光标，使直线与水平线间夹角为 0，完成直线 1 的绘制，如图 3-166 所示。

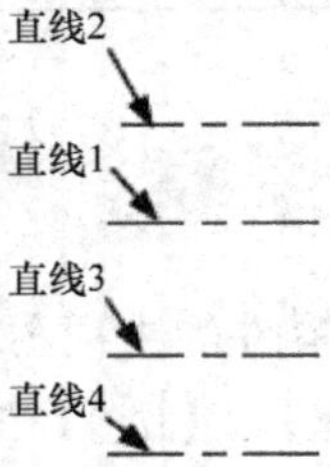

图 3-167　构造线（二）

Step02 单击【修改】工具栏 | 【偏移】按钮或在命令行执行“OFFSET”命令，偏移距离设为 2，偏移对象为直线 1，指定偏移的一侧：单击上侧，得到直线 2。同理，在直线 1 下方绘出直线 3、直线 4，偏移距离分别为 42、74，如图 3-167所示。

3.4.2　绘制主视图轮廓线

（1）将【粗实线】设置为当前图层

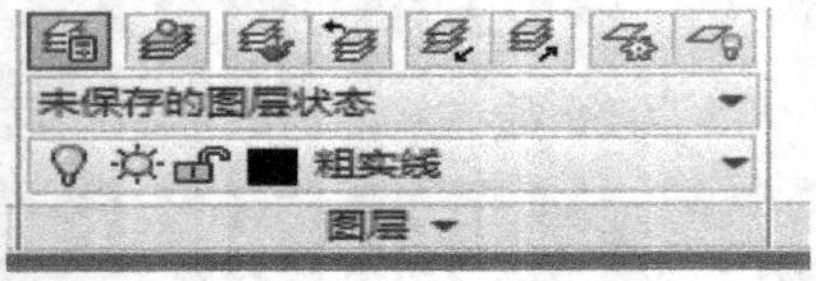

图 3-168　将【粗实线】设置为当前图层

单击【图层特性管理器】的下拉菜单，将【粗实线】设置为当前图层，如图 3-168 所示。

（2）绘制轮廓直线

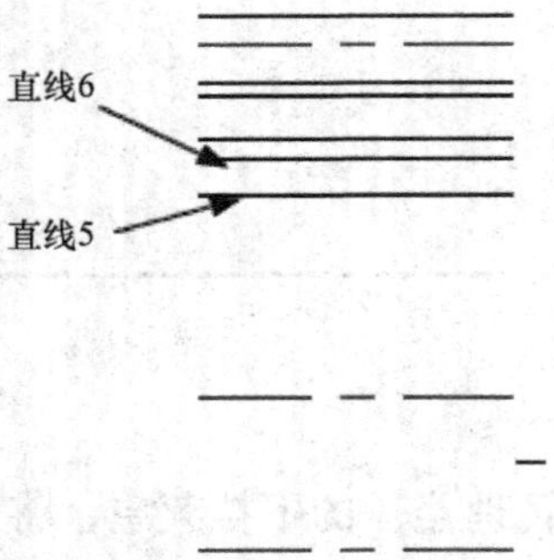

图 3-169　偏移直线

Step01 为了在坐标系中便于绘制水平线和垂直线，可使用“正交模式”绘图，在命令栏输入“ORTHO”，单击【ON】即可。

Step02 单击【绘图】工具栏 | 【直线】按钮或在命令行执行“LINE”命令。单击直线 1 的两端，绘制与直线 1 重合的粗实线直线 5。

Step03 单击【修改】工具栏 | 【偏移】按钮，设定偏移距离为 8，偏移对象为直线 5，移动光标至直线 5 上方，单击，即可得到直线 6。再用同样的方法，依次设定偏移距离为 12、21、24、38，画出上部的轮廓直线，如图 3-169 所示。

图 3-170 绘制轮廓直线

Step04 单击【绘图】工具栏 |【直线】按钮或在命令行执行“LINE”命令。选择起点为最上侧直线右端的点 1，然后将光标移动到点的下方，输入长度 118，单击，再水平移动光标，输入长度 12，单击【Enter】键完成直线 7 和直线 8 的绘图，如图 3-170 所示 。

(3) 偏轮廓直线

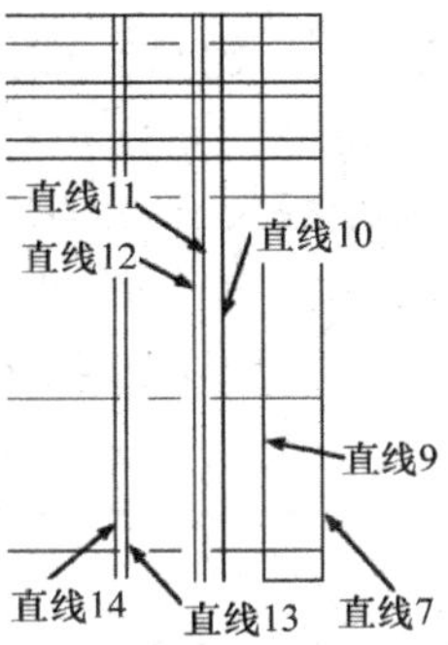

图 3-171 偏移轮廓直线

Step01 单击【修改】工具栏 |【偏移】按钮或在命令行执行“OFFSET”命令，偏移距离设为 12，偏移对象为直线 7，指定偏移的一侧：单击左侧，得到直线 9。

Step02 移动光标，继续以直线 7 为偏移对象，指定偏移的一侧：单击右侧，输入偏移距离 20，得到直线 10。

Step03 按上述方法可以得到直线 11、直线 12、直线 13，直线 14，偏移对象均为直线 4，偏移距离分别为 24、26、40、42，结果如图 3-171 所示。

(4) 修剪轮廓直线

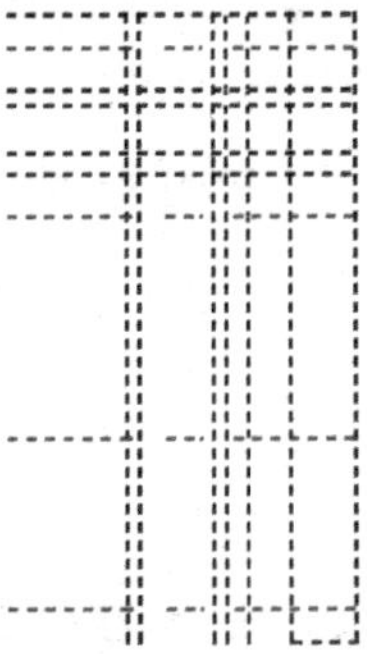

图 3-172 选择修剪直线

Step01 单击【修改】工具栏 |【修剪】按钮或在命令行执行“TRIM”命令，将图中直线全部选中（被选中的呈虚线状态），如图 3-172 所示。

图 3-173 修剪提示

Step02 单击鼠标右键，会出现提示选择需要修剪线段的状态，如图 3-173 所示。

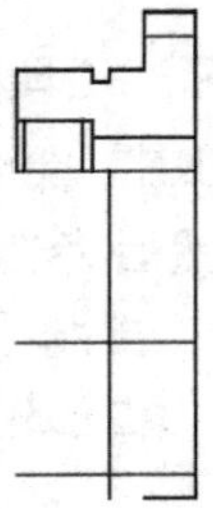

图 3-174　修剪轮廓线

Step03 单击鼠标左键，选择轮廓中多余的线段，然后单击鼠标右键，单击【确定】按钮，完成修剪。再单击【修改】工具栏｜【删除】按钮或在命令行中执行“ERASE”命令，选择对象为多余的轮廓线，按住【Shift】键可以一次选择多个目标线段，选中后，单击鼠标右键，如图 3-174 所示。

（5）绘制倒角

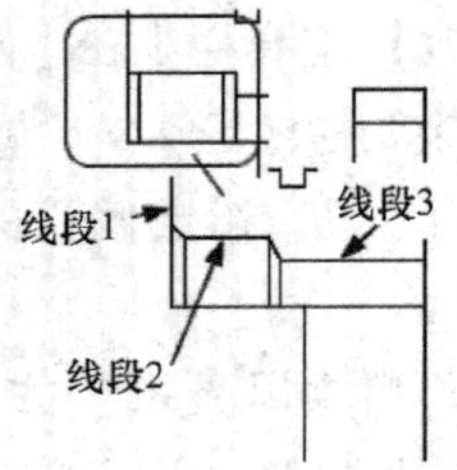

图 3-175　绘制倒角

单击【绘图】工具栏｜【倒角】按钮或在命令行执行“CHAMFER”命令，指定两条线的距离【D】都为 2，然后选择线段 1 和线段 2，单击【Enter】键，如图 3-175 所示。同理，设定距离【D】分别为 4、2，对线段 3 和线段 2 倒角。

（6）使用镜像，绘出下侧主视图

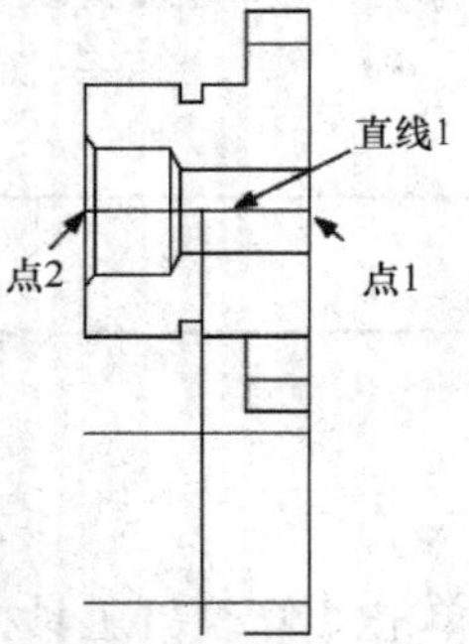

图 3-176　镜像出下侧主视图

Step01 单击【修改】工具栏｜【镜像】按钮，选择对象为直线 1 上侧的所有线段，指定镜像线的第一点和第二点分别为如图 3-176 所示中的点 1、点 2，选择不删除镜像源。

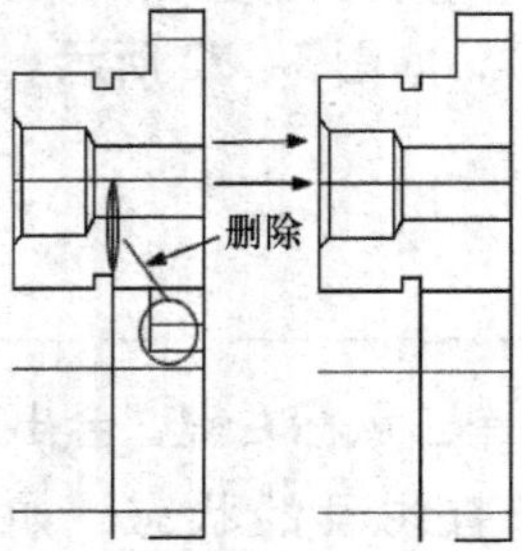

图 3-177　修剪轮廓线

Step02 单击【修改】工具栏｜【删除】按钮或在命令行中执行“ERASE”命令，选择对象为多余的轮廓线，按住【Shift】键可以一次选择多个目标线段，选中后，单击鼠标右键，如图3-177 所示。

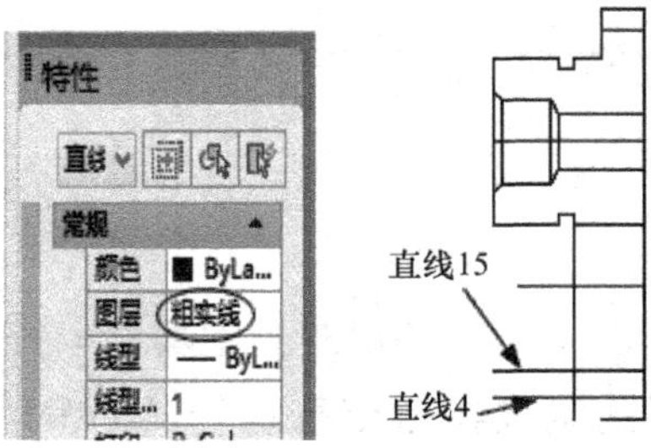

图 3-178　偏移直线并改变线型

Step03 单击【修改】工具栏｜【偏移】按钮或在命令行执行“OFFSET”命令，偏移距离设为 8，偏移对象为直线 4，指定偏移的一侧：单击上侧，得到直线 15。再选中直线 15，右击，选中【特性】，在【常规】-【图层】中将【点划线】改为【粗实线】，如图 3-178 所示。

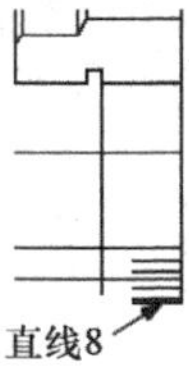

图 3-179　偏移直线（一）

Step04 单击【修改】工具栏｜【偏移】按钮或在命令行执行“OFFSET”命令，偏移距离依次设为 1、4、8、11，偏移对象为直线 8，指定偏移的一侧：均在上侧，偏移出 4 条直线，如图 3-179所示。

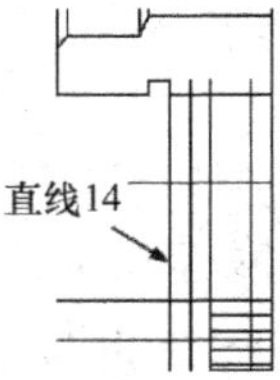

图 3-180　偏移直线（二）

Step05 单击【修改】工具栏｜【偏移】按钮或在命令行执行“OFFSET”命令，偏移距离依次设为 4、8、16，偏移对象为直线 14，指定偏移的一侧：均在右侧，偏移出 3 条直线，如图3-180 所示。

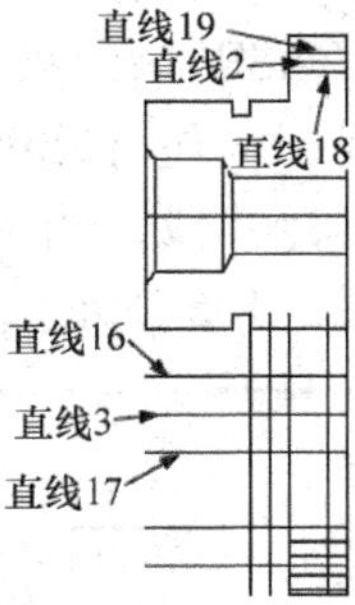

图 3-181　偏移直线（三）

Step06 单击【修改】工具栏｜【偏移】按钮或在命令行执行“OFFSET”命令，偏移距离均为 8，偏移对象为直线 3，在直线 3 的上下侧绘出直线 16、直线 17。同理在直线 2 上下侧，令偏移距离均为 2，得到直线 18、直线 19，如图 3-181 所示。

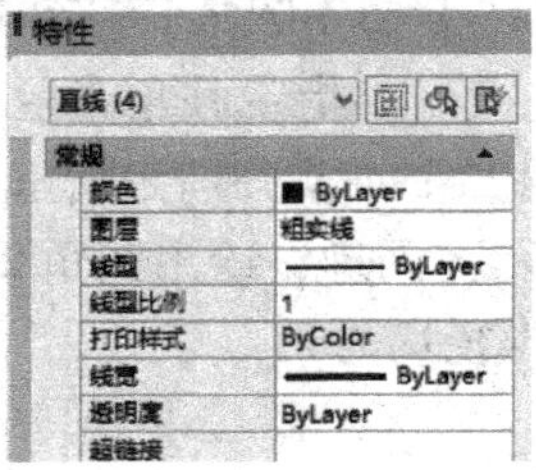

图 3-182　改变线型

Step07 再选中直线 16、直线 17、直线 18、直线 19，右击，选中【特性】，在【常规】【图层】中将【点划线】改为【粗实线】，如图 3-182 所示。

（7）修剪轮廓直线

图 3-183　选择修剪直线

Step01 单击【修改】工具栏丨【修剪】按钮或在命令行执行“TRIM”命令，将图中直线全部选中（被选中的呈虚线状态），如图 3-183 所示。

图 3-184　修剪提示

Step02 单击鼠标右键，会出现提示选择需要修剪线段的状态，如图 3-184 所示。

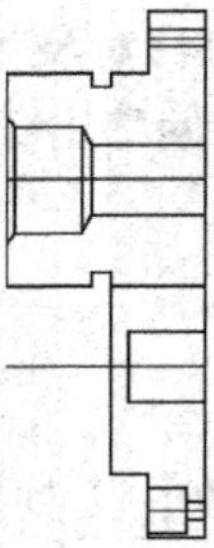

图 3-185　修剪直线

Step03 单击鼠标左键，选择轮廓中多余的线段，然后单击鼠标右键，单击【确定】按钮，完成修剪。再单击【修改】工具栏丨【删除】按钮或在命令行中执行“ERASE”命令，选择对象为多余的轮廓线，按住【Shift】键可以一次选择多个目标线段，选中后，单击鼠标右键，如图 3-185 所示。

（8）绘制圆角

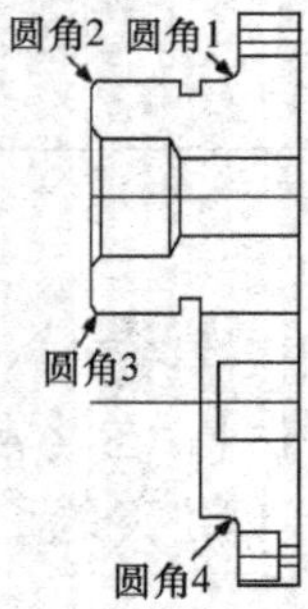

图 3-186　倒圆角

单击【修改】工具栏丨【圆角】按钮或在命令行执行“FILLET”命令，指定圆角半径【R】为 3，第一个对象和第二个对象分别为圆角 1 两侧线段，如图 3-186 所示。同理，绘出圆角 2、圆角 3 和圆角 4，其圆角半径均为 2。

3.4.3 绘制左视图轮廓线

图 3-187 选择【点划线】图层

Step01 单击【图层特性管理器】的下拉菜单，将【点划线】设为当前图层，如图 3-187 所示。

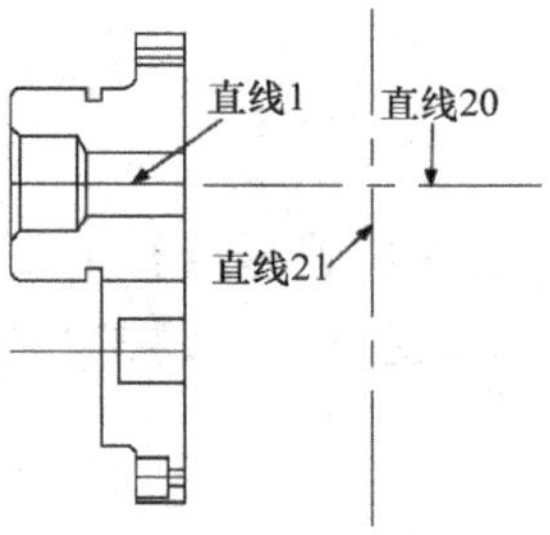

图 3-188 绘制中心线

Step02 单击【绘图】工具栏 | 【直线】按钮，在主视图右侧绘制与直线 1 在同一高度的直线 20，其长度为 85。同理，绘制长为 140 的竖直线 21，且直线 21 大约过直线 20 中点，如图3-188 所示。

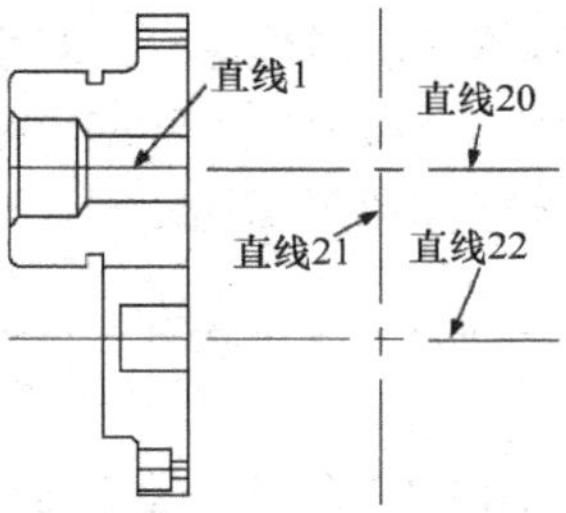

图 3-189 偏移中心线

Step03 单击【修改】工具栏 | 【偏移】按钮或在命令行执行“OFFSET”命令，偏移距离均为 42，偏移对象为直线 20，在直线 20 的下侧绘出直线 22，如图 3-189 所示。

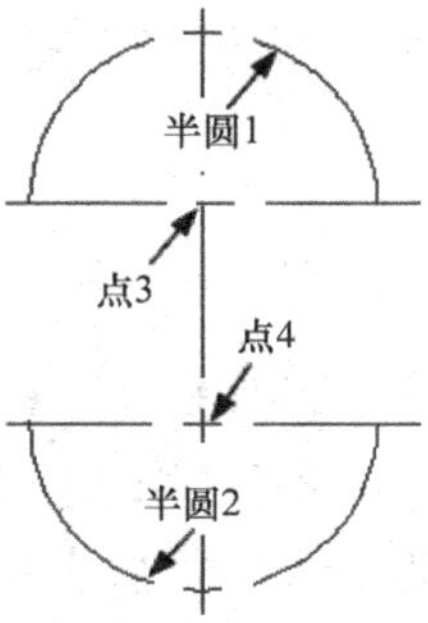

图 3-190 绘制半圆

Step04 单击【绘图】工具栏 | 【圆弧】下拉按钮，单击【圆心，起点，端点】按钮，移动光标，指定直线 20 与直线 21 的交点点 3 为圆弧圆心，水平移动光标，弹出圆弧半径数值框，在其中输入 32，单击【Enter】键，然后移动光标至点 3 左侧水平处，绘制出上半圆并弹出圆弧角度数值框，默认为 180，单击【Enter】键，完成半圆 1 的绘制，如图 3-190 所示。同理以点 4 为圆心，半径为 32，绘出半圆 2。

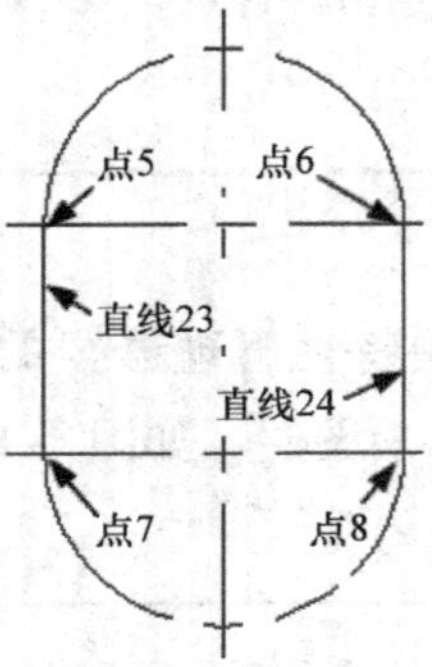

图 3-191　连接同侧端点绘制直线

Step05 单击【绘图】工具栏｜【直线】按钮，选择直线第一个点和第二个点分别为半圆 1 和半圆 2 的左侧端点：点 5 和点 7，得到直线 23。同理，连接两半圆右端点：点 6 和点 8，得到直线 24，如图 3-191 所示。

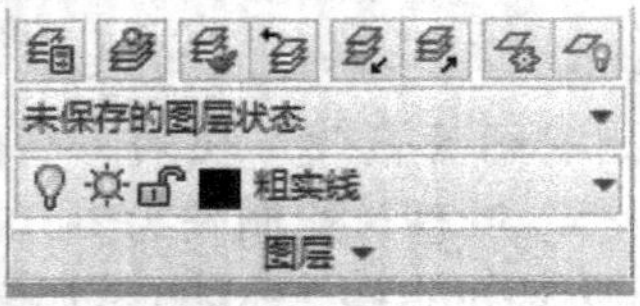

图 3-192　选择【粗实线】为当前图层

Step06 单击【图层特性管理器】的下拉菜单，将【粗实线】设为当前图层，如图 3-192 所示。

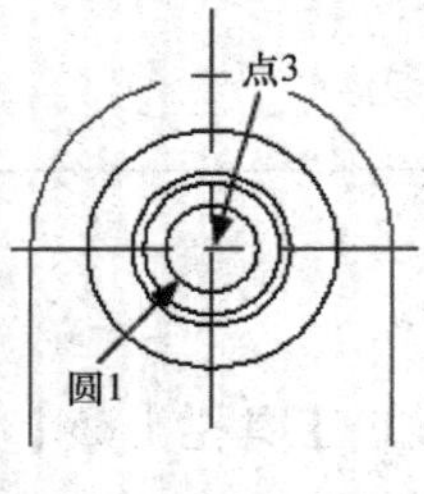

图 3-193　绘制圆

Step07 单击【绘图】工具栏｜【圆】按钮或在命令行执行“CIRCLE”命令，绘制圆 1，指定圆心为点 3，半径输入 8，得到圆 1。同理，以点 3 为圆心，分别以 12、14、24 为半径，在圆 1 外侧，绘出三个圆，如图 3-193 所示。

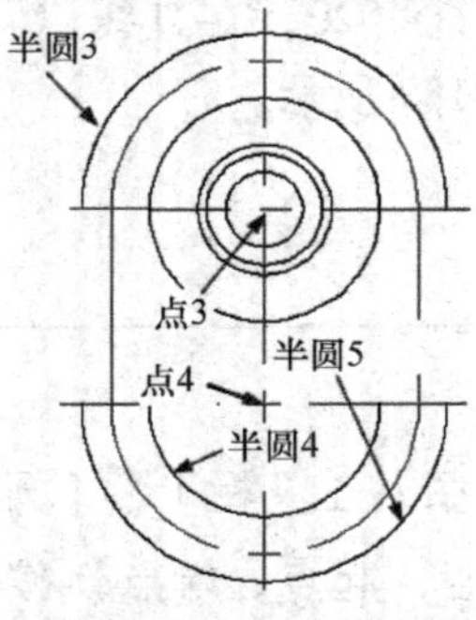

图 3-194　绘制半圆

Step08 单击【绘图】工具栏｜【圆弧】下拉按钮，选择【圆心，起点，端点】，然后以点 3 为圆心，半径为 38，绘制半圆 3，绘制上半圆：半圆 3，如图 3-194 所示。同理以点 4 为圆心，分别以 24 和 38 为半径，绘制下半圆，得到半圆 4、半圆 5。

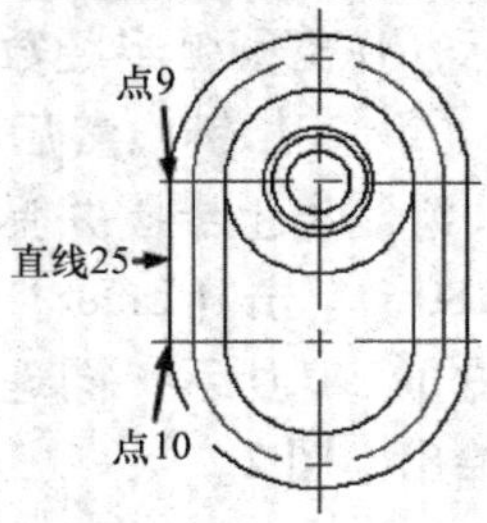

图 3-195　绘制连接直线

Step09 单击【绘图】工具栏｜【直线】按钮，选择直线第一个点和第二个点分别为半圆 3 和半圆 5 的左侧端点：点 9 和点 10，得到直线 25。同理，绘制直线连接半圆 3 和半圆 5 的右端点；并且绘制直线将半圆 4 的左右端点与其上侧圆的左右象限点相连，如图 3-195 所示。

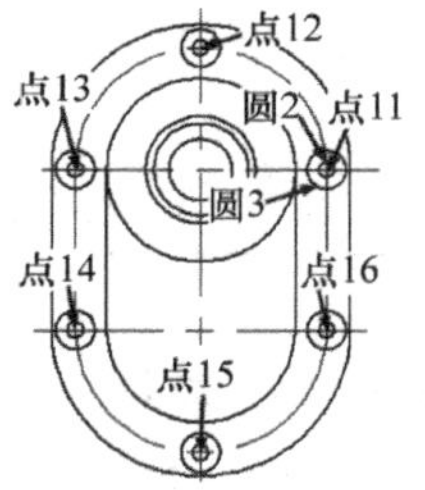

图 3-196　绘制圆孔

Step10 单击【绘图】工具栏 | 【圆】按钮或在命令行执行“CIRCLE”命令，绘制圆 2，指定圆心为点 11，半径输入 2，得到圆 2。同理，以 5 为半径，绘制圆 2 的同心圆圆 3。再分别以点 12、点 13、点 14、点 15、点 16 为圆心重复在点 11 的绘制的两个圆，如图 3-196。

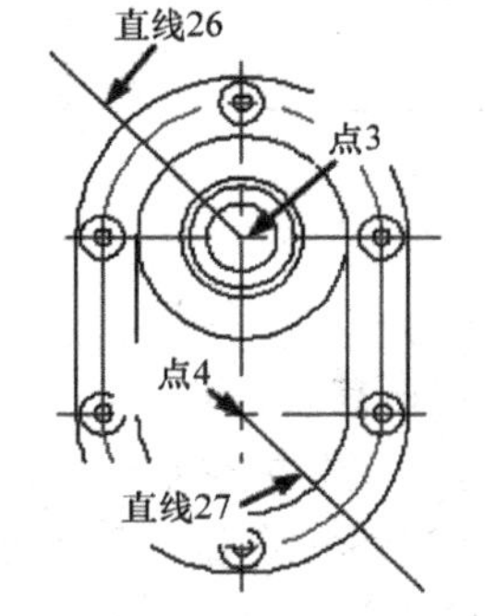

图 3-197　绘制倾斜直线

Step11 单击绘图区最底层的【极轴追踪】命令，或者按【F10】快捷键，开启极轴功能。再单击【绘图】工具栏 | 【直线】按钮，选择直线第一个点为点 3，输入长度 60，旋转角度 135°（逆时针），完成直线 26 的绘制。同理以点 4 为第一点，长度 60，旋转 45°（顺时针），绘制直线 27，如图 3-197 所示。

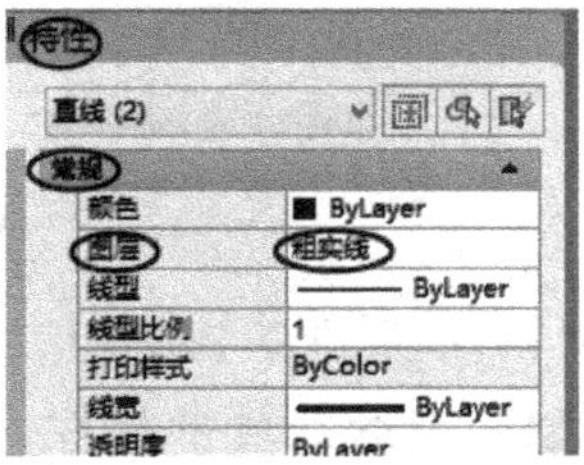

图 3-198　改变直线线型

Step12 单击，选择直线 26 和直线 27，然后单击鼠标右键，选中【特性】，在【常规】【图层】中将【点划线】改为【粗实线】，如图 3-198 所示。

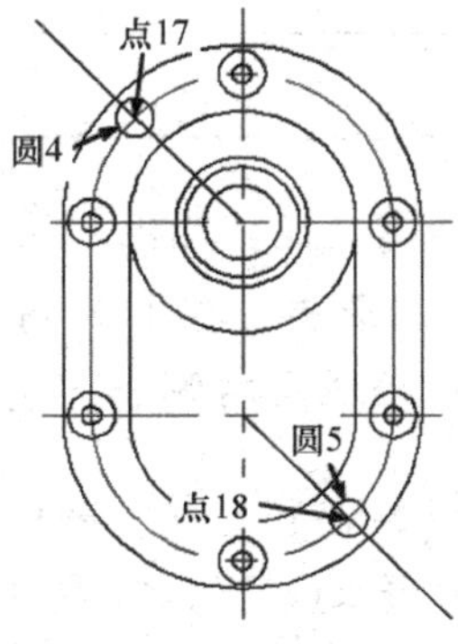

图 3-199　绘制圆

Step13 单击【绘图】工具栏 | 【圆】按钮或在命令行执行“CIRCLE”命令，绘制圆 4，指定圆心为点 17，半径输入 4，得到圆 4。同理绘制圆 5，指定圆心为点 18，半径输入 4，得到圆 5，如图 3-199。

3.4.4 尺寸标注

（1）常规线性尺寸标注

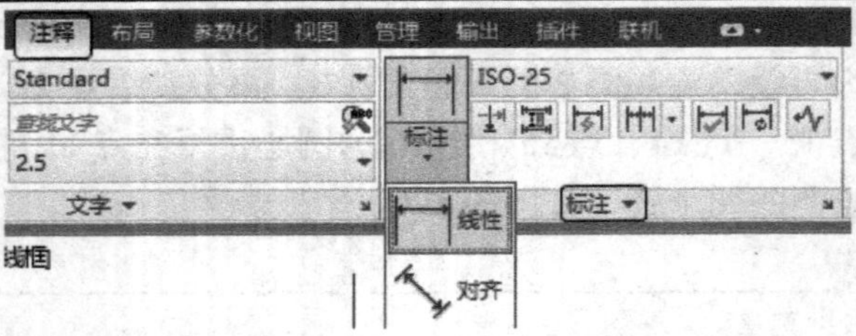

图 3-200　选择【线性】标注工具

Step01 单击【注释】，在弹出的对话框中，单击【标注】的下拉箭头，在下拉列表中选择【线性】，其默认模式为“ISO－25”，如图 3-200 所示。

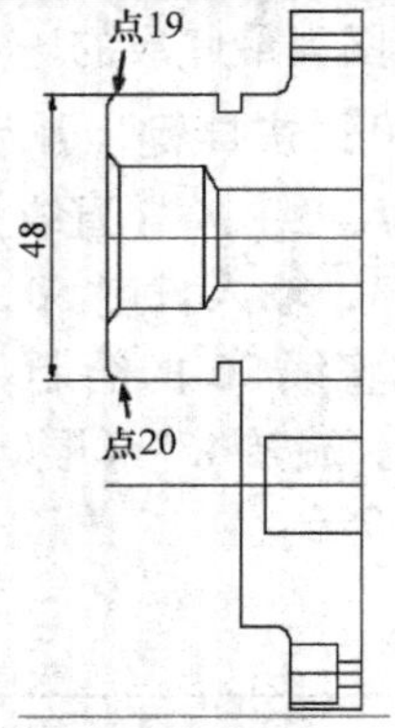

图 3-201　线性标注（一）

Step02 依次单击如图 3-201 所示中的点 19、点 20，移动光标至线段左侧的合适位置，单击鼠标左键，完成点 19 和点 20 两点间的线性标注。

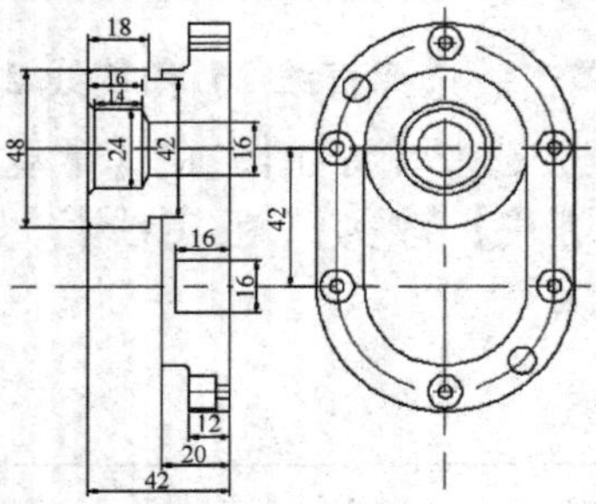

图 3-202　线性标注（二）

Step03 再次使用【线性】或者单击【Enter】键，继续线性的标注，完成其余线性的标注，如图 3-202 所示。

（2）直径尺寸标注

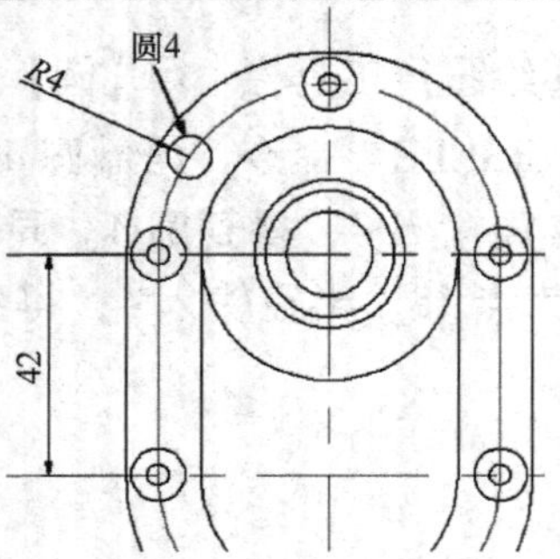

图 3-203　标注圆 4 尺寸

Step01 单击【注释】，在弹出的对话框中，单击【标注】的下拉箭头，在下拉列表中选择【半径】按钮，再单击右侧的下拉箭头，选择“ISO－25”选项。

Step02 单击【半径】按钮，然后根据出现选择圆或圆弧提示，移动光标选择圆 4，然后移动光标至合适位置，单击鼠标左键，完成圆 4 的尺寸标注，如图 3-203 所示。

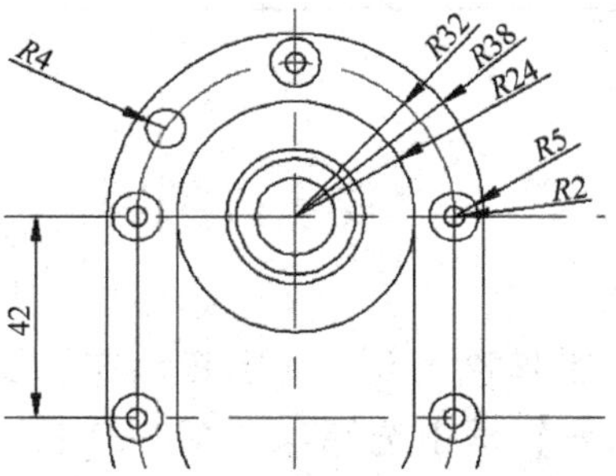

图 3-204 标注其余圆尺寸

Step03 用同样的方法或是直接单击【Enter】键，继续完成其余圆弧（或圆）半径尺寸的标注，如图 3-204 所示。

3.4.5 标注粗糙度

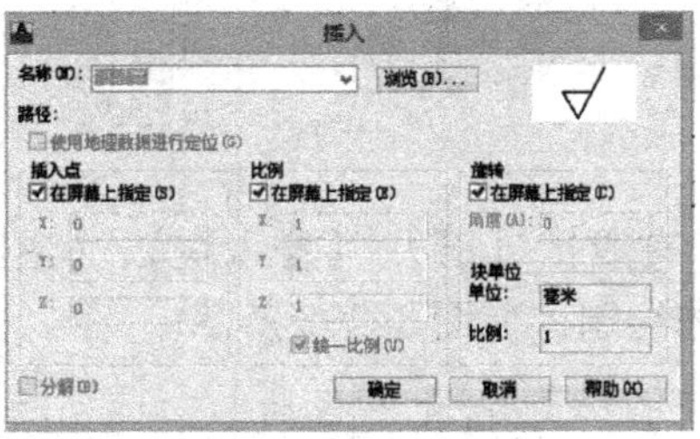

图 3-205 插入粗糙度块

Step01 单击【块】中的插入按钮，弹出【插入】对话框，如图 3-205 所示。

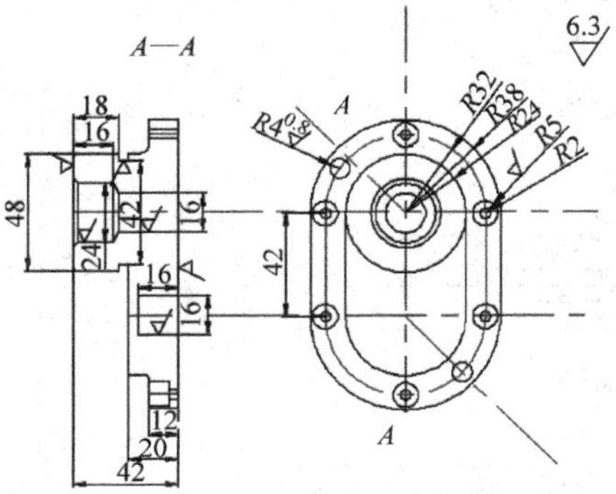

图 3-206 添加粗糙度符号和数值

Step02 单击【确定】按钮，然后在如图 3-206 所示中的有√【粗糙度】符号处，分别插入√粗糙度符号。然后使用【单行文字】工具在√粗糙度符号上插入粗糙度的相应数值，如图中的 0.8 和 6.3。

3.4.6 绘制剖面线

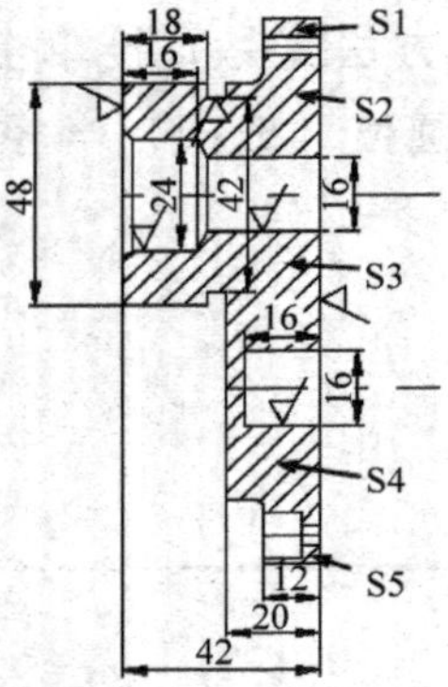

图 3-207 绘制剖面线

单击【绘图】工具栏｜【图案填充】按钮，在弹出的【图案】框中选择“ANSI31”，然后单击图中的剖面区域 S1、S2、S3、S4、S5，如图 3-207 所示。

3.5 如何绘制凸轮轴零件图

本实例主要应用 AutoCAD 2017 的知识点主要有：【直线】、【圆】、【插入块】、【图案填充】、【标注】、【多行文字】等命令完成凸轮轴零件图的绘制，如图 3-208 所示。

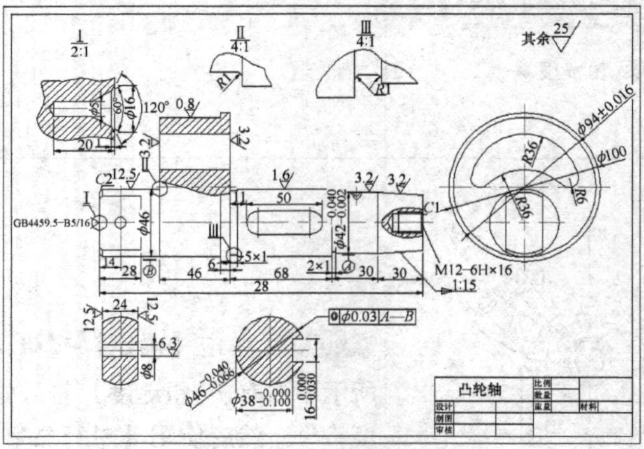

图 3-208 凸轮轴零件图

	完成模型	配套光盘\模型文件\3\3.5
	作图录制	配套光盘\屏幕录像\3\3.5

具体步骤如下。

3.5.1 绘制图框

（1）将【细实线】层设置为当前图层

图 3-209 将【细实线】层设置为当前图层

单击【图层特性管理器】的下拉菜单，将【细实线】层设置为当前图层，如图 3-209 所示。

（2）绘制外图框

单击【绘图】工具栏｜【矩形】按钮或在命令行执行“RECTANG”命令（简写为 REC）。指定第一角点坐标为（0，0），第二角点坐标为（420，297）。

（3）将【粗实线】层设置为当前图层

图 3-210 将【粗实线】层设置为当前图层

单击【图层特性管理器】的下拉菜单，将【粗实线】层设置为当前图层，如图 3-210 所示。

（4）绘制草图图框

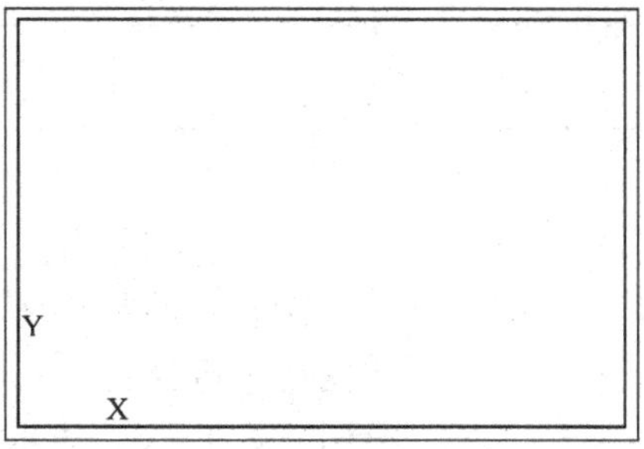

图 3-211 草图图框

单击【绘图】工具栏｜【矩形】按钮或在命令行执行“RECTANG”命令。指定第一角点坐标为（5，5），第二角点坐标为（410，287），图框如图 3-211 所示。

3.5.2 绘制标题栏

（1）绘制标题栏外框

单击【绘图】工具栏｜【直线】按钮或在命令行执行“LINE”命令，绘制直线 1 和直线 2。直线 1 的坐标为｛(285，5)，(@0，40)｝，直线 2 的坐标为｛(285，45)，(@130，0)｝。

（2）将【细实线】层设置为当前图层

图 3-212 将【细实线】层设置为当前图层

单击【图层特性管理器】的下拉菜单，将【细实线】层设置为当前图层，如图 3-212 所示。

（3）绘制标题栏内框

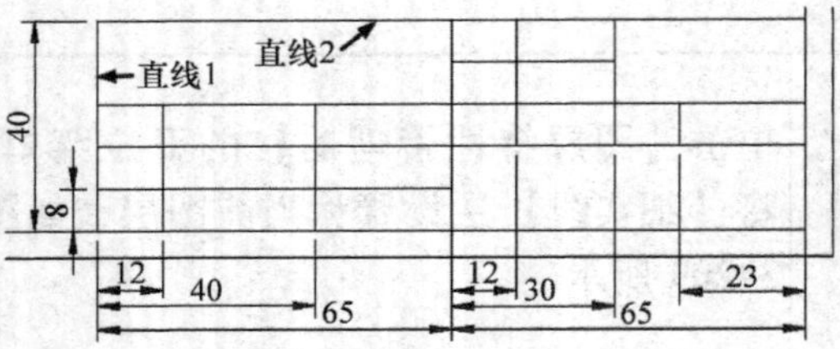

图 3-213　标题栏

单击【绘图】工具栏 | 【直线】按钮或在命令行执行“LINE”命令，标题框内各相对尺寸如图 3-213 所示。

3.5.3　绘制主视图

（1）将【点划线】层设置为当前图层

图 3-214　将【点划线】层设置为当前图层

单击【图层特性管理器】的下拉菜单，将【点划线】层设置为当前图层，如图 3-214 所示。

（2）绘制构造线

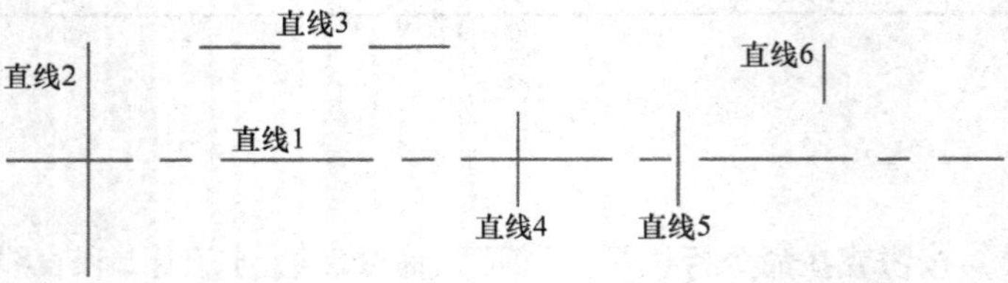

图 3-215　绘制构造线

单击【绘图】工具栏 | 【直线】按钮或在命令行执行“LINE”命令，绘制直线 1 ~ 6。直线 1 的坐标为{(60, 150), (@224, 0)}，直线 2 的坐标为{(77, 125), (@0, 50)}，直线 3 的坐标为{(101, 174), (@52, 0)}，直线 4 的坐标为{(168, 140), (@0, 20)}，直线 5 的坐标为{(202, 140), (@0, 20)}，直线 6 的坐标为{(233, 162), (@0, 12)}，构造线如图 3-215 所示。

（3）绘制轮廓线

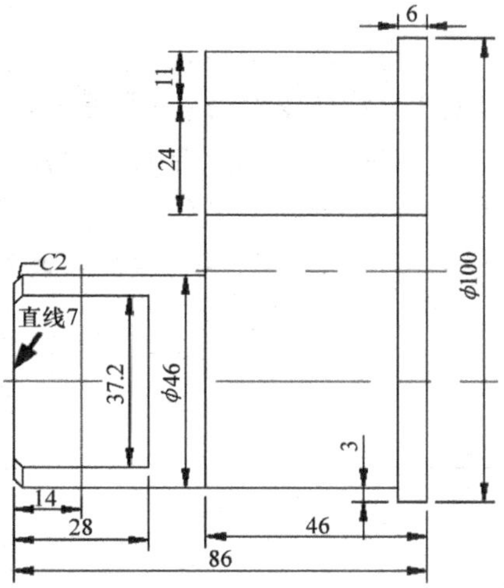 图 3-216　主视图轮廓线	Step01 单击【绘图】工具栏 | 【直线】按钮或在命令行执行“LINE”命令，绘制凸轮轴主视图的第一部分。直线 7 的坐标为｛(63，129)，(@ 0，42)｝，其余各条直线尺寸如图 3-216 所示。
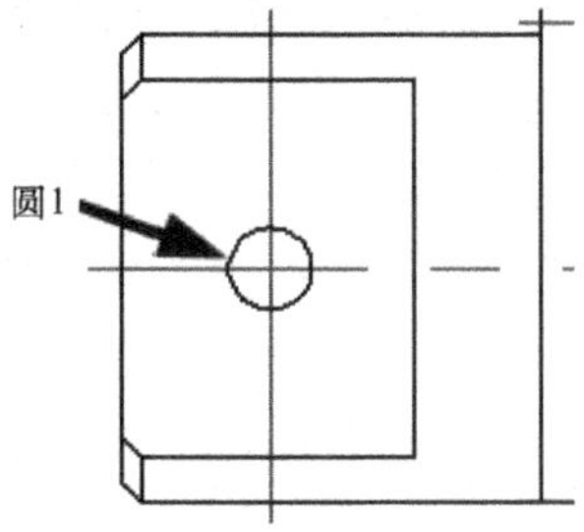 图 3-217　绘制圆	Step02 单击【绘图】工具栏 | 【圆】按钮或在命令行执行“CIRCLE”命令，绘制圆 1。圆 1 的圆心坐标为（77，150），半径为 4，如图 3-217 所示。
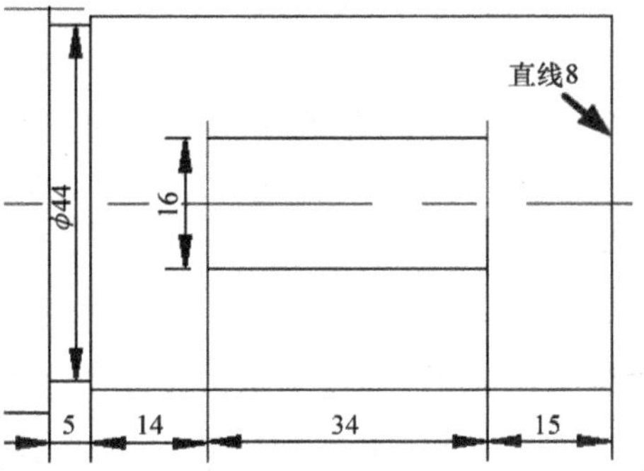 图 3-218　主视图轮廓线	Step03 继续使用直线命令绘制主视图第二部分，直线 8 的坐标为｛(217，127)，(@0，46)｝，其余各直线尺寸如图 3-218 所示。
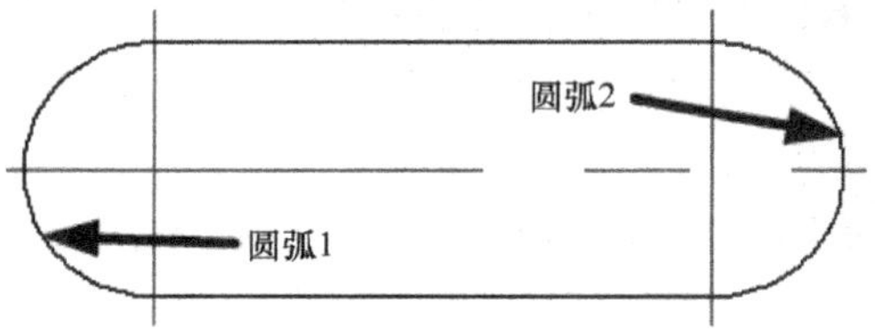 图 3-219　绘制圆弧	Step04 单击【绘图】工具栏 | 【圆弧】按钮或在命令行执行“ARC”命令，绘制圆弧 1 和圆弧 2。圆弧 1 上三点坐标为（168，158）、（160，150）、（168，142）；圆弧 2 上三点坐标为（202，158）、（210，150）、（202，142），如图 3-219 所示。

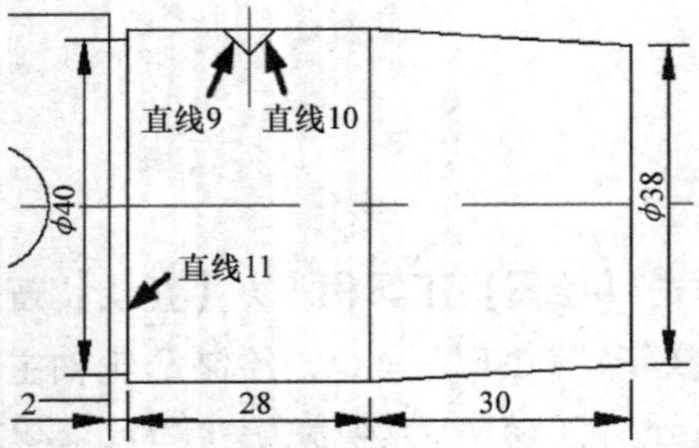

图 3-220　主视图轮廓线

Step05 继续使用直线命令绘制主视图第三部分，直线 9 的坐标为 {(230，171)，(@3，-3)}，直线 10 的坐标为 {(233，168)，(@3，3)}，直线 11 的坐标为 {(219，129)，(@0，42)}，其余各直线尺寸如图 3-220 所示。

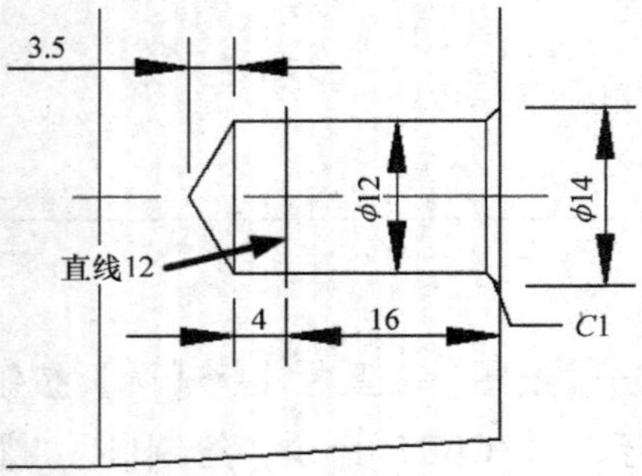

图 3-221　孔的绘制

Step06 继续使用直线命令完成主视图右侧孔的绘制，直线 12 的坐标为 {(261，143)，(@0，14)}，其他各直线尺寸如图 3-221 所示。

(4) 将【细实线】层设置为当前图层

图 3-222　将【细实线】层设置为当前图层

单击【图层特性管理器】的下拉菜单，将【细实线】层设置为当前图层，如图 3-222 所示。

(5) 绘制细实线

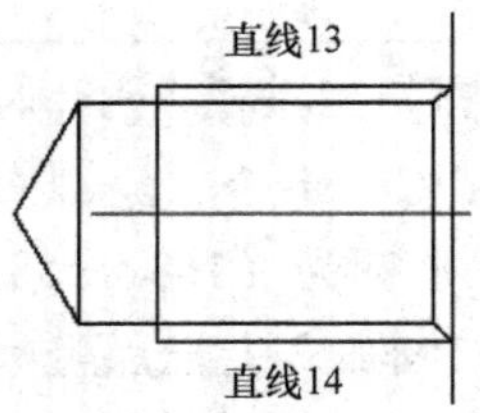

图 3-223　绘制细实线

单击【绘图】工具栏 | 【直线】按钮或在命令行执行 “LINE” 命令，绘制直线 13 和直线 14。直线 13 的坐标为 {(261，157)，(@16，0)}，直线 14 的坐标为 {(261，143)，(@16，0)}，如图 3-223 所示。

(6) 绘制样条曲线

```
命令: _spline
当前设置: 方式=拟合  节点=弦
指定第一个点或 [方式(M)/节点(K)/对象(O)]: 103,178
输入下一个点或 [起点切向(T)/公差(L)]: @16,-4
输入下一个点或 [端点相切(T)/公差(L)/放弃(U)]: @20,-5
输入下一个点或 [端点相切(T)/公差(L)/放弃(U)/闭合(C)]: @10,1
```

图 3-224 绘制样条曲线 1

Step01 单击【绘图】工具栏 | 【样条曲线】按钮或在命令行执行“SPLINE”命令，绘制主视图中局部剖视图的边界。样条曲线 1 的绘制步骤如图 3-224 所示。

```
命令: SPLINE
当前设置: 方式=拟合  节点=弦
指定第一个点或 [方式(M)/节点(K)/对象(O)]: 229,171
输入下一个点或 [起点切向(T)/公差(L)]: @4,-5
输入下一个点或 [端点相切(T)/公差(L)/放弃(U)]: 237,171
```

图 3-225 绘制样条曲线 2

Step02 继续绘制样条曲线 2，样条曲线 2 绘制步骤如图 3-225 所示。

```
命令: SPLINE
当前设置: 方式=拟合  节点=弦
指定第一个点或 [方式(M)/节点(K)/对象(O)]: 277,159
输入下一个点或 [起点切向(T)/公差(L)]: 257,158
输入下一个点或 [端点相切(T)/公差(L)/放弃(U)]: 250,150
输入下一个点或 [端点相切(T)/公差(L)/放弃(U)/闭合(C)]: 257,142
输入下一个点或 [端点相切(T)/公差(L)/放弃(U)/闭合(C)]: 277,141
```

图 3-226 绘制样条曲线 3

Step03 继续绘制样条曲线 3，样条曲线 3 绘制步骤如图 3-226 所示。

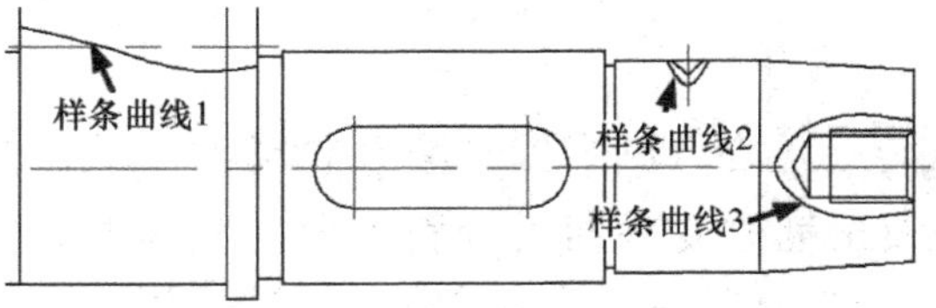

图 3-227 绘制样条曲线

样条曲线 1 ~ 3 如图 3-227 所示。

(7) 图案填充

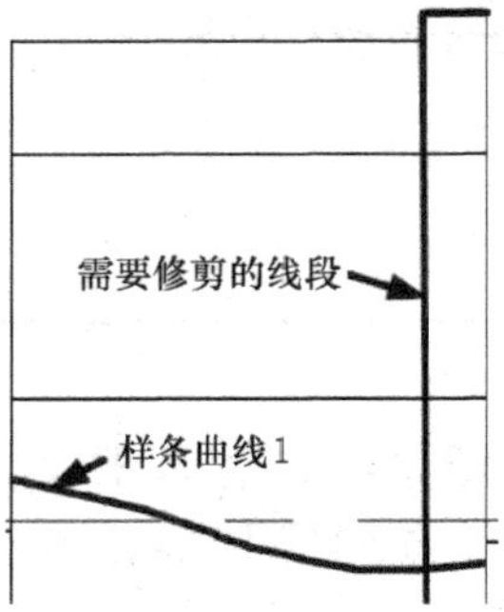

图 3-228 选择修剪对象

Step01 单击【修改】工具栏 | 【修剪】按钮或在命令行执行“TRIM”命令，完成对样条曲线 1 处局部剖视图的修剪。选择图中加粗线条为修剪对象，要修剪的对象如图 3-228 所示。

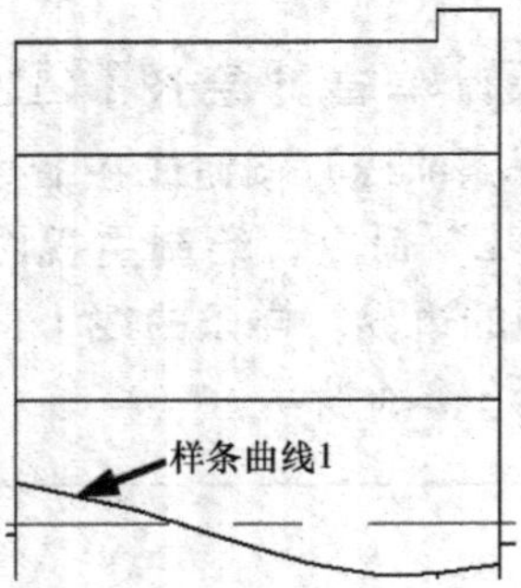

图 3-229 修剪

Step02 修剪后如图 3-229 所示。

图 3-230 【图案填充与渐变色】对话框

Step03 单击【绘图】工具栏｜【图案填充】按钮或在命令行执行“HATCH”命令（简写为H），弹出【图案填充与渐变色】对话框，如图 3-230 所示。

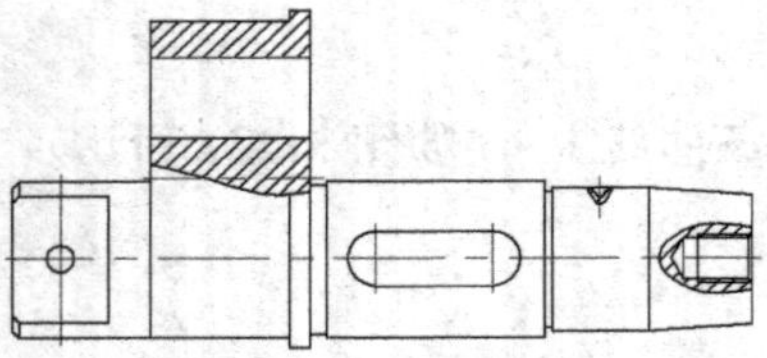

图 3-231 图案填充区域选择

Step04 在【图案】选择“ANSI31”，可以通过修改角度改变剖面线倾斜方向（0°为向右上倾斜，90°为向左上方倾斜），通过【添加：拾取点】按钮来选择需要填充的区域，选取如图 3-231所示区域。主视图轮廓线绘制完成。

3.5.4 绘制左视图

（1）将【点划线】层设置为当前图层

图 3-232 将【点划线】层设置为当前图层

单击【图层特性管理器】的下拉菜单，将【点划线】层设置为当前图层，如图 3-232 所示。

(2) 绘制构造线

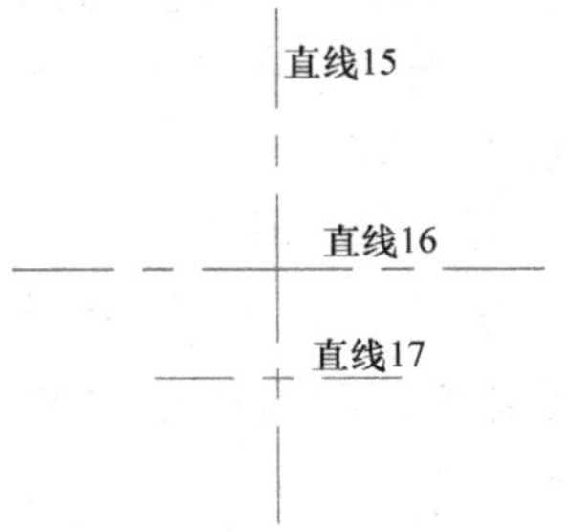

图 3-233　绘制构造线

单击【绘图】工具栏｜【直线】按钮或在命令行执行“LINE”命令，绘制直线 15～17。直线 15 的坐标为{(344，118)，(@0，112)}，直线 16 的坐标为{(288，174)，(@112，0)}，直线 17 的坐标为{(318，150)，(@52，0)}，如图 3-233 所示。

(3) 将【粗实线】层设置为当前图层

图 3-234　将【粗实线】层设置为当前图层

单击【图层特性管理器】的下拉菜单，将【粗实线】层设置为当前图层，如图 3-234 所示。

(4) 绘制轮廓线

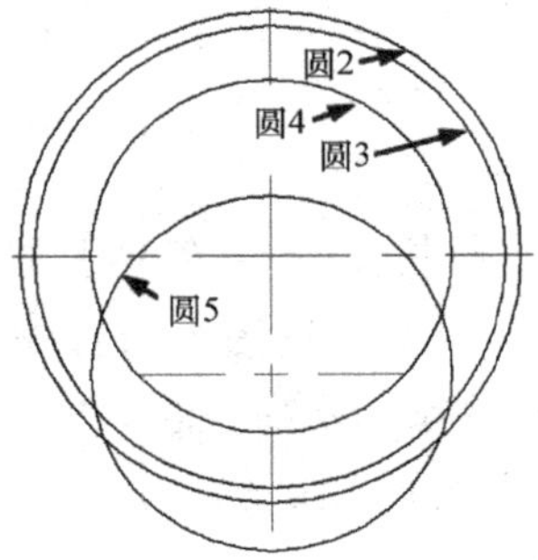

图 3-235　绘制圆

Step01 单击【绘图】工具栏｜【圆】按钮或在命令行执行“CIRCLE”命令命令，绘制圆 2～5。圆 2～4 为同心圆，圆心坐标为（344，174），半径分别为 100、94、72；圆 5 的圆心坐标为（344，150），半径为 72，如图 3-235 所示。

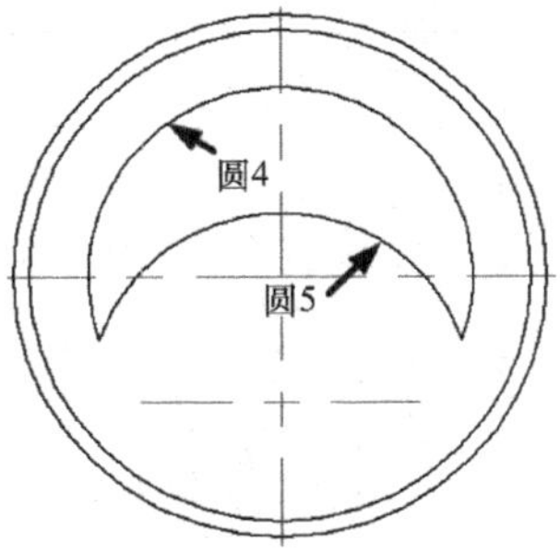

图 3-236　修剪完成

Step02 单击【修改】工具栏｜【修剪】按钮或在命令行执行“TRIM”命令。选择圆 4 和圆 5 为修剪对象，圆 4 和圆 5 下端圆弧为要修剪对象，修剪完成后如图 3-236 所示。

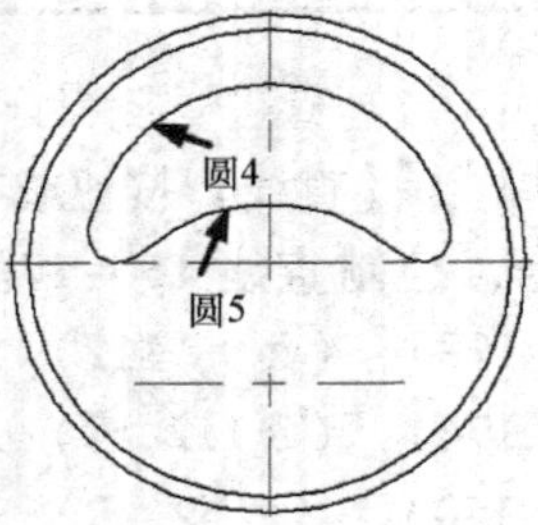 图 3-237　绘制圆角	Step03 单击【修改】工具栏｜【圆角】按钮或在命令行执行“FILLET”命令。输入圆角半径为 6，分别选择圆 4 和圆 5 为“圆角第一对象”和“圆角第二对象”，圆角完成后如图 3-237 所示。 Step04 单击【绘图】工具栏｜【直线】按钮或在命令行执行“LINE”命令，绘制直线 18 和直线 19。直线 18 的坐标为｛(332，124)，(@0，50)｝，直线 19 的坐标为｛(356，124)，(@0，50)｝。
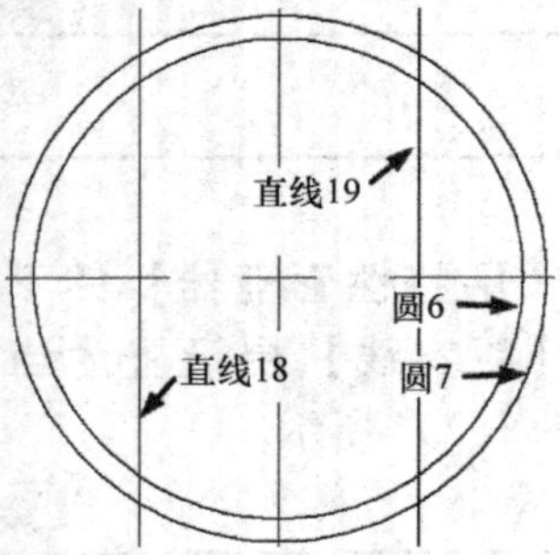 图 3-238　绘制直线和圆	Step05 单击【绘图】工具栏｜【圆】按钮或在命令行执行“CIRCLE”命令，绘制圆 6 和圆 7。圆 6 圆心坐标为（344，150），半径为 21；圆 7 圆心坐标为（344，150），半径为 23，如图 3-238 所示。
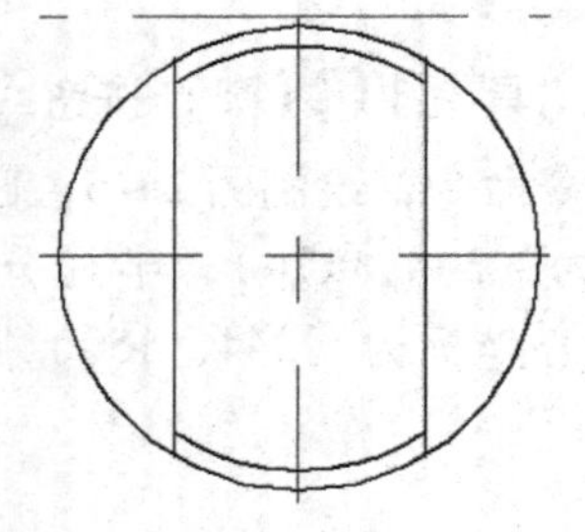 图 3-239　修剪	Step06 单击【修改】工具栏｜【修剪】按钮或在命令行执行“TRIM”命令。选择图中直线 18、直线 19 和圆 6、圆 7 为修剪对象，要修剪的对象为直线 18、直线 19 的两端和圆 6 的两侧圆弧，修剪后如图 3-239所示。
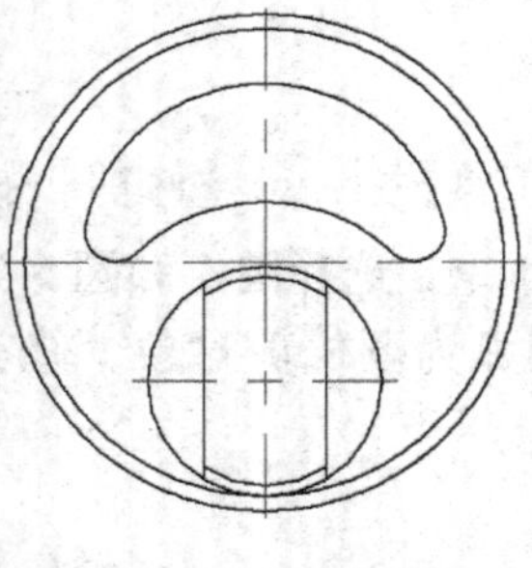 图 3-240　左视图	绘制完成的左视图如图 3-240 所示。

3.5.5 建立块

（1）将【细实线】层设置为当前图层

<table>
<tr><td>

图 3-241 将【细实线】层设置为当前图层</td><td>单击【图层特性管理器】的下拉菜单，将【细实线】层设置为当前图层，如图 3-241 所示。</td></tr>
</table>

（2）建立“局部放大”块

<table>
<tr><td>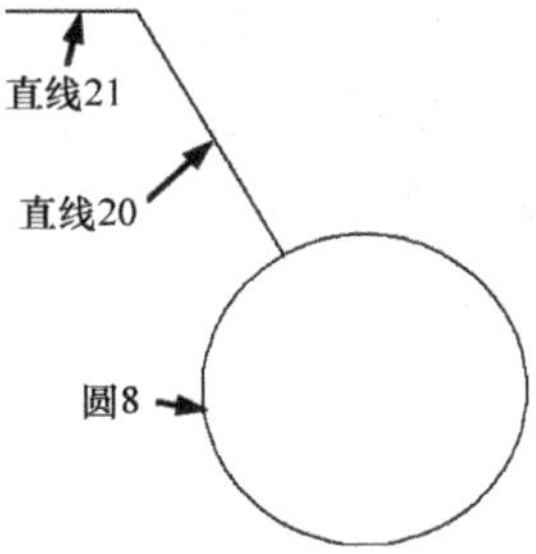

图 3-242 “局部放大”块</td><td>Step01 “局部放大”块用于标注局部放大图的放大位置，在视图空白位置处使用【圆】命令和【直线】命令绘制如图 3-242 所示图形。圆 8 的半径为 5，直线 20 长度为 9，倾斜角度为 60 °，直线 21 长度为 4。</td></tr>
<tr><td>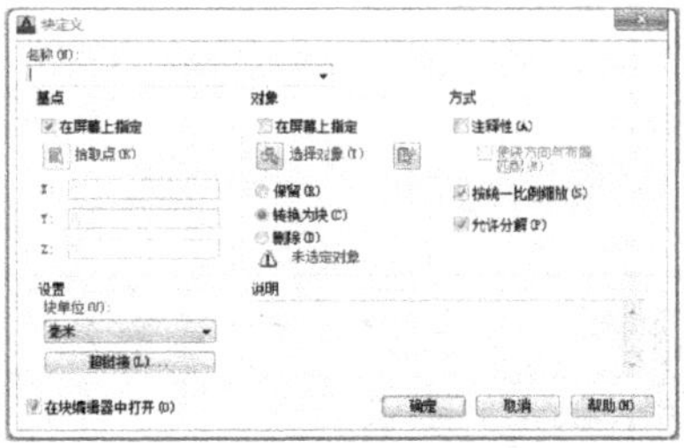
图 3-243 【块定义】对话框</td><td>Step02 单击【绘图】工具栏｜【创建块】按钮或在命令行执行“BLOCK”命令，弹出如图 3-243 所示【块定义】对话框。</td></tr>
<tr><td>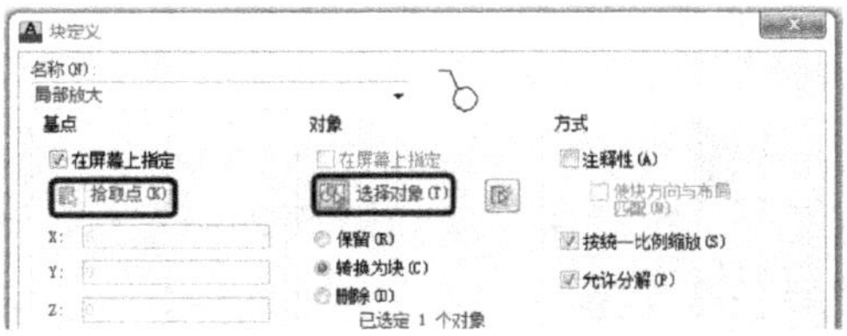

图 3-244 设置块定义</td><td>Step03 输入【名称】为“局部放大”，单击【选择对象】按钮选择图中绘制图形，单击基点中【拾取点】按钮，拾取基点为圆 8 的圆心，【块单位】选择“毫米”，勾选“在块编辑器中打开”，如图 3-244 所示。单击【确定】按钮进入“块编辑器”。</td></tr>
</table>

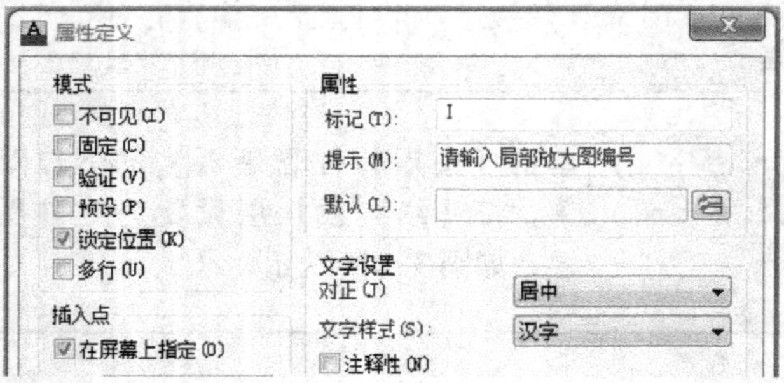

图 3-245　设置块属性

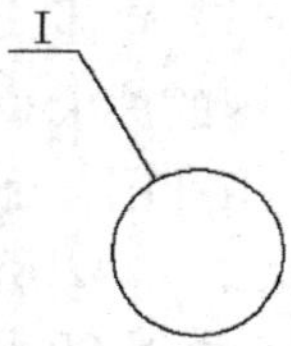

图 3-246　“局部放大”块

Step04 单击上方工具栏中【定义属性】按钮，弹出【属性定义】对话框，如图 3-245 所示。【标记】处输入“ I ”，【提示】处输入“请输入局部放大图编号”，【对正】选项选择“居中”，【文字样式】选择“汉字”，其他选项保持默认，单击【确定】按钮，将标记文字放置在直线 21 正上方，如图 3-246 所示。单击【保存块定义】按钮，关闭块编辑器。

（3）建立“粗糙度”块

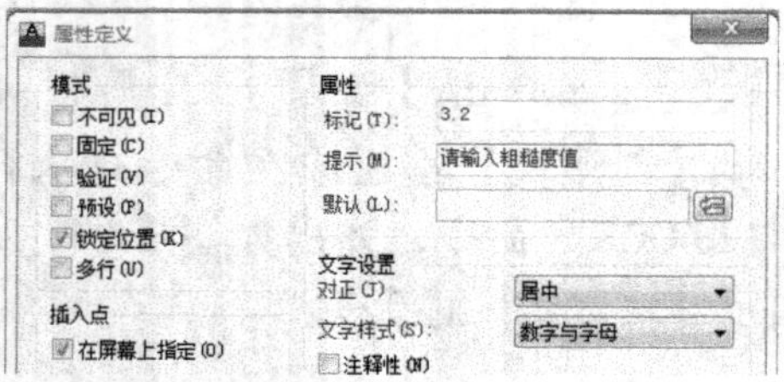

图 3-247　“粗糙度”块属性设置

Step01 按上述方法建立“粗糙度”块，块属性定义如图 3-247 所示。

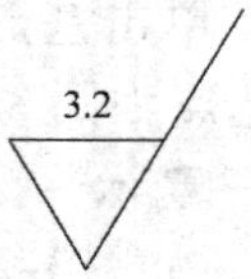

图 3-248　“粗糙度”块

Step02 “粗糙度”块如图 3-248 所示。图中四条线段长度均为 6。

（4）建立“基准”块

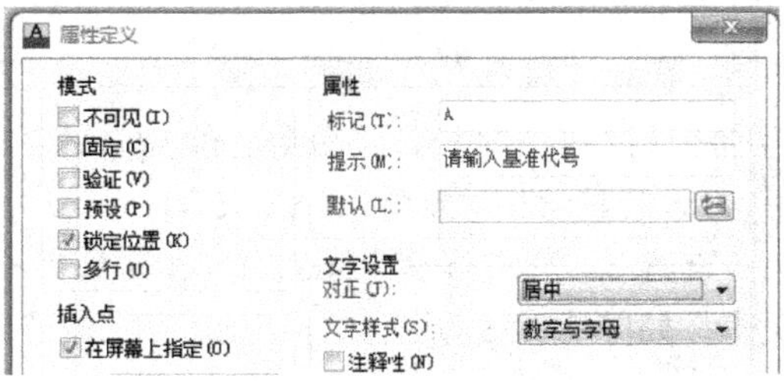

图 3-249　“基准”块属性设置

Step01 按上述方法建立“基准”块，块属性定义如图 3-249 所示。

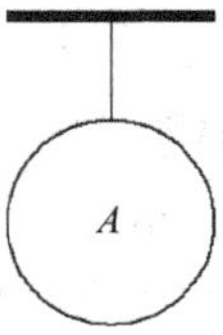

图 3-250　“基准”块

Step02 “基准”块如图 3-250 所示。圆半径为 4，垂直方向上直线长度为 4，水平方向上直线长度为 8，左右对称。在命令行执行“PE”命令，将水平直线的宽度【w】设置为 0.3。

3.5.6　绘制局部放大图

（1）绘制局部放大图

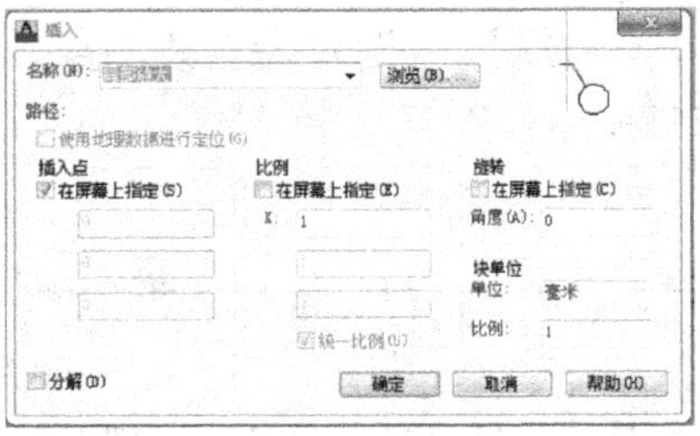

图 3-251　【插入】对话框

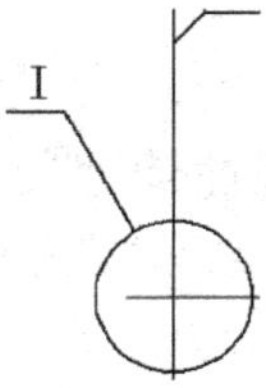

图 3-252　标记局部放大处

Step01 单击【绘图】工具栏｜【插入块】按钮或在命令行执行“INSERT”命令，弹出【插入】对话框，如图 3-251 所示。【名称】选择“局部放大”，单击【确定】按钮，插入点坐标为（63，150），输入局部放大图编号为“Ⅰ”，如图 3-252 所示。

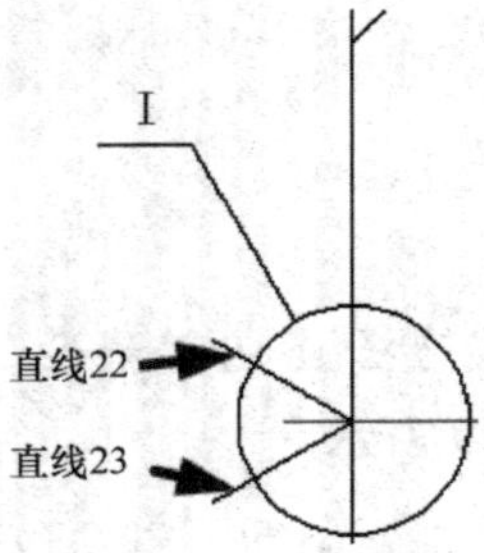

图 3-253　绘制直线

Step02 单击【绘图】工具栏|【直线】按钮或在命令行执行“LINE”命令，绘制直线22和直线23。直线22坐标为{(63，150)，(@7<150)}，直线23的坐标为{(63，150)，(@7<-150)}，如图3-253所示。

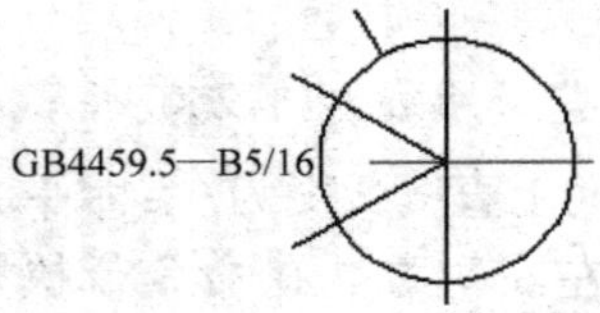

图 3-254　输入文字

Step03 单击【绘图】工具栏|A【多行文字】按钮或在命令行执行“MTEXT”命令。选择适当位置指定“第一角点”和“第二角点”，选择文字样式为“数字与字母”，绘制文字内容为“GB4459.5—B5/16”，如图3-254所示。

(2) 将【点划线】层设置为当前图层

图 3-255　将【点划线】层设置为当前图层

单击【图层特性管理器】的下拉菜单，将【点划线】层设置为当前图层，如图3-255所示。

(3) 绘制构造线

单击【绘图】工具栏|【直线】按钮或在命令行执行“LINE”命令，绘制直线24。直线24的坐标为{(27，227)，(@50，0)}。

(4) 将【粗实线】层设置为当前图层

图 3-256　将【粗实线】层设置为当前图层

单击【图层特性管理器】的下拉菜单，将【粗实线】层设置为当前图层，如图3-256所示。

（5）绘制轮廓线

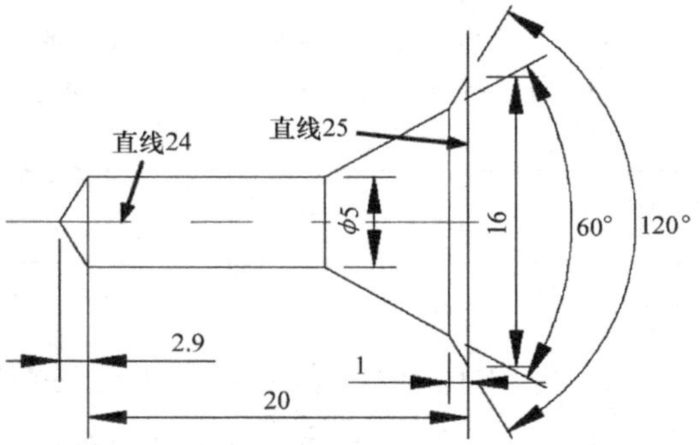

图 3-257　绘制直线

Step01 单击【绘图】工具栏 | 【直线】按钮或在命令行执行“LINE”命令。直线25 的坐标为{（73，206），（@0，42）}，其余各直线如图 3-257 所示。

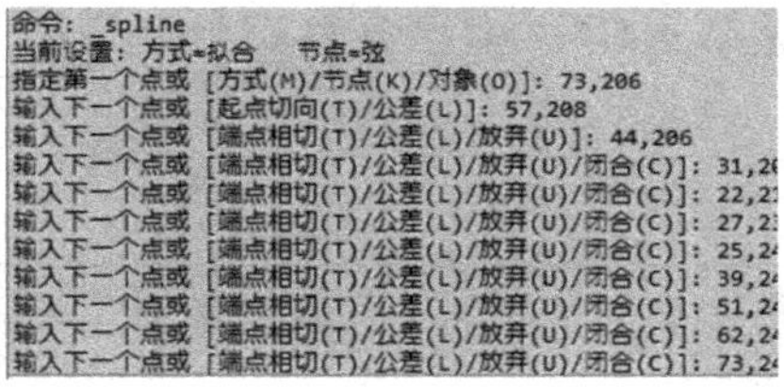

图 3-258　绘制样条曲线

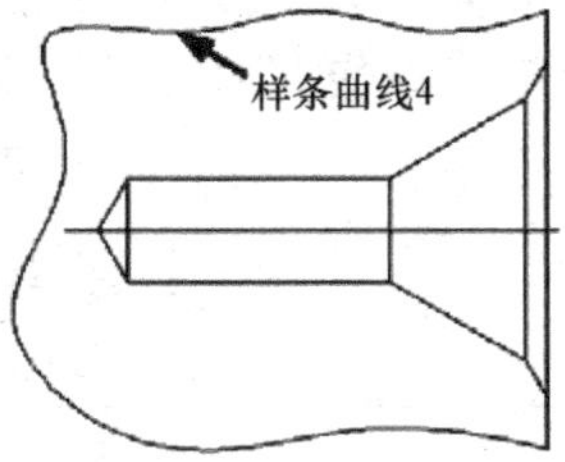

图 3-259　样条曲线 4

Step02 单击【绘图】工具栏 | 【样条曲线】按钮或在命令行执行“SPLINE”命令，绘制样条曲线 4。绘制样条曲线步骤如图 3-258 所示。样条曲线 4 如图 3-259 所示。

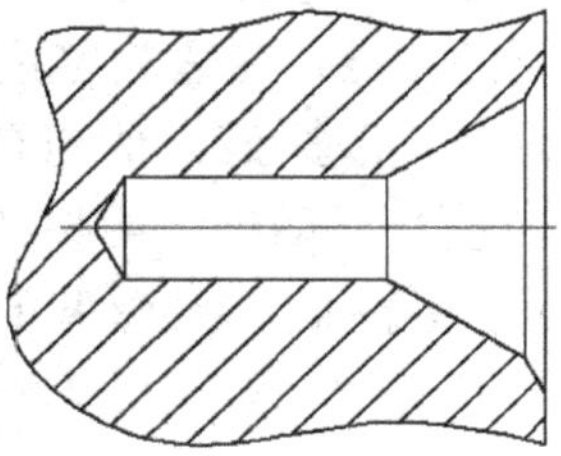

图 3-260　图案填充

Step03 使用图案填充命令完成图案填充，填充后如图 3-260 所示。

（6）设置标注样式为【工程标注】

图 3-261　设置标注样式为【工程标注】

单击【标注样式】下拉菜单，将【工程标注】设置为当前标注样式，如图 3-261 所示。

（7）局部放大图Ⅰ的标注

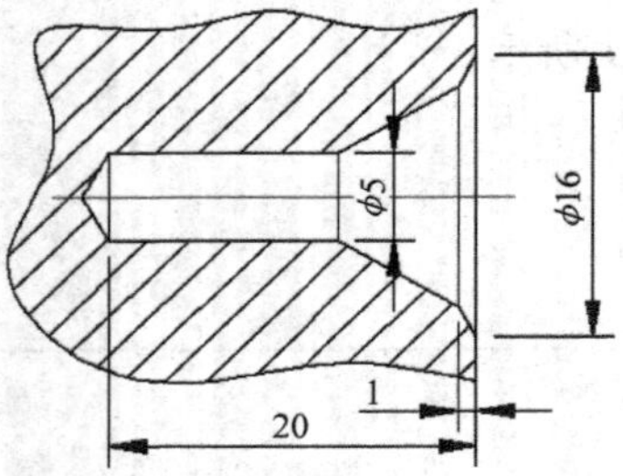

图 3-262　线性标注

Step01 单击【菜单】工具栏|，【标注】|【线性】或在命令行执行“DIMLINEAR”命令。在标注直线距离长度时，分别选取直线的两端点，移动光标来放置尺寸数字，双击尺寸数字并输入相应值来改变尺寸数字，如图 3-262 所示（在 AutoCAD 中“%%c”为“ϕ”输入代号）。

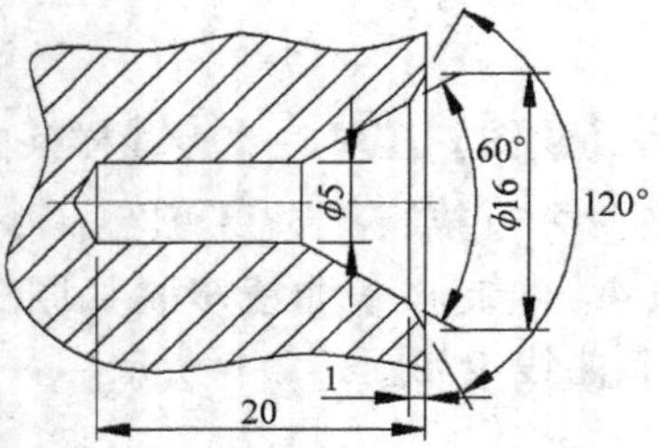

图 3-263　角度标注

Step02 单击【菜单】工具栏|【标注】|【角度】或在命令行执行“DIMANGULAR”命令。标注角度时选取角的两条边，移动光标来放置尺寸数字，如图 3-263 所示。

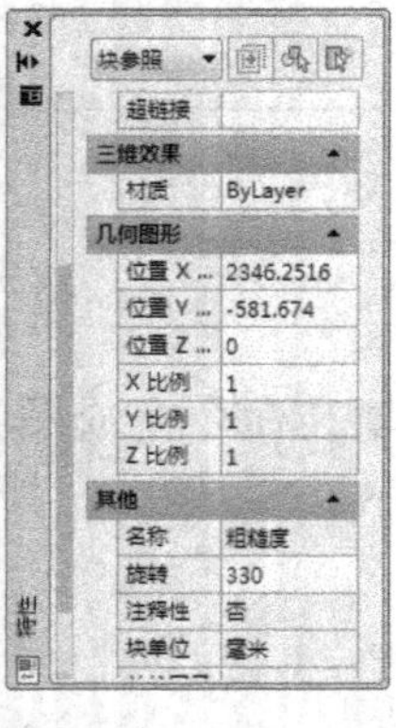

图 3-264　【特性】对话框

Step03 单击【绘图】工具栏|【插入块】按钮或在命令行执行“INSERT”命令，选择“粗糙度”块，插入点选择为 60°角边线上任一点，输入粗糙度值为 3.2。在命令行输入“MO”命令，选择插入的粗糙度块，弹出如图 3-264 所示的【特性】对话框，调整“旋转”使粗糙度块的水平线平行于标注面。粗糙度的标注如图 3-265所示。

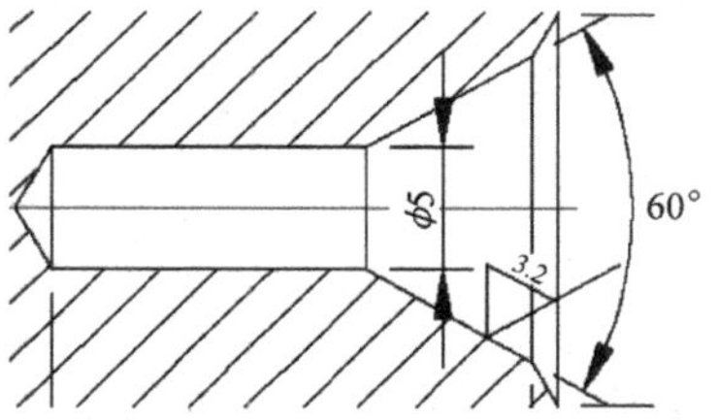 图 3-265 标注粗糙度	
I 2:1 图 3-266 局部放大图编号	Step04 使用【直线】命令和【多行文字】命令完成局部放大图标号及放大比例的绘制，如图 3-266 所示。
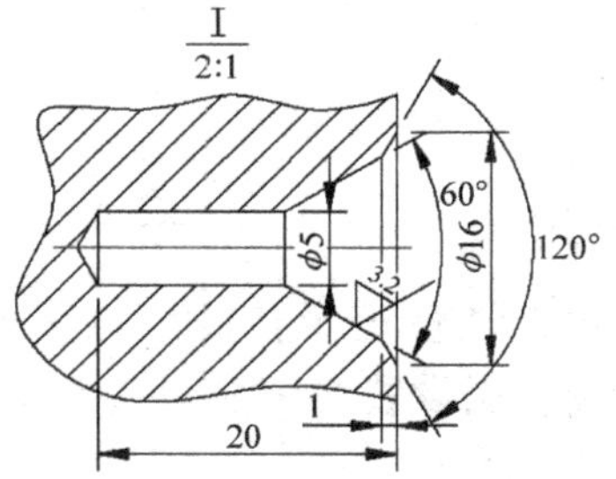 图 3-267 局部放大图 I	绘制完成后的局部放大图如图 3-267 所示。

（8）绘制局部放大图Ⅱ

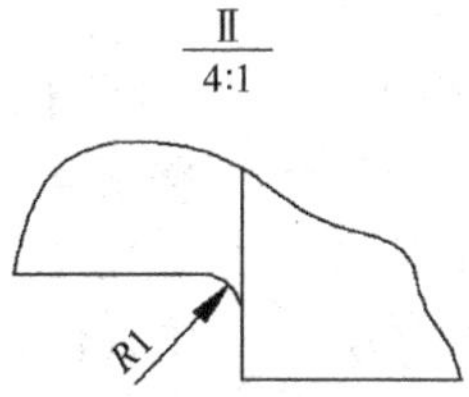 图 3-268 局部放大图Ⅱ	按上述步骤，继续完成局部放大图Ⅱ的绘制。插入“局部放大”块，插入点为（103，173），输入局部放大图编号为Ⅱ。局部放大图Ⅱ如图 3-268 所示。

（9）绘制局部放大图Ⅲ

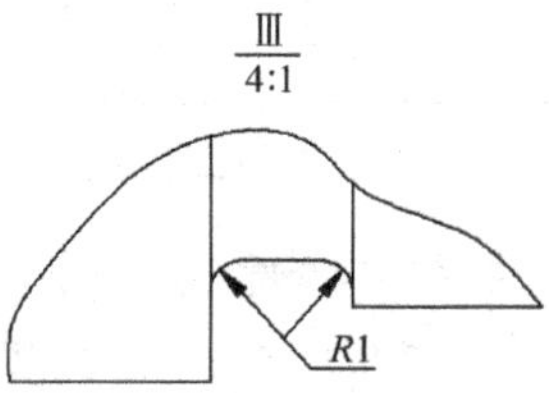 图 3-269 局部放大图Ⅲ	继续绘制局部放大图Ⅲ，插入“局部放大”块，插入点为（151.5，128），输入局部放大图编号为Ⅲ。局部放大图Ⅲ如图 3-269 所示。

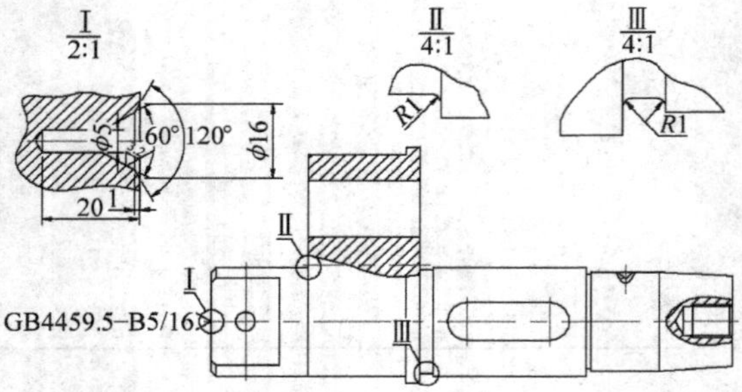

图 3-270　局部放大图

局部放大图绘制完成后如图 3-270 所示。

3.5.7　绘制剖视图

（1）将【点划线】层设置为当前图层

图 3-271　将【点划线】层设置为当前图层

单击【图层特性管理器】的下拉菜单，将【点划线】层设置为当前图层，如图 3-271 所示。

（2）绘制构造线

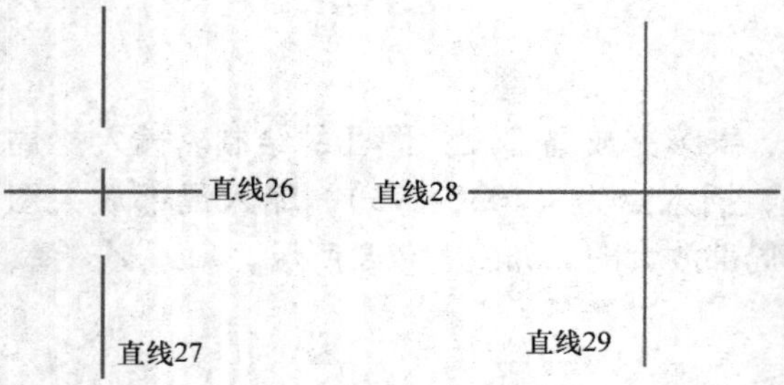

图 3-272　绘制构造线

单击【绘图】工具栏｜【直线】按钮或在命令行执行“LINE”命令，绘制直线 26 ~ 29。直线 26 坐标为{(63, 63),(@28, 0)}，直线 27 坐标为{(77, 36),(@0, 54)}，直线 28 坐标为{(151, 63),(@50, 0)}，直线 29 坐标为{(176, 38),(@0, 50)}，如图 3-272 所示。

（3）将【粗实线】层设置为当前图层

图 3-273　将【粗实线】层设置为当前图层

单击【图层特性管理器】的下拉菜单，将【粗实线】层设置为当前图层，如图 3-273 所示。

（4）绘制构造线

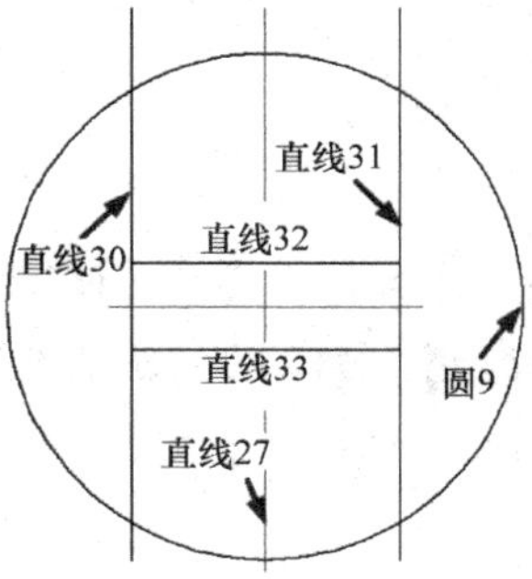

图3-274　绘制轮廓线

Step01 单击【绘图】工具栏｜【直线】按钮或在命令行执行“LINE”命令，绘制直线30～33。直线30的坐标为{(65, 40), (@0, 50)}，直线31的坐标为{(89, 40), (@0, 50)}，直线32的坐标为{(65, 67), (@24, 0)}，直线33的坐标为{(65, 59), (@24, 0)}。

Step02 单击【绘图】工具栏｜【圆】按钮或在命令行执行“CIRCLE”命令，绘制圆9。圆9的圆心为(77, 63)，半径为23，如图3-274所示。

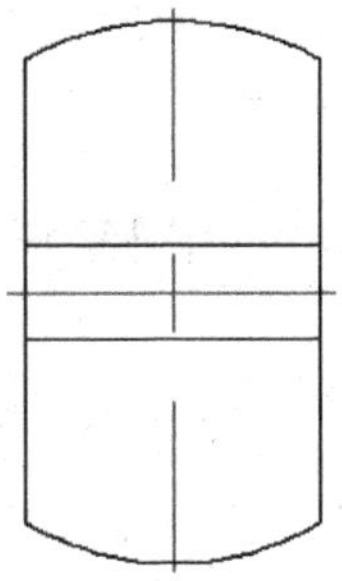

图3-275　修剪

Step03 使用【修剪】命令对图进行修剪，修剪后如图3-275所示。

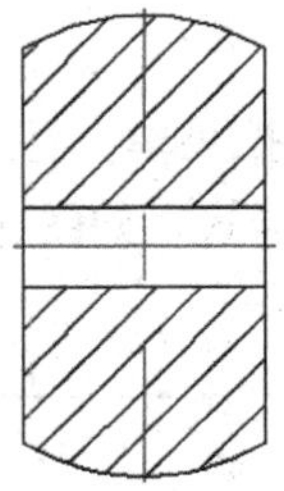

图3-276　图案填充

Step04 使用【图案填充】命令完成对图中图案的填充，图案填充后如图3-276所示。

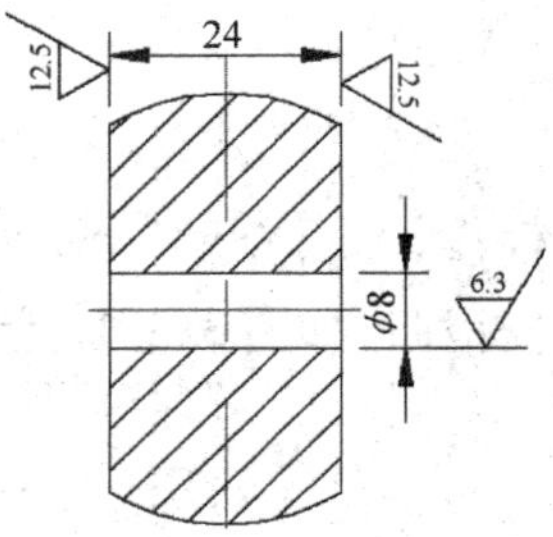

图3-277　剖视图标注

Step05 使用【标注】｜【线性】命令和【插入块】命令完成标注，标注后如图3-277所示。

（5）绘制键槽处剖视图

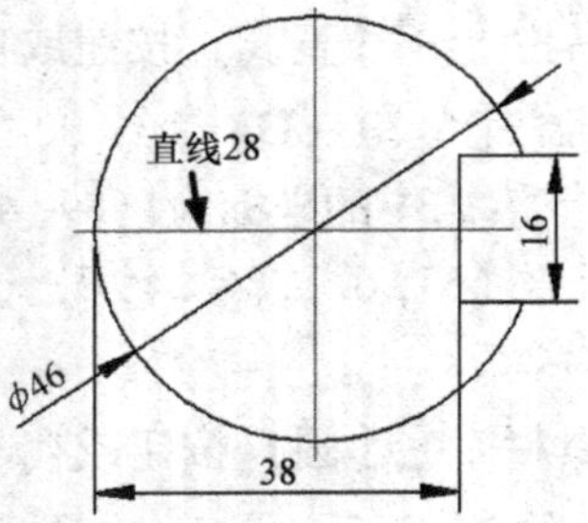 图 3-278　键槽处剖视图	Step01 使用【直线】命令、【圆】命令，【修剪】命令完成键槽剖视图轮廓线的绘制，ϕ46 圆的圆心坐标为（176，63），如图 3-278 所示。
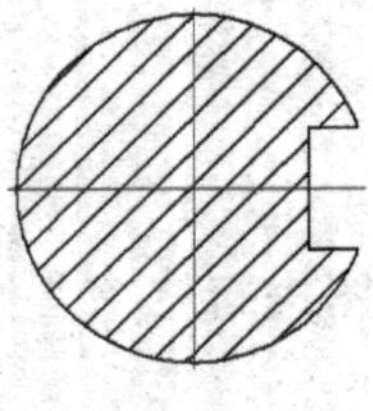 图 3-279　图案填充	Step02 使用【图案填充】命令完成图案填充，图案填充后如图 3-279 所示。

（6）设置标注样式为【公差－不对称】

 图 3-280　设置标注样式为【公差－不对称】	单击【标注样式】下拉菜单，将【公差－不对称】设置为当前标注样式，如图 3-280 所示。

（7）标注键槽剖视图

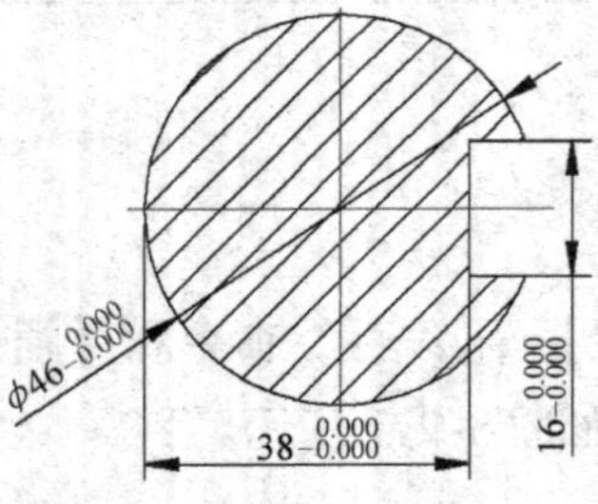 图 3-281　标注剖视图	Step01 使用【标注】｜【线性】命令完成键槽剖视图的尺寸标注，如图 3-281 所示。

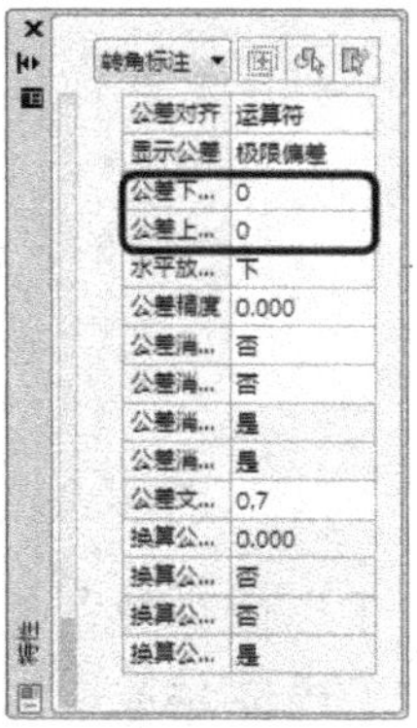

图 3-282　【特性】对话框

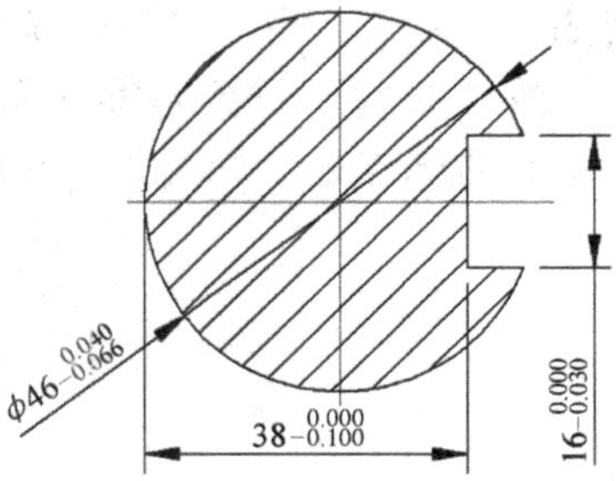

图 3-283　更改偏差值

Step02 在命令行执行“MO”命令，分别选择如图 3-281 所示中的 3 个标注，弹出特性对话框（图 3-282），更改“公差上偏差”和“公差下偏差，”完成尺寸的修改（“公差下偏差”默认为负值，“公差上偏差”默认为正值）。完成后如图 3-283 所示。

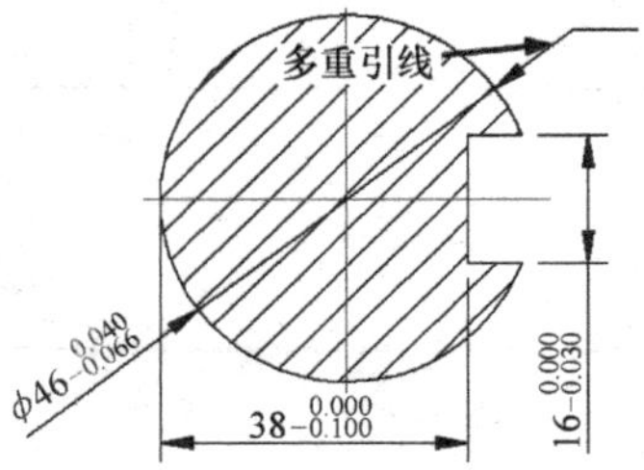

图 3-284　多重引线

Step03 单击【菜单】工具栏 |【标注】| 【多重引线】按钮或在命令行执行“MLEADER”命令，完成如图 3-284 所示标注。

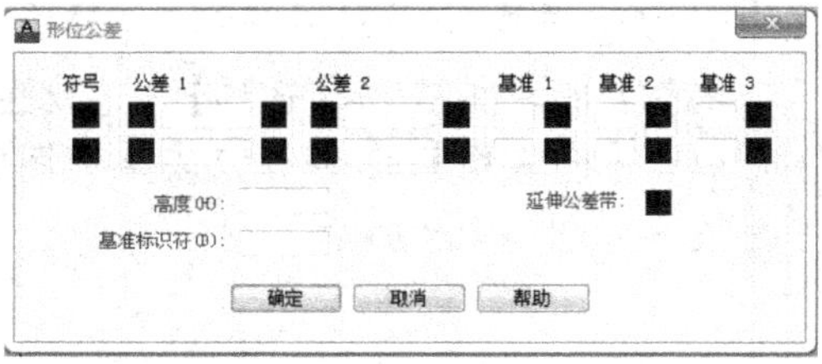

图 3-285　【形位公差】对话框

Step04 单击【菜单】工具栏 |【标注】| 【公差】按钮，弹出【形位公差】对话框，如图 3-285 所示。

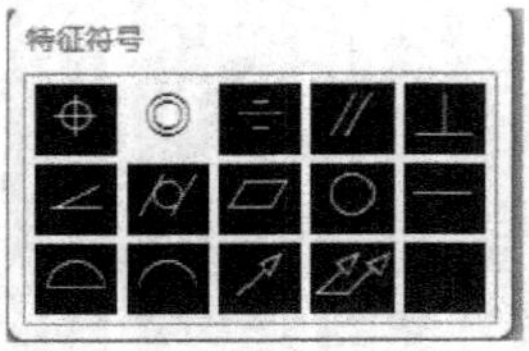

图 3-286 【特征符号】对话框

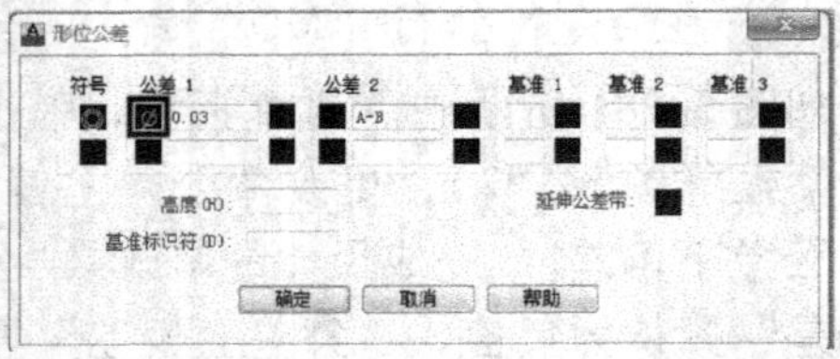

图 3-287 设置【形位公差】

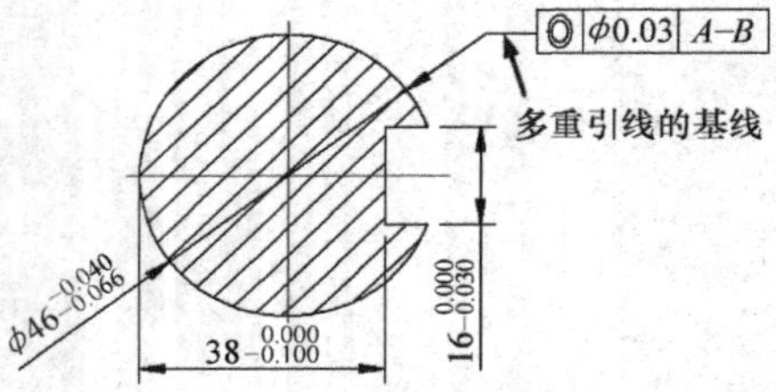

图 3-288 标注【形位公差】

Step05 单击【形位公差】对话框下【符号】项，弹出【特征符号】对话框，如图3-286所示。选择其中◎同心度符号，单击公差 1 下黑色方框，为公差值添加直径符号，其他设置如图 3-287 所示。单击【确定】按钮，完成设置，并将形位公差标注添加至多重引线的基线右端点处，如图 3-288 所示。

3.5.8 完成主视图和左视图标注

（1）标注主视图

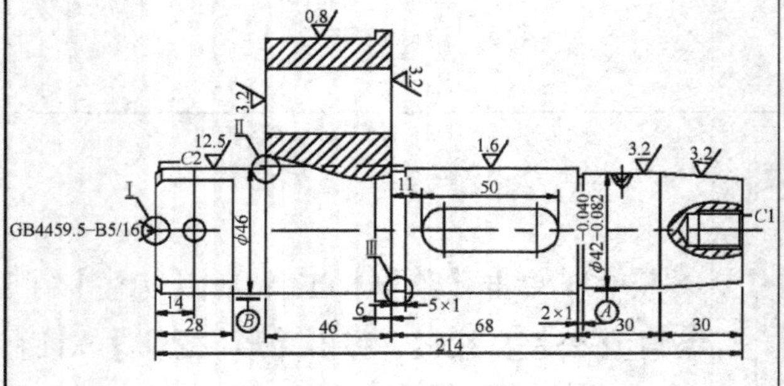

图 3-289 主视图标注

Step01 使用【工程标注】、【公差 - 不对称】标注样式和【标注】|【线性】命令、【插入块】命令等完成主视图的标注，如图 3-289 所示。

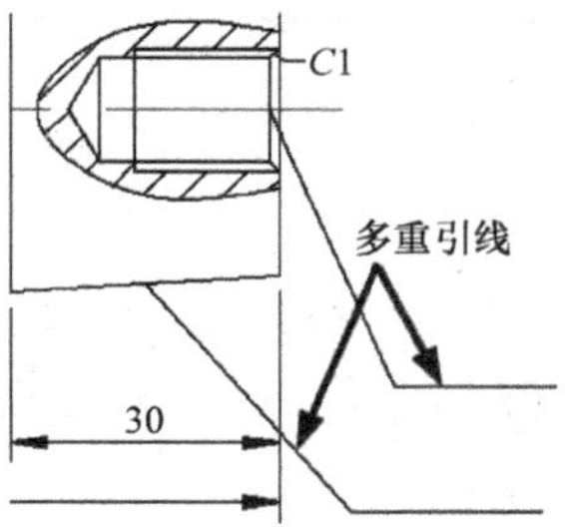

图 3-290　绘制多重引线

Step02 单击【菜单】工具栏｜【标注】｜【多重引线】按钮或在命令行执行“MLEADER”命令。建立如图 3-290 所示的两条多重引线，在命令行执行“MO”命令，将两条多重引线箭头大小改为 0。

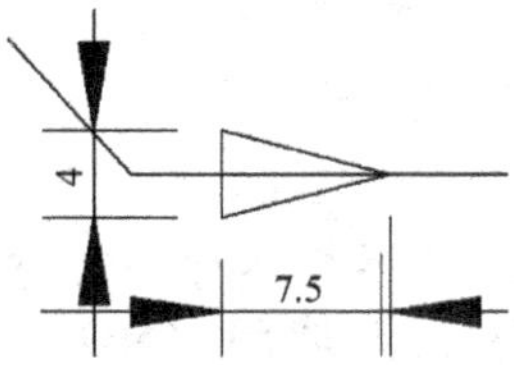

图 3-291　绘制斜度符号

Step03 使用【直线】命令在图中下端多重引线上绘制如图 3-291 所示图形。

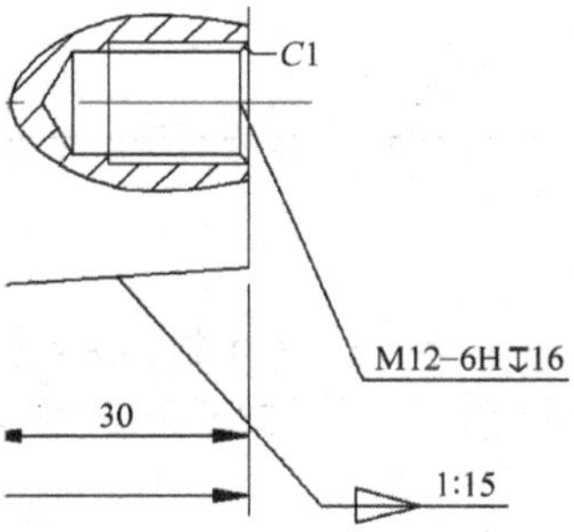

图 3-292　斜度和孔标注

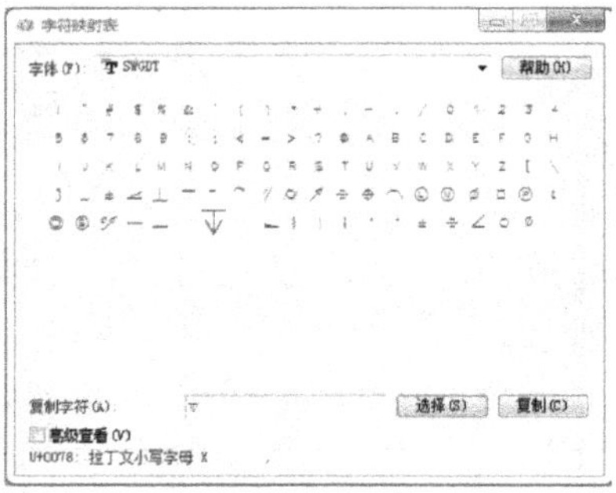

图 3-293　插入深度符号

Step04 使用【多行文字】命令完成如图 3-292 所示标注。↧深度符号的输入方法是在输入文字时单击右键，选择【符号】｜【其他】命令，弹出如图 3-293所示【字符映射表】对话框，选择“SWGDT”字体，在下方符号中找到↧深度符号，复制并粘贴到标注文字中即可。

（2）标注左视图

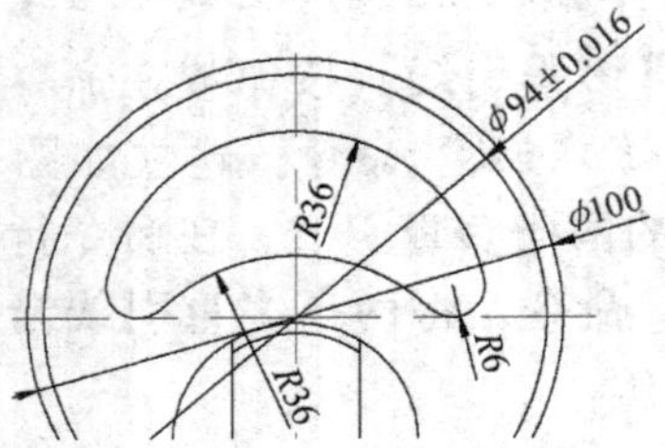

图 3-294 标注左视图

使用【工程标注】、【公差－对称】标注样式和【标注】|【线性】命令、【标注】|【直径】命令等完成左视图的标注，如图 3-294 所示。

（3）缺省粗糙度的标注

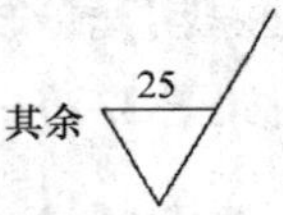

图 3-295 缺省粗糙度标注

使用【多行文字】命令和【插入块】命令在视图右上绘制如图 3-295 所示标注，并使用“MO”命令将粗糙度块 X、Y、Z 三个方向上的比例设置为 2。

3.5.9 填写标题栏

凸轮轴			比例		
			数量		
设计			重量		材料
制图					
审核					

图 3-296 填写标题栏

使用【汉字】字体样式和【多行文字】命令完成如图 3-296 所示的标题栏填写。

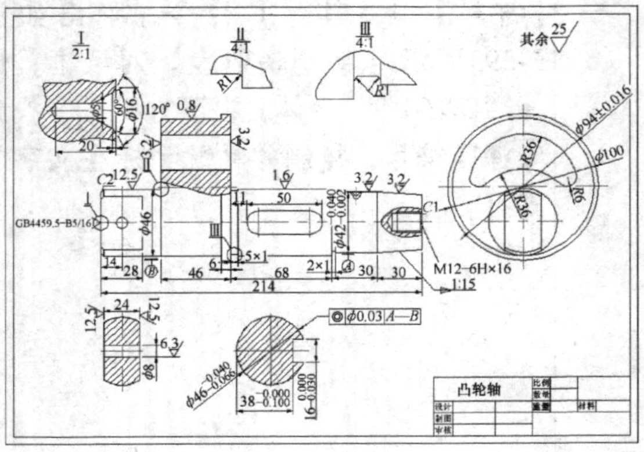

图 3-297 凸轮轴零件图

完成凸轮轴零件图的绘制，如图 3-297 所示。

3.6 如何绘制弯臂零件图

本例主要应用二维图形的基本绘制和编辑方法完成弯臂零件的主视图、左视图和局部剖视图，如图3-298所示。本范例用到AutoCAD 2017的知识点有：设定【图形界限】、【图层】、【直线】、【偏移】、【矩形】、【倒角】、【分解】、【删除】、【镜像】、【样条曲线】、【圆】、【更改直线的图层属性】、【修剪】、【图案填充】等命令，具体步骤如下。

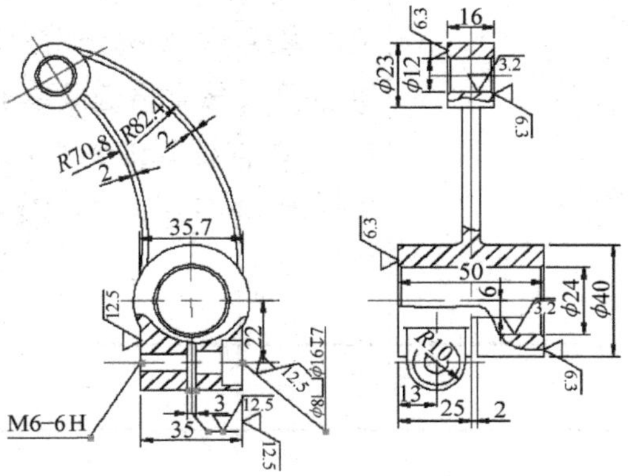

图3-298　零件

	完成模型	配套光盘\模型文件\3\3.6
	作图录制	配套光盘\屏幕录像\3\3.6

3.6.1 绘制构造线

（1）将【点划线】设置为当前图层

图3-299　将【点划线】设置为当前图层

单击【图层特性管理器】的下拉菜单，将【点划线】设置为当前图层，如图3-299所示。

(2) 绘制构造线

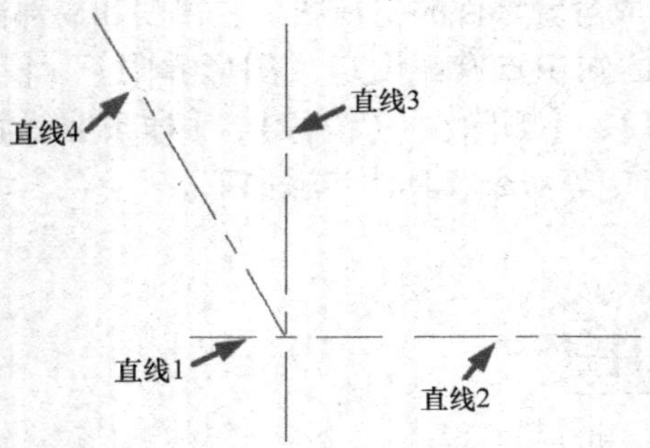

图 3-300　绘制构造线

Step01 单击【绘图】工具栏 |【直线】按钮或在命令行执行“LINE”命令，绘制直线 1，坐标为{(0，40)，(@60，0)}，完成直线 1 的绘制。

Step02 按空格键或单击回车键继续绘制直线 2，坐标为{(70，40)，(@70，0)}；按上述方法绘制直线 3，坐标分别为{(30，0)，(@0，140)}。

Step03 按空格键或单击回车键键继续绘制直线 4，选取直线 1 和直线 3 的交点为第一点，第二点坐标为（@120，<120)，所得构造线如图 3-300 所示。

(3) 偏移构造直线

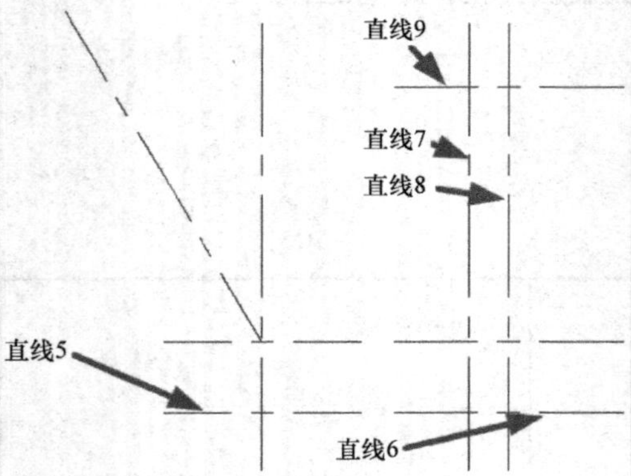

图 3-301　偏移构造直线

Step01 单击【修改】工具栏 |【偏移】按钮或在命令行执行“OFFSET”（简写为 O），偏移距离设为 22，偏移对象为直线 1，指定偏移的一侧：单击直线 1 下侧，得到直线 5，继续选择偏移对象为直线 2，指定偏移的一侧：单击直线 2 下侧，得到直线 6。

Step02 单击【修改】工具栏 |【偏移】按钮或在命令行执行“OFFSET”（简写为 O），偏移距离设为 63，偏移对象为直线 3，指定偏移的一侧：单击直线 3 右侧，得到直线 7。

Step03 单击【修改】工具栏 |【偏移】按钮或在命令行执行“OFFSET”（简写为 O），偏移距离设为 75，偏移对象为直线 3，指定偏移的一侧：单击直线 3 右侧，得到直线 8。

Step04 单击【修改】工具栏 |【偏移】按钮或在命令行执行“OFFSET”（简写为 O），偏移距离设为 80，偏移对象为直线 2，指定偏移的一侧：单击直线 2 上侧，得到直线 9，如图 3-301 所示。

(4) 绘制特定位置构造线

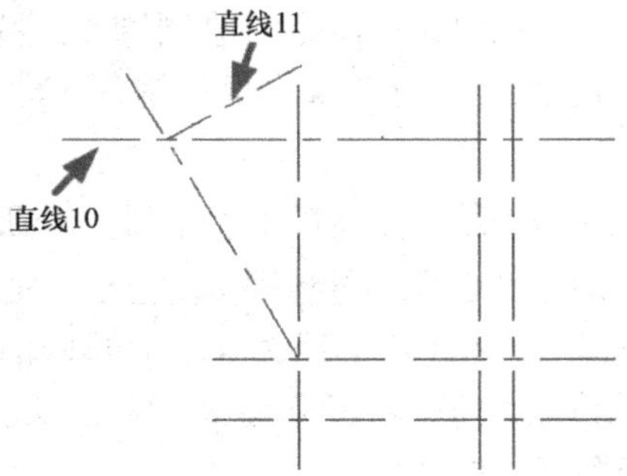 图3-302 特定位置构造线	Step01 单击【绘图】工具栏 | 【直线】按钮或在命令行执行“LINE”命令，绘制直线10，选择直线9的右端点作为第一点，在直线9的延长线上，越过直线4一点作为第二点，得到直线10。 Step02 单击【绘图】工具栏 | 【直线】按钮或在命令行执行“LINE”命令，绘制直线11，选择直线4和直线10的交点作为第一点，第二点的坐标为（@40，<30），得到直线11，如图3-302所示。
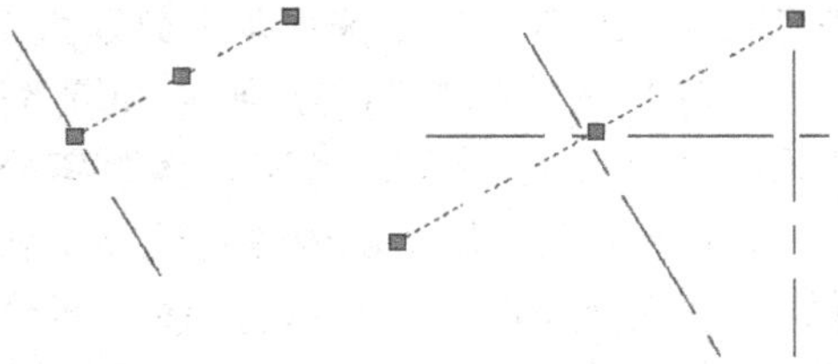 图3-303 拉伸构造线	Step03 选中直线11，单击直线11的右下点，在直线11的延长线上拉伸一倍左右，如图3-303所示。

3.6.2 绘制轮廓视图

(1) 将【粗实线】设置为当前图层

 图3-304 将【粗实线】设置为当前图层	单击【图层特性管理器】的下拉菜单，将【粗实线】设置为当前图层，如图3-304所示。

（2）绘制圆

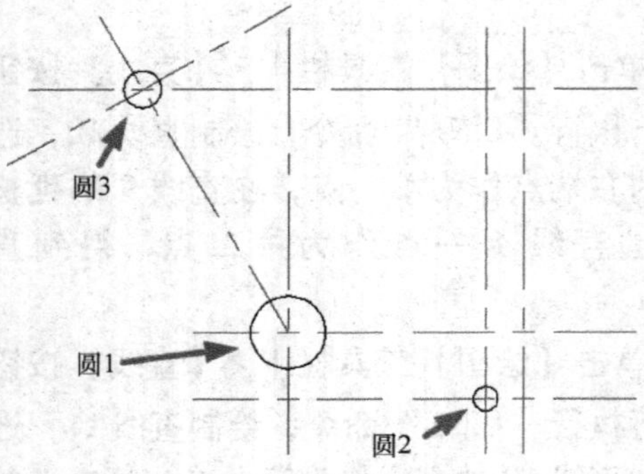

图 3-305　绘制圆

Step01 单击【绘图】工具栏|【圆】按钮或在命令行执行“CIRCLE”命令，绘制圆 1，指定圆心为直线 1 与直线 3 的交点，半径输入 12，得到圆 1。

Step02 单击【绘图】工具栏|【圆】按钮或按空格键/单击回车键键，绘制圆 2，指定圆心为直线 6 与直线 7 的交点，半径为 4，用同样的方法绘制圆 3，圆心为直线 10 与直线 11 的交点，半径为 6，如图 3-305 所示。

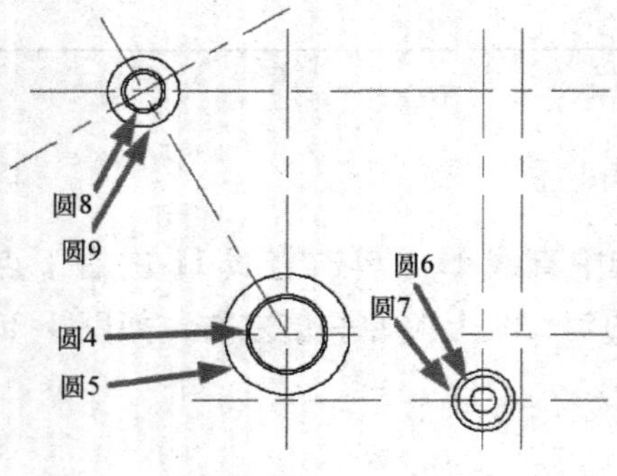

图 3-306　偏移圆

Step03 单击【修改】工具栏|【偏移】按钮，选择偏移对象为圆 1，指定偏移距离分别为 1 和 8，偏移的一侧为圆 1 的外侧得到圆 4 和圆 5；同理，选择圆 2 作为偏移对象，指定偏移距离分别为 4 和 5，偏移的一侧为圆 2 的外侧得到圆 6 和圆 7；选择圆 3 作为偏移对象，指定偏移距离分别为 1 和 5.5，偏移的一侧为圆 3 的外侧得到圆 8 和圆 9，如图 3-306 所示。

（3）绘制矩形

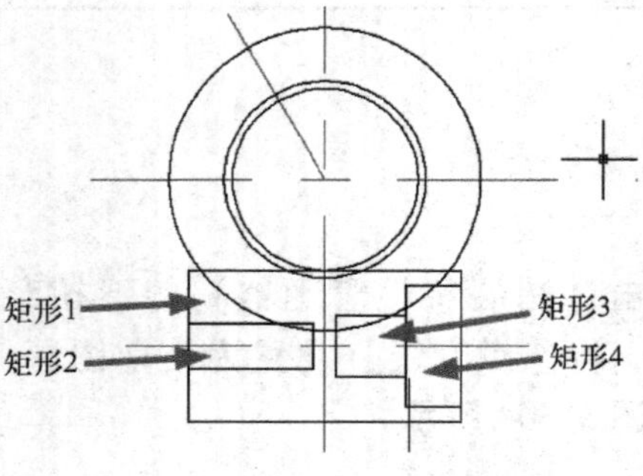

图 3-307　绘制矩形

Step01 单击【绘图】工具栏|【矩形】按钮，在“指定第一个角点或［面积（A）/尺寸（D）/旋转（R）]:”输入（12.5，8），接着命令行提示：“指定另一个角点或［面积（A）/尺寸（D）/旋转（R）]:”输入（35，20），得到矩形 1。

Step02 按上述方法绘制矩形 2、矩形 3、矩形 4，输入的角点坐标分别为{（12.5，15），（16，6）}、{（31.5，14），（9，8）}、{（40.5，10），（7，16）}，如图 3-307 所示。

（4）分解矩形及拉伸直线

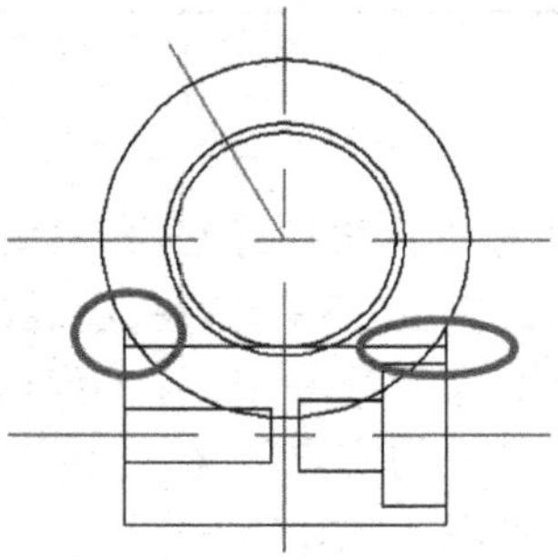 图 3-308　拉伸	Step01 单击【修改】工具栏｜【分解】按钮，选择对象为矩形 1、2、3、4，单击回车键，完成矩形分解。 Step02 选择矩形 1 的左右两边，使其上端点拉伸至与圆 5 相交，如图 3-308 所示。
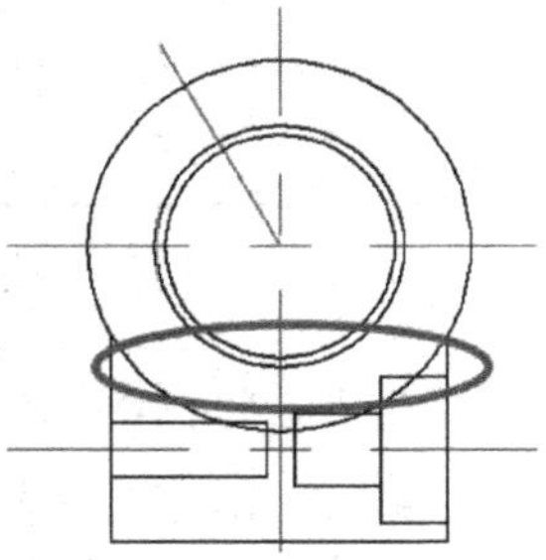 图 3-309　删除构造线	Step03 单击【修改】工具栏｜【删除】按钮或在命令行中执行“ERASE”命令，选择对象为矩形 1 的上边界线，单击回车键，如图 3-309 所示。

（5）绘制样条曲线

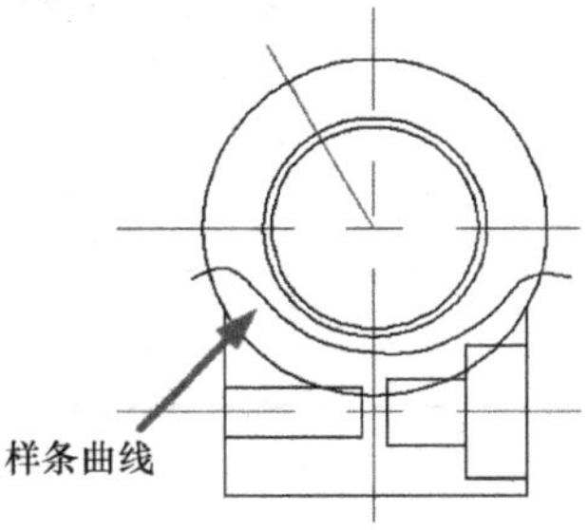 图 3-310　绘制样条曲线	Step01 单击【绘图】工具栏｜【样条曲线】按钮或在命令行执行“SPLINE”命令，绘制样条曲线，初始点选取在圆 5 的外边，然后沿小圆外依次单击点，使曲线从圆 5 的另一侧出去，如图 3-310 所示。
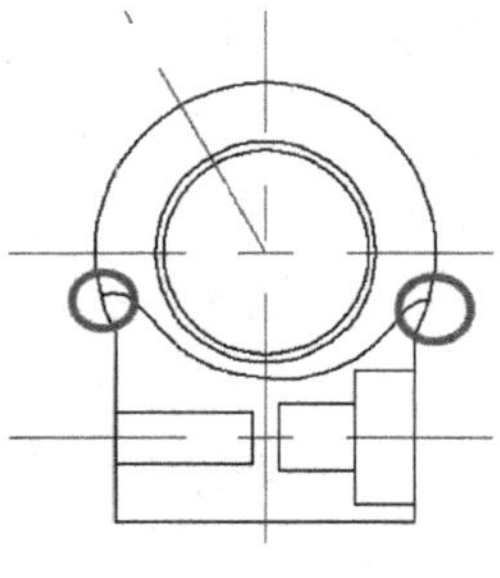 图 3-311　修剪	Step02 单击【修改】工具栏｜【修剪】按钮或在命令执行“TRIM”（简写为 TR），单击回车键，对上一步所得的轮廓线进行修剪，如图 3-311 所示。

（6）绘制直线

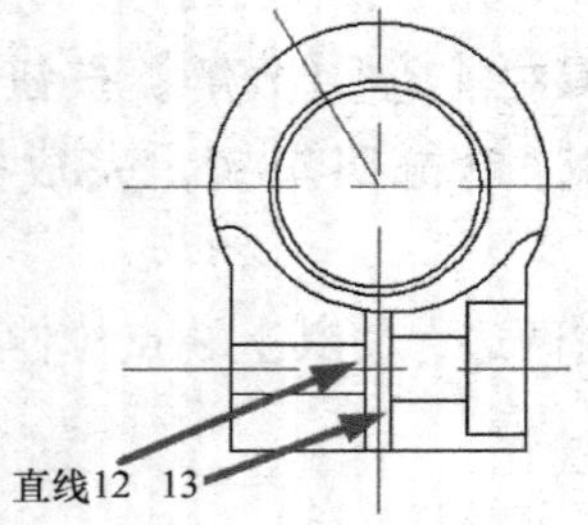

图 3-312　绘制直线

单击【绘图】工具栏｜【直线】按钮或在命令行执行“LINE”命令，绘制直线 12，选取矩形 2 的右边线的竖直导航线与矩形 1 的下边界交点为第一个点，矩形 2 的右边线的竖直导航线与样条曲线的交点为第二个点，同样的方法获得直线 13，得到如图 3-312 所示。

（7）偏移直线

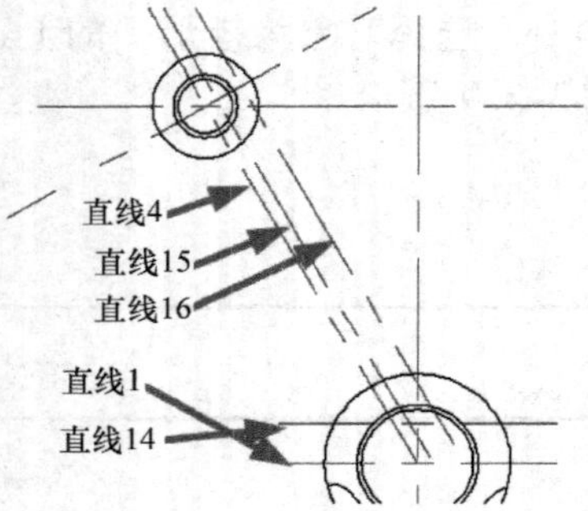

图 3-313　偏移直线

Step01 单击【修改】工具栏｜【偏移】按钮，指定偏移距离为 9，选择偏移对象为直线 1，偏移的一侧为直线 1 上侧，得到直线 14，接着选取偏移对象为直线 4，偏移的一侧为直线 4 的右上侧，得到直线 16。

Step02 单击【修改】工具栏｜【偏移】按钮，指定偏移距离为 3，选择偏移对象为直线 4，偏移的一侧为直线 4 的右上侧，得到直线 15，如图 3-313 所示。

（8）绘制圆弧

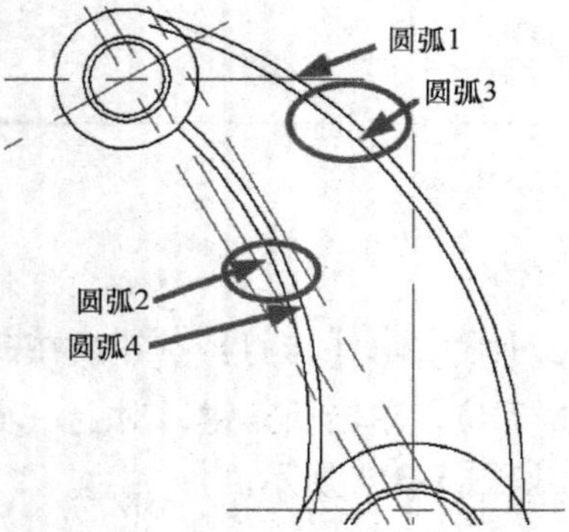

图 3-314　绘制圆弧

Step01 单击【绘图】工具栏｜【圆弧】按钮或在命令行执行“ARC”命令，绘制圆弧 1，选择直线 14 与圆 5 的右交点为第一点，选择如图 3-314 所示的右上红色圆圈内的一适当点为第二点，直线 16 与圆 9 的上交点为第三点，得到圆弧 1，用同样的方法得到圆弧 2 。

Step02 单击【修改】工具栏｜【偏移】按钮，指定偏移距离为 2，选择偏移对象为圆弧 1，偏移的一侧为圆弧 1 内侧，得到圆弧 3，接着选取偏移对象为圆弧 2，偏移的一侧为圆弧 2 的外侧，得到圆弧 4。

（9）删除构造线

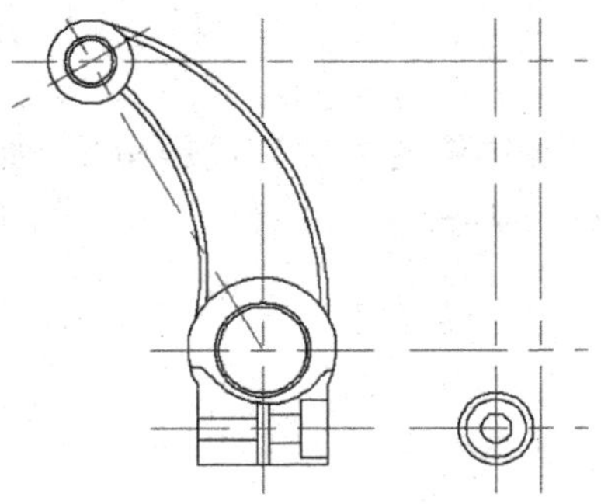

图 3-315 删除构造线

单击【修改】工具栏｜【删除】按钮或在命令行中执行“ERASE”命令，选择对象为直线 14、直线 15 和直线 16，单击回车键，如图 3-315 所示。

（10）绘制矩形

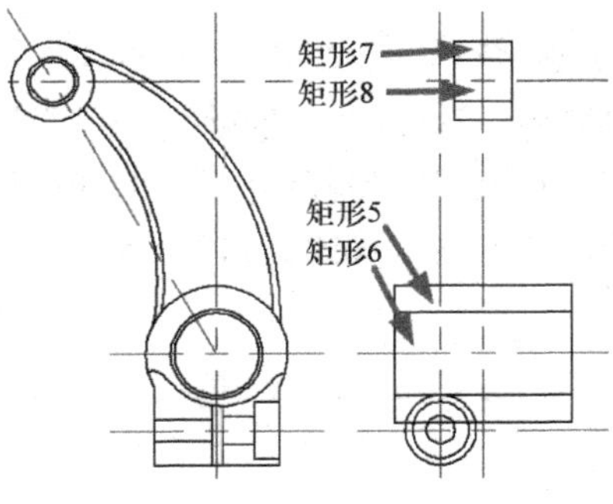

图 3-316 绘制矩形

Step01 单击【绘图】工具栏｜【矩形】按钮，在“指定第一个角点或［面积（A）/尺寸（D）/旋转（R）］：”输入（80，20），接着命令行提示：“指定另一个角点或［面积（A）/尺寸（D）/旋转（R）］：”输入（50，40），得到矩形 5。

Step02 按上述方法绘制矩形 6、矩形 7、矩形 8，输入的角点坐标分别为｛(80，28)，(50，24)｝、｛(97，118.5)，(16，23)｝、｛(97，114)，(16，12)｝，如图 3-316 所示。

（11）绘制倒角

```
命令: _chamfer
("修剪"模式) 当前倒角距离 1 = 1.0000, 距离 2 = 1.0000
选择第一条直线或 [放弃(U)/多段线(P)/距离(D)/角度(A)/修剪(T)/方式(E)/多个(M)]: d
指定 第一个 倒角距离 <1.0000>:
指定 第二个 倒角距离 <1.0000>:
选择第一条直线或 [放弃(U)/多段线(P)/距离(D)/角度(A)/修剪(T)/方式(E)/多个(M)]:
选择第二条直线, 或按住 Shift 键选择直线以应用角点或 [距离(D)/角度(A)/方法(M)]:
命令: *取消*
```

图 3-317 倒角设置

Step01 单击【修改】工具栏｜【分解】按钮，选择对象为矩形 5、6、7、8，单击回车键，完成矩形分解。

Step02 单击【修改】工具栏｜【倒角】按钮或在命令行执行“CHAMFER”命令，选取矩形 8 的上边界线和矩形 7 的右边界线为倒角的两边，完成倒角 1，如图 3-317 所示。

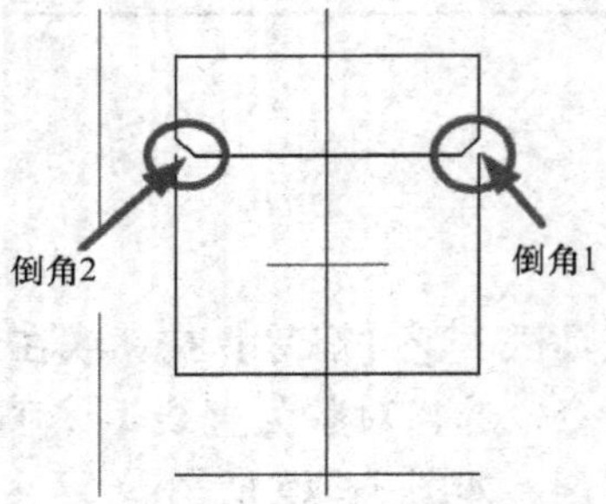

图 3-318　绘制倒角

Step03 同样的方法完成倒角 2，如图 3-318 所示。

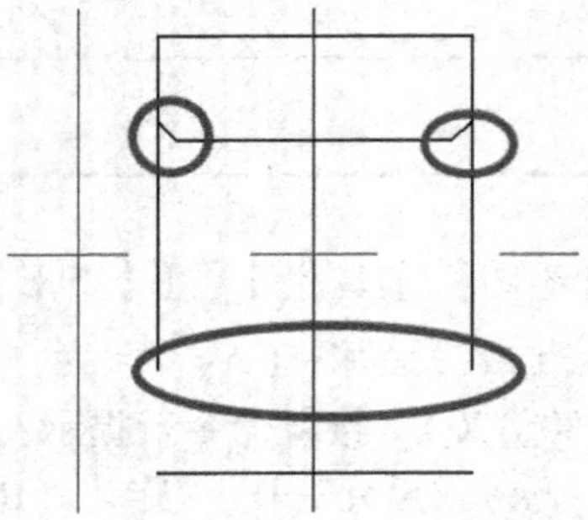

图 3-319　拉伸删除

Step04 选择矩形 8 的左右两边，使其上端点拉伸至与倒角 2 和倒角 1 相交。

Step05 单击【修改】工具栏｜【删除】按钮或在命令行中执行“ERASE”命令，选择对象为矩形 8 的下边界，单击回车键，如图 3-319 所示。

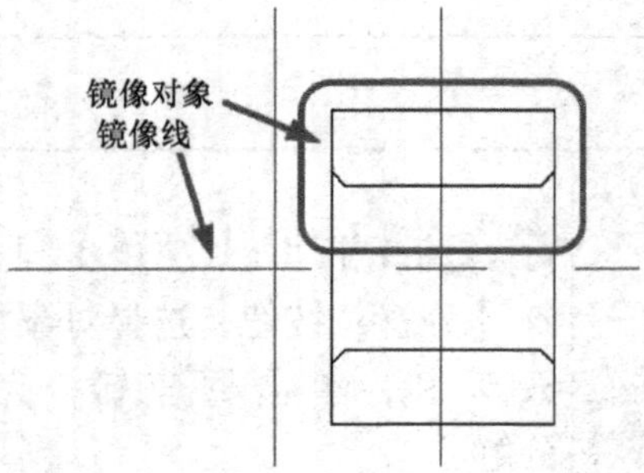

图 3-320　镜像

Step06 单击【修改】工具栏｜【镜像】按钮或在命令行执行“MIRROR”（简写为 MI）命令，选择对象为图 3-320 中除了最下的黑色轮廓线外的所有轮廓线（即粗实线），指定镜像线的第一点与第二点分别为水平构造线的两端点，单击回车键后命令行提示“删除镜像源吗？［是（Y）/否（N）］<N>:”（默认为不删除），输入 N 或单击回车键。

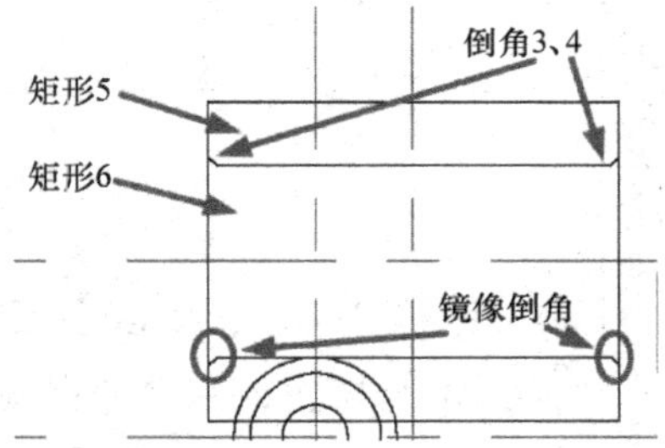 图 3-321　绘制倒角	Step06 用同样的方法在矩形 5、矩形 6 处绘制倒角 3、倒角 4，镜像倒角，如图 3-321 所示。

（12）绘制圆角

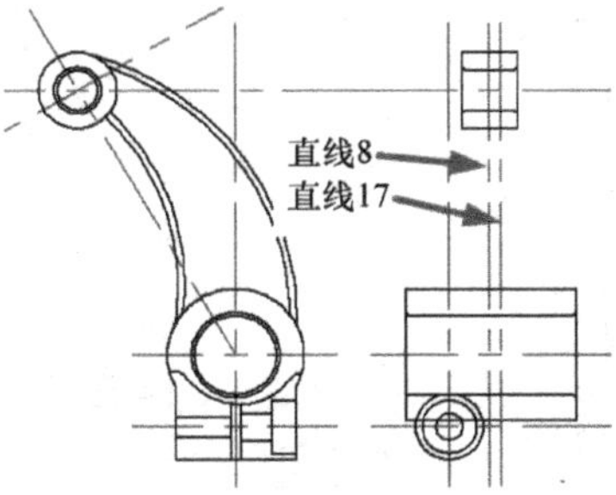 图 3-322　偏移	Step01 单击【修改】工具栏｜【偏移】按钮，指定偏移距离为 3，选择偏移对象为直线 8，偏移的一侧为直线 8 右侧，得到直线 17，如图 3-322 所示。
 图 3-323　更改前的图形属性	Step02 选中上述 4 条偏移后的直线，【图层特性管理器】显示为【点划线】层，如图 3-323 所示。
 图 3-324　更改后的图形属性	Step03 单击【图层特性管理器】的下拉菜单，将【粗实线】设为当前图层，如图 3-324 所示。
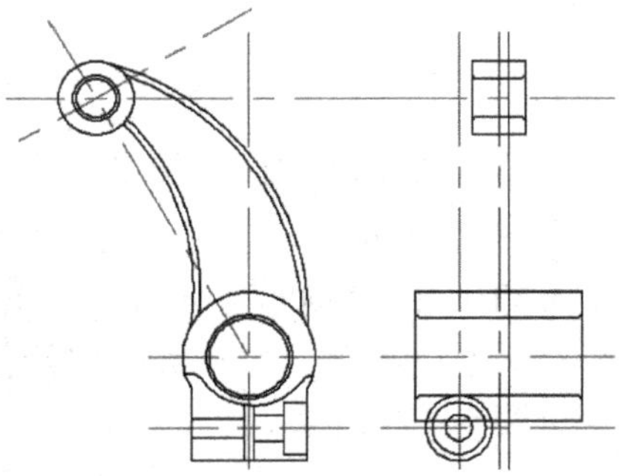 图 3-325　更改偏移所得直线的图层属性	Step04 单击回车键后，如图 3-325 所示。

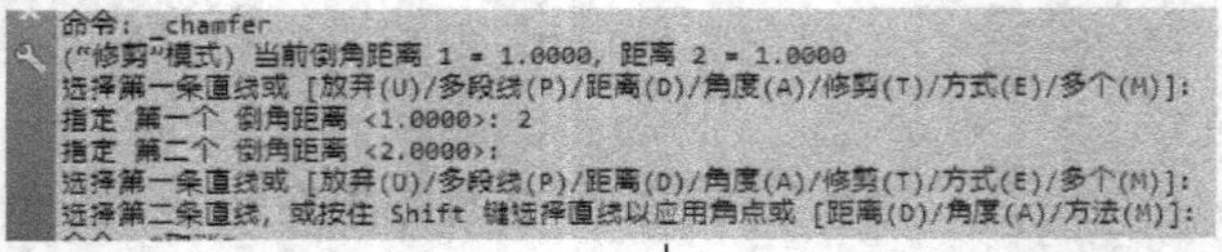

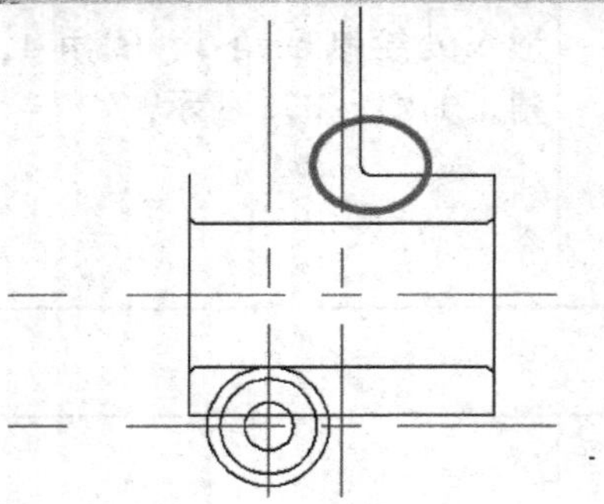

图 3-326　绘制圆角

Step05 单击【修改】工具栏｜【圆角】按钮或在命令行执行“FILLET”命令，选择直线 17 和矩形 5 的上边界作为倒角的两边，如图 3-326 所示。

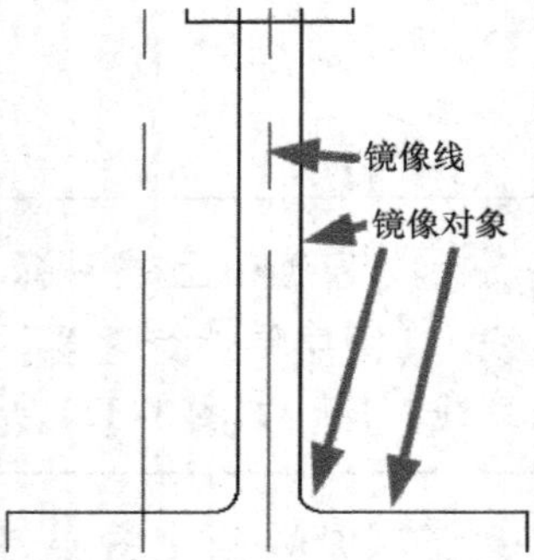

图 3-327　镜像

Step06 单击【修改】工具栏｜【镜像】按钮或在命令行执行“MIRROR”（简写为 MI）命令，选择对象为圆角及与圆角相交的两直线，指定镜像线的第一点与第二点分别为红色椭圆内的构造线的两端点，单击回车键后命令行提示“删除镜像源吗？［是（Y）/否（N）］<N>:”（默认为不删除），输入 N 或单击回车键，如图 3-327 所示。

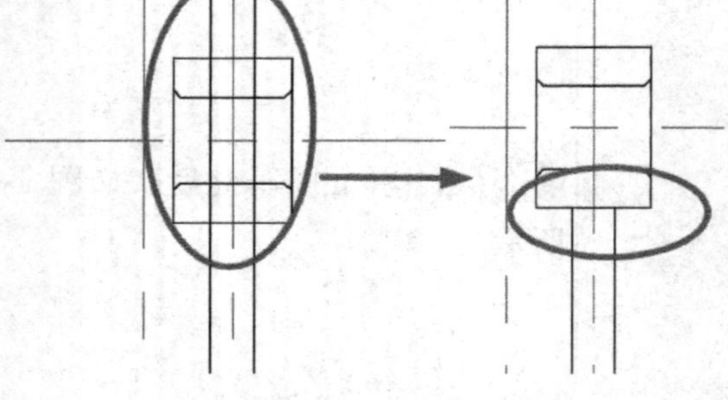

图 3-328　修剪前后

Step07 单击【修改】工具栏｜【修剪】按钮或在命令行执行“TRIM”（简写为 TR），单击回车键，对上一步所得的轮廓线进行修剪，如图 3-328 所示。

(13) 绘制样条曲线

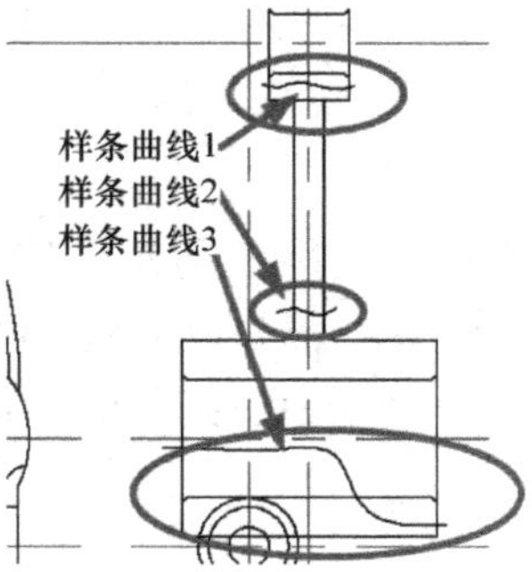

图 3-329　绘制样条曲线

Step01 单击【绘图】工具栏|【样条曲线】按钮或在命令行执行“SPLINE”命令，绘制样条曲线 1，初始点选取在矩形的外边，然后沿图中样条曲线 1 的大致位置依次单击点，使曲线从矩形的另一侧出矩形，用同样的方法绘制样条曲线 2、样条曲线 3，如图 3-329 所示。

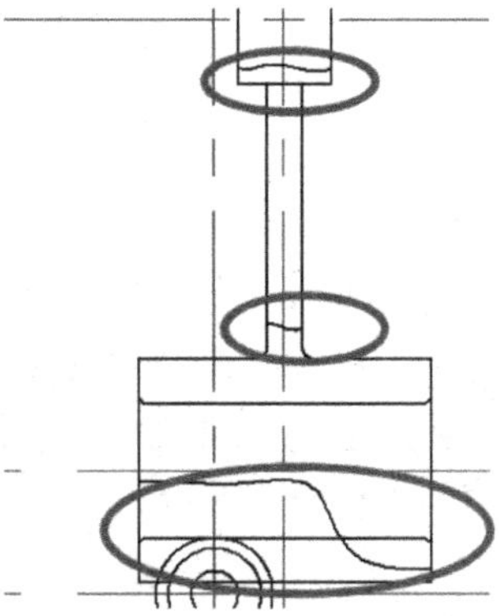

图 3-330　修剪样条曲线

Step02 单击【修改】工具栏|【修剪】按钮或在命令行执行“TRIM”（简写为 TR），单击回车键，对上一步所得的轮廓线进行修剪，如图 3-330 所示。

(14) 绘制直线

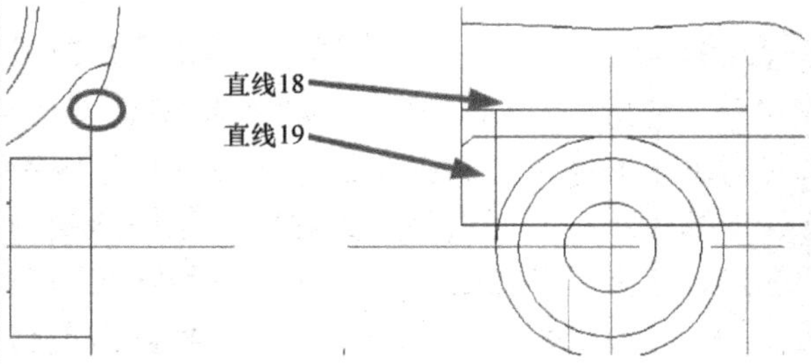

图 3-331　绘制直线

Step01 单击【绘图】工具栏|【直线】按钮或在命令行执行“LINE”命令，绘制直线 18，选取如图 3-331 所示的中红色圆圈内的点的水平导航线与右侧图形中的黑色轮廓线和红色构造线的两交点作为直线的两点。

Step02 单击【绘图】工具栏|【直线】按钮或在命令行执行“LINE”命令，绘制直线 19，选取图中大圆的左极限点作为第一点，该点的竖直导航线与直线 18 的交点作为第二点。

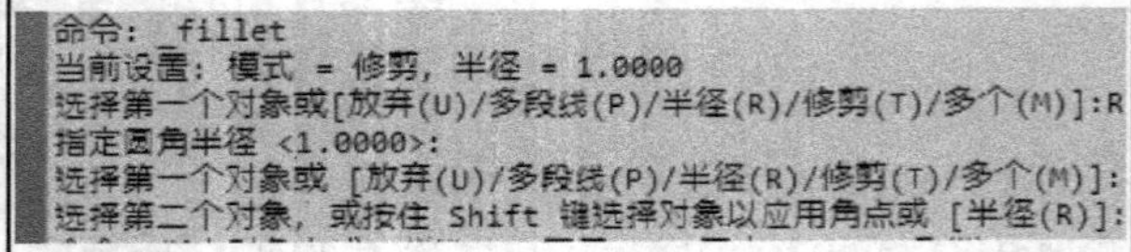

```
命令: _fillet
当前设置: 模式 = 修剪, 半径 = 1.0000
选择第一个对象或[放弃(U)/多段线(P)/半径(R)/修剪(T)/多个(M)]:R
指定圆角半径 <1.0000>:
选择第一个对象或 [放弃(U)/多段线(P)/半径(R)/修剪(T)/多个(M)]:
选择第二个对象, 或按住 Shift 键选择对象以应用角点或 [半径(R)]:
```

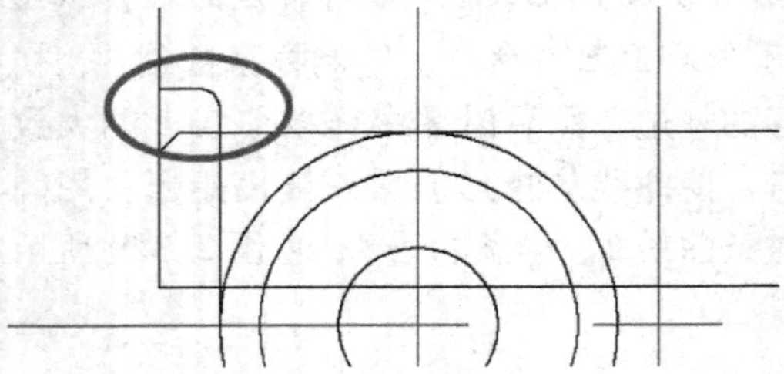

图 3-332　绘制圆角

Step03 单击【修改】工具栏 | 【圆角】按钮或在命令行执行“FILLET”命令，选择直线 18 和直线 19，如图 3-332 所示。

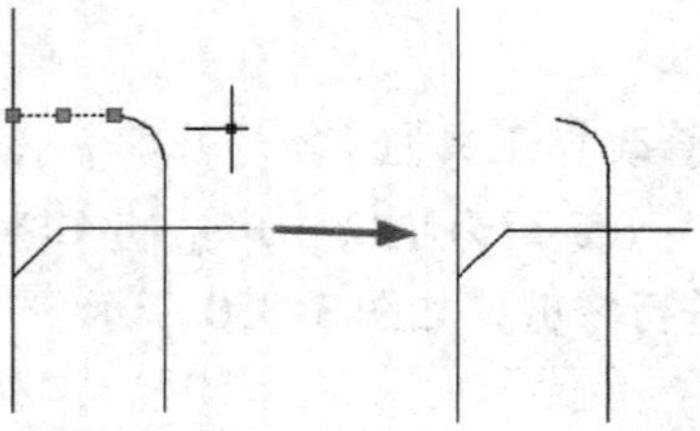

图 3-333　删除前后

Step04 单击【修改】工具栏 | 【删除】按钮或在命令行中执行“ERASE”命令，选择对象为上述圆角的左连接线，单击回车键，如图 3-333 所示。

(15) 镜像

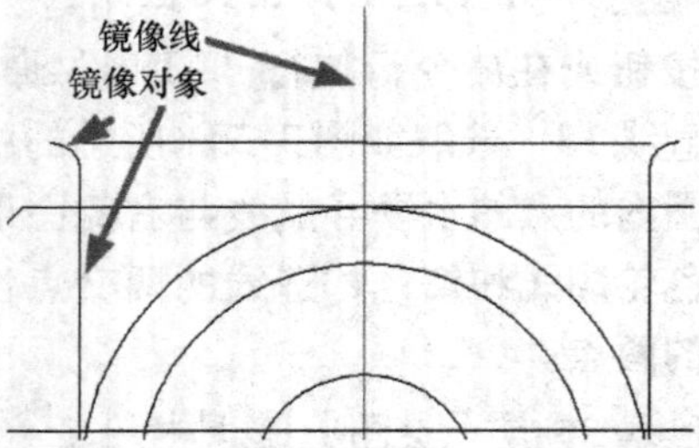

图 3-334　镜像操作

Step01 单击【修改】工具栏 | 【镜像】按钮或在命令行执行“MIRROR”（简写为 MI）命令，选择对象为上述圆角和圆角的下连接线，指定镜像线的第一点与第二点分别为图中红色构造线的两端点，单击回车键后命令行提示“删除镜像源吗？[是（Y）/否（N）] <N>:”（默认为不删除），输入 N 或单击回车键，如图 3-334 所示。

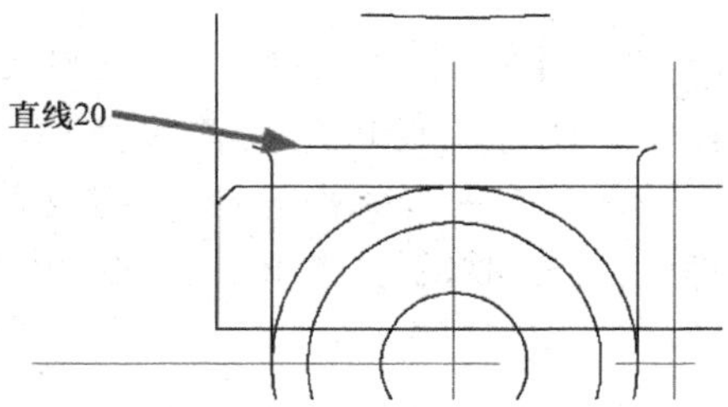

图 3-335 绘制直线

Step02 单击【绘图】工具栏｜【直线】按钮或在命令行执行“LINE”命令，绘制直线20，选取左圆角上端点的水平导航线与大圆左象限点的竖直导航线的交点为第一点，选取右圆角上端点的水平导航线与大圆右象限点的竖直导航线的交点为第二点，如图 3-335 所示。

(16) 修剪与删除

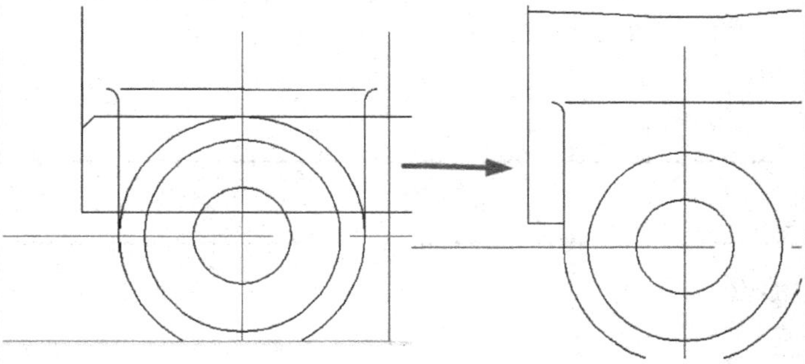
图 3-336 修剪删除前后

Step01 单击【修改】工具栏｜【修剪】按钮或在命令行执行“TRIM”（简写为 TR），单击回车键，对上一步所得的轮廓线进行修剪。

Step02 单击【修改】工具栏｜【删除】按钮或在命令行中执行“ERASE”命令，选择对象为修剪后的剩余直线，单击回车键，如图 3-336 所示。

(17) 绘制矩形

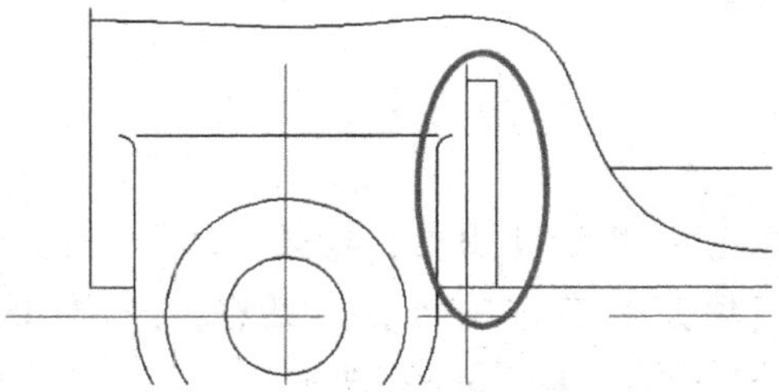
图 3-337 绘制矩形

Step01 单击【绘图】工具栏｜【矩形】按钮，在“指定第一个角点或［面积（A）/尺寸（D）/旋转（R）］：”输入(105, 20)，接着命令行提示：“指定另一个角点或［面积（A）/尺寸（D）/旋转（R）］：”，如图 3-337 所示。

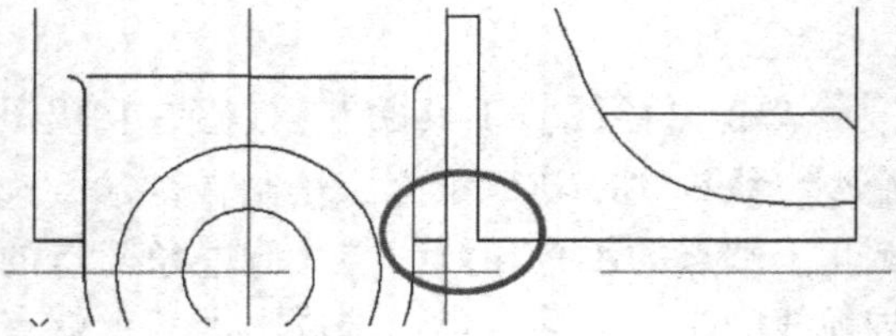

图 3-338　剪切操作

Step02 单击【修改】工具栏｜【修剪】按钮或在命令执行“TRIM”（简写为 TR），单击回车键，对上一步所得的轮廓线进行修剪，选择上述矩形的下边界，如图 3-338 所示。

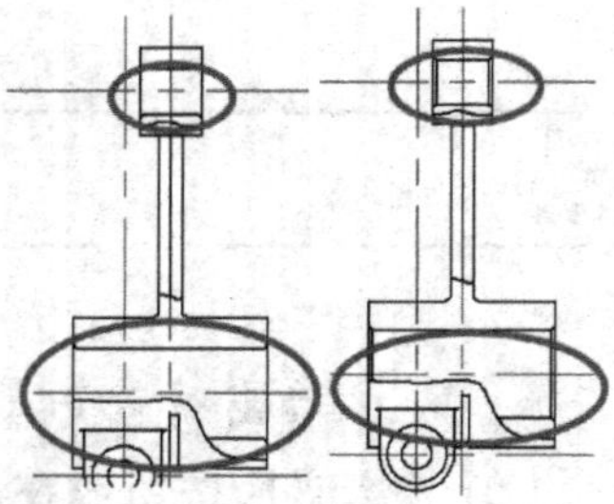

图 3-339　补充轮廓线

Step03 单击【绘图】工具栏｜【直线】按钮或在命令行执行“LINE”命令，补充轮廓线，在各个倒角处补充轮廓线，如图 3-339 所示。

（18）填充阴影

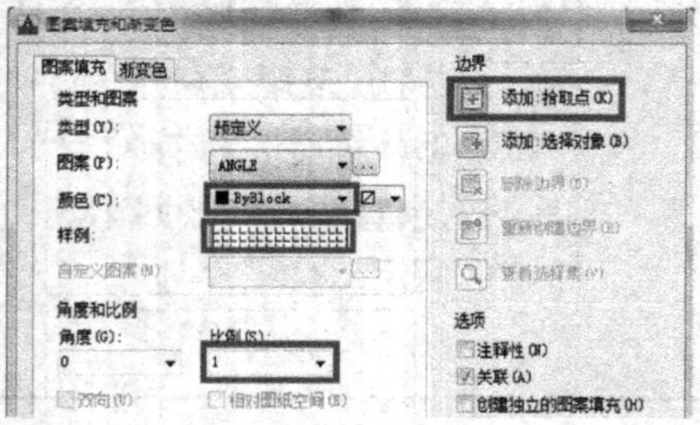

图 3-340　【图案填充和渐变色】对话框

Step01 单击【绘图】工具栏｜【图案填充】按钮，弹出【图案填充和渐变色】对话框，如图 3-340 所示。

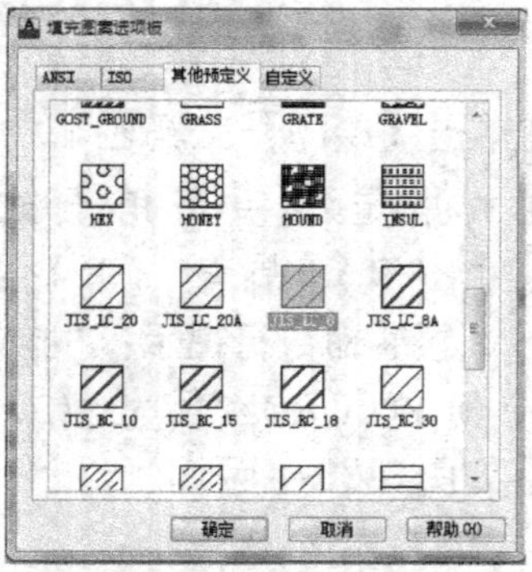

图 3-341　【填充图案选项板】对话框

Step02 单击【颜色】按钮，选择黑色，弹出【填充图案选项板】对话框，选取 JIS－LC－8 样图，如图 3-341 所示。

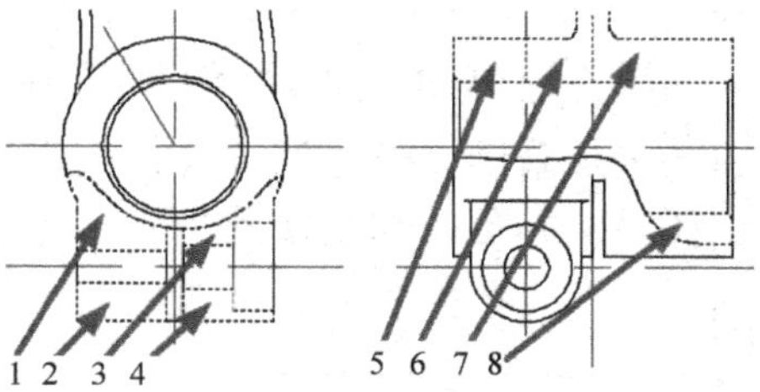

图 3-342 拾取点

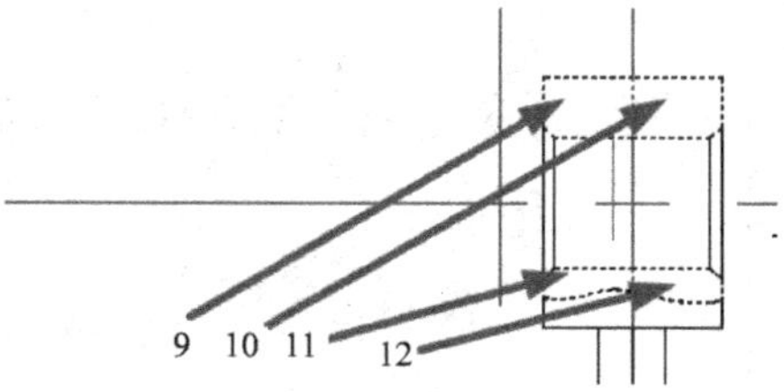

图 3-343 拾取点

Step03 单击【确定】后，单击【比例】为 0.5，然后单击【添加：拾取点（K）】，选择需要添加阴影的部分，在内部单击添加如图 3-342、图 3-343 的 12 个区域。

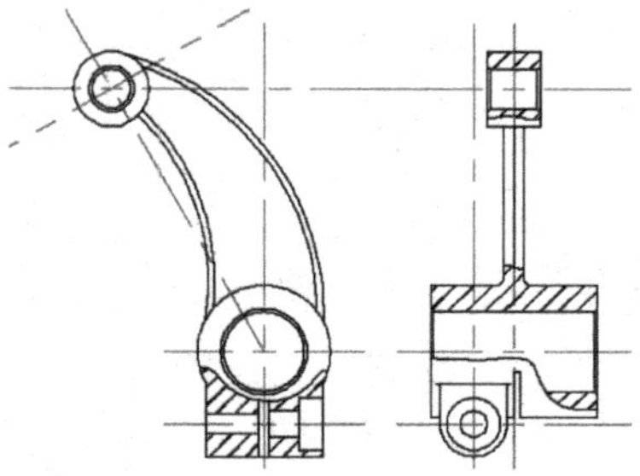

图 3-344 图案填充完成

Step04 单击回车键，返回【图案填充和渐变色】对话框，单击【确定】按钮即可，如图 3-344 所示。

（19）绘制细实线

图 3-345 更改前的图形属性

Step01 单击【修改】工具栏｜【偏移】按钮，指定偏移距离为 1，选择偏移对象分别为孔内的两条直线，偏移的一侧为两平行线外侧。

Step02 选中上述 2 条偏移后的直线，【图层特性管理器】显示为【粗实线】层，如图 3-345 所示。

图 3-346　更改后的图形属性

Step03 单击【图层特性管理器】的下拉菜单，将【粗实线】设为当前图层，如图 3-346 所示。

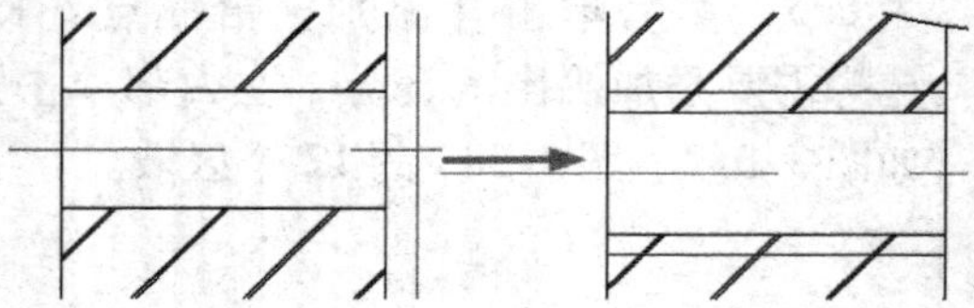

图 3-347　更改后图形

Step04 完成上述操作后，如图 3-347所示。

（20）修改完善

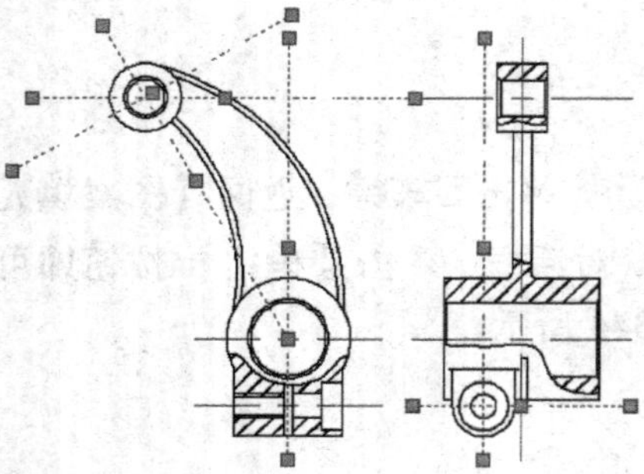

图 3-348　完善前

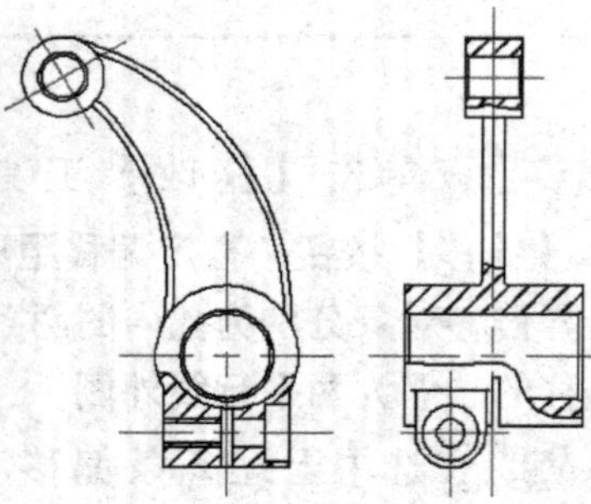

图 3-349　完善后

在完成图形后，会有部分的构造线过长或过短，以至于图形不够美观，因此，需对这些直线进行拉伸或缩短，完善前如图 3-348 所示，完善后图形如图 3-349 所示。

3.6.3　标注

（1）线性标注

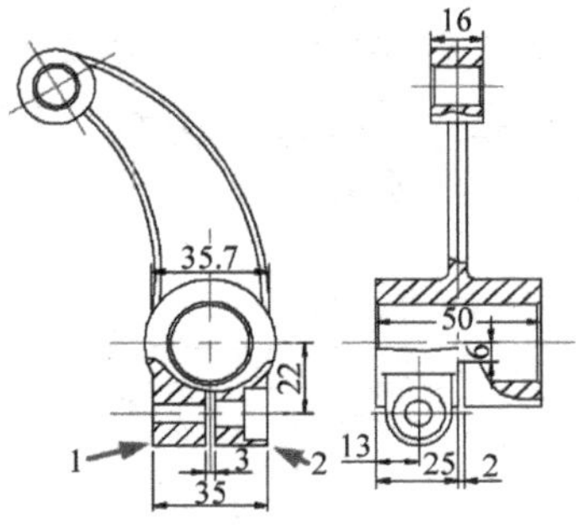

图 3-350　线性标注

单击【菜单】工具栏|【标注】|【线性】或在命令行执行“DIMLINEAR”命令。选取需要的标注距离的两端点，如图 3-350 所示中的 1 点和 2 点，移动光标指定尺寸数字位置，用同样的方法对图中的其他线形尺寸进行标注。

（2）对齐标注

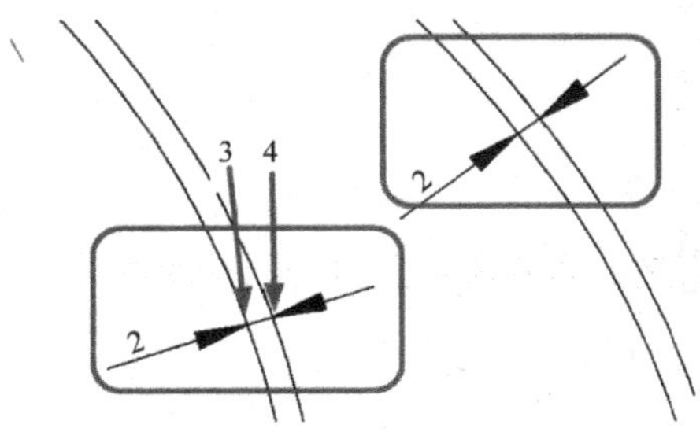

图 3-351　对齐标注

单击【菜单】工具栏|【标注】|【对齐】命令。选取需要的标注距离的两端点，如图 3-351 所示中的 3 点和 4 点，移动光标指定尺寸数字位置，用同样的方法对图中的其他对齐尺寸进行标注。

（3）半径标注

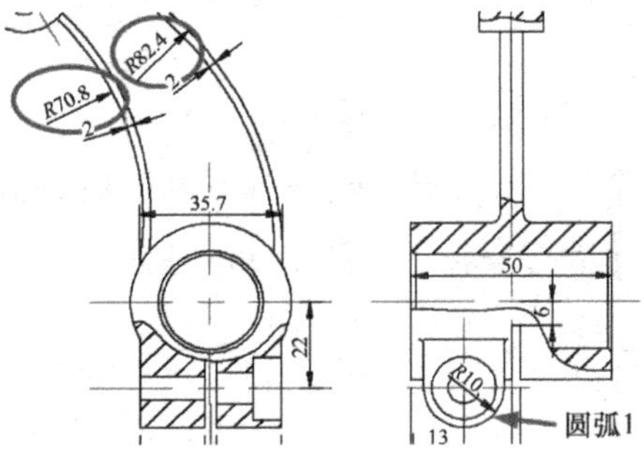

图 3-352　圆弧标注

单击【菜单】工具栏|【标注】|【半径】命令。选取需要的圆弧，如图 3-352 所示中的圆弧 1，移动光标指定尺寸数字位置，用同样的方法对图中的其他对齐尺寸进行标注。

（4）直径标注

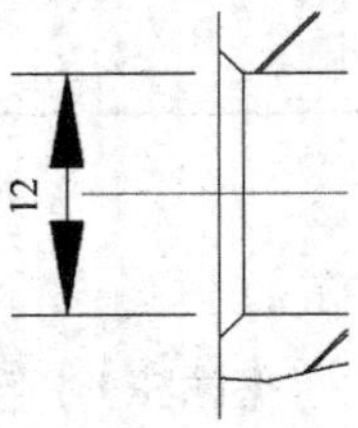

图 3-353　线性标注

Step01 单击【菜单】工具栏｜【标注】｜【线性】或在命令行执行“DIMLINEAR”命令。选取右边视图的上半部分的内矩形的左边两端点，所得结果如图 3-353 所示。

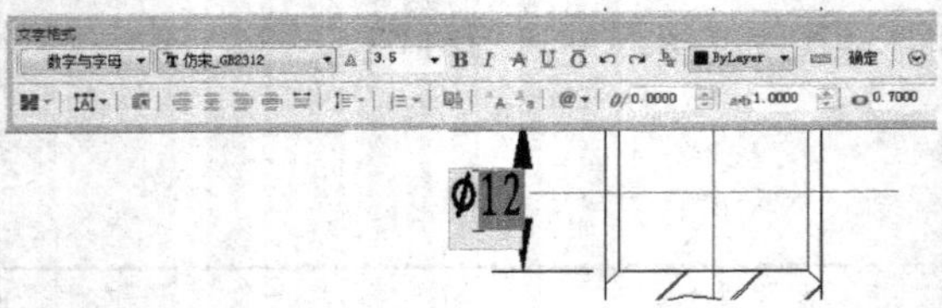

图 3-354　更改为直径标注

Step02 双击图中需要更改为直径标注的尺寸，弹出【文字格式】对话框，可对尺寸进行编辑，输入“%%C”，如图 3-354 所示。

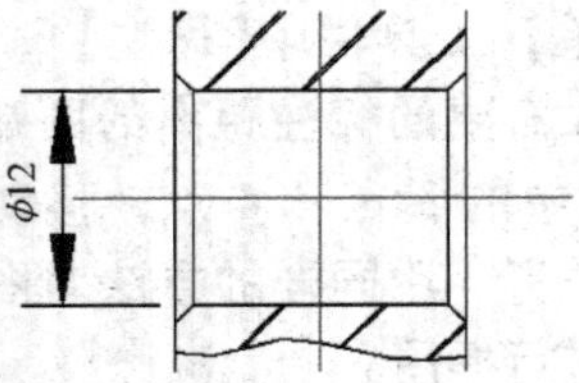

图 3-355　更改后

Step03 单击任意空白处，结束编辑，如图 3-355 所示。

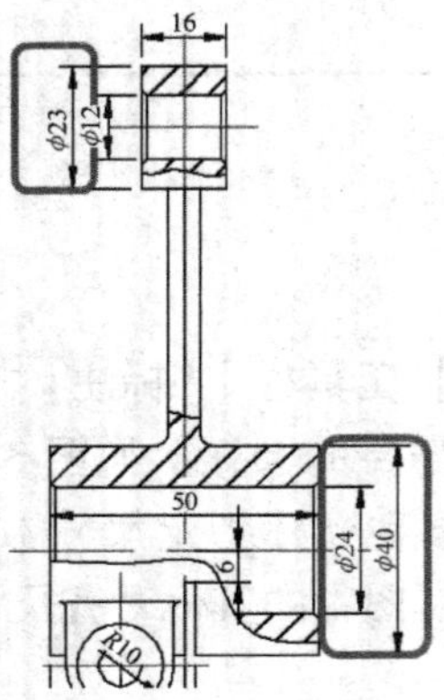

图 3-356　其他直径标注

Step04 同样的方法，对图中的其他圆的直径尺寸进行编辑，如图 3-356 所示。

（5）并列标注

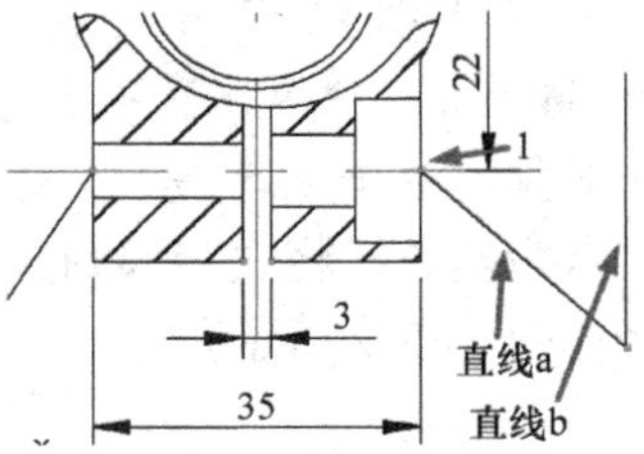

图 3-357　绘制直线

Step01 单击【绘图】工具栏｜【直线】按钮或在命令行执行“LINE”命令，绘制直线 a，第一点取点 1，第二点坐标为（@ -45，30），完成直线 a 的绘制，用同样的方法沿竖直向上的方向绘制长为 30 的直线 b，如图 3-357 所示。

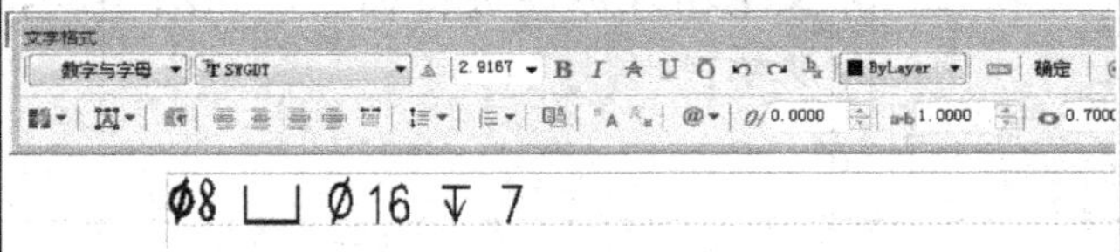

图 3-358　文字输入

Step02 单击【绘图】工具栏｜【多行文字】按钮，任意找一位置选取两点拉开一文本输入窗口，输入如图 3-358 内的文字。

图 3-359　特殊符号的输入

Step03 上述文字中“⌀”可输入“%%C”得到，“v、x”的输入在打开上述文本框的情况下，右键【符号】｜【其他】，弹出【字符影射表】，选中“字体”为【SWGDT】，选取需要的符号粘贴到文本框中，如图 3-359 所示。

（注意：有些电脑可能没有 SWGDT 字体，需要自己从网上下载，放到 C/Windows/Fonts 文件夹中，有的需要重新启动 CAD 软件才能找到。）

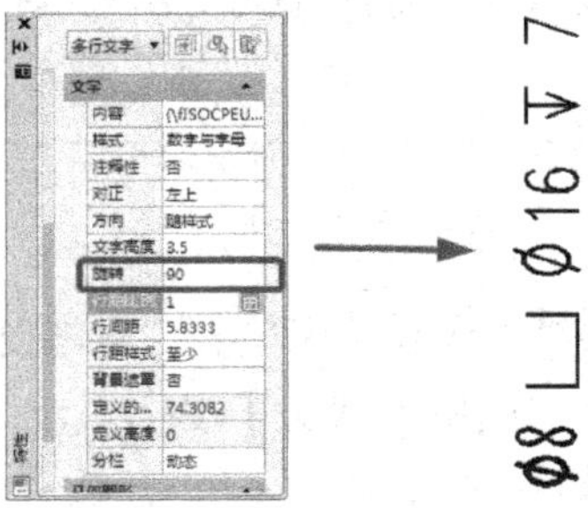

图 3-360　旋转文字

Step04 在命令行中输入“mo”，单击回车键，弹出【特性】对话框，选中上一步所编辑的文字，【特性】对话框显示选中标注的特性，将对话框下拉至最底端，在“旋转”栏中分别输入“90”，如图 3-360 所示。

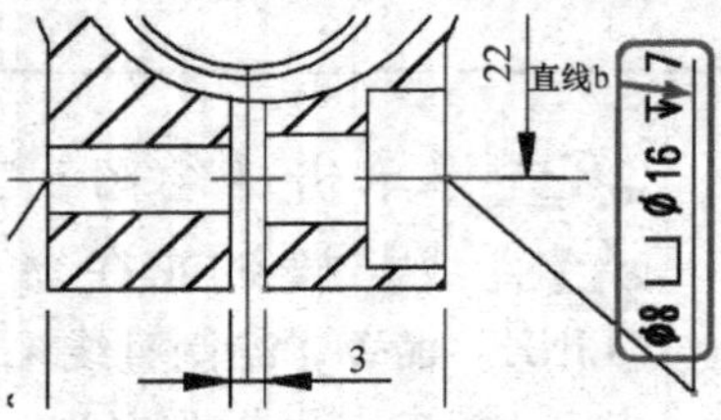

图 3-361　移动文字

Step05 单击【修改】工具栏｜【移动】按钮或在命令行执行“MOVE”命令，选中上述编辑文字为对象，单击回车键，以文字下端任一点为基点，将文字移到直线 b 的右侧，如图 3-361 所示。

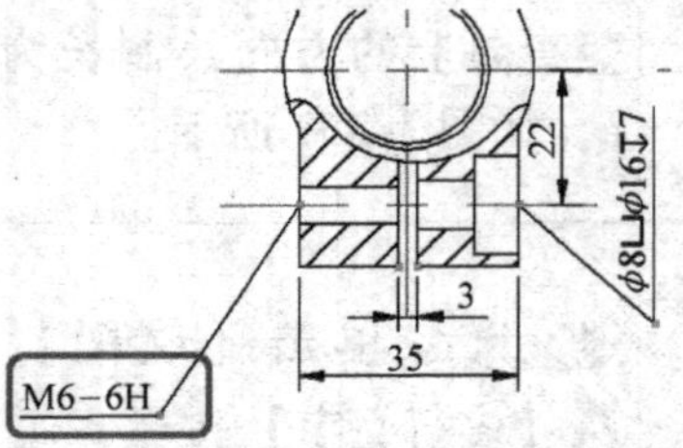

图 3-362　同类标注

Step06 用同样的方法对图中的其他文字输入标注进行标注，如图 3-362 所示。

（6）粗糙度标注

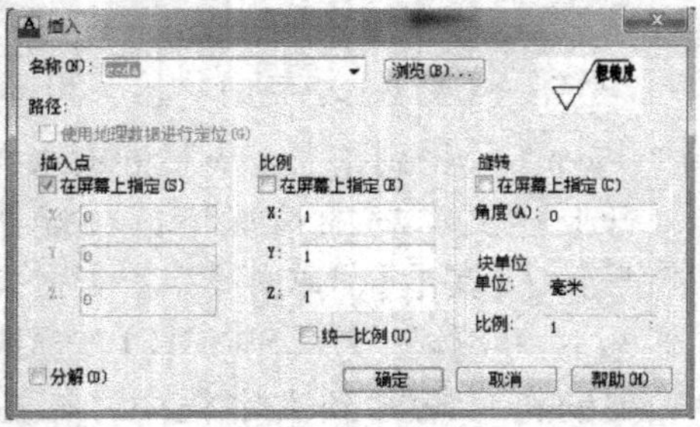

图 3-363　选择块

Step01 单击【菜单】工具栏｜【插入】｜【块】，弹出【插入】对话框，在【名称】下拉菜单中选中“ccda”，如图 3-363 所示。

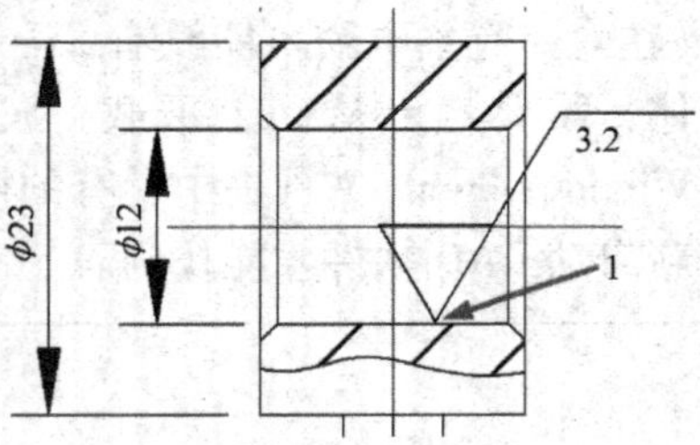

图 3-364　标注

Step02 单击【确定】按钮，在图中 1 点点取，由于粗糙度默认值为 3.2，故单击回车键即可，如图 3-364 所示。（注意：选取点时，为了选取点的方便，可以根据需要对对象捕捉【对象捕捉】进行启用、关闭、设置。）

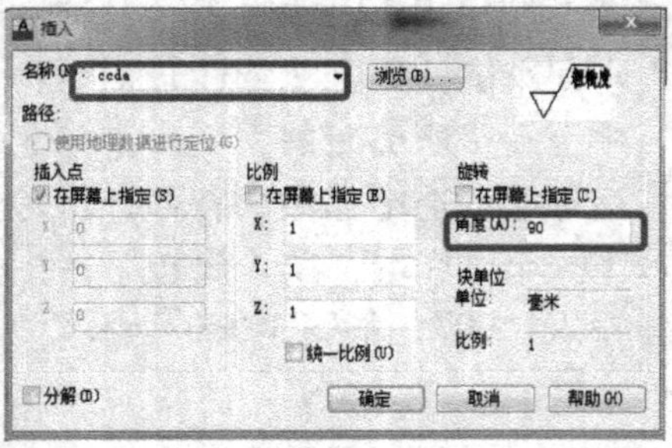

图 3-365　选择块

Step03 单击【菜单】工具栏｜【插入】｜【块】，弹出【插入】对话框，在【名称】下拉菜单中选中“ccda”，在【角度】中输入“90”，如图 3-365 所示。

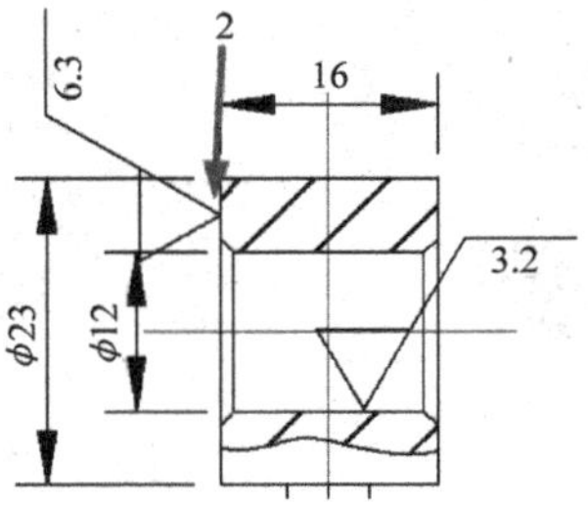

图 3-366　侧面粗糙度

Step04 单击【确定】按钮，在图中选取点 2，输入粗糙度值为 6.3，单击回车键即可，如图 3-366 所示。

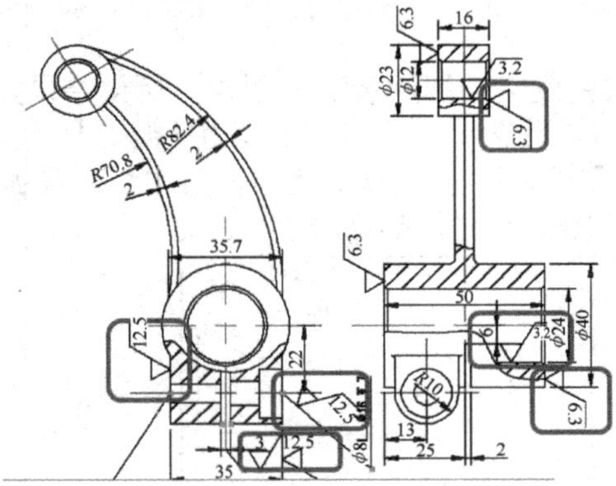

图 3-367　其他粗糙度

Step05 用同样的方法对图中的其他粗糙度进行标注，如图 3-367 所示。

第 4 章 装配图实例

4.1 如何绘制联轴器装配图

本例主要应用二维图形的基本绘制和编辑方法完成联轴器的装配图制作，所得结果如图 4-1 所示。本范例用到了 AutoCAD 2017 的知识点有：设定【图形界限】、【图层】、【直线】、【偏移】、【矩形】、【倒角】、【圆角】、【分解】、【删除】、【镜像】、【样条曲线】、【圆】、【更改直线的图层属性】、【修剪】、【环形阵列】、【图案填充】等命令。

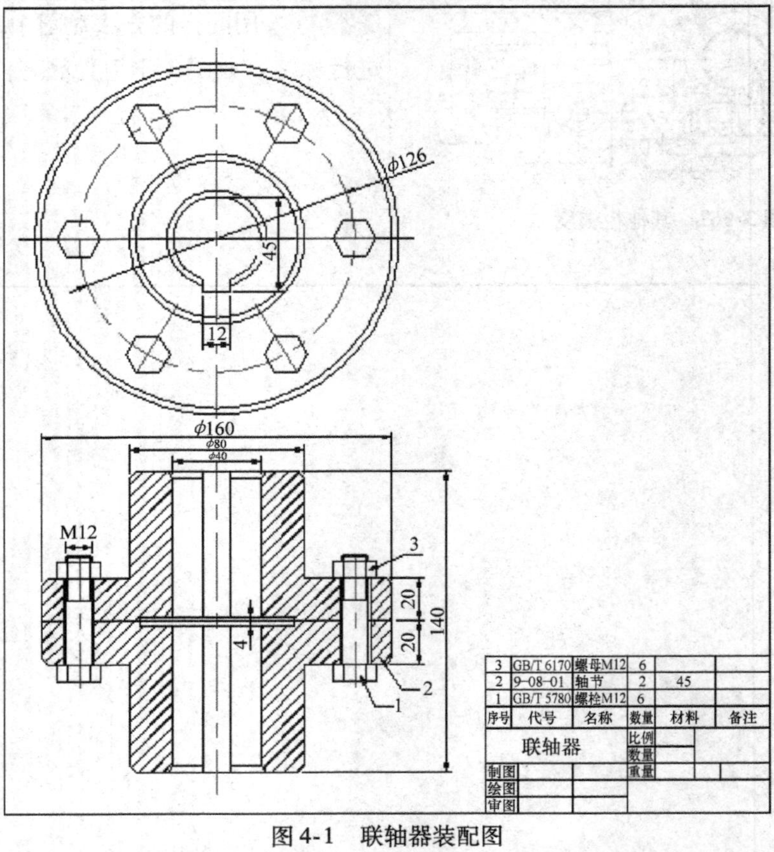

图 4-1　联轴器装配图

	完成模型	配套光盘\模型文件\4\4.1
	作图录制	配套光盘\屏幕录像\4\4.1

具体步骤如下。

4.1.1　设置图形界限

1）启动 AutoCAD 2017 后，将图形界限设定为“420×297”。选择【格式】工具栏|【图形界限】或在命令行中执行“LIMITS”命令，指定左下角为（0，0），指定右上角为（420，297）。

2）可以根据需要选择是否显示栅格，按【F7】键或单击状态栏中【栅格】按钮显示栅格。

4.1.2　设置图层

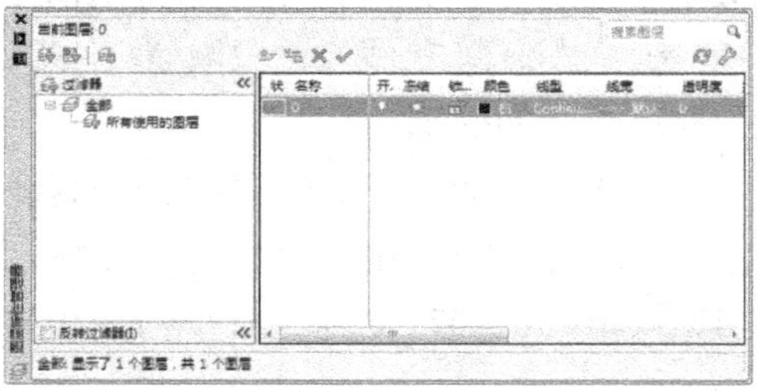

图 4-2　【图层特性管理器】对话框

Step01 单击【图层】工具栏|【图层特性管理器】按钮或选择菜单栏中【格式】|【图层】命令，弹出【图层特性管理器】对话框，如图 4-2 所示。

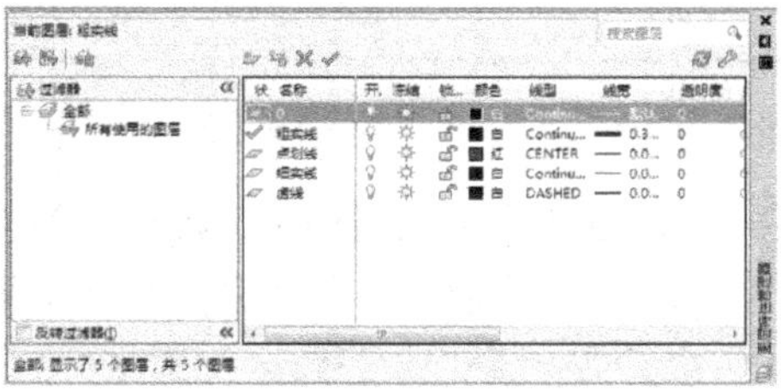

图 4-3　设置图层

Step02 单击【新建图层】按钮，新建 4 个图层，分别命名为【细实线】、【点划线】、【粗实线】和【虚线】。将【细实线】层的颜色设为白色，线型为 Continuous，线宽为 0.05；【点划线】层的颜色设为红色，线型为 CENTER，线宽为 0.05；【粗实线】层的颜色为白色，线型为 Continuous，线宽为 0.3；【虚线】层的颜色为白色，线型为 DASHED，线宽为 0.05，如图 4-3 所示。

4.1.3　绘制构造线

（1）将【粗实线】设置为当前图层

图 4-4　将【粗实线】设置为当前图层

单击【图层特性管理器】的下拉菜单，将【粗实线】设置为当前图层，如图 4-4 所示。

（2）绘制构造线

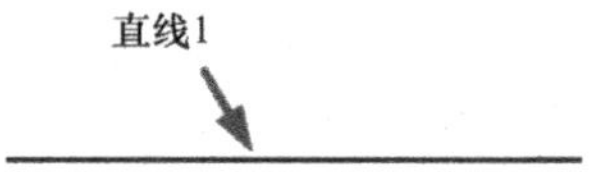

图 4-5　绘制直线

单击【绘图】工具栏|【直线】按钮或在命令行执行“LINE”命令，绘制直线 1，坐标为{(0，260)，(@180，0)}，完成直线 1 的绘制，所得结果如图 4-5 所示。

（3）将【点划线】层设置为当前图层

图 4-6　将【点划线】设置为当前图层

单击【图层特性管理器】的下拉菜单，将【点划线】设置为当前图层，如图 4-6所示。

（4）绘制构造线

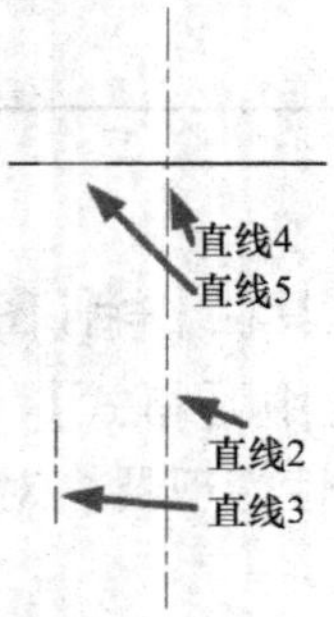

图 4-7　绘制构造线

Step01 单击【绘图】工具栏 |【直线】按钮或在命令行执行“LINE”命令，绘制直线 2，坐标为{(90，0)，(@0，160)}，完成直线的绘制。

Step02 按上述方法绘制直线 3、直线 4、直线 5、直线 6，坐标分别为{(27，50)，(@0，60)}、{(90，170)，(@0，180)}、{(17，260)，(@37，0)}，所得构造线如图 4-7 所示。

（5）环形阵列构造线

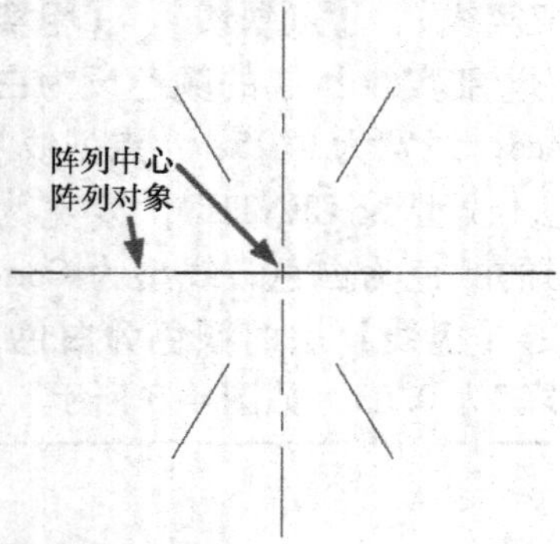

图 4-8　环形阵列

单击【修改】工具栏 |【环形阵列】按钮或在命令行执行“ARRAYPOLAR”命令，选择直线 5 为对象，直线 1 和直线 4 的交点为阵列中点，系统默认的阵列个数为 6，若阵列个数不是 6，可以输入字母“I”，单击回车键，输入要阵列的个数即可，所得结果如图 4-8 所示。（注意：选择阵列种类时，单击下方的小黑三角，弹出，选择需要的阵列种类即可。）

（6）镜像构造线

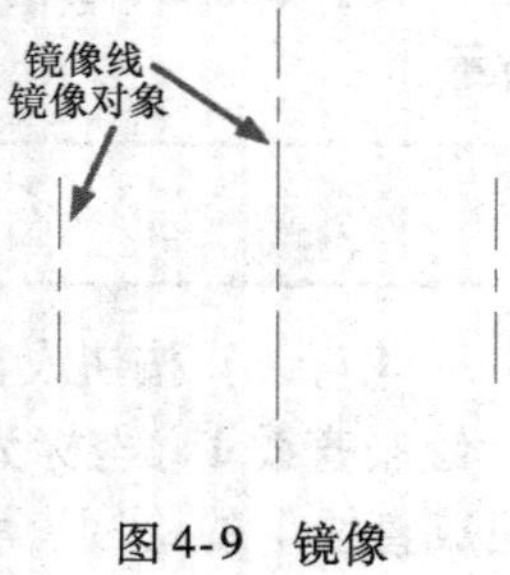

图 4-9　镜像

单击【修改】工具栏 |【镜像】按钮或在命令行执行“MIRROR”命令，选择直线 3 作为镜像对象，直线 2 作为镜像线，单击回车键后命令行提示“删除镜像源吗？[是（Y）/否（N）] <N>:”（默认为不删除），输入 N 或单击回车键，所得结果如图 4-9 所示。

(7) 修改图层属性

图 4-10 更改前的图形属性

Step01 选中上述直线 1，【图层特性管理器】显示为【粗实线】层，如图 4-10 所示。

图 4-11 更改后的图形属性

Step02 单击【图层特性管理器】的下拉菜单，将【点划线】设为当前图层，如图 4-11 所示。

4.1.4 绘制轮廓视图

(1) 将【粗实线】设置为当前图层

图 4-12 将【粗实线】设置为当前图层

单击【图层特性管理器】的下拉菜单，将【粗实线】设置为当前图层，如图 4-12 所示。

(2) 绘制矩形

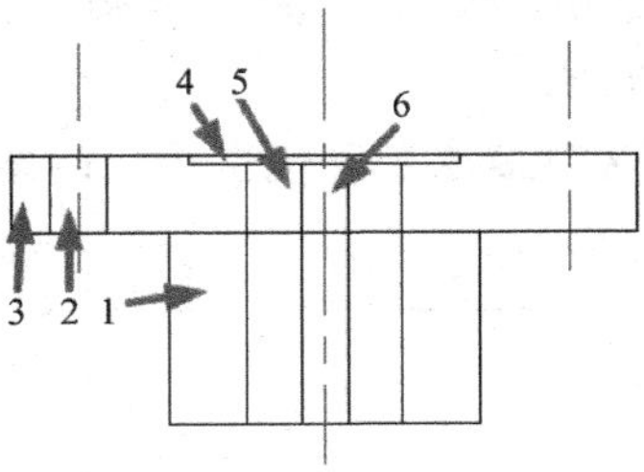

图 4-13 绘制矩形

Step01 单击【绘图】工具栏丨【矩形】按钮，在“指定第一个角点或［面积（A）/尺寸（D）/旋转（R）]:”输入（50，10），接着命令行提示：“指定另一个角点或［面积（A）/尺寸（D）/旋转（R）]:”输入（80，50），得到矩形 1。

Step02 按上述方法绘制矩形 2、矩形 3、矩形 4、矩形 5、矩形 6，输入的角点坐标分别为{(20，60)，(14，20)}、{(10，60)，(160，20)}、{(55，78)，(70，2)}、{(70，10)，(40，68)}、{(84，10)，(12，68)}，结果如图 4-13 所示。

Step03 单击【修改】工具栏丨【分解】按钮，选择对象为矩形 1、2、3，单击回车键，完成矩形分解。

(3) 镜像构造线

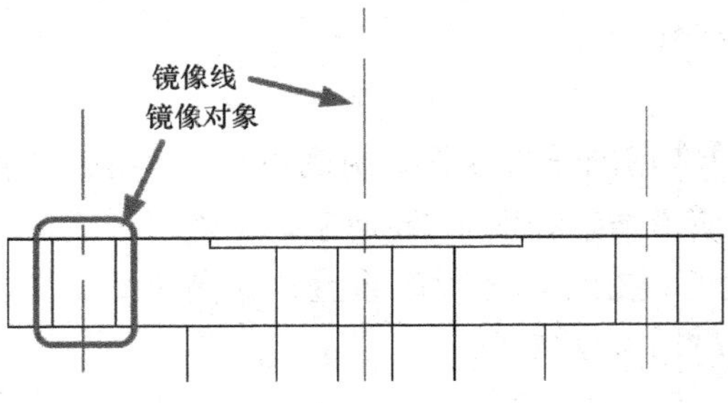

图 4-14 镜像

Step01 单击【修改】工具栏丨【镜像】按钮或在命令行执行“MIRROR”命令，选择矩形 2 作为镜像对象，直线 2 作为镜像线，单击回车键后命令行提示“删除镜像源吗？［是（Y）/否（N）］<N>:”（默认为不删除），输入 N 或单击回车键，所得结果如图 4-14 所示。

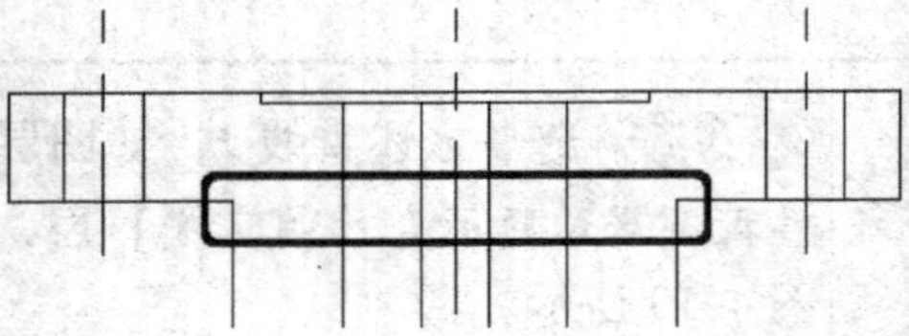

图 4-15　修剪圆

Step02 单击【修改】工具栏｜【修剪】按钮或在命令行执行“TRIM”命令，单击回车键，对上一步所得的矩形的下半圆弧进行修剪，结果如图 4-15 所示。

（4）绘制倒角

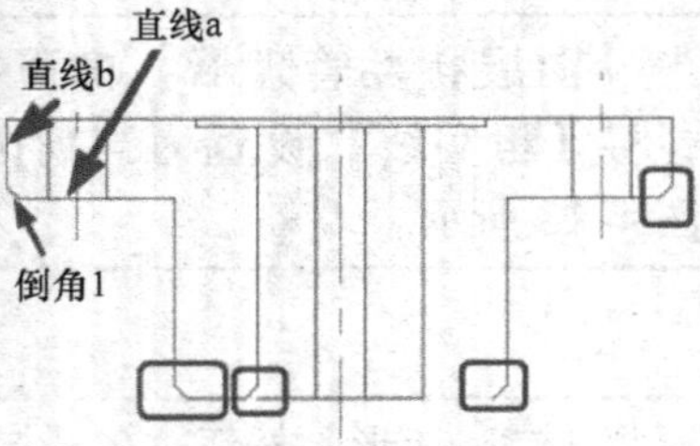

图 4-16　绘制倒角

Step01 单击【修改】工具栏｜【倒角】按钮或在命令行执行“CHAMFER”命令，以直线 a 和直线 b 为倒角的两边界，倒角距离都为 3，绘制倒角 1。

（“修剪”模式）当前倒角距离 1 =3.0000，距离 2 = 3.0000

选择第一条直线或［放弃（U）/多段线（P）/距离（D）/角度（A）/修剪（T）/方式（E）/多个（M）］：

指定　第一个　倒角距离　〈3.0000〉：

指定　第二个　倒角距离　〈3.0000〉：

选择第一条直线或［放弃（U）/多段线（P）/距离（D）/角度（A）/修剪（T）/方式（E）/多个（M）］：

选择第二条直线，或按住 Shift 键选择直线以应用角点或［距离（D）/角度（A）/方法（M）］：

Step02 用同样的方法继续绘制其他倒角，倒角距离都输入 3，结果如图 4-16 所示。

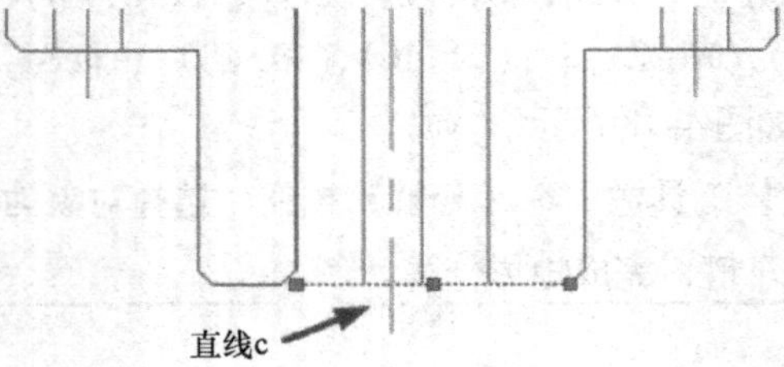

图 4-17　延长直线

Step03 选中直线 c，单击直线 c 的右端点，使之与右侧倒角的下端点重合，所得结果如图 4-17 所示。

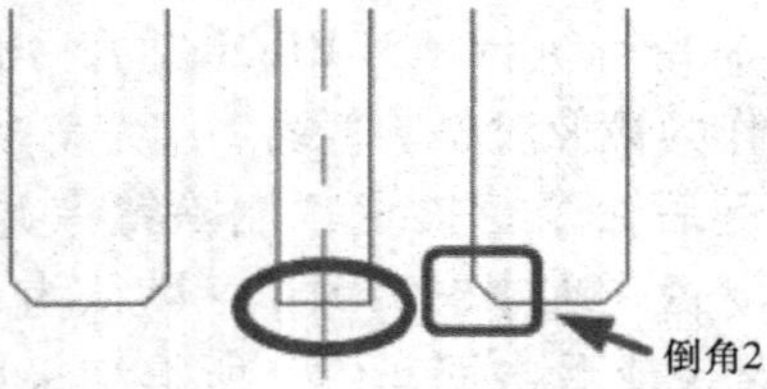

图 4-18　绘制倒角

Step04 用同样的方法绘制倒角 2，倒角距离都为 3，所得结果如图 4-18 所示。（说明：图中椭圆形的直线在绘制矩形时重叠，故倒角后，直线 c 去掉后仍有直线。）

(5) 绘制构造线

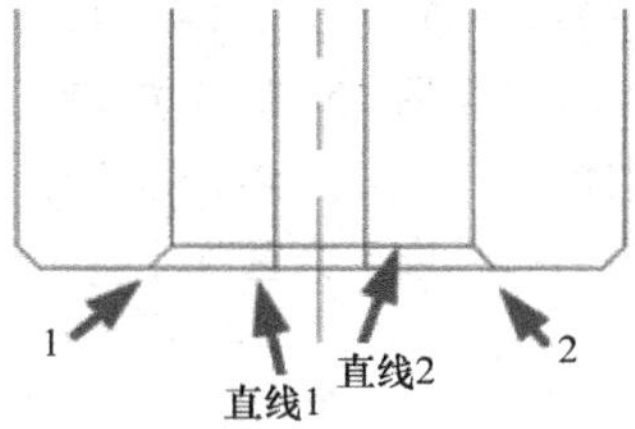

图 4-19 绘制直线

Step01 单击【绘图】工具栏|【直线】按钮或在命令行执行“LINE”命令，绘制直线1，选择点1、2作为直线的两端点，完成直线1的绘制。

Step02 用同样的方法，绘制直线2，所得构造线如图4-19所示。

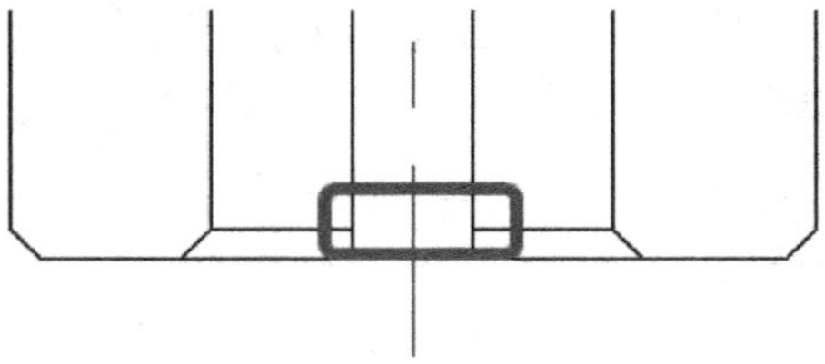

图 4-20 修剪直线

Step03 单击【修改】工具栏|【修剪】按钮或在命令行执行“TRIM”命令，单击回车键，对上一步所得的直线2进行修剪，结果如图4-20所示。

(6) 填充阴影

图 4-21 【图案填充和渐变色】对话框

Step01 单击【绘图】工具栏|【图案填充】按钮，弹出【图案填充和渐变色】对话框，结果如图4-21所示。

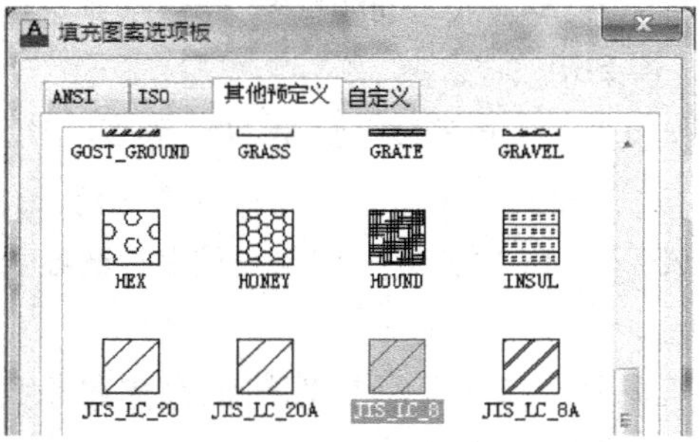

图 4-22 【填充图案选项板】对话框

Step02 单击【颜色】按钮，选择黑色，弹出【填充图案选项板】对话框，选取JIS－LC－8样图，结果如图4-22所示。

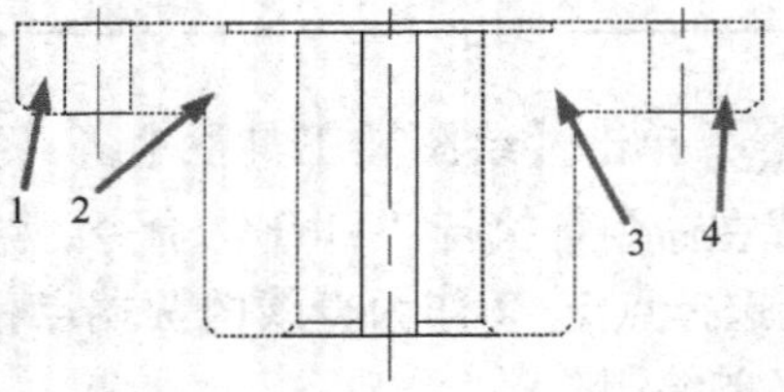

图 4-23　拾取点

Step03 单击【确定】按钮后，单击【比例】为 0.5，然后单击【添加：拾取点(K)】，选择需要添加阴影的部分，在内部单击添加如图 4-23 的 4 个区域。

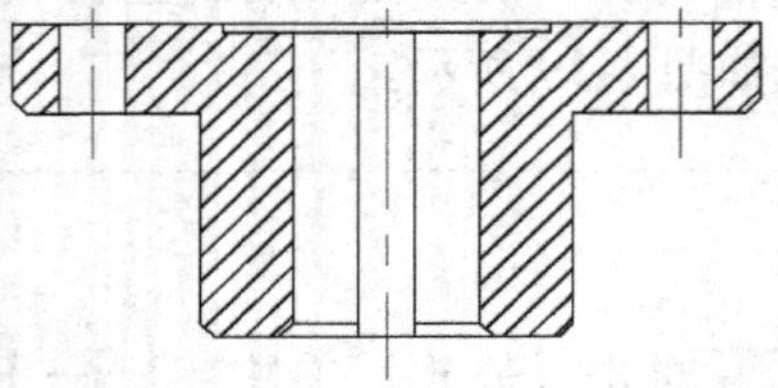
图 4-24　图案填充完成

Step04 单击回车键，返回【图案填充和渐变色】对话框，单击【确定】按钮即可，结果如图 4-24 所示。

(7) 镜像轮廓

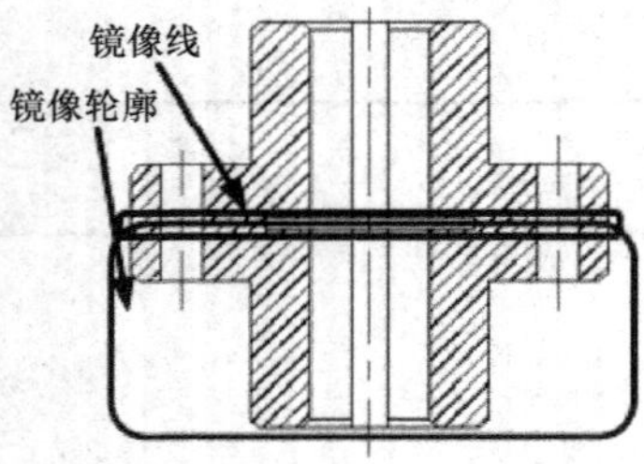

图 4-25　镜像

单击【修改】工具栏 |【镜像】按钮或在命令行执行“MIRROR”命令，选择整个轮廓作为镜像对象，轮廓上边界线作为镜像线，单击回车键后命令行提示“删除镜像源吗？[是(Y)/否(N)] <N>:”(默认为不删除)，输入 N 或单击回车键，所得结果如图 4-25 所示。

(8) 绘制矩形

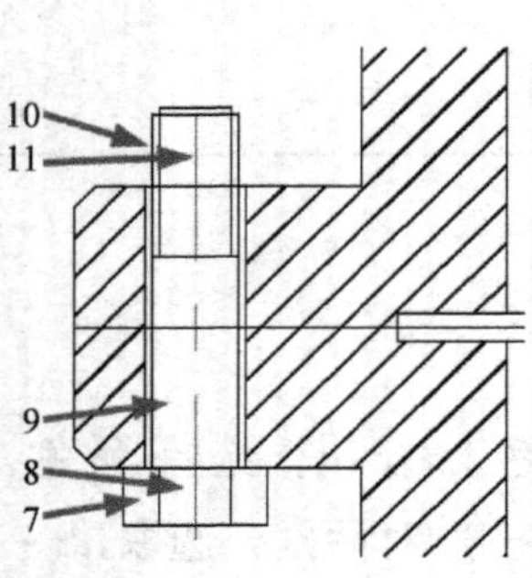

图 4-26　绘制矩形

Step01 单击【绘图】工具栏 |【矩形】按钮，在“指定第一个角点或 [面积(A)/尺寸(D)/旋转(R)]:”输入 (17, 52)，接着命令行提示：“指定另一个角点或 [面积(A)/尺寸(D)/旋转(R)]:”输入 (20, 8)，得到矩形 7。

Step02 按上述方法绘制矩形 8、矩形 9、矩形 10、矩形 11，输入的角点坐标分别为{(22, 52),(10, 8)}、{(21, 60),(12, 30)}、{(21, 90),(12, 20)}、{(22, 90),(10, 31)}，结果如图 4-26 所示。

Step03 单击【修改】工具栏 |【分解】按钮，选择对象为矩形 10、11，单击回车键，完成矩形分解。

（9）更改偏移所得直线的图层属性

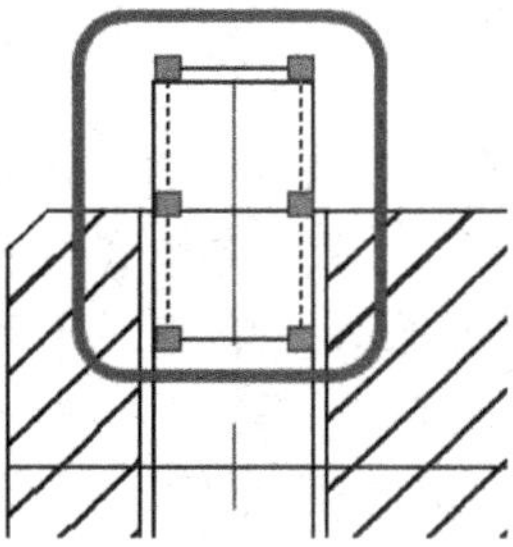 图 4-27　选取直线	Step01 选中如图 4-27 所示中的 2 条直线。
 图 4-28　更改前的图形属性	Step02【图层特性管理器】显示为【粗实线】层，如图 4-28 所示。
 图 4-29　更改后的图形属性	Step03 单击【图层特性管理器】的下拉菜单，将【细实线】设为当前图层，如图 4-29 所示。

（10）绘制矩形

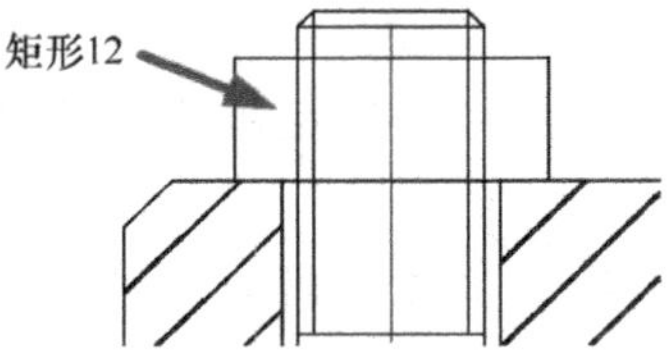 图 4-30　绘制矩形	Step01 单击【绘图】工具栏｜【矩形】按钮，在“指定第一个角点或［面积（A）/尺寸（D）/旋转（R）]:”输入（17，100），接着命令行提示：“指定另一个角点或［面积（A）/尺寸（D）/旋转（R）]:”输入（20，8），得到矩形 12，所得结果如图 4-30 所示。
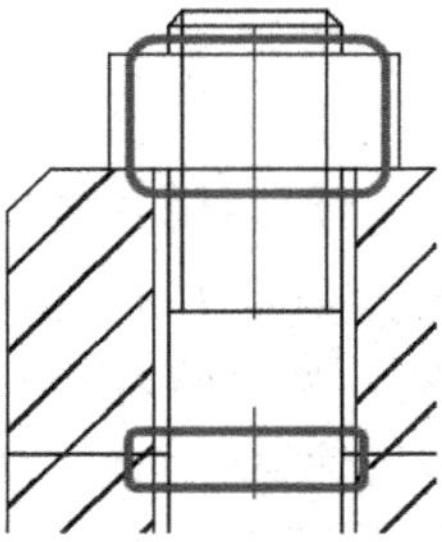 图 4-31　修剪	Step02 单击【修改】工具栏｜【修剪】按钮或在命令行执行“TRIM”命令，单击回车键，对上一步所得的矩形进行修剪，结果如图 4-31 所示。

（11）镜像轮廓

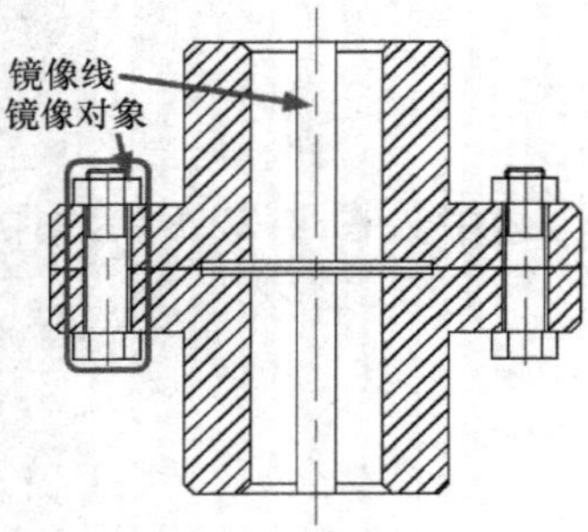

图 4-32　镜像

Step01 单击【修改】工具栏 |【镜像】按钮或在命令行执行“MIRROR ”命令，选择螺钉和螺母作为镜像对象，构造线 2 作为镜像线，单击回车键后命令行提示“删除镜像源吗？［是（Y）/否（N）］ <N>:”（默认为不删除），输入 N 或单击回车键，所得结果如图 4-32 所示。

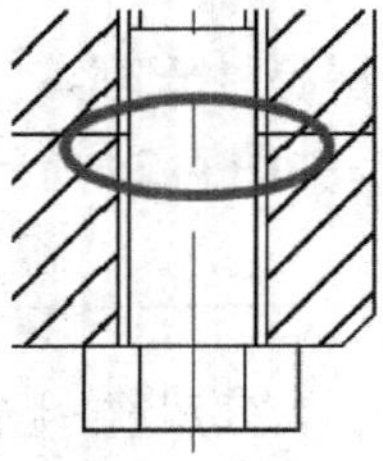

图 4-33　修剪

Step02 单击【修改】工具栏 |【修剪】按钮或在命令行执行“TRIM”命令，单击回车键，对上一步所得的矩形进行修剪，结果如图 4-33 所示。

（12）绘制圆

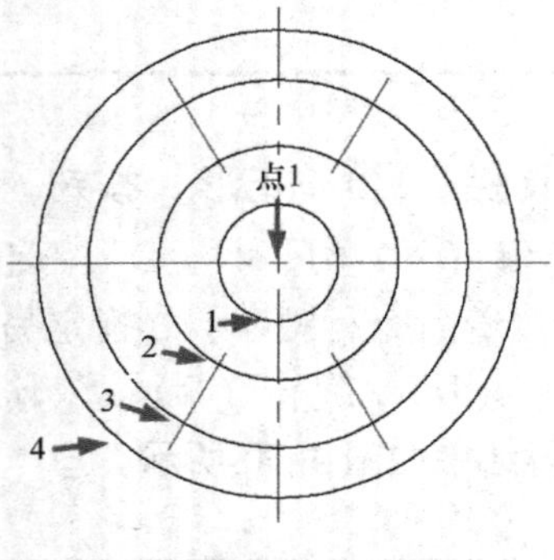

图 4-34　绘制圆

Step01 单击【绘图】工具栏 |【圆】按钮或在命令行执行“CIRCLE”命令，绘制圆 1，指定圆心为点 1，半径输入 20，得到圆 1。

Step02 用同样的方法绘制圆 2、圆 3、圆 4，半径分别为：40、63、80，圆心如图所示，所得结果如图 4-34 所示。

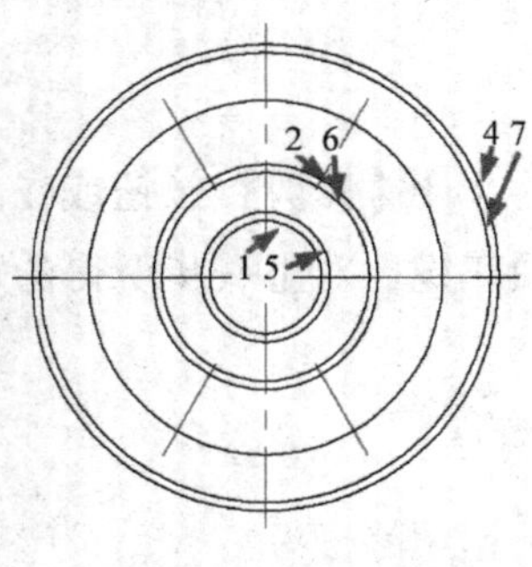

图 4-35　偏移圆

Step03 单击【修改】工具栏 |【偏移】按钮或在命令行执行“OFFSET”命令，偏移距离设为 3，偏移对象为圆 1，指定偏移的一侧：单击圆外侧，得到圆 5。

4）用同样的方法对圆 2、圆 4 进行偏移，偏移距离分别为：3、3，向内侧偏移，得到圆 6、圆 7，所得构造线如图 4-35 所示。

（13）绘制直线

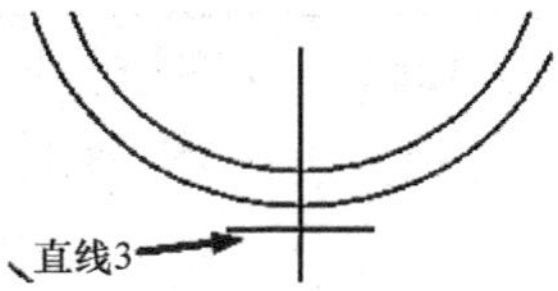图4-36　绘制直线	Step01 单击【绘图】工具栏｜【直线】按钮或在命令行执行“LINE”命令，绘制直线3，坐标为{(84,235),(@12,0)}，完成直线3的绘制。所得构造线如图4-36所示。
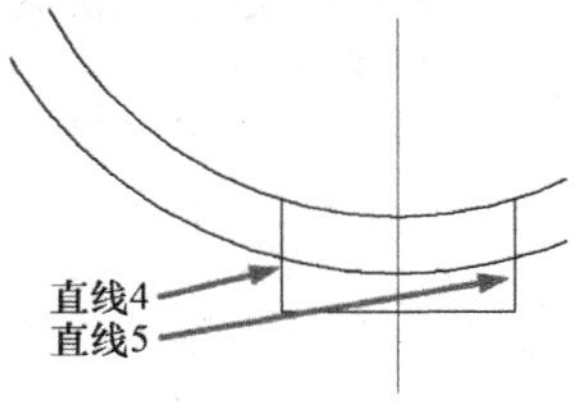图4-37　绘制直线	Step02 用同样的方法，分别以直线3的两端点为第一个点，沿竖直导航线向上绘制直线4、5，与圆1相交，所得结果如图4-37所示。
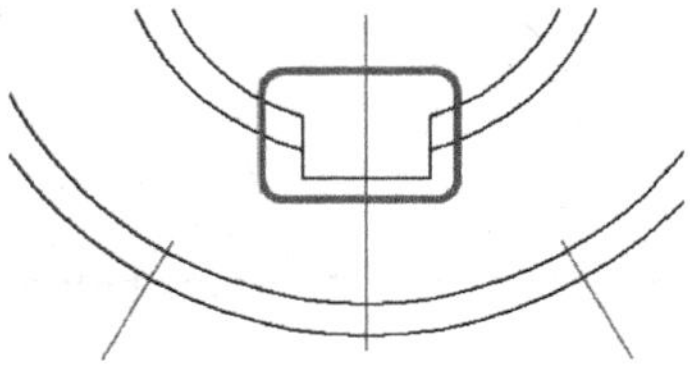图4-38　修剪	Step03 单击【修改】工具栏｜【修剪】按钮或在命令行执行“TRIM”命令，单击回车键，对上一步所得的圆1、5进行修剪，结果如图4-38所示。

（14）绘制六边形

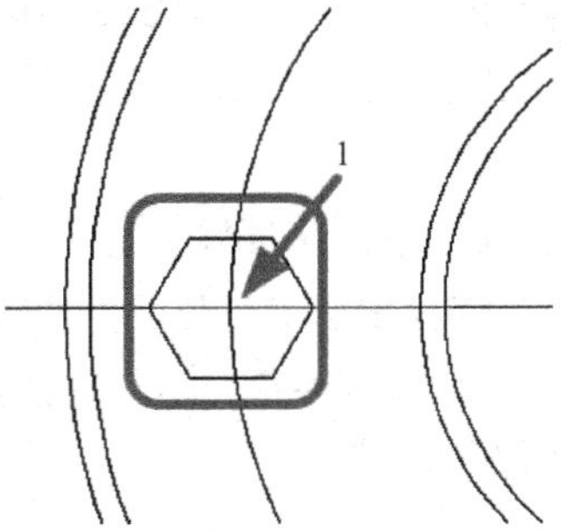图4-39　绘制六边形	Step01 单击【绘图】工具栏｜【多边形】按钮或在命令行执行“PLOYGON”命令，绘制六边形，以点1为中心，输入（10，0），得到半径为10的内接六边形，所得构造线如图4-39所示。 命令：_ polygon 输入侧面数〈4〉:6 指定正多边形的中心点或[边(E)]: 输入选项［内接于圆(I)/外切于圆(C)]〈I〉: 指定圆的半径：@10，0
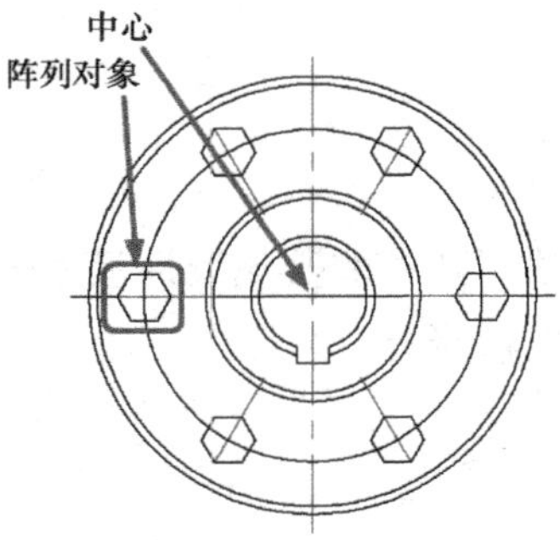图4-40　环形阵列	Step02 单击【修改】工具栏｜【环形阵列】按钮或在命令行执行“ARRAYPOLAR”命令，选择上述六边形为对象，直线1和直线4的交点为阵列中点，系统默认的阵列个数为6，所得结果如图4-40所示。（注意：选择阵列种类时，单击下方的小黑三角，弹出，选择需要的阵列种类即可。）

（15）更改偏移所得直线的图层属性

 图 4-41　更改前的图形属性	Step01 选中圆 3，【图层特性管理器】显示为【粗实线】层，如图 4-41 所示。
 图 4-42　更改后的图形属性	Step02 单击【图层特性管理器】的下拉菜单，将【点划线】设为当前图层，如图 4-42 所示。
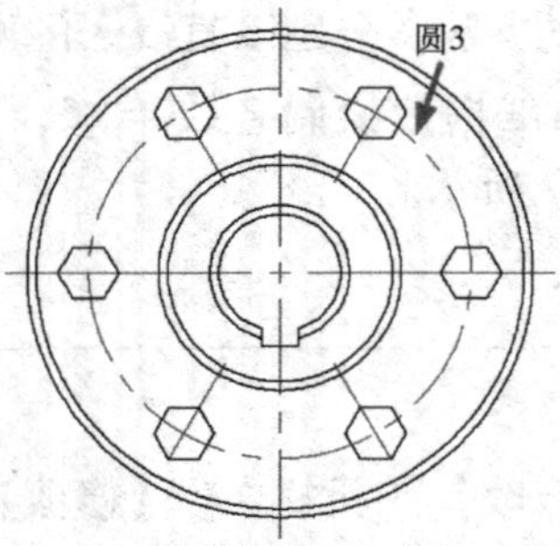 图 4-43　图层更改后	更改结果如图 4-43 所示。

4.1.5　标注

（1）线性标注

 图 4-44　选择后	Step01 选中【工程标注】样式，如图 4-44 所示。
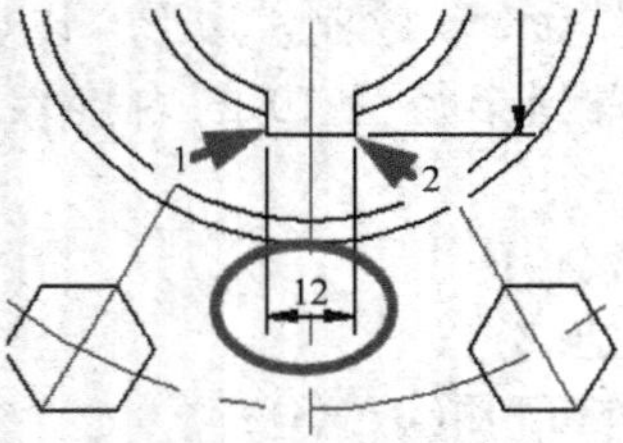 图 4-45　线性标注	Step02 单击【菜单】工具栏｜【标注】｜【线性】或在命令行执行“DIMLINEAR”命令。选取需要的标注距离的两端点，例如图 4-45 中的 1 点和 2 点，移动光标指定尺寸数字位置。
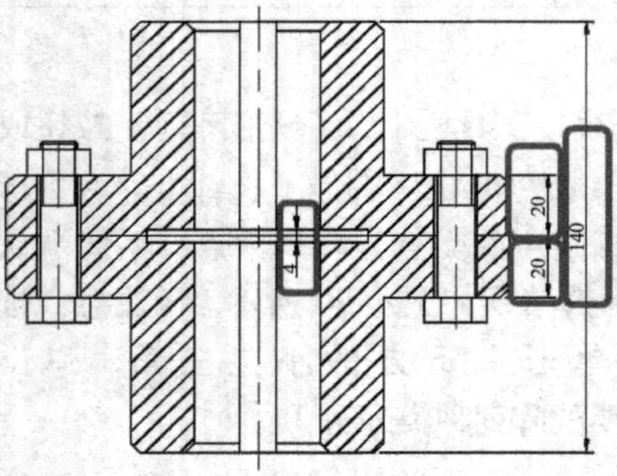 图 4-46　其他线性标注	Step03 用同样的方法对图中的其他线性尺寸进行标注，所得结果如图 4-46 所示。

（2）直径标注

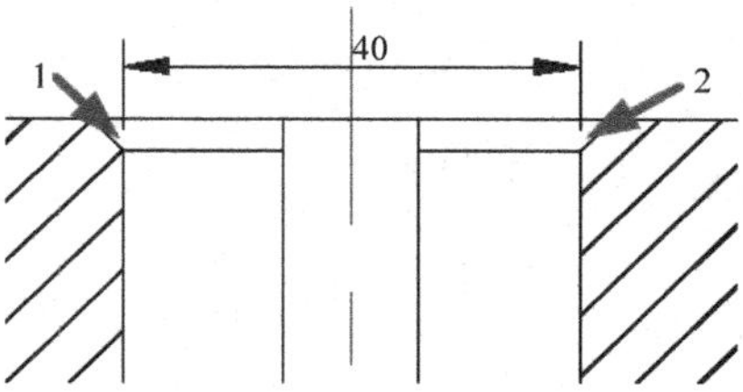图 4-47　线性标注	Step01 单击【菜单】工具栏｜【标注】｜【线性】或在命令行执行“DIMLINEAR”命令。选取需要的标注距离的两端点，例如图 4-47 中的 1、2 点，移动光标指定尺寸数字位置。
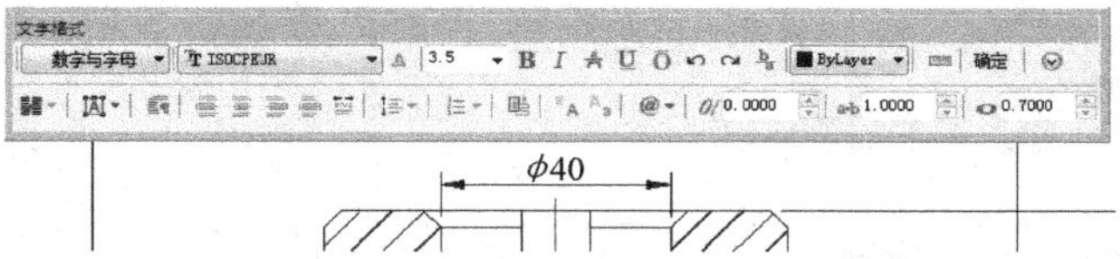图 4-48　更改为直径标注	Step02 双击图中需要更改为直径标注的尺寸，弹出【文字格式】对话框，可对尺寸进行编辑，输入“%%C”，单击任意空白处，结束编辑，所得结果如图 4-48 所示。
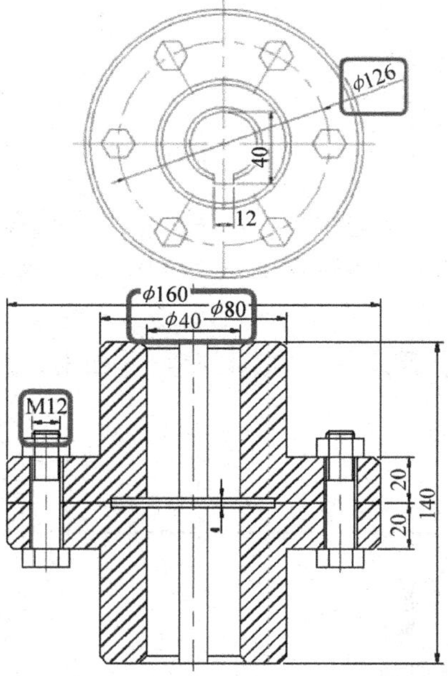图 4-49　其他直径标注	Step03 用同样的方法，对图中的其他圆的直径尺寸进行编辑，完成装配图的绘制，如图 4-49 所示。

4.2 如何绘制螺纹调节支承装配图

本实例主要应用 AutoCAD 2017 中的知识点有【直线】、【圆】、【圆弧】、【图案填充】等命令，完成装配体三视图的绘制，如图 4-50 所示。

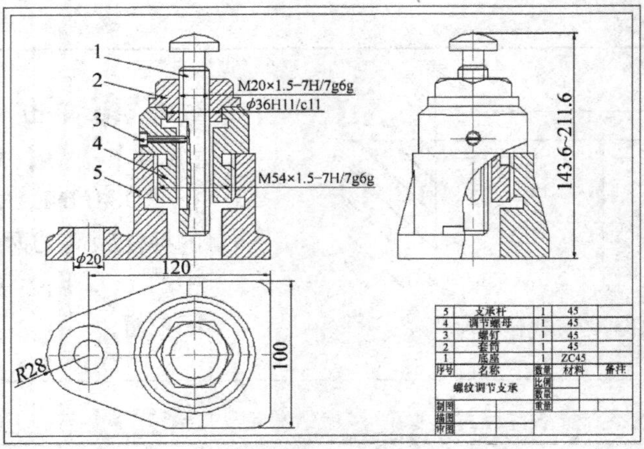

图 4-50　螺纹调节支承装配图

完成模型	配套光盘 \ 模型文件 \ 4 \ 4.2
作图录制	配套光盘 \ 屏幕录像 \ 4 \ 4.2

具体步骤如下。

4.2.1　设置图形界限

1）启动 AutoCAD 2017 后，将图形界限设定为“420×297”。在菜单栏中选择【格式】|【图形界限】或在命令行中执行“LIMITS”命令，指定左下角为（0，0），指定右上角为（420，297）。

2）可以根据需要选择是否显示栅格，按【F7】键或单击状态栏中【栅格】按钮显示/隐藏栅格。

4.2.2　设置图层

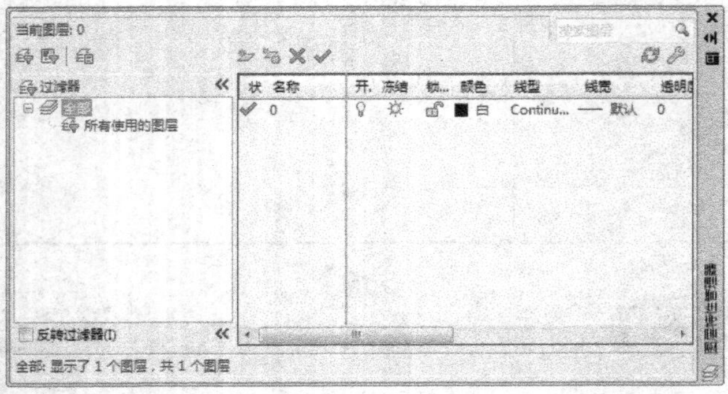

图 4-51　【图层特性管理器】对话框

Step01 单击【图层】工具栏｜【图层特性管理器】按钮或选择菜单栏中【格式】｜【图层】，弹出【图层特性管理器】对话框，如图 4-51 所示。

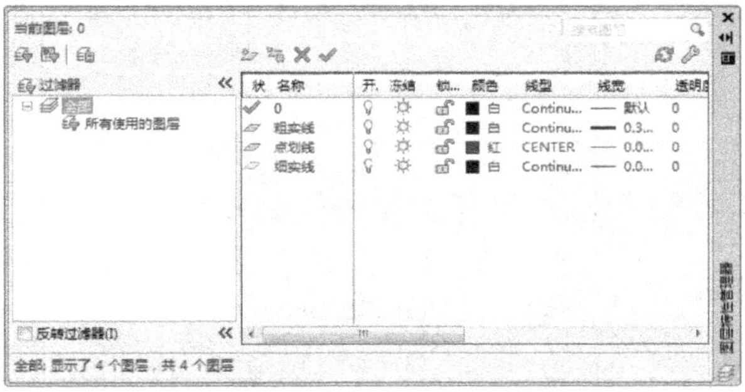

图 4-52　设置图层

Step02 单击【新建图层】按钮，新建 3 个图层，分别命名为【粗实线】、【细实线】和【点划线】，将【粗实线】层的颜色设为白色，线型为 Continuous，线宽为 0.3；【细实线】层的颜色设为白色，线型为 Continuous，线宽为 0.05；【点划线】层的颜色设为红色，线型为 CENTER，线宽为 0.05，如图 4-52 所示。

4.2.3　绘制图框

（1）将【细实线】层设置为当前图层

图 4-53　将【细实线】层设置为当前图层

单击【图层特性管理器】的下拉菜单，将【细实线】层设置为当前图层，如图 4-53 所示。

（2）绘制外图框

单击【绘图】工具栏|【矩形】按钮或在命令行执行“RECTANG”（简写为 REC）命令。指定第一角点坐标为（0，0），第二角点坐标为（420，297）。

（3）将【粗实线】层设置为当前图层

图 4-54　将【粗实线】层设置为当前图层

单击【图层特性管理器】的下拉菜单，将【粗实线】层设置为当前图层，如图 4-54 所示。

（4）绘制内图框

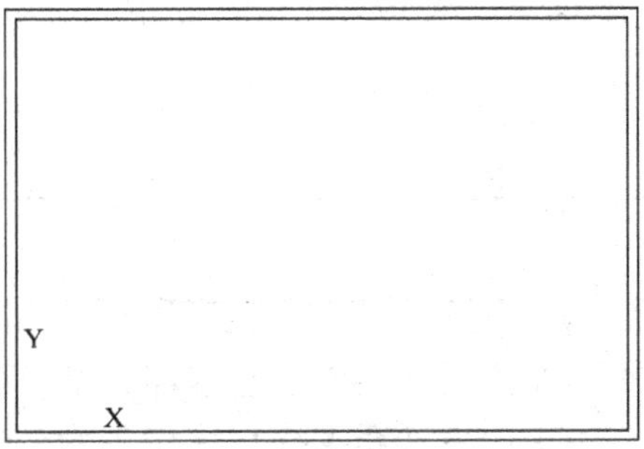

图 4-55　草图图框

单击【绘图】工具栏|【矩形】按钮或在命令行执行“RECTANG”（简写为 REC）命令。指定第一角点坐标为（5，5），第二角点坐标为（410，287），草图图框如图4-55 所示。

4.2.4 绘制构造线

（1）将【点划线】层设置为当前图层

图 4-56　将【点划线】层设置为当前图层

单击【图层特性管理器】的下拉菜单，将【点划线】层设置为当前图层，如图 4-56 所示。

（2）绘制构造线

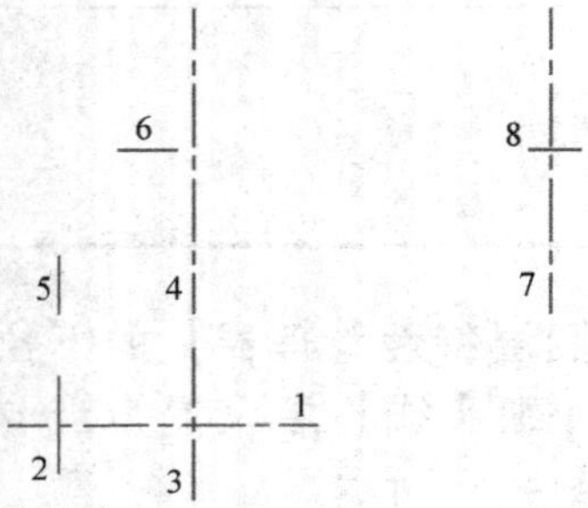

图 4-57　绘制构造线

单击【绘图】工具栏|【直线】按钮或在命令行执行“LINE”命令，绘制直线 1 ~ 8。输入直线 1 的坐标{(30, 60),(@160, 0)}，直线 2 的坐标{(56, 35),(@0, 50)}，直线 3 的坐标{(126, 15)(@0, 80)}，直线 4 的坐标{(126, 120),(@0, 160)}，直线 5 的坐标{(56, 120),(@0, 30)}，直线 6 的坐标{(86, 207),(@30, 0)}，直线 7 的坐标{(310, 120),(@0, 160)}，直线 8 的坐标{(295, 207),(@30, 0)}，如图 4-57 所示。

4.2.5 绘制主视图轮廓线

（1）定义用户坐标系

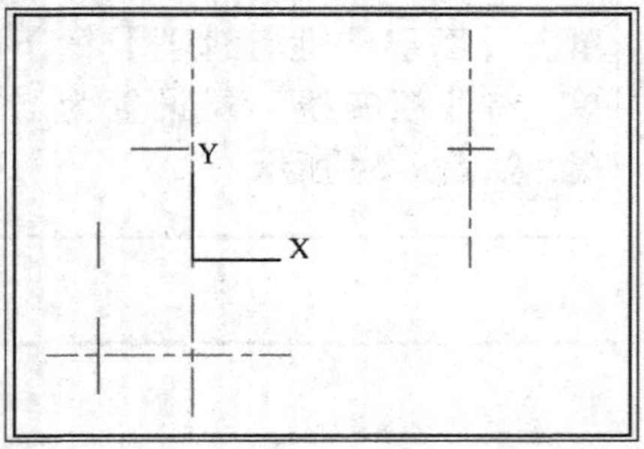

图 4-58　定义用户坐标系

在命令行执行“USC”命令，指定坐标原点为（126，125），X 轴上的点坐标为（@2，0），XY 平面上的点坐标为（@2，2），如图 4-58 所示。

（2）将【粗实线】层设置为当前图层

图 4-59　将【粗实线】层设置为当前图层

单击【图层特性管理器】的下拉菜单，将【粗实线】层设置为当前图层，如图 4-59 所示。

(3) 绘制轮廓线

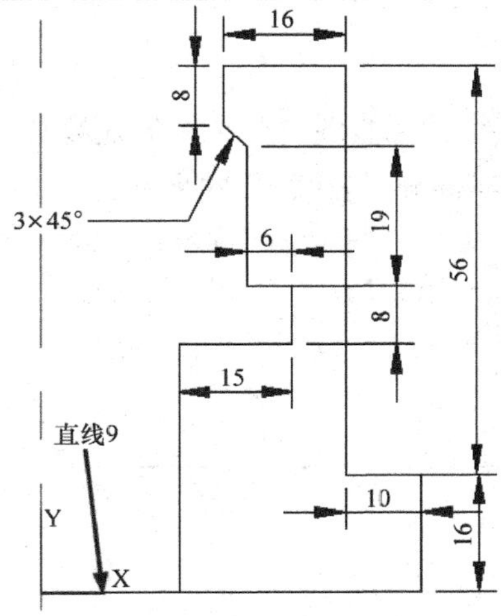

图 4-60 绘制零件 1 主视图的右半部分

Step01 单击【绘图】工具栏 |【直线】按钮或在命令行执行“LINE”命令，绘制零件 1 主视图的右半部分。直线 9 的坐标为{(0, 0),(@50, 0)}，其余各直线相对尺寸如图 4-60 所示。

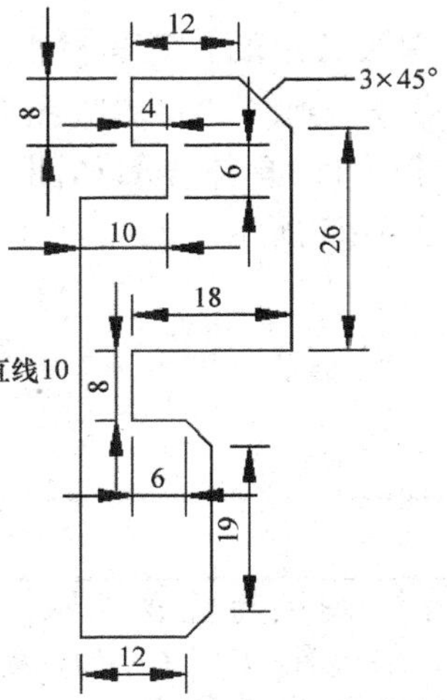

图 4-61 绘制零件 2 主视图的右半部分

Step02 使用直线命令继续绘制零件 2 主视图的右半部分。直线 10 的坐标为{(12, 39),(@0, 51)}，其余各直线尺寸如图 4-61 所示(未标注倒角均为 3 ×3)。

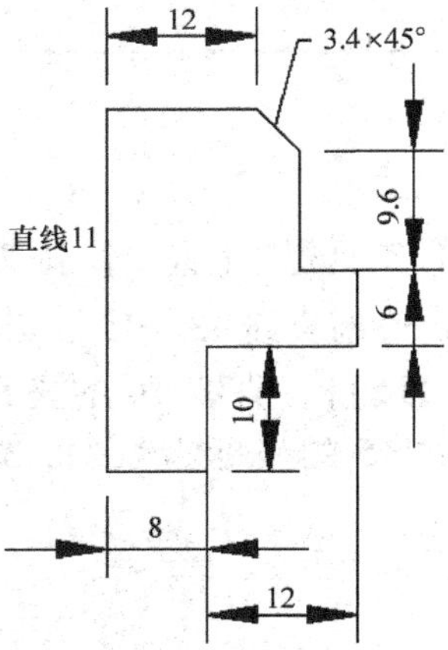

图 4-62 绘制零件 4 主视图的右半部分

Step03 使用直线命令继续绘制零件 4 主视图的右半部分，直线 11 的坐标为{(10, 94),(@0, 19)}，其余各直线尺寸如图4-62所示。

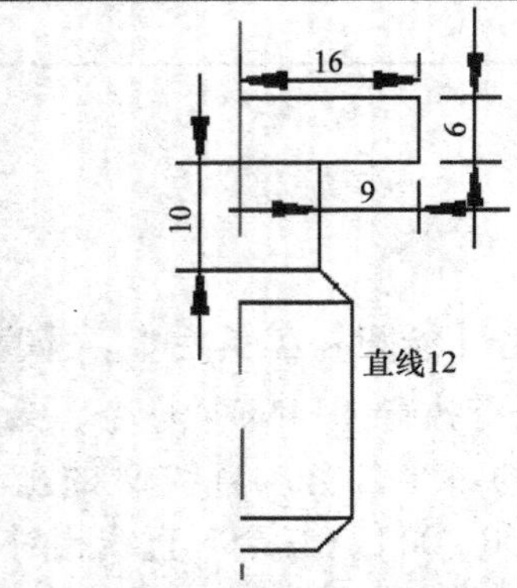

图 4-63　绘制零件 5 主视图的右半部分

Step04 使用直线命令继续绘制零件 5 主视图的右半部分，直线 12 的坐标为{(10，19)，(@0，110)}，其余各直线尺寸如图 4-63 所示（未标注倒角均为 3×3）。

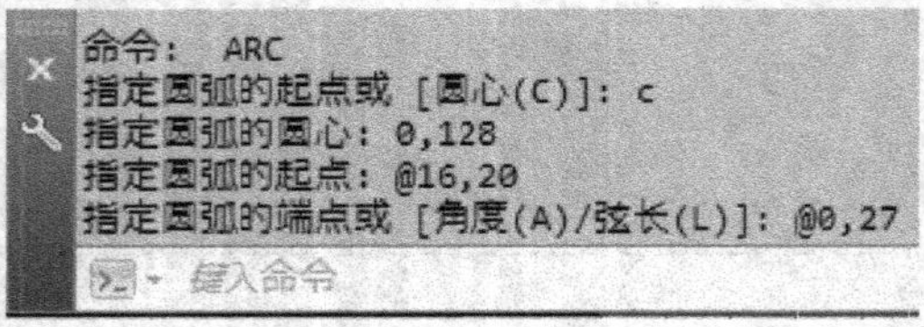

图 4-64　绘制圆弧

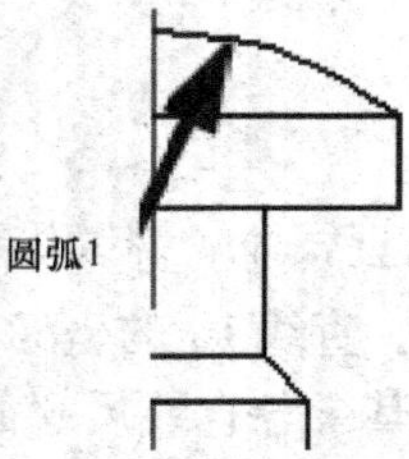

图 4-65　圆弧 1

Step05 单击【绘图】工具栏｜【圆弧】按钮或在命令行执行“ARC”命令，绘制零件 5 上端圆弧 1，具体步骤如图 4-64 所示。圆弧 1 如图 4-65 所示。

（4）将【细实线】层设置为当前图层

图 4-66　将【细实线】层设置为当前图层

单击【图层特性管理器】的下拉菜单，将【细实线】层设置为当前图层，如图 4-66 所示。

（5）绘制直线

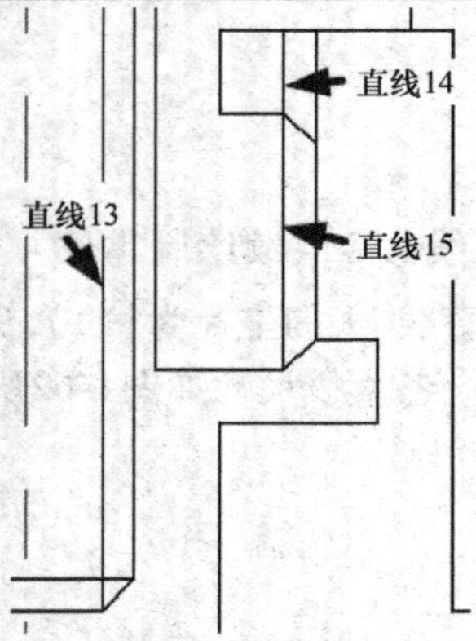

图 4-67　绘制细实线

Step01 单击【绘图】工具栏｜【直线】按钮或在命令行执行“LINE”命令，绘制直线 13～15。直线 13 的坐标为{(7，16)，(@0，116)}，直线 14 的坐标为{(27，61)，(@0，11)}，直线 15 的坐标为{(24，39)，(@0，25)}，如图 4-67 所示。

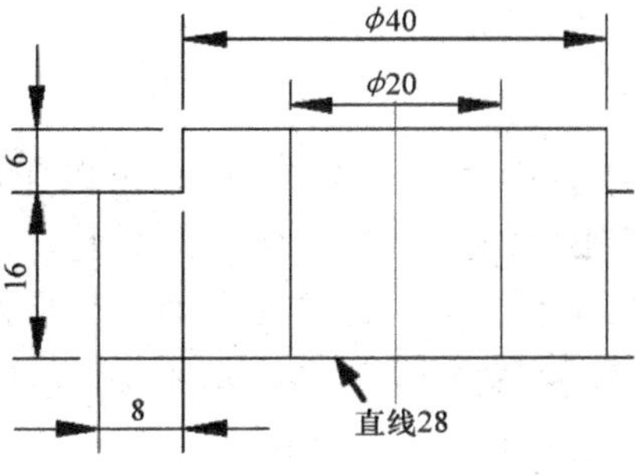

图 4-78　绘制零件 1 主视图剩余部分

Step05 单击【绘图】工具栏 | 【直线】或在命令行执行“LINE”命令，将零件 1 的主视图补充完整。直线 28 的坐标为{(−50, 0),(@ −48, 0)}，其余各直线尺寸如图 4-78 所示。

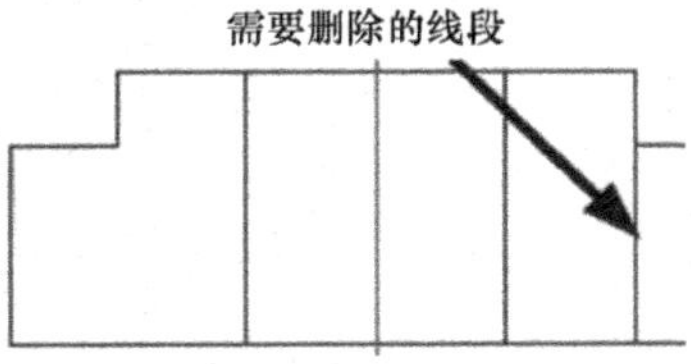

图 4-79　删除线段

Step06 单击【修剪】工具栏 | 【删除】按钮或在命令行执行“ERASE”命令，删除如图 4-79 中“需要删除的线段”。

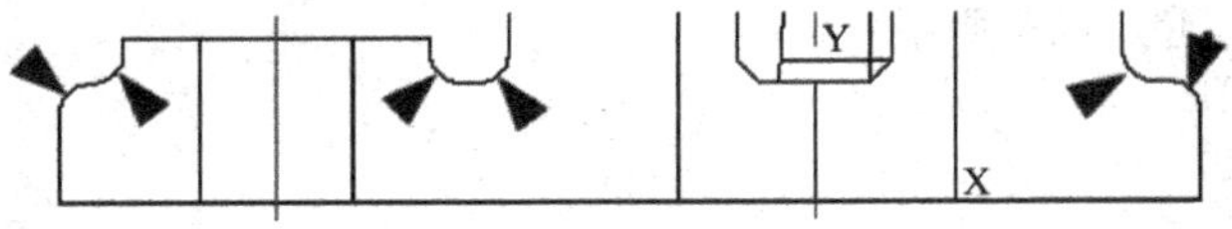

图 4-80　修剪圆角

Step07 单击【修改】工具栏 | 【圆角】按钮或在命令行执行“FILLET”命令，设置半径为 2，完成如图 4-80 所示中圆角的修改。

(8) 图案填充

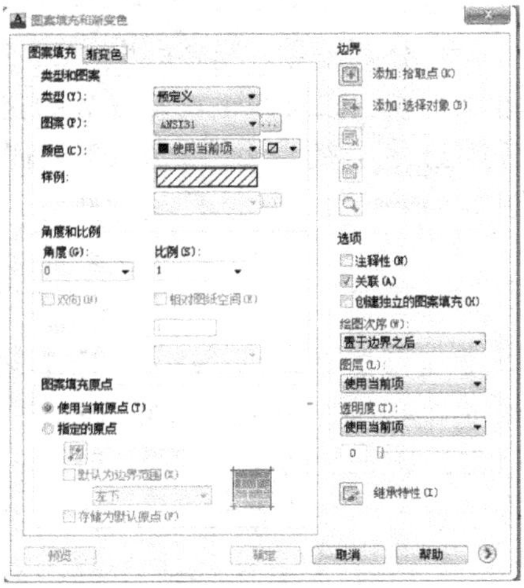

图 4-81　【图案填充与渐变色】对话框

单击【绘图】工具栏 | 【图案填充】按钮或在命令行执行“HATCH”（简写为 H）命令，弹出【图案填充与渐变色】按钮，如图 4-81 所示。

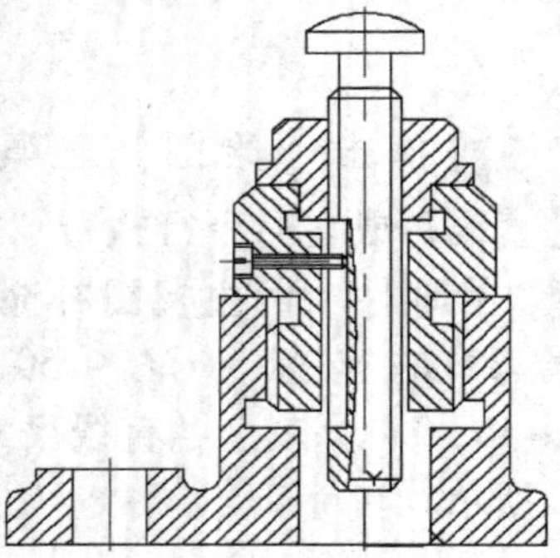

图 4-82　图案填充

在【图案】中选择“ANSI31”。可以通过修改角度改变剖面线倾斜方向（0°为向右上方倾斜，90°为向左上方倾斜），通过【添加：拾取点】按钮来选择需要填充的区域，选取如图 4-82 所示区域。

4.2.6　绘制俯视图轮廓线

（1）定义用户坐标系

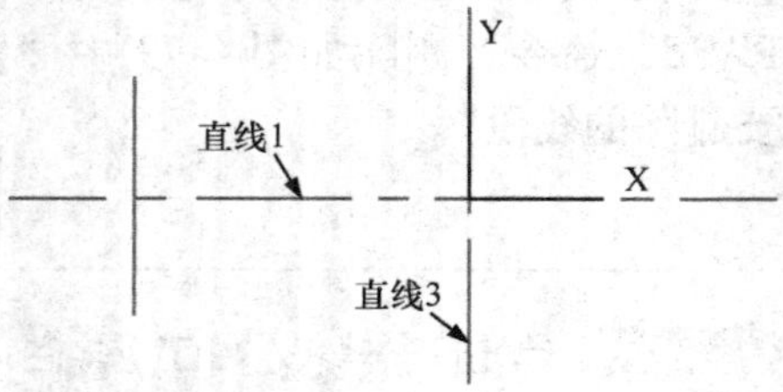

图 4-83　定义用户坐标系

在命令行执行“UCS”命令，选中直线 1 和直线 3 的交点为“坐标原点”，“X 轴上的点”坐标为（@1，0），“XY 平面上的点”为（@1，1），如图 4-83 所示。

（2）绘制俯视图轮廓线

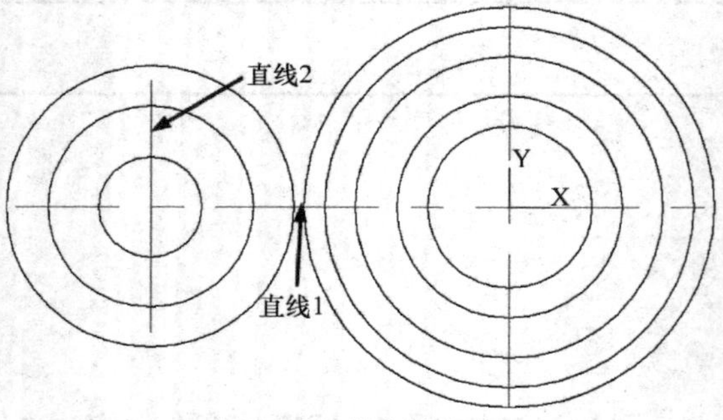

图 4-84　绘制同心圆

Step01 单击【绘图】工具栏 |【圆】按钮或在命令行执行“CIRCLE”命令。以坐标原点为圆心分别绘制半径为 16、22、30、36、40 的同心圆；以直线 1 与直线 2 的交点为圆心分别绘制半径为 10、20、28 的同心圆，如图 4-84 所示。

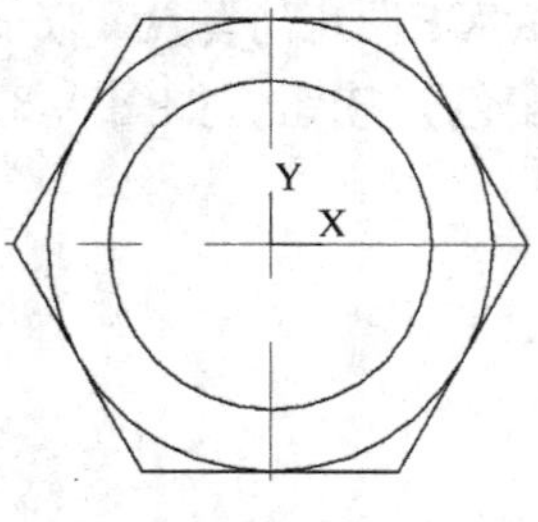

图 4-85　绘制正六边形

Step02 单击【绘图】工具栏 |【多边形】按钮或在命令行执行“POLYGON”命令，绘制正六边形。输入“侧面数”为 6，指定坐标原点为“正多边形中心点”，生成的多边形“外切与圆”，半径输入 22，如图 4-85 所示。

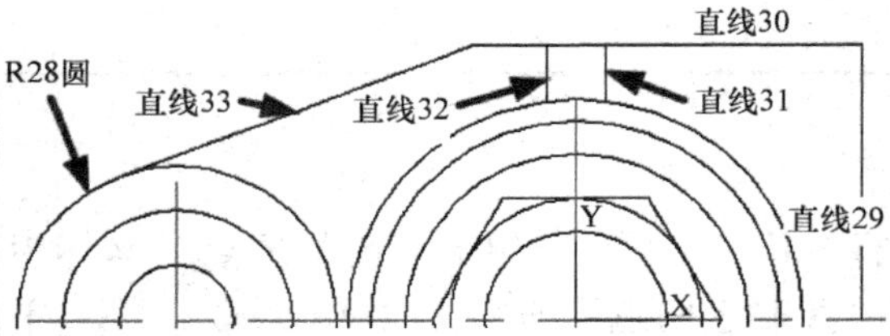 图4-86　绘制直线	Step03 单击【绘图】工具栏｜【直线】或在命令行执行“LINE”命令，绘制直线29～33。直线29的坐标为{(50, 0),(@0, 50)}，直线30的坐标为{(50, 50),(@ −68, 0)}，直线31的坐标为{(5, 50),(@ −10.4, 0)}，直线32的坐标为{(−5, 50),(@ −10.4, 0)}，直线33的起点为（−18, 50)，终点为它与R28圆的切点，如图4-86所示。
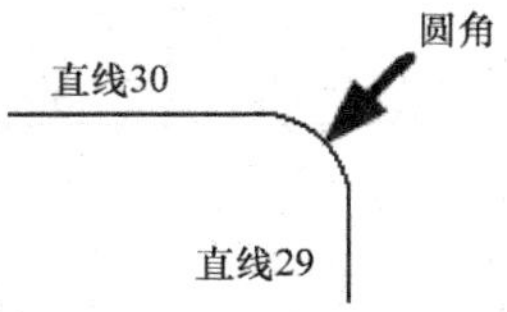 图4-87　修剪圆角	Step04 单击【修改】工具栏｜【圆角】按钮或在命令行执行“FILLET”命令。“圆角半径”设置为10，分别选取直线29、直线30为圆角第一对象、圆角第二对象，如图4-87所示。
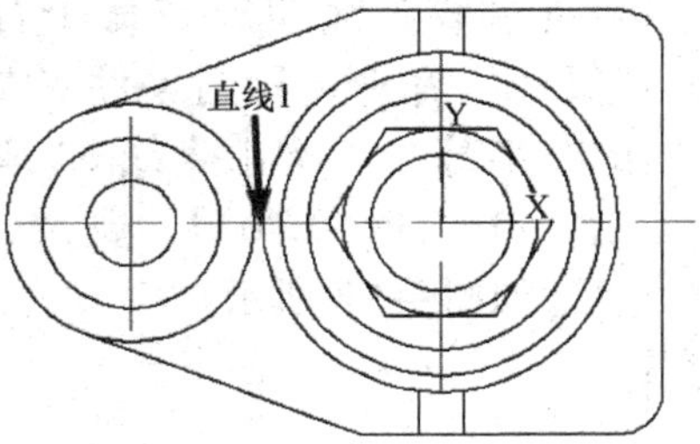 图4-88　镜像	Step05 单击【修改】工具栏｜【镜像】按钮或在命令行执行“MIRROR”命令。选择直线29～33及圆角为镜像对象，直线1的两个端点为“镜像线的第一点”“镜像线的第二点”如图4-88所示。
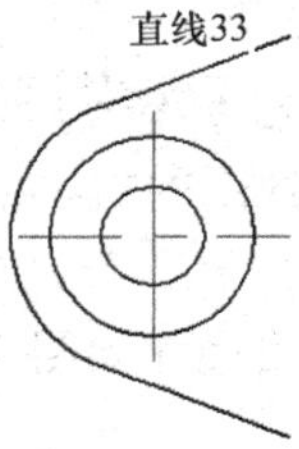 图4-89　修剪圆弧	Step06 单击【修改】工具栏｜【修剪】按钮或在命令行执行“TRIM”命令，选取直线33，直线33镜像生成的直线以及两直线间圆弧，并修剪掉两直线之间圆弧，如图4-89所示。
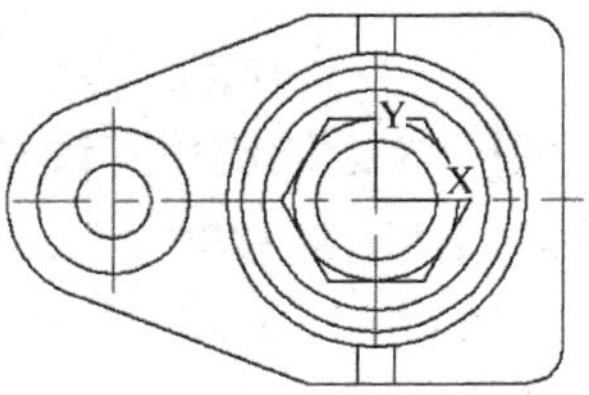 图4-90　装配体俯视图	完成俯视图的绘制，如图4-90所示。

4.2.7 绘制左视图

(1) 第一用户坐标系

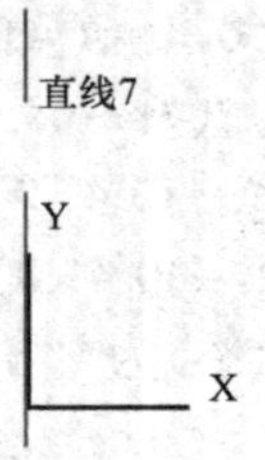

图 4-91 定义用户坐标系

在命令行执行“UCS”命令，指定“坐标原点”坐标为（184，65），“X 轴上的点”坐标为（@1，0），“XY 平面上的点”坐标为（@1，1），如图 4-91 所示。

(2) 绘制左视图轮廓线

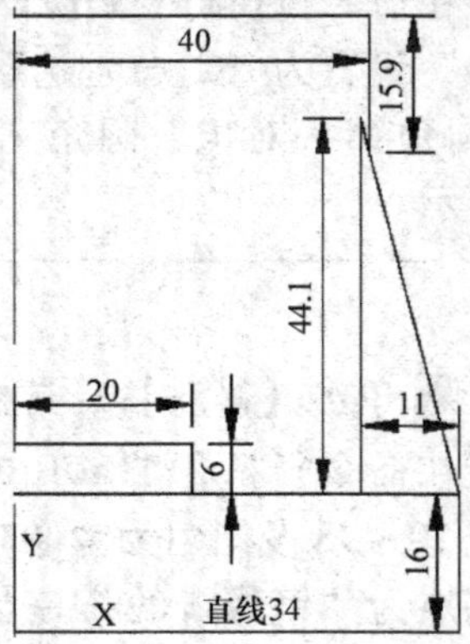

图 4-92 零件 1 左视图的右半部分

Step01 单击【绘图】工具栏｜【直线】按钮或在命令行执行“LINE”命令，绘制零件 1 左视图的右半部分。绘制直线 34 坐标为{(0，0)，(@50，0)}，其余各直线尺寸如图 4-92 所示。

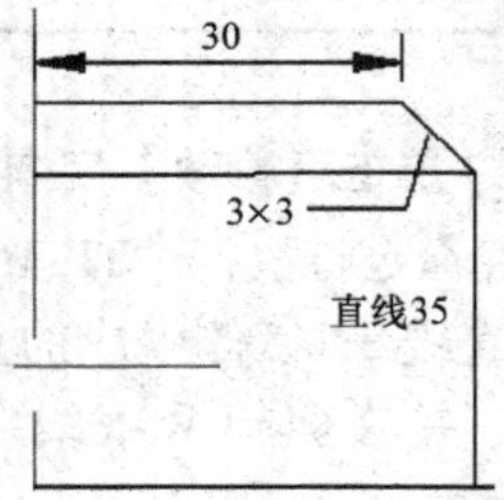

图 4-93 零件 2 左视图的右半部分

Step02 继续使用直线命令绘制零件 2 左视图的右半部分。直线 35 的坐标为{(36，72)，(@0，26)}，其余各直线尺寸如图 4-93 所示。

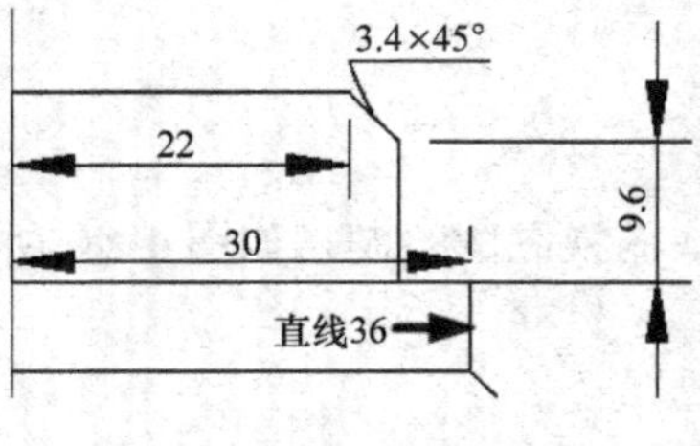

图 4-94 零件 4 左视图的右半部分

Step03 继续使用直线命令绘制零件 4 左视图的右半部分。直线 36 的坐标为{(30，104)，(@0，6)}，其余各直线尺寸如图 4-94 所示。

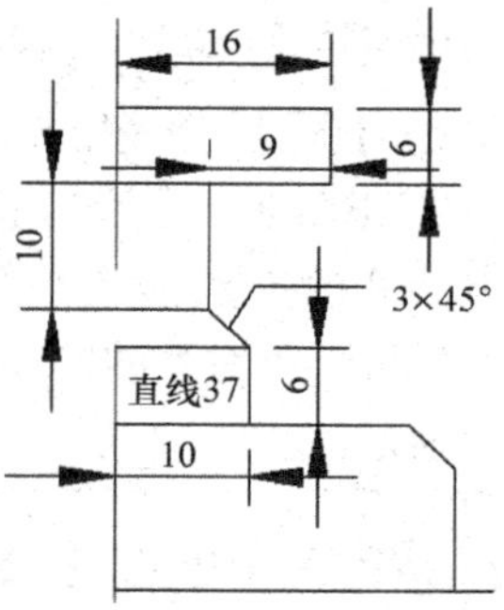

图 4-95　零件 5 左视图的右半部分

Step04 继续使用直线命令绘制零件 5 左视图的右半部分。直线 37 的坐标为{(10，123)，(10，133)}，其余各直线尺寸如图 4-95 所示。

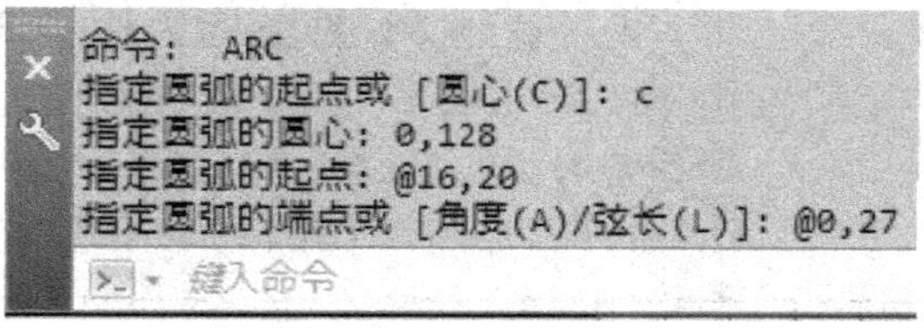

图 4-96　绘制圆弧 2

Step05 单击【绘图】工具栏｜【圆弧】按钮或在命令行执行"ARC"命令，绘制圆弧 2，绘制步骤如图 4-96 所示。

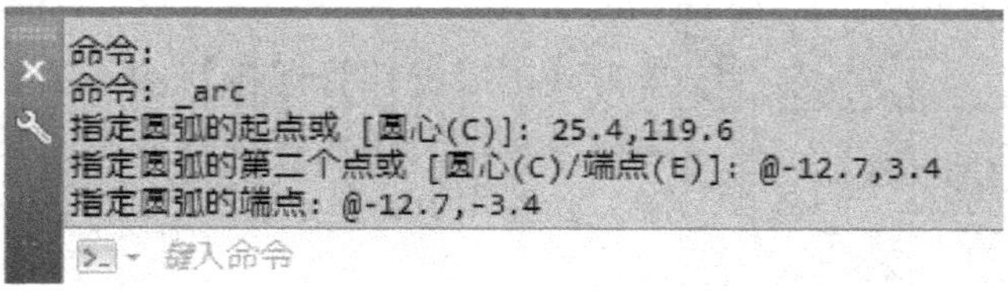

图 4-97　绘制圆弧 3

Step06 继续绘制圆弧 3，绘制步骤如图 4-97。

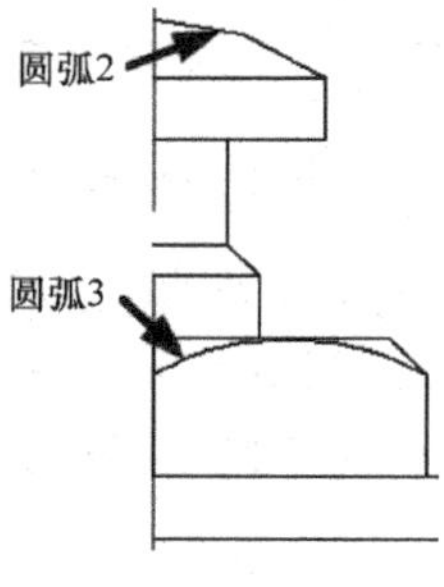

图 4-98　圆弧 2 和圆弧 3

Step07 绘制的圆弧 2、圆弧 3 如图 4-98 所示。

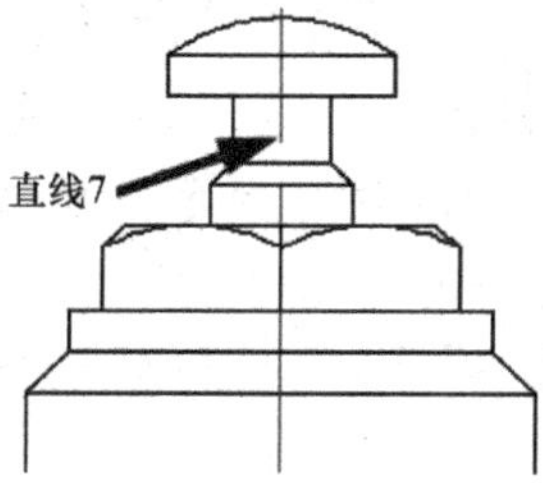

图 4-99　镜像

Step08 单击【修改】工具栏｜【镜像】按钮或在命令行执行"MIRROR"命令，选中镜像对象为直线 7 右侧所有轮廓线，分别选取直线 7 的两个端点为"镜像线的第一点""镜像线的第二点"，如图 4-99所示。

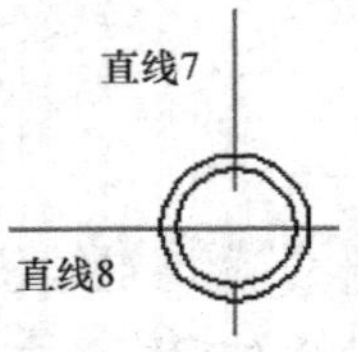

图 4-100　绘制圆

Step09 单击【绘图】工具栏 |【圆】按钮或在命令行执行“CIRCLE”命令。选取直线 7 与直线 8 的交点为圆心分别绘制半径为 4 和半径为 5 的同心圆，如图 4-100 所示。

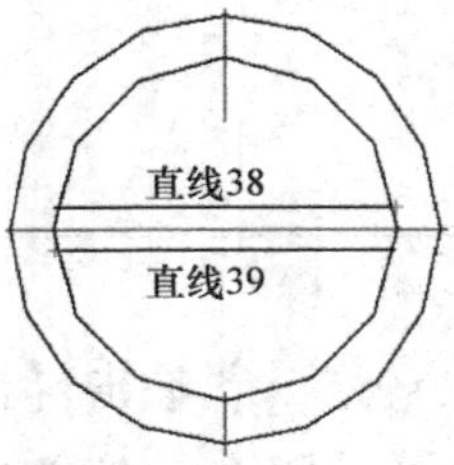

图 4-101　绘制直线

Step10 单击【绘图】工具栏 |【直线】按钮或在命令行执行“LINE”命令，绘制直线 38，直线 39。直线 38 的坐标为{(－3.94，82.5)，(@7.9，0)}，直线 39 的坐标为{(－3.94，81.5)，(@7.9，0)}，如图 4-101 所示。

(3) 将【细实线】层设置为当前图层

图 4-102　将【细实线】层设置为当前图层

单击【图层特性管理器】的下拉菜单，将【细实线】层设置为当前图层，如图 4-102 所示。

(4) 绘制局部剖视图中细实线

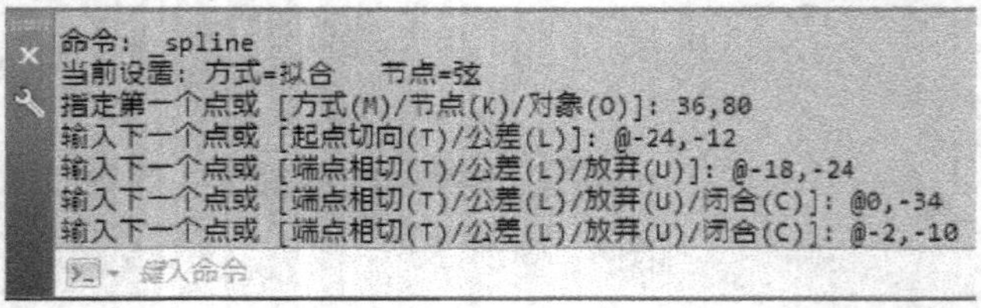

图 4-103　绘制样条曲线

Step01 单击【绘图】工具栏 |【样条曲线】按钮或在命令行执行“SPLINE”命令，绘制曲线 2，绘制步骤如图 4-103 所示。

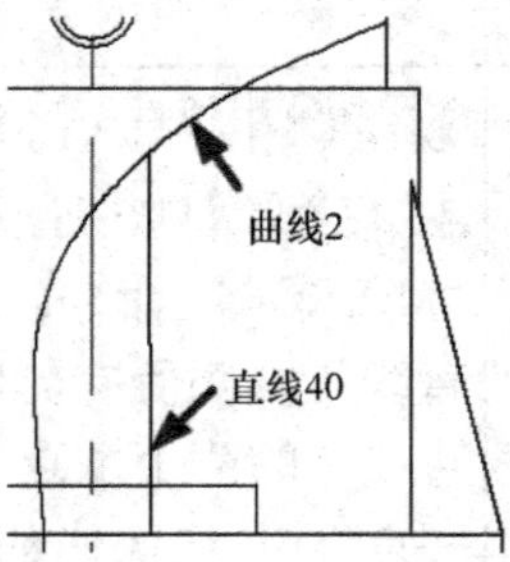

图 4-104　样条曲线 2 和直线 40

Step02 单击【绘图】工具栏 |【直线】按钮或在命令行执行“LINE”命令，绘制直线 40。直线 40 的坐标为{(7，16)，(@0，47.8)}，直线 40 和曲线 2 如图 4-104 所示。

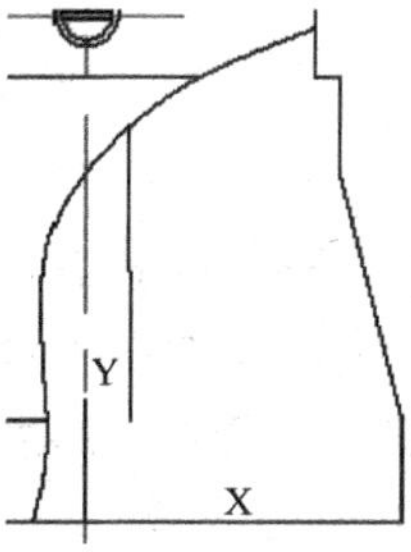

图 4-105　修剪

Step03 单击【修改】工具栏｜-/--【修剪】按钮或在命令行执行“TRIM”命令，对视图进行修剪，修剪后的视图如图 4-105 所示。

（5）将【粗实线】层设置为当前图层

图 4-106　将【粗实线】层设置为当前图层

单击【图层特性管理器】的下拉菜单，将【粗实线】层设置为当前图层，如图 4-106 所示。

（6）绘制直线

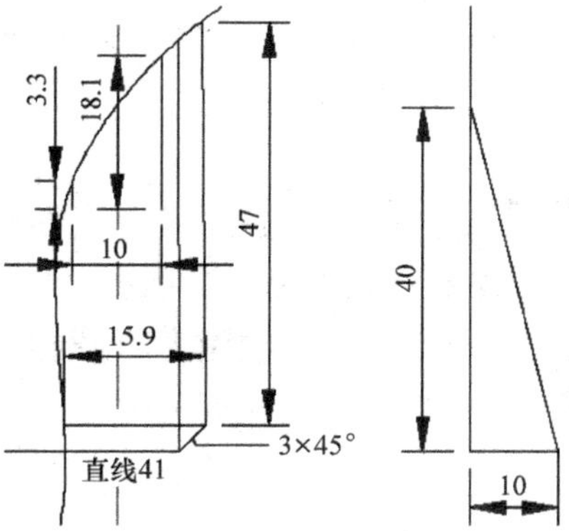

图 4-107　绘制直线

Step01 单击【绘图】工具栏｜【直线】按钮或在命令行执行“LINE”命令。直线 41 的坐标为{(-5.77, 16),(@12.77, 0)}，其余各直线尺寸如图 4-107 所示。

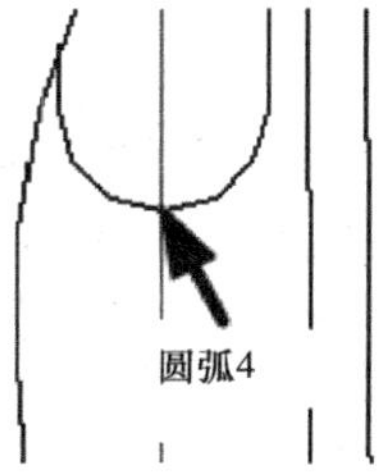

图 4-108　绘制圆弧

Step02 单击【绘图】工具栏｜【圆弧】按钮或在命令行执行“ARC”命令，绘制圆弧 4。圆弧 4 三点坐标依次为（-5，44），（@5，-5），（@5，5），圆弧 4 如图 4-108 所示。

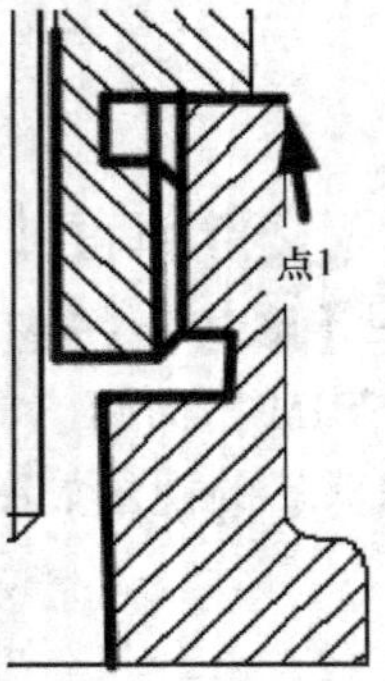 图 4-109　复制线段	Step03 选中主视图右侧若干线段（如图 4-109 中加粗线段），复制（CTRL + C），并粘贴（CTRL + V）到任意空白区域。
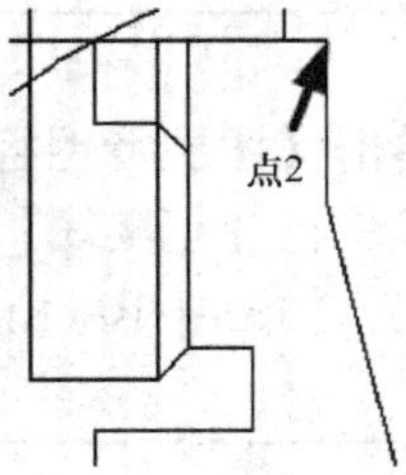 图 4-110　移动复制所得线段	Step04 单击【修改】工具栏｜【移动】按钮或在命令行执行“MOVE”命令，完成左视图的局部剖视图轮廓线的绘制。选取上一步复制得到的若干线段，指定上图点 1 为基点，移动光标到左视图点 2 处，使点 1 与点 2 重合。移动操作后如图 4-110 所示。
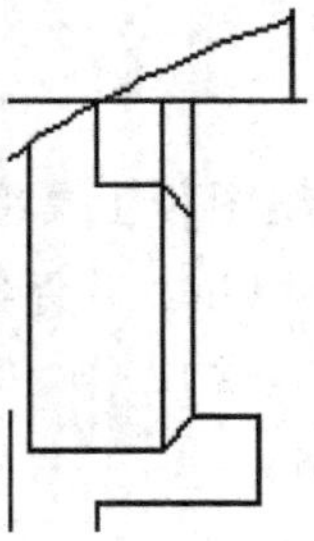 图 4-111　修剪多余线段	Step05 单击【修改】工具栏｜【修剪】或在命令行执行“TRIM”命令，修剪局部剖视图中的多余线段。修剪后的结果如图 4-111 所示。
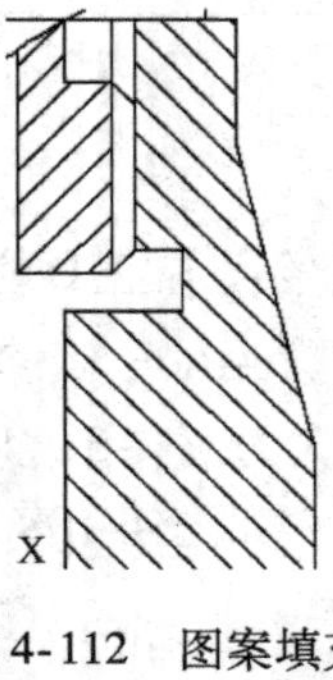 图 4-112　图案填充	Step06 单击【绘图】工具栏｜【图案填充】按钮或在命令行执行“HATCH”命令，完成局部剖视图的图案填充，如图 4-112 所示。

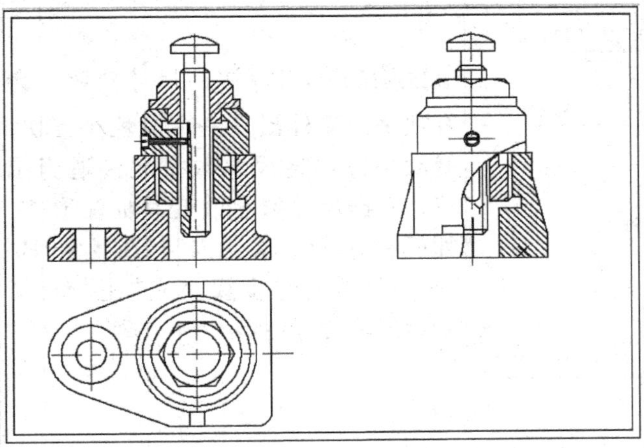
图 4-113　装配体三视图

Step07 装配体的三视图如图 4-113 所示。

4.2.8　尺寸及配合标注

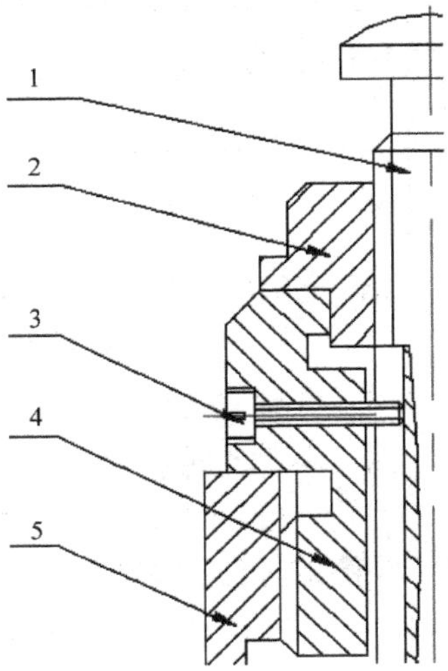

图 4-114　多重引线标注

Step01 单击【菜单】工具栏｜【标注】｜【多重引线】或在命令行执行“MLEADER”命令，绘制如图 4-114 中的 5 条多重引线，各直线左端对齐，分别指向零件 1～5。

Step02 单击【菜单】工具栏｜【绘图】｜【文字】｜A【单行文字】或在命令行执行“TEXT”命令。指定“文字样式”为数字与字母，“文字旋转角度”为 0，文字位置如图 4-114所示。

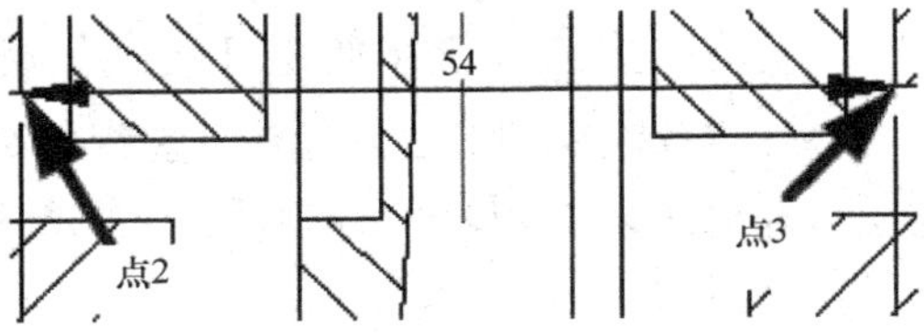

图 4-115　标注样例

Step03 单击【菜单】工具栏｜【标注】｜【线性】或在命令行执行“DIMLINEAR”命令。选取需要标注距离的两端点，例如图 4-115 中的点 2 和点 3，移动光标指定尺寸标注位置。

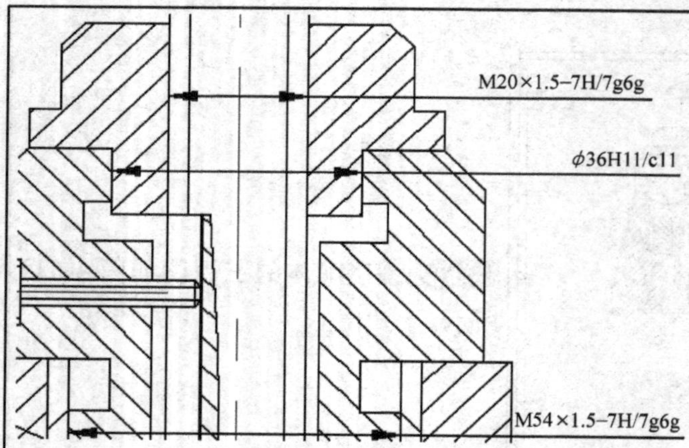

图 4-116　配合标注

Step04 单击标注的尺寸数字，会在数字位置处出现一个蓝色小方块，拖动小方块将尺寸数字放在适当位置；双击尺寸数字改变其标注形式，如标注配合公差（M54 ×1.5 – 7H/7g6g）。按上述步骤完成如图 4-116 所示的配合标注。

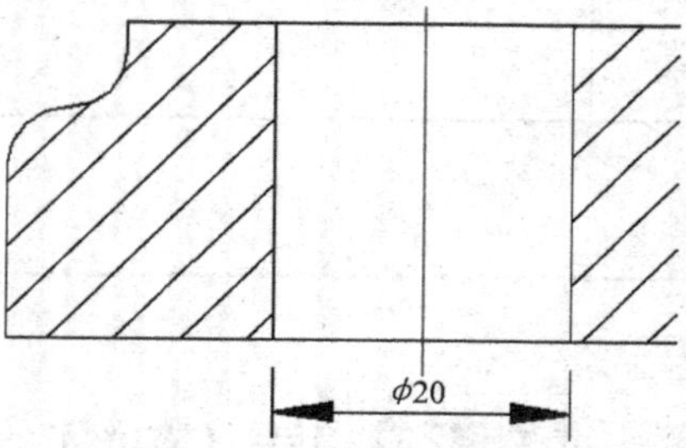

图 4-117　标注 ϕ20 的孔

Step05 继续使用【线性】标注完成主视图的标注。在对主视图中 ϕ20 的孔进行标注时，在尺寸数字前输入“%% C”即可得到“ϕ”，如图 4-117 所示。

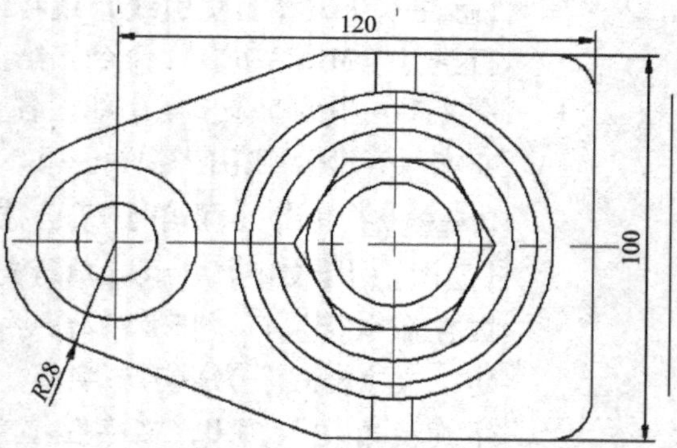

图 4-118　俯视图的标注

Step06 单击【菜单】工具栏 |【标注】|【半径】对俯视图中 *R*28 圆弧进行标注。选中 *R*28 的圆弧，移动光标将尺寸数字放置在适当位置。使用【线性】标注完成对俯视图的标注，如图 4-118 所示。

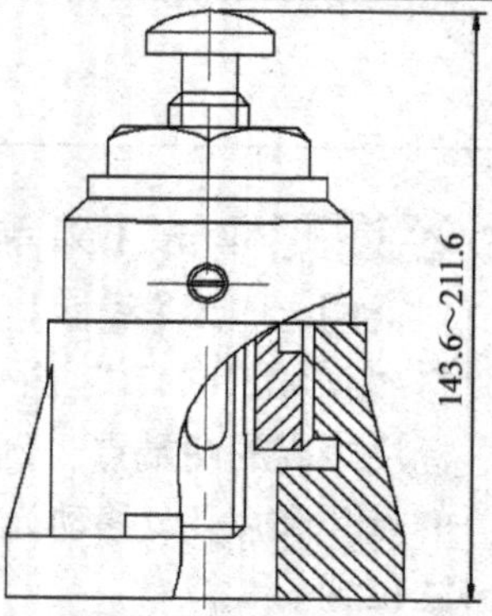

图 4-119　左视图的标注

Step07 继续使用【线性】标注完成左视图高度的标注，左视图高度标注为“143.6 ~ 211.6”，如图 4-119 所示。

4.2.9 绘制标题栏

(1) 绘制标题栏外图框

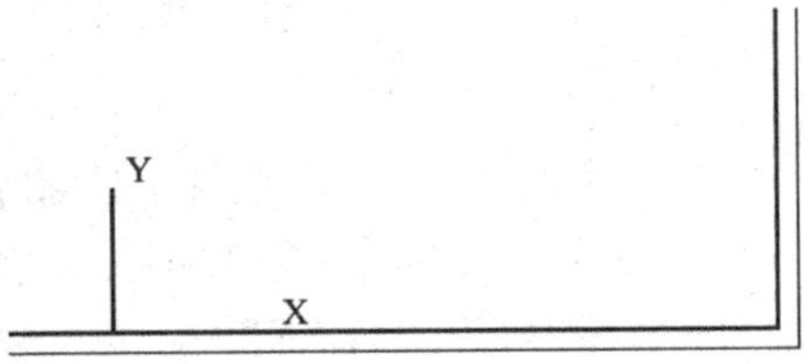

图 4-120 定义用户坐标系

Step01 在命令行执行“UCS”命令，指定“坐标原点”为（-25，-120），“X 轴上的点”坐标为（@1，0），“XY 平面上的点”坐标为（@1，1），如图 4-120 所示。

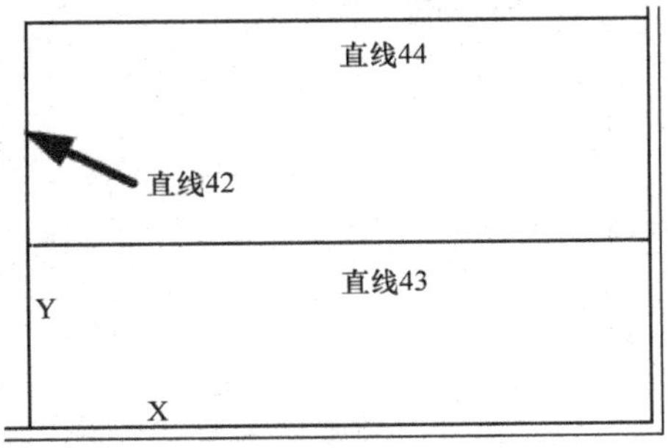

图 4-121 标题栏外框

Step02 单击【绘图】工具栏｜【直线】按钮或在命令行执行“LINE”命令，绘制标题栏的外框。直线 42 的坐标为{(0，0)，(@0，88)}，直线 43 的坐标为{(0，40)，(@130，0)}，直线 44 的坐标为{(0，88)，(@130，0)}，如图 4-121 所示。

(2) 将【细实线】层设置为当前图层

图 4-122 将【细实线】层设置为当前图层

单击【图层特性管理器】的下拉菜单，将【细实线】层设置为当前图层，如图 4-122 所示。

(3) 绘制标题栏网格

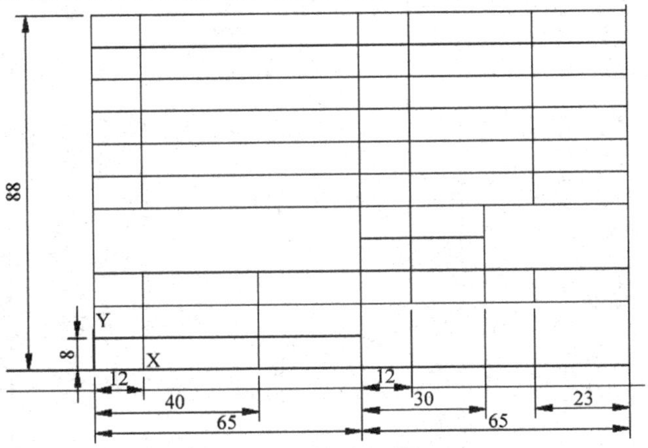

图 4-123 标题栏

继续使用直线命令完成标题栏的绘制，各尺寸如图 4-123 所示。

4.2.10 装配图的文字标注

5	支承杆	1	45	
4	调节螺母	1	45	
3	螺钉	1	45	
2	套筒	1	45	
1	底座	1	ZG45	
序号	名称	数量	材料	附注
螺纹调节支承		比例		
		数量		
制图		重量		
描图				
审图				

图 4-124 标题栏文字标注

单击【菜单】工具栏|【绘图】|【文字】|A【单行文字】或在命令行执行“TEXT”命令。使用【汉字】文字样式完成如图 4-124 所示的文字标注。

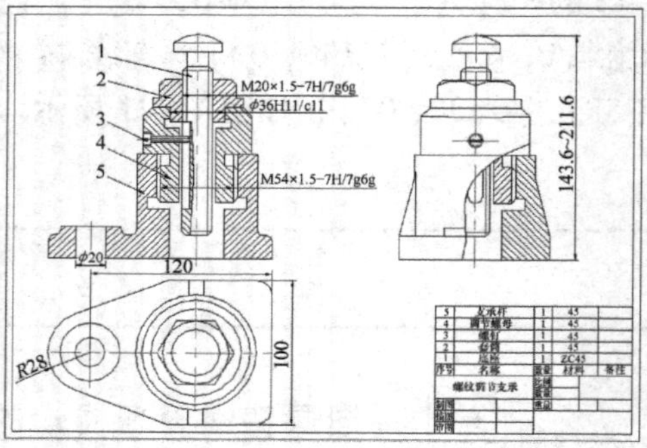

图 4-125 装配图完成

完成所有绘制后装配图如图 4-125 所示。

第 5 章 三维建模实例

5.1 如何绘制齿轮

本例以齿轮的绘制过程为例介绍三维图的绘制方法，如图 5-1 所示。本范例用到 AutoCAD 2017 的知识点有：【圆】、【矩形】、【拉伸】、【移动】、【实体，差集】、【直线】、【旋转】、【镜像】、【修剪】、【面域】、【环形阵列】、【分解】、【实体，并集】、【倒角边】等命令。

图 5-1　齿轮

	完成模型	配套光盘\模型文件\5\5.1
	作图录制	配套光盘\屏幕录像\5\5.1

具体步骤如下。

5.1.1 绘制轴孔

（1）绘制轴孔

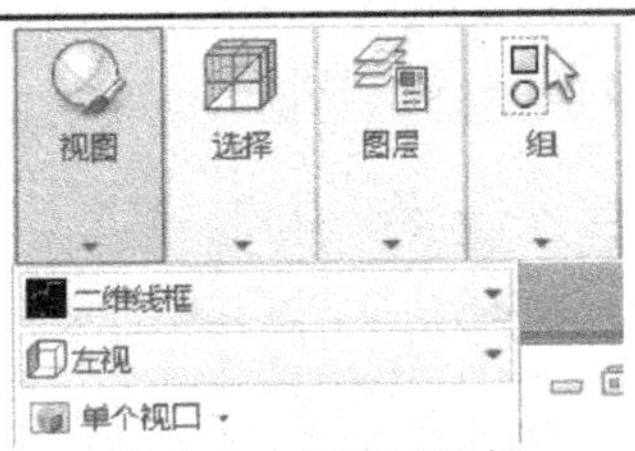

图 5-2　左视图选择

Step01 单击【常用】选项卡 |【视图】面板，选择【左视】命令，如图 5-2 所示。

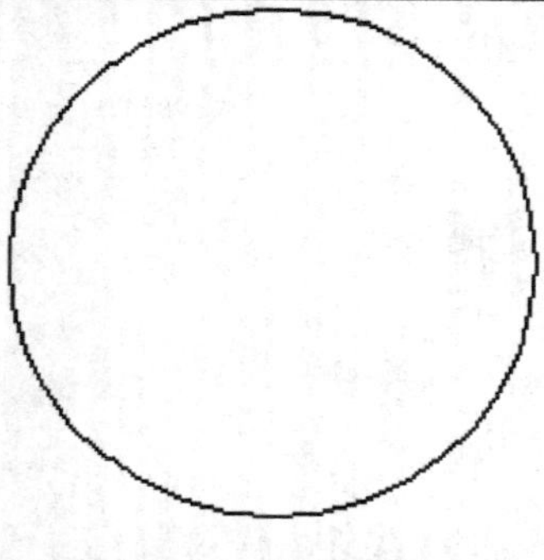

图 5-3　绘制的圆

Step02 单击【常用】选项卡 |【绘图】面板中的【圆心，半径】按钮，绘制草图如图 5-3 所示。

命令：_ circle

指定圆的圆心或［三点（3P）/两点（2P）/切点、切点、半径（T）]：//单击绘图区域任意一点作为圆心。

指定圆的半径或［直径（D）]：12

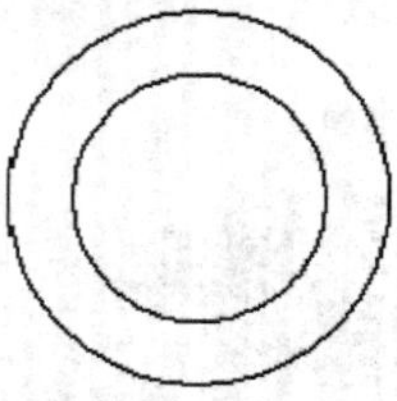

图 5-4　绘制的圆

Step03 用同样的方法继续绘制圆，如图 5-4 所示。

命令：_ circle

指定圆的圆心或［三点（3P）/两点（2P）/切点、切点、半径（T）]：//单击上个圆的圆心作为圆心绘制同心圆。

指定圆的半径或［直径（D）]〈12.0000〉：18

（2）绘制键槽

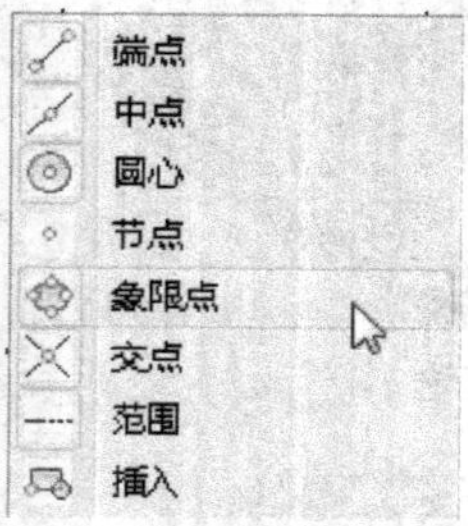

图 5-5　象限点和中点选择

Step01 用鼠标右键单击状态栏的【对象捕捉】按钮，选中“象限点”和“中点”复选框，如图 5-5 所示。

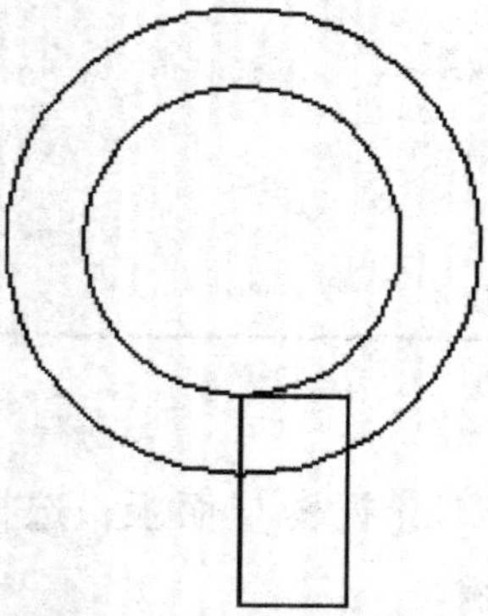

图 5-6　绘制的矩形

Step02 单击【常用】选项卡 |【绘图】面板中的【矩形】按钮，绘制草图如图 5-6 所示。

命令：_ rectang

指定第一个角点或[倒角(C)/标高(E)/圆角(F)/厚度(T)/宽度(W)]：//捕捉直径 24 的圆的下端象限点为矩形的顶点。

指定另一个角点或[面积(A)/尺寸(D)/旋转(R)]：D

指定矩形的长度〈10.0000〉：8

指定矩形的宽度〈10.0000〉：16

指定另一个角点或[面积(A)/尺寸(D)/旋转]：//按【Enter】键。

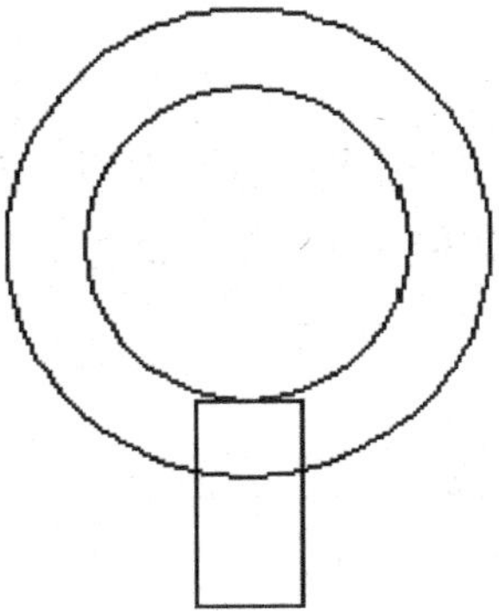

图 5-7　移动矩形

Step03 单击【常用】选项卡|【修改】面板中的【移动】按钮，按命令行提示移动实体，如图 5-7 所示。

命令：_ move

选择对象：找到 1 个：//单击矩形。

选择对象：//按【Enter】键。

指定基点或［位移（D）］〈位移〉：//捕捉矩形上方的边的中点。

指定第二个点或〈使用第一个点作为位移〉：//移动至直径 24 的圆的下端象限点。

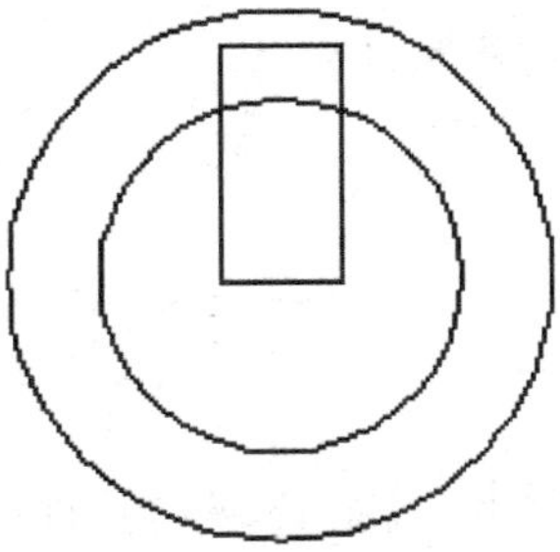

图 5-8　移动矩形

Step04 用同样的方法继续移动矩形，如图 5-8 所示。

命令：_ move

选择对象：找到 1 个：//单击矩形。

选择对象：//按【Enter】键。

指定基点或［位移（D）］〈位移〉：//捕捉矩形上方的边的中点。

指定第二个点或〈使用第一个点作为位移〉：27.6

//向上移动 27.6。

（3）拉伸图形

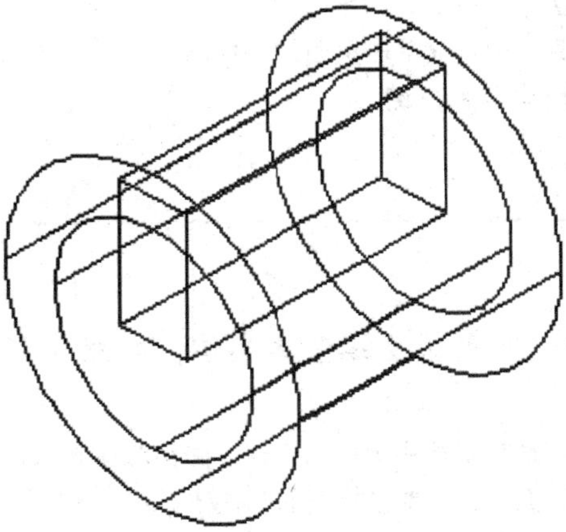

图 5-9　拉伸矩形和圆

Step01 单击【常用】选项卡|【建模】面板中的【拉伸】按钮，按命令行提示把矩形和圆拉伸为实体。单击【常用】选项卡|【视图】面板，选择【西南等轴测】命令，观看拉伸后的实体，如图 5-9 所示。

命令：_ extrude

当前线框密度：ISOLINES＝4，闭合轮廓创建模式 ＝ 实体

选择要拉伸的对象或［模式（MO）］：_MO 闭合轮廓创建模式［实体（SO）/曲面（SU）］〈实体〉：_SO

选择要拉伸的对象或［模式（MO）］：找到 1 个

选择要拉伸的对象或［模式（MO）］：找到 1 个，总计 2 个

选择要拉伸的对象或［模式（MO）］：找到 1 个，总计 3 个：//依次单击矩形和两个圆。

选择要拉伸的对象或［模式（MO）］：//按【Enter】键。

指定拉伸的高度或［方向（D）/路径（P）/倾斜角（T）/表达式（E）］：32

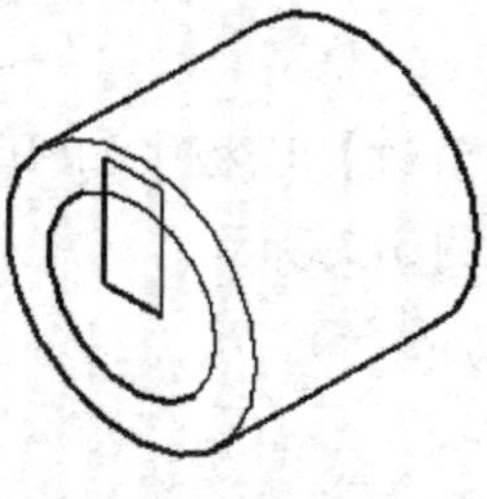

图 5-10　隐藏后的实体

Step02 单击【常用】选项卡 |【视图】面板，选择【隐藏】命令，隐藏看不到的线段，如图 5-10 所示。

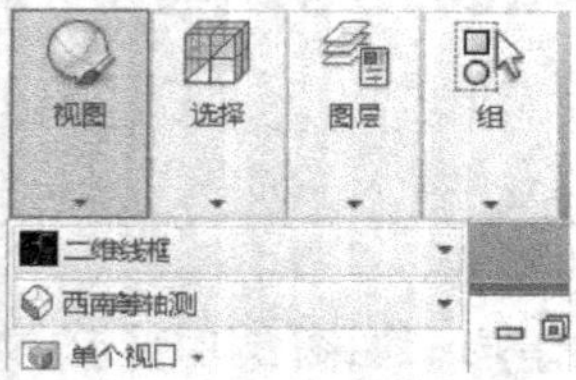

图 5-11　二维线框视图

Step03 单击【常用】选项卡 |【视图】面板，选择【二维线框】命令，如图 5-11 所示。

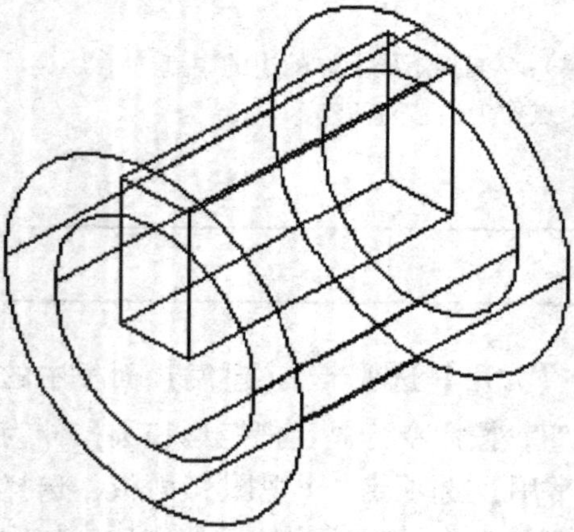

图 5-12　差集实体（一）

Step04 单击【常用】选项卡 |【实体编辑】面板中的【实体，差集】按钮，按命令行提示差集实体，如图 5-12 所示。

命令：_ subtract 选择要从中减去的实体、曲面和面域...
选择对象：找到 1 个：//单击外面的圆柱体。
选择对象：//按【Enter】键。
选择要减去的实体、曲面和面域...
选择对象：找到 1 个：//单击里面的圆柱体。
选择对象：//按【Enter】键。

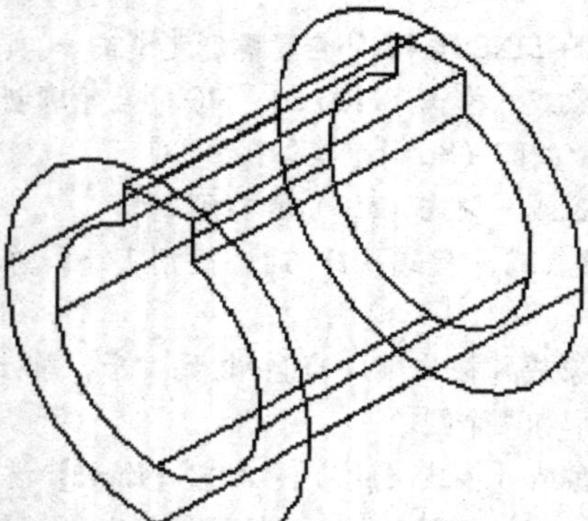

图 5-13　差集实体（二）

Step05 用同样的方法继续差集实体，如图 5-13 所示。

命令：_ subtract 选择要从中减去的实体、曲面和面域...
选择对象：找到 1 个：//单击外面的圆柱体。
选择对象：//按【Enter】键。
选择要减去的实体、曲面和面域...
选择对象：找到 1 个：//单击长方体。
选择对象：//按【Enter】键。

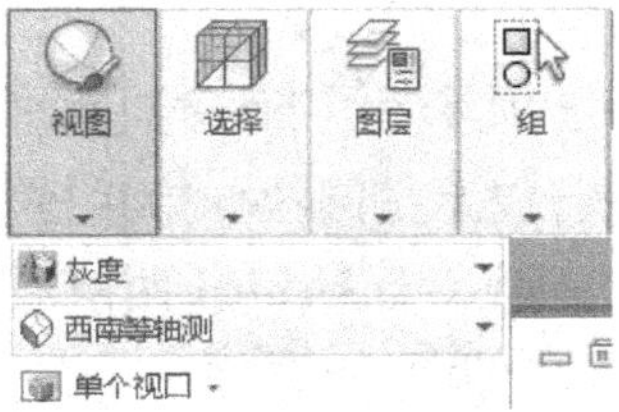

图 5-14　灰度选择

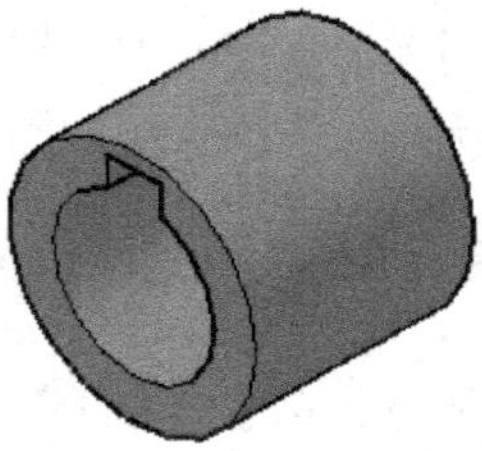
图 5-15　灰度后的实体

Step06 单击【常用】选项卡|【视图】面板，选择【灰度】命令，如图 5-14 和图 5-15 所示。

5.1.2　绘制齿轮的齿

(1) 绘制轮廓

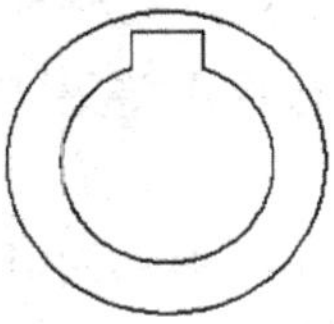
图 5-16　左视视图

Step01 单击【常用】选项卡|【视图】面板，选择【左视】和【二维线框】命令，如图 5-16 所示。

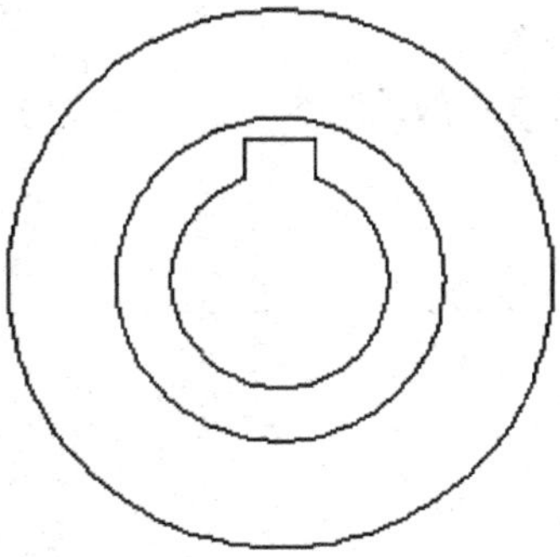
图 5-17　绘制的圆（一）

Step02 单击【常用】选项卡|【绘图】面板中的【圆心，半径】按钮，绘制的圆如图 5-17 所示。

命令：_circle

指定圆的圆心或［三点（3P）/两点（2P）/切点、切点、半径（T）］：//捕捉之前绘制的圆柱体的圆心作为圆心。

指定圆的半径或［直径（D）］：30

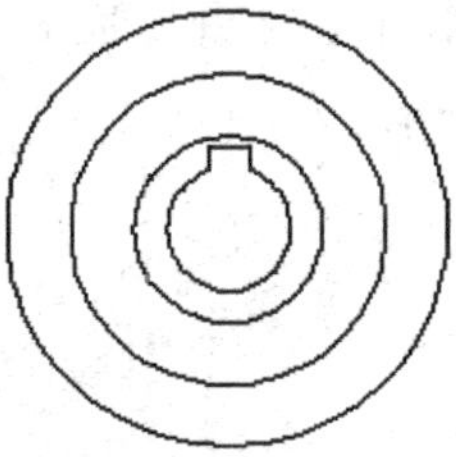
图 5-18　绘制的圆（二）

Step03 用同样的方法继续绘制圆，如图 5-18 所示。

命令：_circle

指定圆的圆心或［三点（3P）/两点（2P）/切点、切点、半径（T）］：//捕捉之前绘制的圆柱体的圆心作为圆心。

指定圆的半径或［直径（D）］〈30.0000〉：42

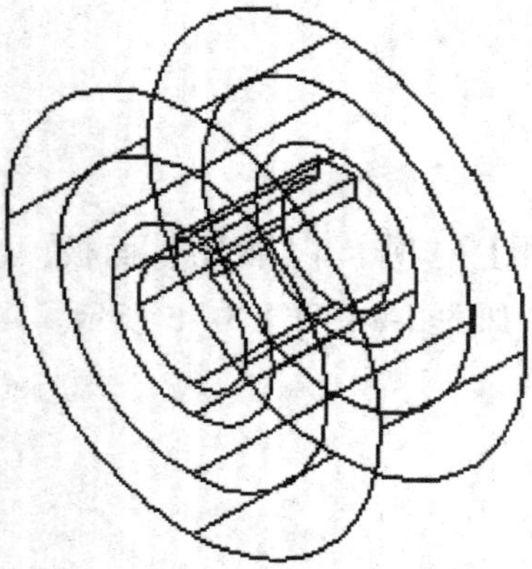

图 5-19　拉伸圆

Step04 单击【常用】选项卡｜【建模】面板中的【拉伸】按钮，按命令行提示把圆拉伸为实体。单击【常用】选项卡｜【视图】面板，选择【西南等轴测】命令，观看拉伸后的实体，如图 5-19 所示。

命令：_ extrude

当前线框密度：ISOLINES =4，闭合轮廓创建模式 = 实体

选择要拉伸的对象或［模式（MO)]：_ MO 闭合轮廓创建模式［实体（SO）/曲面（SU)]〈实体〉：_ SO

选择要拉伸的对象或［模式（MO)]：找到 1 个

选择要拉伸的对象或［模式（MO)]：找到 1 个，总计 2 个：//依次单击新绘制的两个圆。

选择要拉伸的对象或［模式（MO)]：//按【Enter】键。

指定拉伸的高度或［方向（D）/路径（P）/倾斜角（T）/表示式（E)]：32

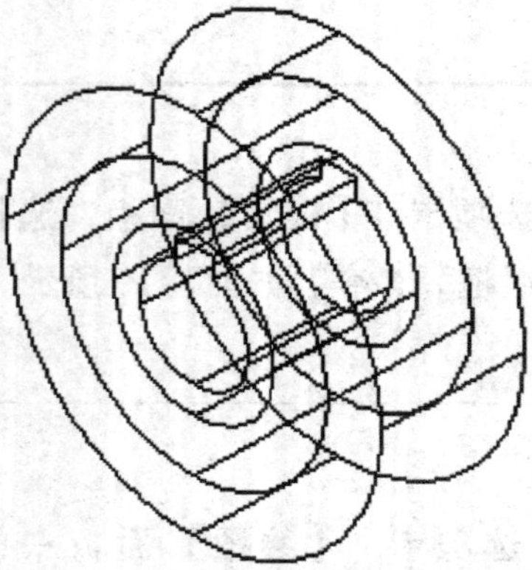

图 5-20　差集实体

Step05 单击【常用】选项卡｜【实体编辑】面板中的【实体，差集】按钮，按命令行提示差集实体，如图 5-20 所示。

命令：_ subtract 选择要从中减去的实体、曲面和面域...

选择对象：找到 1 个：//单击外面的圆柱体。

选择对象：//按【Enter】键。

选择要减去的实体、曲面和面域...

选择对象：找到 1 个：//单击里面的圆柱体。

选择对象：//按【Enter】键。

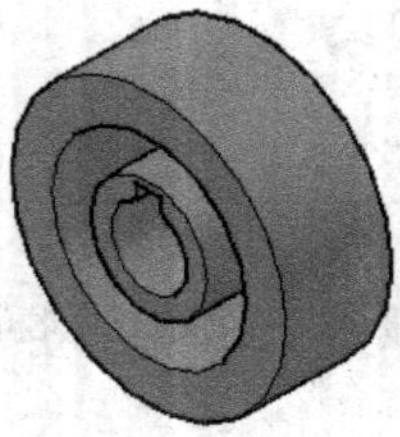

图 5-21　灰度后的实体

Step06 单击【常用】选项卡｜【视图】面板，选择【灰度】命令，如图 5-21 所示。

(2) 绘制齿

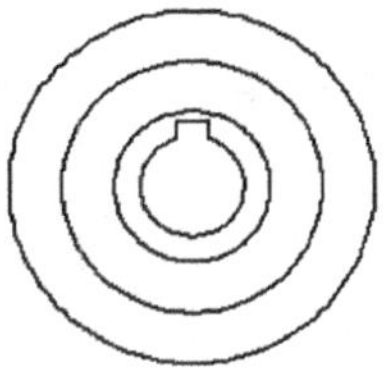

图 5-22　左视视图

Step01 单击【常用】选项卡｜【视图】面板，选择【左视】和【二维线框】命令，如图 5-22 所示。

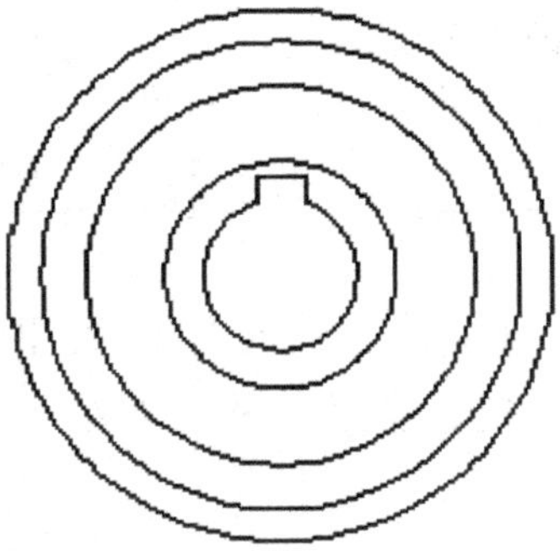

图 5-23　绘制的圆（一）

Step02 单击【常用】选项卡｜【绘图】面板中的【圆心，半径】按钮，绘制的圆如图 5-23 所示。

命令：_ circle

指定圆的圆心或［三点（3P）/两点（2P）/切点、切点、半径（T）］：//捕捉之前绘制的圆柱体的圆心作为圆心。

指定圆的半径或［直径（D）］：37

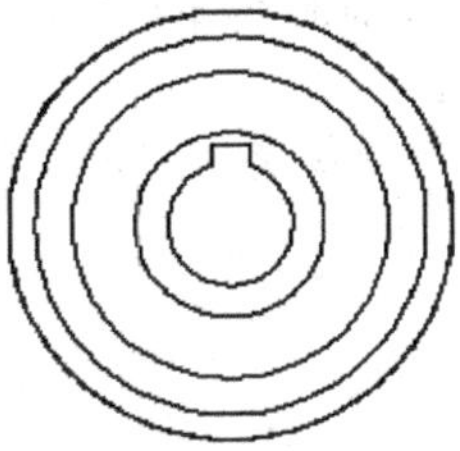

图 5-24　绘制的圆（二）

Step03 用同样的方法继续绘制圆，如图 5-24 所示。

命令：_ circle

指定圆的圆心或［三点（3P）/两点（2P）/切点、切点、半径（T）］：//捕捉之前绘制的圆柱体的圆心作为圆心。

指定圆的半径或［直径（D）］〈37.0000〉：42

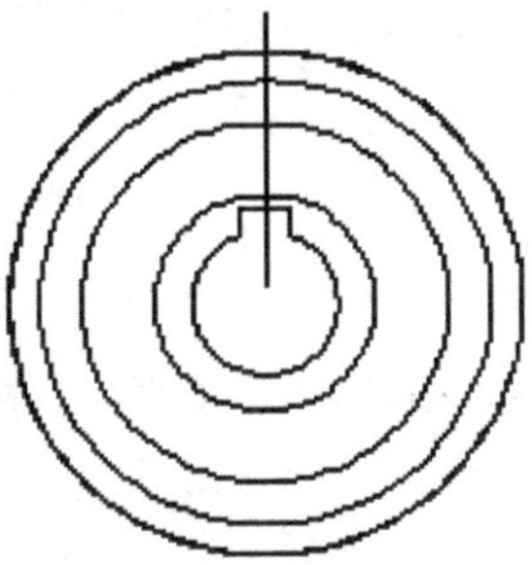

图 5-25　绘制直线

Step04 单击【常用】选项卡｜【绘图】面板中的【直线】按钮，绘制直线如图 5-25 所示。

命令：_ line

指定第一个点：//捕捉最外侧圆上端的象限点正上方为起点。

指定下一点或［放弃（U）］：//捕捉圆心正上方为终点绘制一条直线。

指定下一点或［放弃（U）］：//按【Enter】键。

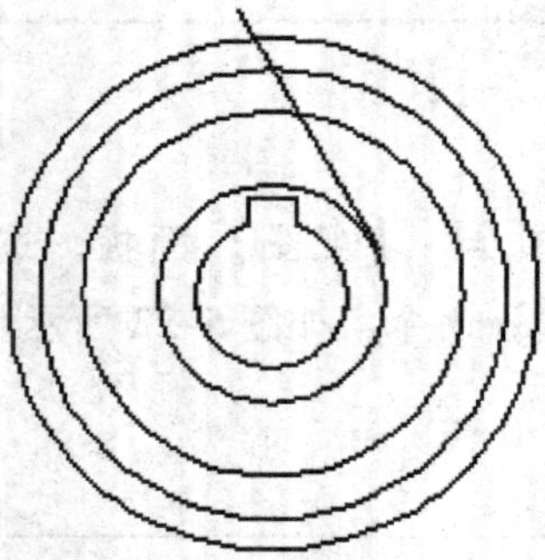

图 5-26　旋转直线

Step05 单击【常用】选项卡 |【修改】面板中的【旋转】按钮，按命令行提示旋转直线，如图 5-26 所示。

命令：_ rotate

UCS 当前的正角方向：ANGDIR = 逆时针

ANGBASE = 0

选择对象：找到 1 个：//单击直线。

选择对象：//按【Enter】键。

指定基点：//捕捉齿根圆上端的象限点为基点。

指定旋转角度，或［复制（C）/参照（R）］〈0〉：30

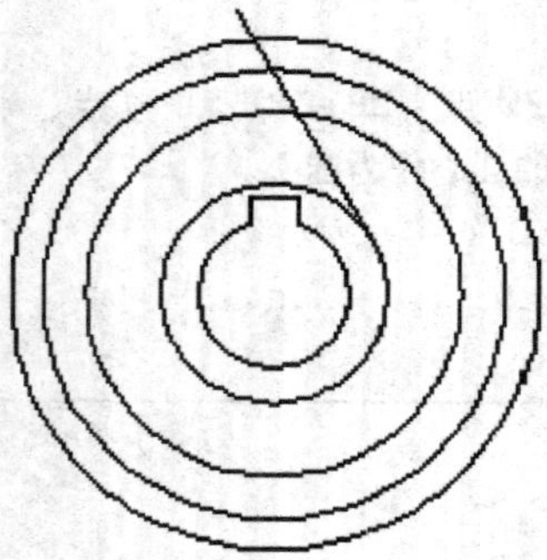

图 5-27　移动直线

Step06 单击【常用】选项卡 |【修改】面板中的【移动】按钮，按命令行提示移动直线，如图 5-27 所示。

命令：_ move

选择对象：找到 1 个：//单击直线。

选择对象：//按【Enter】键。

指定基点或［位移（D）］〈位移〉：//捕捉齿根圆上端的象限点为基点。

指定第二个点或〈使用第一个点作为位移〉：0.4：//向左移动 0.4。

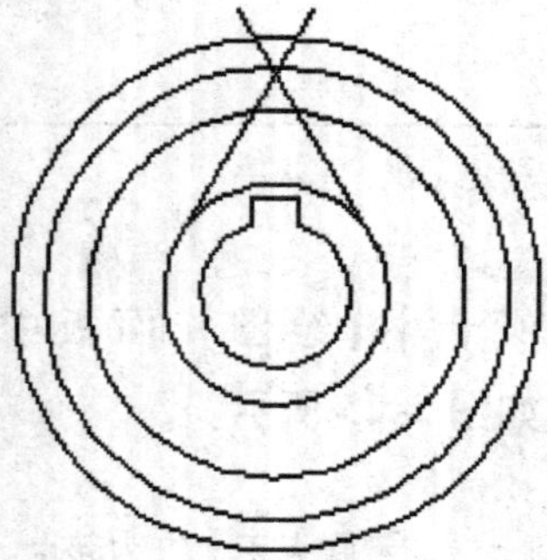

图 5-28　镜像直线

Step07 单击【常用】选项卡 |【修改】面板中的【镜像】按钮，按命令行提示镜像直线，如图 5-28 所示。

命令：_ mirror

选择对象：找到 1 个：//单击直线。

选择对象：//按【Enter】键。

指定镜像线的第一点：指定镜像线的第二点：//捕捉圆心和大圆上端的象限点为镜像线。

要删除源对象吗？［是（Y）/否（N）］〈N〉：N

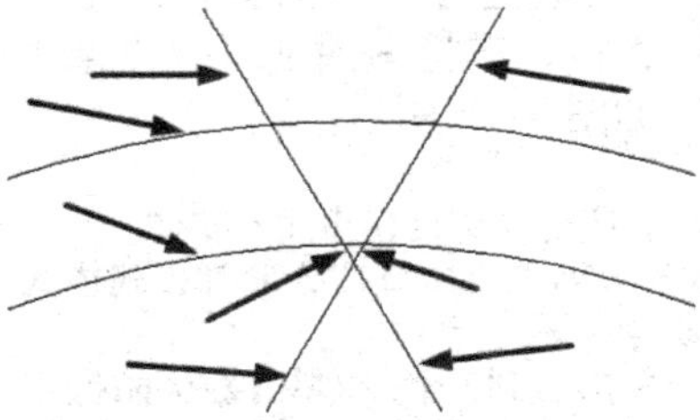

图5-29 需要修剪的地方

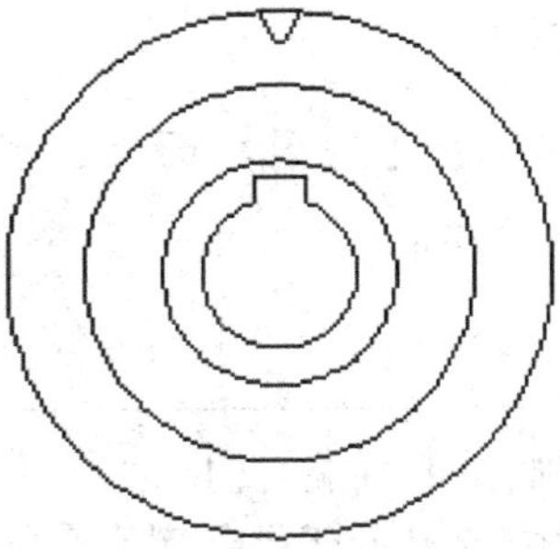

图5-30 修剪后的效果

Step08 单击【常用】选项卡|【修改】面板中的【修剪】按钮，按命令行提示修剪实体，如图5-29和如图5-30所示。

命令：_trim

当前设置：投影=UCS，边=无

选择剪切边…

选择对象或<全部选择>：找到1个

选择对角：找到1个，总计2个

选择对角：找到1个，总计3个

选择对角：找到1个，总计4个：//依次单击两个圆和两条直线。

选择对象：//按【Enter】键。

选择要修剪的对象，或按住Shift键选择要延伸的对象，或[栏选(F)/窗交(C)/投影(P)/边(E)/删除(R)/放弃(U)]：

//依次单击需要修剪的地方。

选择要修剪的对象，或按住Shift键选择要延伸的对象，或[栏选(F)/窗交(C)/投影(P)/边(E)/删除(R)/放弃(U)]：

/按【Enter】键。

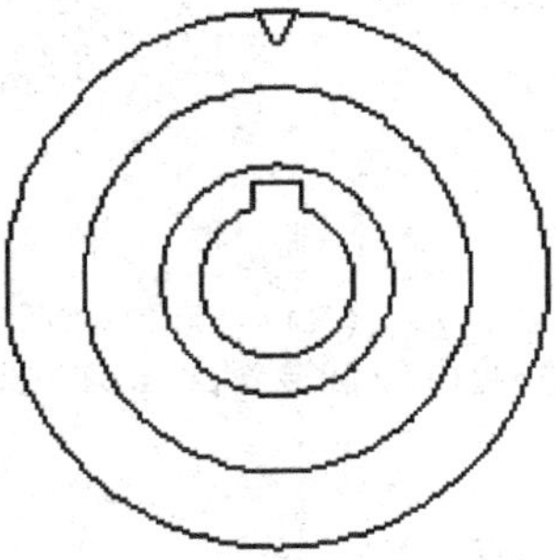

图5-31 生成面域

Step09 单击【常用】选项卡|【绘图】面板中的【面域】按钮，绘制草图如图5-31所示。

命令：_region

选择对象：找到1个

选择对象：找到1个，总计2个

选择对象：找到1个，总计3个

选择对象：找到1个，总计4个//依次单击绘制的齿。

选择对象：//按【Enter】键。

已提取1个环。

已创建1个面域。

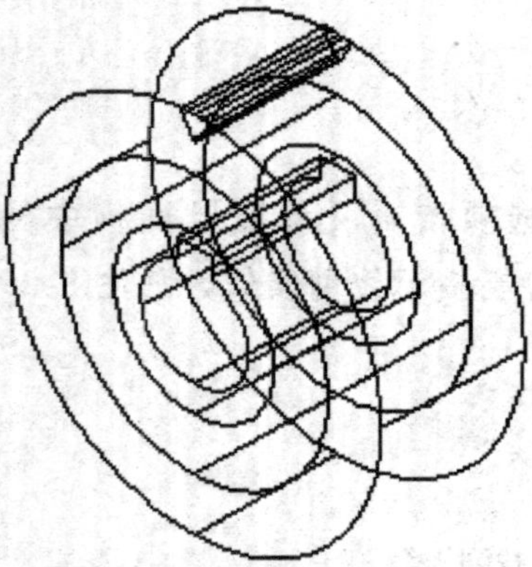

图 5-32 拉伸齿

Step10 单击【常用】选项卡｜【建模】面板中的【拉伸】按钮，按命令行提示把齿拉伸为实体。单击【常用】选项卡｜【视图】面板，选择【西南等轴测】命令，观看拉伸后的实体，如图 5-32 所示。

命令：_ extrude

当前线框密度：ISOLINES = 4，闭合轮廓创建模式 = 实体

选择要拉伸的对象或［模式（MO）］：_ MO 闭合轮廓创建模式［实体（SO）/曲面（SU）］<实体>：_ SO

选择要拉伸的对象或[模式(MO)]：找到 1 个：//单击绘制的齿。

选择要拉伸的对象或[模式(MO)]：//按【Enter】键。

指定拉伸的高度或[方向(D)/路径(P)/倾斜角(T)/表达式(E)]：32

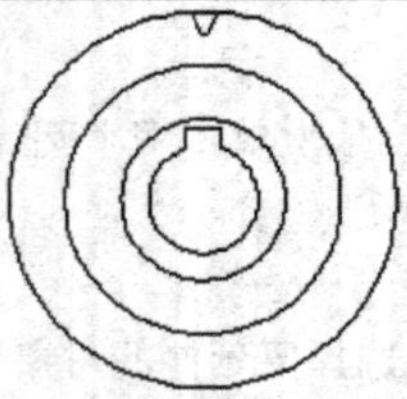

图 5-33 左视图

Step11 单击【常用】选项卡｜【视图】面板，选择【左视】命令，如图 5-33 所示。

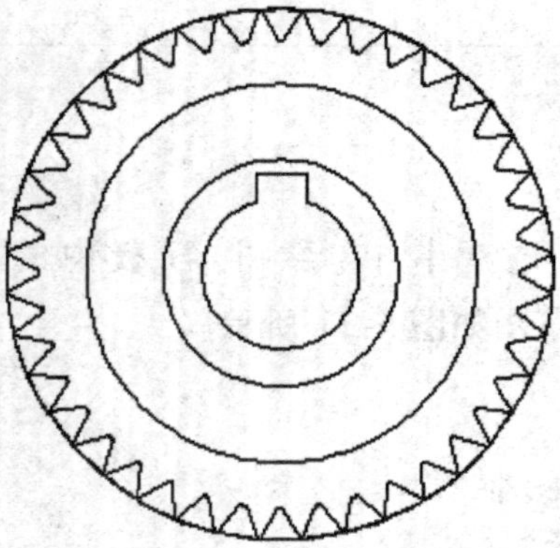

图 5-34 环形阵列齿

Step12 单击【常用】选项卡｜【修改】面板中的【环形阵列】按钮，按命令行提示环形阵列齿，如图 5-34 所示。

命令：arraypolar

选择对象：找到 1 个：//单击绘制的齿。

选择对象：//按【Enter】键。

指定阵列的中心点或［基点（B）/旋转轴（A）］：//单击圆心。

选择夹点以编辑阵列或[关联(AS)/基点(B)/项目(I)/项目间角度(A)/填充角度(F)/行(ROW)/层(L)/旋转项目(ROT)/退出(X)]<退出>：

//在【项目数】键入“40”。

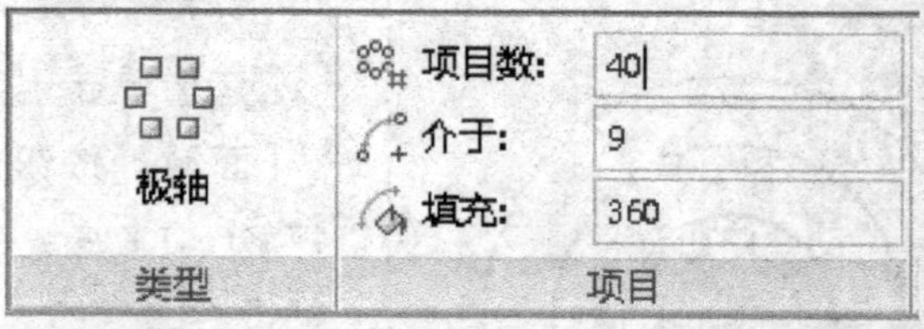

选择夹点以编辑阵列或[关联(AS)/基点(B)/项目(I)/项目间角度(A)/填充角度(F)/行(ROW)/层(L)/旋转项目(ROT)/退出(X)]<退出>：

//单击【关闭阵列】。

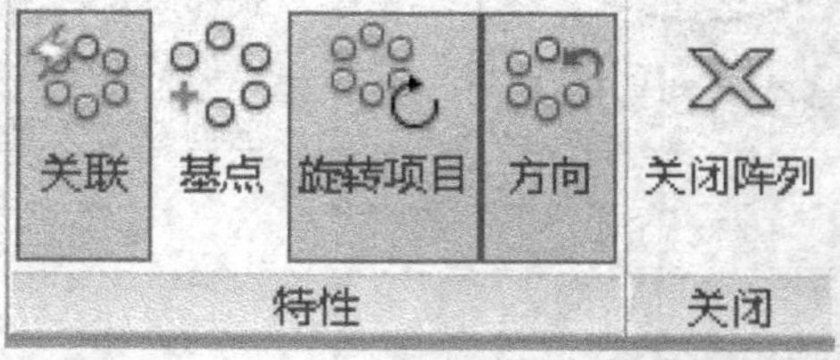

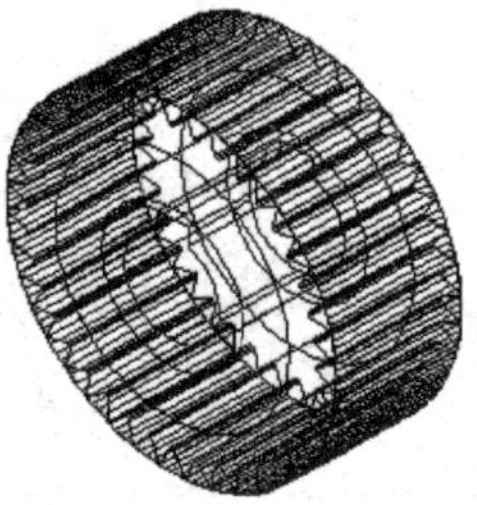

图 5-35　西南等轴测视图

Step13 单击【常用】选项卡|【视图】面板，选择【西南等轴测】命令，如图 5-35 所示。

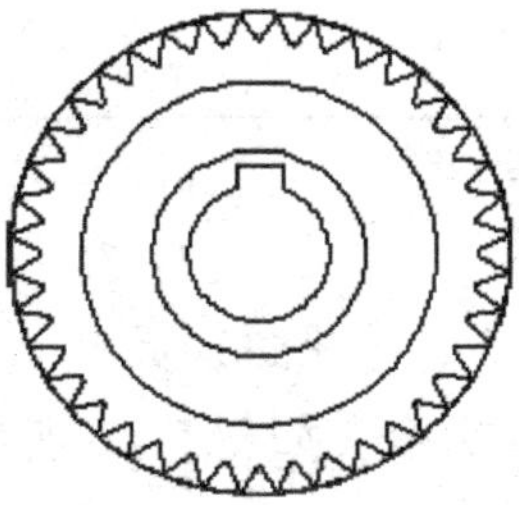

图 5-36　左视图

Step14 单击【常用】选项卡|【视图】面板，选择【左视】命令，如图 5-36 所示。

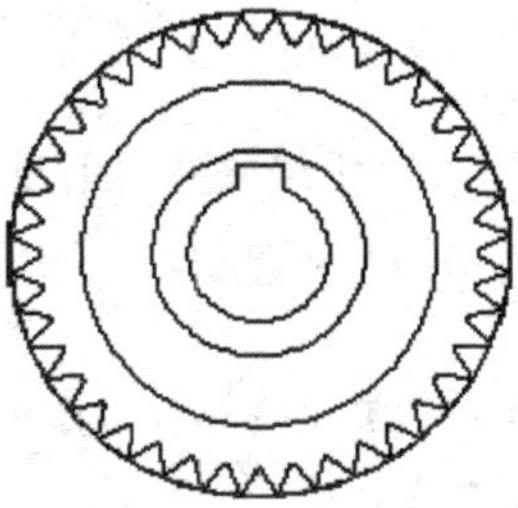

图 5-37　分解命令

Step15 单击【常用】选项卡|【修改】面板中的【分解】按钮，按命令行提示分解实体，如图 5-37 所示。

命令：_ explode
选择对象：找到 1 个：//单击环形阵列的齿。
选择对象：//按【Enter】键。

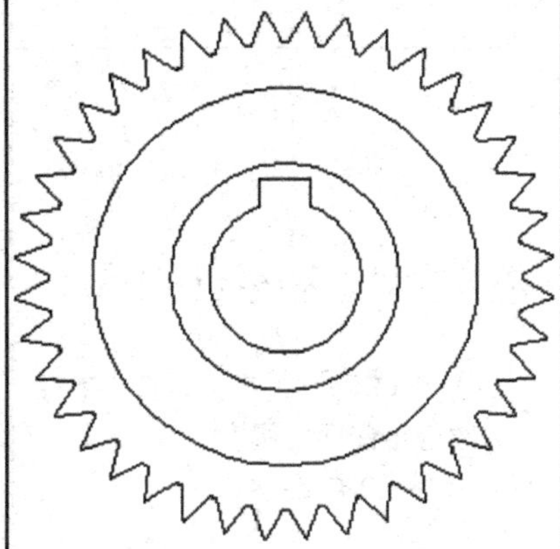

图 5-38　差集实体

Step16 单击【常用】选项卡|【实体编辑】面板中的【实体，差集】按钮，按命令行提示差集实体，如图 5-38 所示。

命令：_ subtract 选择要从中减去的实体、曲面和面域...
选择对象：找到 1 个：//单击外面的圆柱体。
选择对象：//按【Enter】键。
选择要减去的实体、曲面和面域...
选择对象：找到 1 个
选择对象：找到 1 个，总计 40 个：//依次单击环形阵列的齿。
选择对象：//按【Enter】键。

图 5-39　灰度后的实体

Step17 单击【常用】选项卡｜【视图】面板，选择【灰度】、【西南等轴测】命令，如图 5-39 所示。

5.1.3　绘制肋板

（1）绘制圆

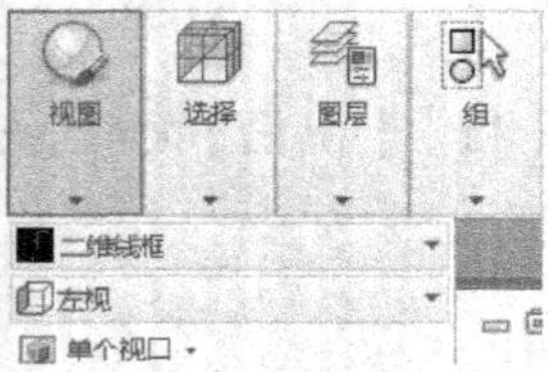

图 5-40　左视图选择

Step01 单击【常用】选项卡｜【视图】面板，选择【二维线框】、【左视】命令，如图 5-40 所示。

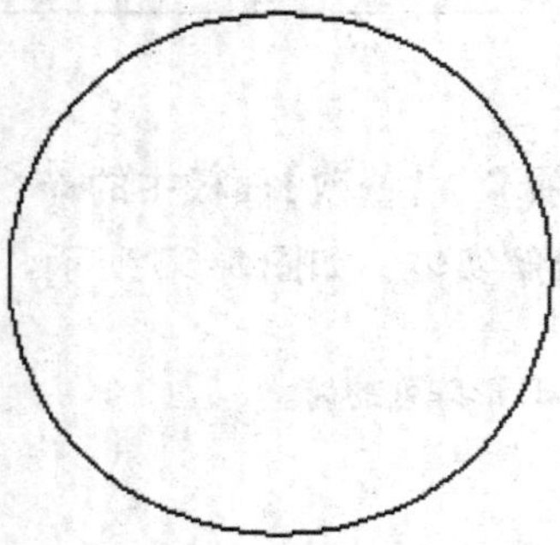

图 5-41　绘制的圆（一）

Step02 单击【常用】选项卡｜【绘图】面板中的【圆心，半径】按钮，如图 5-41 所示。

命令：_circle

指定圆的圆心或［三点(3P)/两点(2P)/切点、切点、半径(T)］：//单击绘图区域任意一点作为圆心。

指定圆的半径或［直径（D）］：18

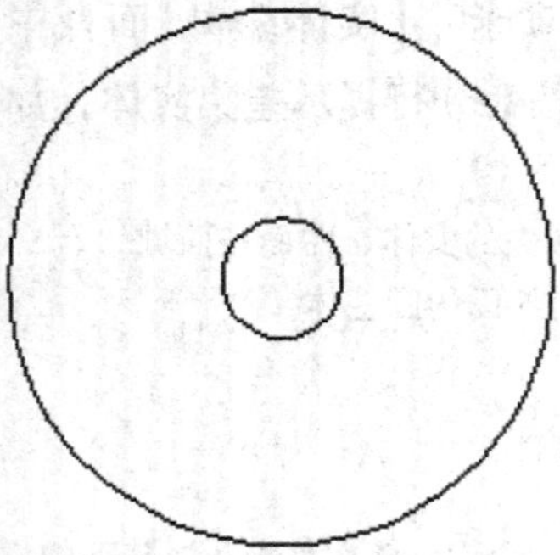

图 5-42　绘制的圆（二）

Step03 用同样的方法继续绘制圆，如图5-42所示。

命令：_circle

指定圆的圆心或［三点(3P)/两点(2P)/切点、切点、半径(T)］：//单击上个圆的圆心作为圆心绘制同心圆。

指定圆的半径或［直径（D）］ <18.0000>：4

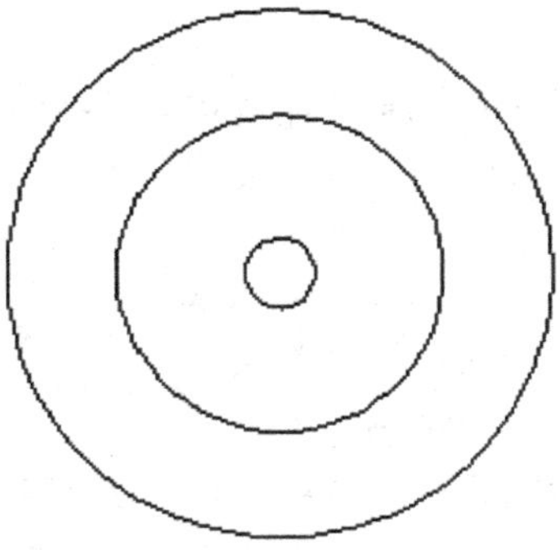

图5-43　绘制的圆（三）

Step04 用同样的方法继续绘制圆，如图5-43所示。

命令：_ circle

指定圆的圆心或［三点(3P)/两点(2P)/切点、切点、半径(T)］：//单击上个圆的圆心作为圆心绘制同心圆。

指定圆的半径或［直径(D)］<4.0000>：30

（2）拉伸圆

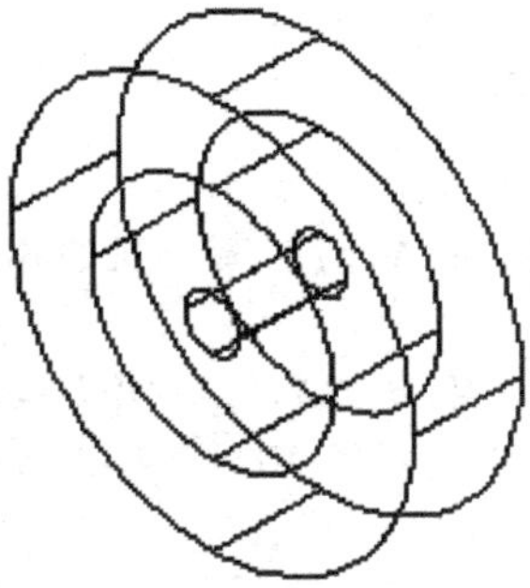

图5-44　拉伸圆

Step01 单击【常用】选项卡|【建模】面板中的【拉伸】按钮，按命令行提示把圆拉伸为实体。单击【常用】选项卡|【视图】面板，选择【西南等轴测】命令，观看拉伸后的实体，如图5-44所示。

命令：_ extrude

当前线框密度：ISOLINES=4，闭合轮廓创建模式=实体

选择要拉伸的对象或［模式（MO）］：_ MO 闭合轮廓创建模式［实体（SO）/曲面（SU）］<实体>：_ SO

选择要拉伸的对象或［模式（MO）］：找到1个

选择要拉伸的对象或［模式（MO）］：找到1个，总计2个

选择要拉伸的对象或［模式（MO）］：找到1个，总计3个：//依次单击新绘制的3个圆。

选择要拉伸的对象或［模式(MO)］：//按【Enter】键。

指定拉伸的高度或［方向(D)/路径(P)/倾斜角(T)/表达式(E)］：16

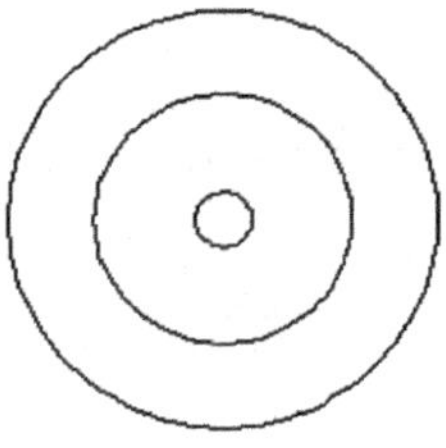

图5-45　左视图

Step02 单击【常用】选项卡|【视图】面板，选择【左视】命令，如图5-45所示。

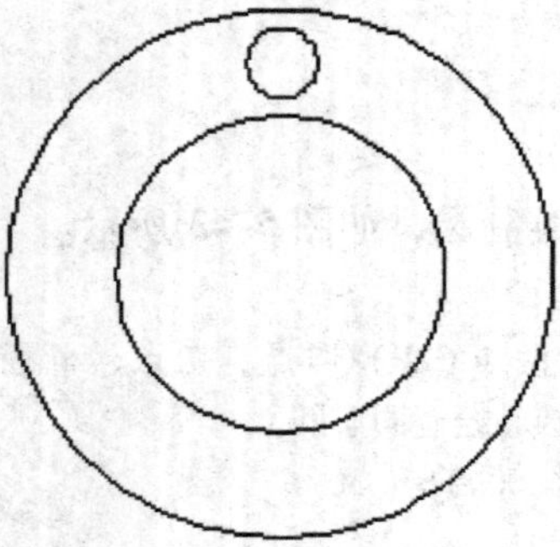

图 5-46　移动圆

Step03 单击【常用】选项卡 |【修改】面板中的【移动】按钮，按命令行提示移动实体，如图 5-46 所示。

命令：_ move

选择对象：找到 1 个：//单击小圆。

选择对象：//按【Enter】键。

指定基点或［位移(D)］<位移>：//单击圆心。

指定第二个点或<使用第一个点作为位移>：24：//向上移动 24。

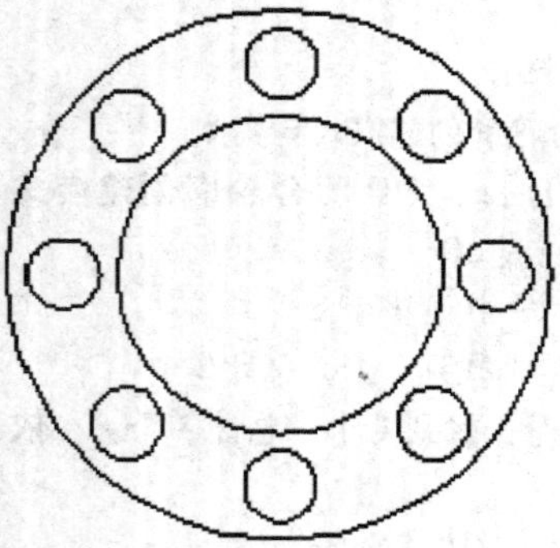

图 5-47　环形阵列圆

Step04 单击【常用】选项卡 |【修改】面板中的【环形阵列】按钮，按命令行提示环形阵列圆，如图 5-47 所示。

命令：arraypolar

选择对象：找到 1 个：//单击小圆。

选择对象：//按【Enter】键。

指定阵列的中心点或［基点(B)/旋转轴(A)］：//单击圆柱体的圆心。

选择夹点以编辑阵列或［关联(AS)/基点(B)/项目(I)/项目间角度(A)/填充角度(F)/行(ROW)/层(L)/旋转项目(ROT)/退出(X)］<退出>：//在【项目数】输入"8"。

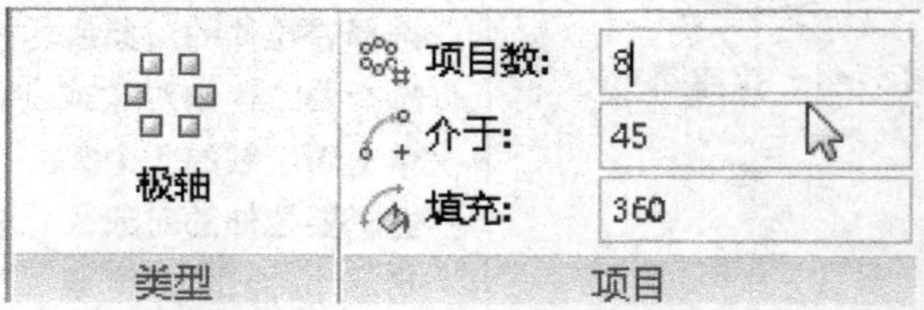

选择夹点以编辑阵列或［关联(AS)/基点(B)/项目(I)/项目间角度(A)/填充角度(F)/行(ROW)/层(L)/旋转项目(ROT)/退出(X)］<退出>：//单击【关闭阵列】。

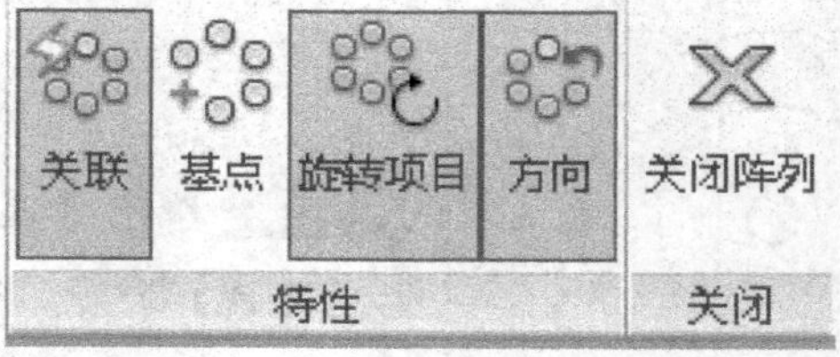

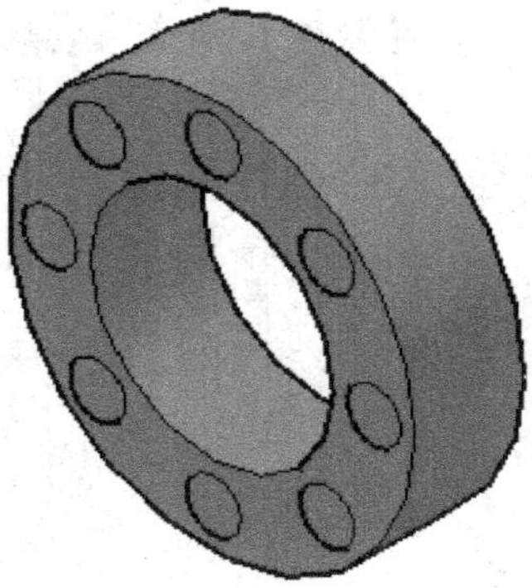

图 5-48　差集实体

Step05 单击【常用】选项卡｜【实体编辑】面板中的【实体，差集】按钮，按命令行提示差集实体，单击【常用】选项卡｜【视图】面板，选择【灰度】、【西南等轴测】命令，观看差集后的实体，如图 5-48 所示。

命令：_ subtract 选择要从中减去的实体、曲面和面域…
选择对象：找到 1 个：//单击外面的圆柱体。
选择对象：//按【Enter】键。
选择要减去的实体、曲面和面域…
选择对象：找到 1 个：//单击里面的圆柱体。
选择对象：//按【Enter】键。

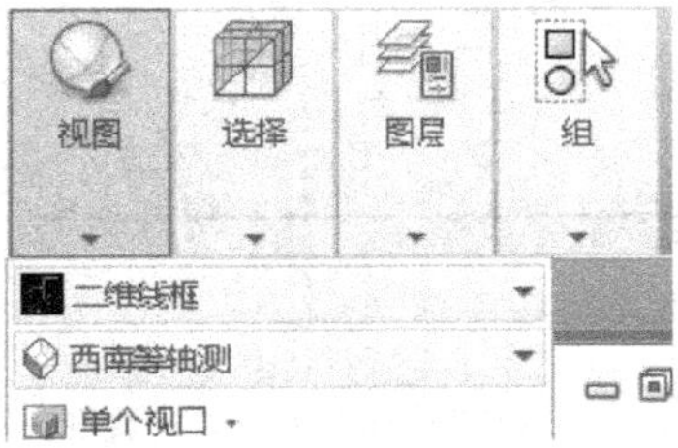

图 5-49　二维线框视图

Step06 单击【常用】选项卡｜【视图】面板，选择【二维线框】命令，如图 5-49 所示。

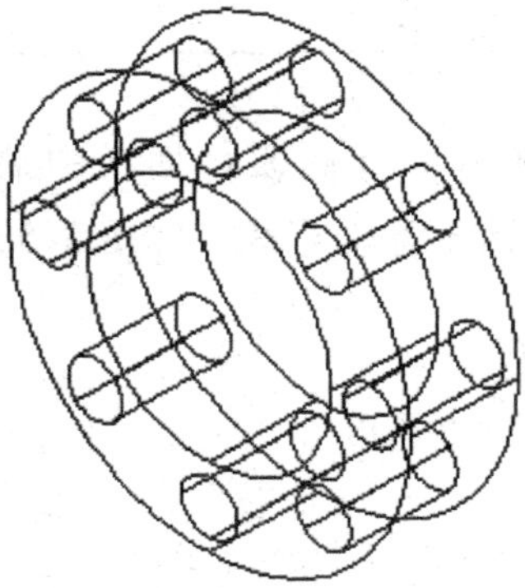

图 5-50　分解命令

Step07 单击【常用】选项卡｜【修改】面板中的【分解】按钮，按命令行提示分解实体，如图 5-50 所示。

命令：_ explode
选择对象：找到 1 个：//单击环形阵列的小圆。
选择对象：//按【Enter】键。

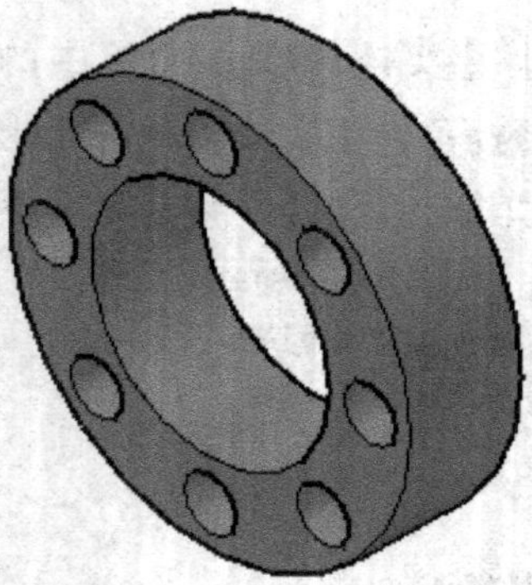

图 5-51　差集实体

Step08 单击【常用】选项卡｜【实体编辑】面板中的【实体，差集】按钮，按命令行提示差集实体，单击【常用】选项卡｜【视图】面板，选择【灰度】命令，观看差集后的实体，如图 5-51 所示。

命令：_ subtract 选择要从中减去的实体、曲面和面域…
选择对象：找到 1 个：//单击圆环。
选择对象：//按【Enter】键。
选择要减去的实体、曲面和面域…
选择对象：找到 1 个
选择对象：找到 1 个，总计 2 个
选择对象：找到 1 个，总计 3 个
选择对象：找到 1 个，总计 4 个
选择对象：找到 1 个，总计 5 个
选择对象：找到 1 个，总计 6 个
选择对象：找到 1 个，总计 7 个
选择对象：找到 1 个，总计 8 个：//依次单击 8 个小圆柱体。
选择对象：//按【Enter】键。

5.1.4　合并绘制的图形

（1）合并图形

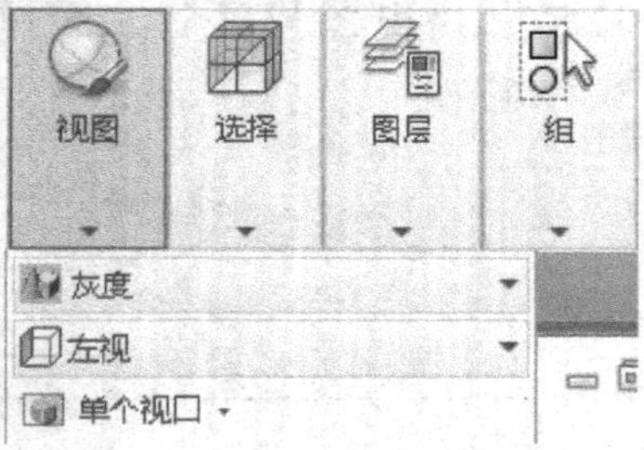

图 5-52　左视图选择

Step01 单击【常用】选项卡｜【视图】面板，选择【左视】命令，如图 5-52 所示。

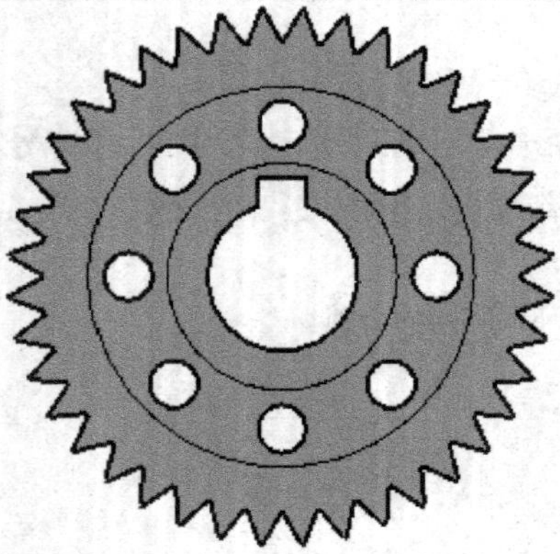

图 5-53　移动实体

Step02 单击【常用】选项卡｜【修改】面板中的【移动】按钮，按命令行提示移动直线，如图 5-53 所示。

命令：_ move
选择对象：找到 1 个：//单击绘制的肋板。
选择对象：//按【Enter】键。
指定基点或［位移(D)］<位移>：//捕捉肋板的圆心。
指定第二个点或 <使用第一个点作为位移>：//捕捉齿轮的圆心。

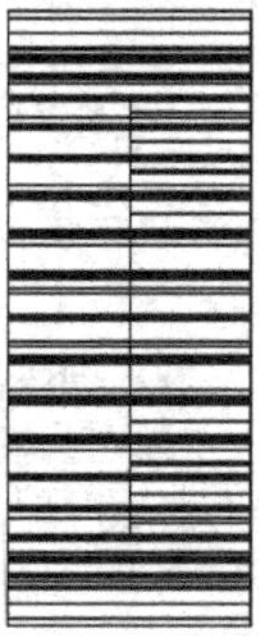 图 5-54　俯视图	Step03 单击【常用】选项卡｜【视图】面板，选择【俯视】、【二维线框】命令，如图 5-54 所示。
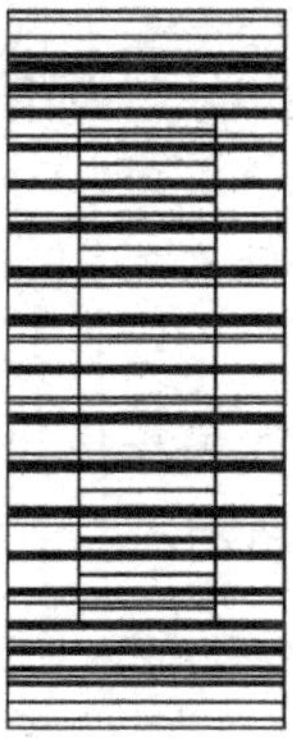 图 5-55　移动实体	Step04 单击【常用】选项卡｜【修改】面板中的【移动】按钮，按命令行提示移动直线，如图 5-55 所示。 命令：_ move 选择对象：找到 1 个：//单击绘制的肋板。 选择对象：//按【Enter】键。 指定基点或［位移(D)］<位移>：//捕捉肋板的圆心。 指定第二个点或<使用第一个点作为位移>：8//向左移动 8。
 图 5-56　西南等轴测视图	Step05 单击【常用】选项卡｜【视图】面板，选择【西南等轴测】、【灰度】命令，如图 5-56 所示。
 图 5-57　并集实体	Step06 单击【常用】选项卡｜【实体编辑】面板中的【实体，并集】按钮，按命令行提示并集实体，如图 5-57 所示。 命令：_ union 选择对象：找到 1 个 选择对象：找到 1 个，总计 2 个 选择对象：找到 1 个，总计 3 个：//依次单击齿轮、肋板和轴孔。 选择对象：//按【Enter】键。

（2）倒角

 图 5-58　绘制倒角边（一）	Step01 单击【实体】选项卡｜【实体编辑】面板，选择 倒角边【倒角边】命令，按命令行提示绘制倒角边，如图 5-58 所示。 命令：_CHAMFEREDGE 距离 1 = 1.0000，距离 2 = 1.0000 选择一条边或［环(L)/距离(D)］：//单击齿轮的边。 选择同一个面上的其他边或[环(L)/距离(D)]：D 指定距离 1 或[表达式(E)]<1.0000>：1 指定距离 2 或[表达式(E)]<1.0000>：1 选择同一个面上的其他边或[环(L)/距离(D)]：//按【Enter】键。 按 Enter 键接受倒角或[距离(D)]：//按【Enter】键。
 图 5-59　绘制倒角边（二）	Step02 用同样的方法为齿轮的另一条边和轴孔的四条边绘制倒角边，如图 5-59 所示。

5.2 如何绘制复合三维模型

本例以一个三维模型的绘制过程为例介绍三维图的绘制方法，如图 5-60 所示。本范例用到 AutoCAD 2017 的知识点有：【圆】、【矩形】、【拉伸】、【移动】、【实体，差集】、【直线】、【球体】、【棱锥体】、【圆环体】、【差集】、【对齐】等命令。

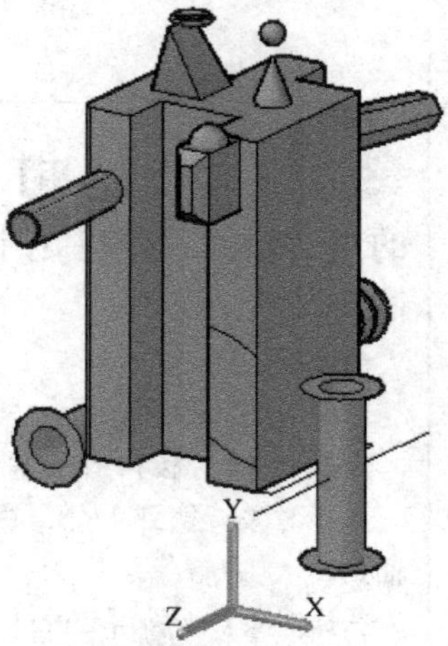

图 5-60　三维模型

	完成模型	配套光盘 \ 模型文件 \ 5 \ 5.2
	作图录制	配套光盘 \ 屏幕录像 \ 5 \ 5.2

具体步骤如下。

5.2.1　设置 UCS

图 5-61　新建样板图形文件

Step01 打开 AutoCAD 2017，单击工具栏中的【新建】按钮，系统弹出【选择样板】对话框，选择 acadiso 样板，然后单击【打开】按钮，按照 acadiso. dwt 样板建立新图形文件，如图 5-61 所示。

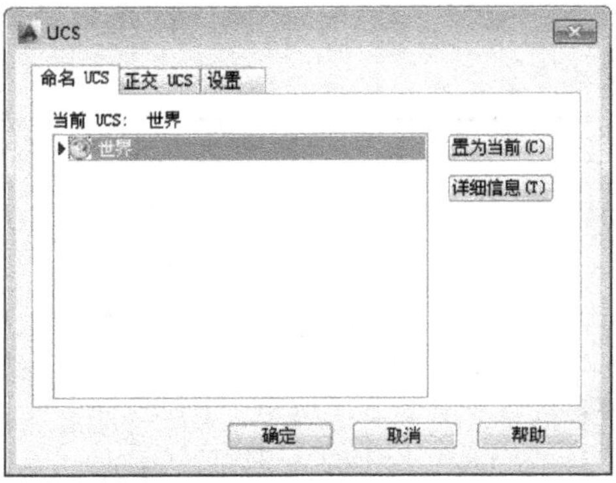

图 5-62　【命名 UCS】选项卡

Step02 单击菜单栏中【三维建模】选项卡 | 【坐标】面板 | ↘，打开坐标系设置【UCS】对话框。在【命名 UCS】选项卡中，选择世界坐标系，单击【置为当前】按钮，如图 5-62 所示；在【正交 UCS】选项卡中，选择俯视图，单击【置为当前】按钮，如图 5-63 所示；在【设置】选项卡中，使用默认设置，如图 5-64 所示。

Step03 单击【确定】按钮，完成 UCS 设置。

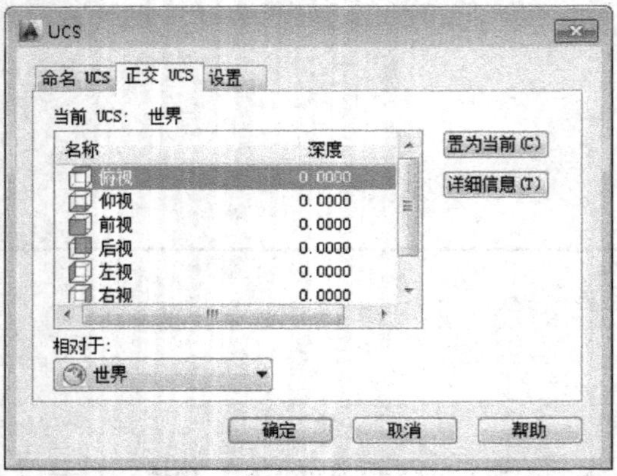

图 5-63 【正交 UCS】选项卡

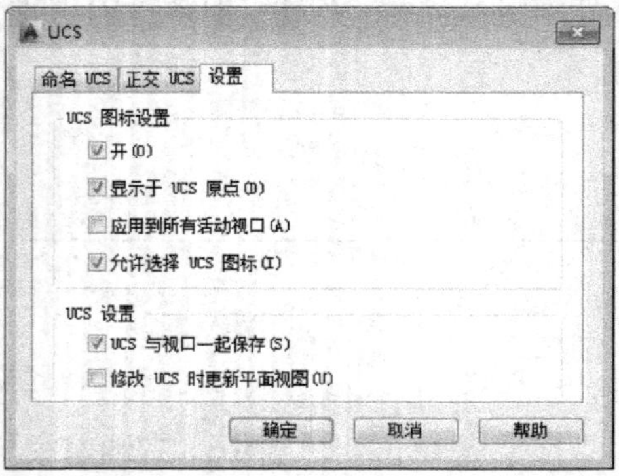

图 5-64 【设置】选项卡

Step04 单击菜单栏中【三维建模】选项卡|【坐标】面板|↘，打开坐标系设置【UCS】对话框。在【命名 UCS】选项卡中，选择世界坐标系，单击【置为当前】按钮，如图 5-62 所示；在【正交 UCS】选项卡中，选择俯视图，单击【置为当前】按钮，如图 5-63 所示；在【设置】选项卡中，使用默认设置，如图 5-64 所示。

Step05 单击【确定】按钮，完成 UCS 设置。

5.2.2 绘制模型

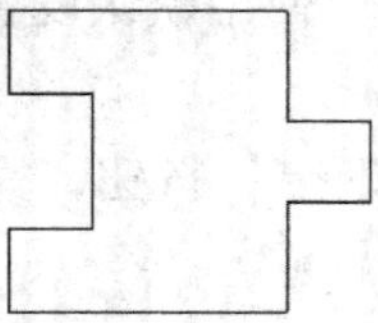

图 5-65 草图

Step01 单击【常用】选项卡|【绘图】面板中的【多线段】按钮，绘制草图如图 5-65 所示。

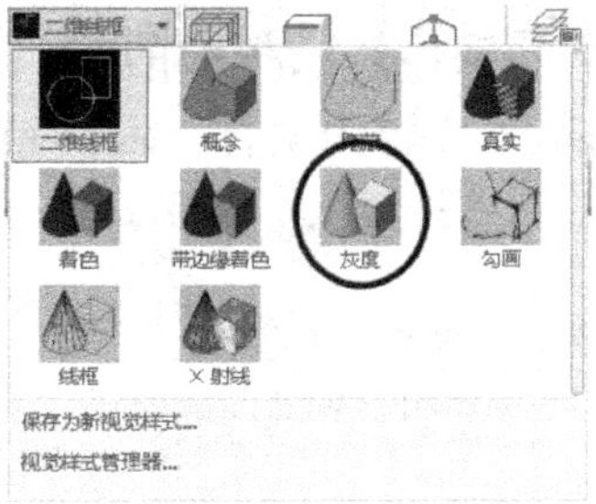

图 5-66 【灰度】视觉样式

Step02 单击【常用】选项卡｜【视图】面板中【二维线框】下拉菜单，选择视觉样式为【灰度】，如图5-66所示。

图 5-67 拉伸

Step03 单击【常用】选项卡｜【建模】面板中的【拉伸】按钮，按命令行提示把草图拉伸为实体，最终结果如图 5-67 所示。

命令：_ extrude

当前线框密度：ISOLINES =4，闭合轮廓创建模式 = 实体

选择要拉伸的对象或［模式(MO)］：_ MO 闭合轮廓创建模式［实体(SO)/曲面(SU)］<实体>：_ SO

选择要拉伸的对象或[模式(MO)]：找到 1 个：//选择要拉伸的图形。

选择要拉伸的对象或[模式(MO)]：//按【Enter】回车键。

指定拉伸的高度或[方向(D)/路径(P)/倾斜角(T)/表达式(E)]：2000

图 5-68 俯视图选择

Step04 单击【常用】选项卡｜【视图】面板，选择【俯视】按钮，如图 5-68 所示。

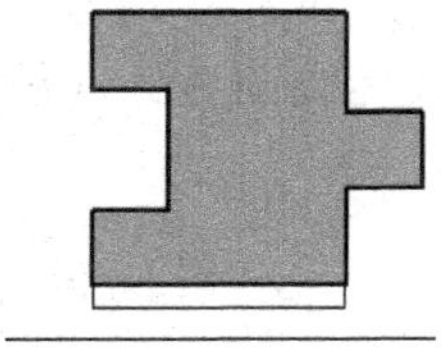

图 5-69 草图

Step05 单击【常用】选项卡｜【绘图】面板中的【多线段】和【直线】按钮，绘制草图如图5-69所示。

图 5-70　旋转

Step06 单击【实体】选项卡 |【实体】面板中的【旋转】命令按钮，按命令行提示把草图旋转为实体，最终结果如图 5-70 所示。

命令：_ revolve

当前线框密度：ISOLINES = 4，闭合轮廓创建模式 = 实体

选择要旋转的对象或［模式(MO)］：_ MO 闭合轮廓创建模式［实体(SO) /曲面 (SU)］ <实体>：_ SO

选择要旋转的对象或［模式(MO)］：找到 1 个：//选择多线段图形。

选择要旋转的对象或［模式 (MO)］：//按【Enter】回车键。

指定轴起点或根据以下选项之一定义轴［对象(O)/X/Y/Z］<对象>：O

选择对象：//选择直线。

指定旋转角度或［起点角度(ST)/反转(R)/表达式(EX)］<360>：//按【Enter】键。

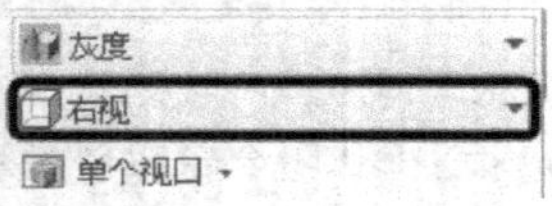

图 5-71　右视图选择

Step07 单击【常用】选项卡 |【视图】面板，选择【右视】命令，如图 5-71 所示。

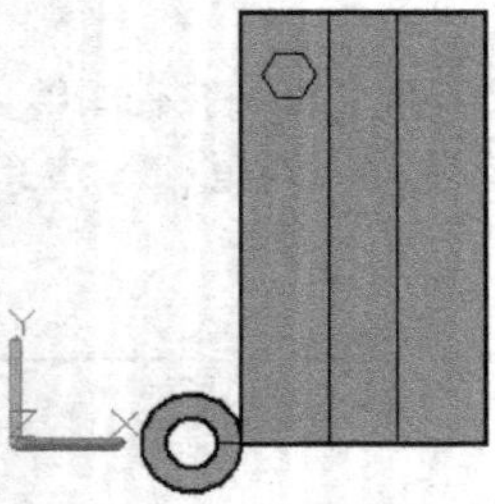

图 5-72　草图

Step08 单击【常用】选项卡 |【绘图】面板中的【多边形】按钮，按照命令提示绘制草图如图 5-72 所示。

命令：_ polygon 输入侧面数 <4>：6

指定正多边形的中心点或［边 (E)］：//在希望的中心点位置单击。

输入选项［内接于圆(I)/外切于圆(C)］ <I>：I

指定圆的半径：120

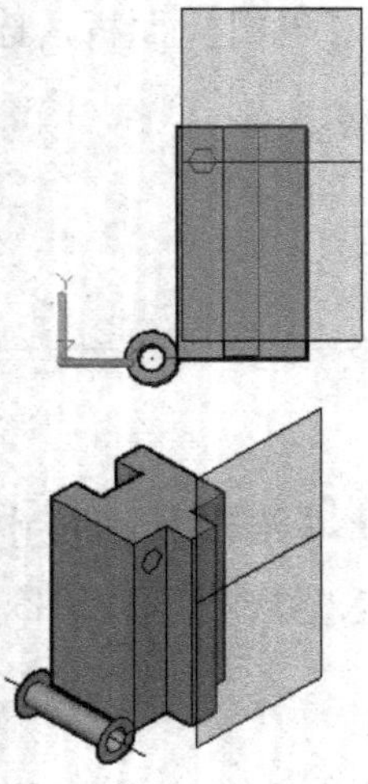

图 5-73　创建截面平面

Step09 单击【常用】选项卡 |【截面】面板中的【截面平面】按钮，按照命令提示创建截面，并利用移动小控件将该平面移动到距离实体一定距离的位置，如图 5-73 所示。

命令：_ sectionplane 选择面或任意点以定位截面线或［绘制截面(D)/正交(O)］：

<table>
<tr><td>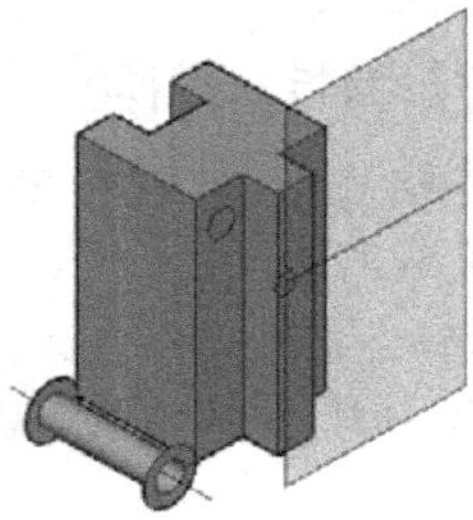
图 5-74 草图</td><td>Step10 单击【常用】选项卡｜【视图】面板，选择【右视】命令。单击【常用】选项卡｜【绘图】面板中的【多边形】按钮，按照命令提示绘制草图如图 5-74 所示。
命令：_ polygon 输入侧面数 <6>：6
指定正多边形的中心点或［边（E）］：//在适当的中心点位置单击。
输入选项［内接于圆(I)/外切于圆(C)］<I>：I
指定圆的半径：100</td></tr>
<tr><td>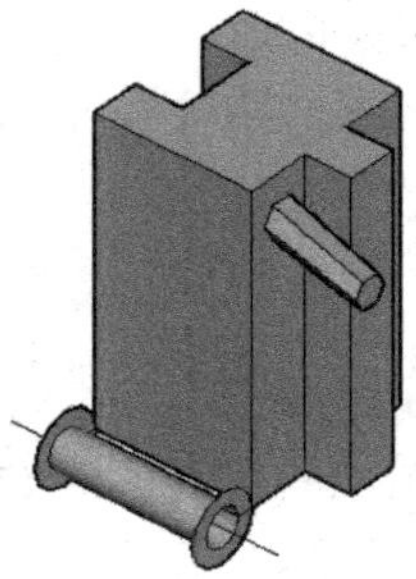
图 5-75 放样</td><td>Step11 单击【常用】选项卡｜【建模】面板中的【放样】命令按钮，按命令行提示把草图放样为实体，为了便于观察，删除刚才建立的截面平面，最终结果如图 5-75 所示。
命令：_ loft
当前线框密度：ISOLINES =4，闭合轮廓创建模式 = 实体
按放样次序选择横截面或[点(PO)/合并多条边(J)/模式(MO)]：_ MO 闭合轮廓创建模式[实体(SO)/曲面(SU)] <实体>:_ SO
按放样次序选择横截面或[点(PO)/合并多条边(J)/模式(MO)]：找到 1 个
//选择五边形。
按放样次序选择横截面或[点(PO)/合并多条边(J)/模式(MO)]：找到 1 个，总计 2 个
//选择另一个五边形。
按放样次序选择横截面或[点(PO)/合并多条边(J)/模式(MO)]：选中了 2 个横截面
//按【Enter】键。
输入选项[寻向(G)/路径(P)/仅横截面(C)/设置(S)] <仅横截面>：C</td></tr>
<tr><td>
图 5-76 螺旋线草图</td><td>Step12 单击【常用】选项卡｜【视图】面板，选择【右视】命令。单击【常用】选项卡｜【绘图】面板中的【螺旋】按钮，按照命令提示绘制螺旋线草图如图 5-76 所示。
命令：_ Helix
圈数 =3.0000 扭曲 = CCW
指定底面的中心点：//在希望位置单击。
指定底面半径或［直径(D)］<1.0000>：100
指定顶面半径或［直径(D)］<100.0000>：150
指定螺旋高度或［轴端点(A)/圈数(T)/圈高(H)/扭曲(W)］<1.0000>：300</td></tr>
</table>

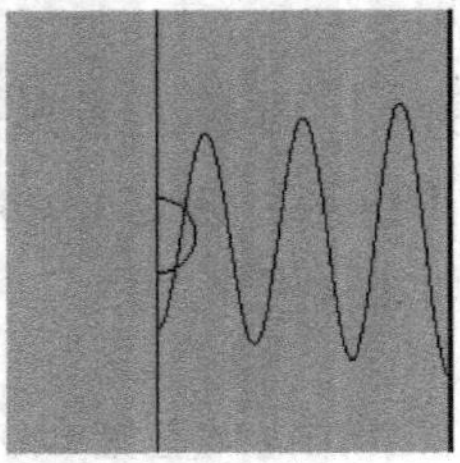

图 5-77　草图

Step13 单击【常用】选项卡｜【视图】面板，选择【前视】命令。单击【常用】选项卡｜【绘图】面板中的【圆】按钮，按照命令提示绘制草图如图 5-77 所示。

命令：circle

指定圆的圆心或［三点(3P)/两点(2P)/切点、切点、半径(T)］：选择螺旋线起点

指定圆的半径或［直径(D)］：40

图 5-78　扫掠

Step14 单击【常用】选项卡｜【建模】面板中的【扫掠】按钮，按命令行提示把草图扫掠为实体，最终结果如图 5-78 所示。

命令：_ sweep

当前线框密度：ISOLINES =4，闭合轮廓创建模式 = 实体

选择要扫掠的对象或［模式(MO)］：_ MO 闭合轮廓创建模式［实体(SO)/曲面(SU)］<实体>：_ SO

选择要扫掠的对象或［模式(MO)］：找到 1 个

//选择草图中的圆形草图。

选择要扫掠的对象或［模式(MO)］：//按【Enter】键。

选择扫掠路径或［对齐(A)/基点(B)/比例(S)/扭曲(T)］：//选择草图中的螺旋线草图。

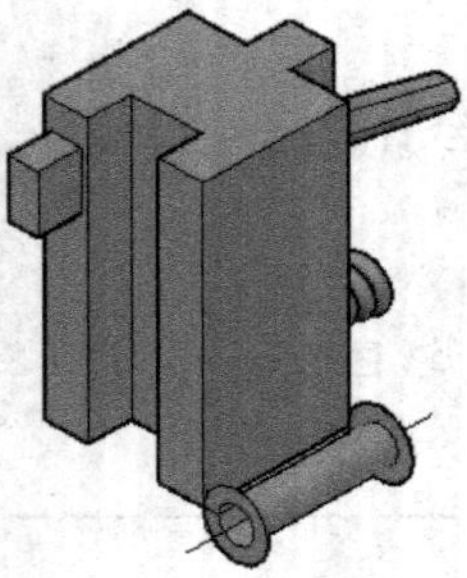

图 5-79　长方体

Step15 单击【常用】选项卡｜【视图】面板，选择【左视】命令。单击【常用】选项卡｜【建模】面板中的【长方体】按钮，按命令行提示生成长方形实体，最终结果如图 5-79 所示。

命令：_ box

指定第一个角点或［中心（C）］：//在希望的位置单击。

指定其他角点或［立方体（C）/长度（L）］：L

指定长度：400

指定宽度：200

指定高度或［两点（2P）］：300

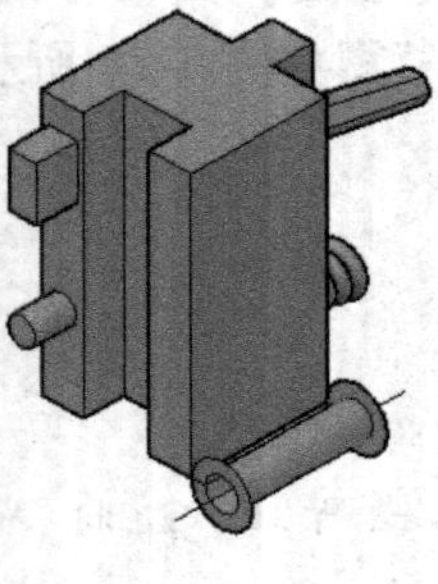

图 5-80　圆柱体

Step16 单击【常用】选项卡｜【建模】面板中的【圆柱体】按钮，按命令行提示生成圆柱形实体，最终结果如图 5-80所示。

命令：cylinder

指定底面的中心点或［三点(3P)/两点(2P)/切点、切点、半径(T)/椭圆(E)］：

//在希望位置单击。

指定底面半径或［直径(D)］：100

指定高度或［两点(2P)/轴端点(A)］<300.0000>：300

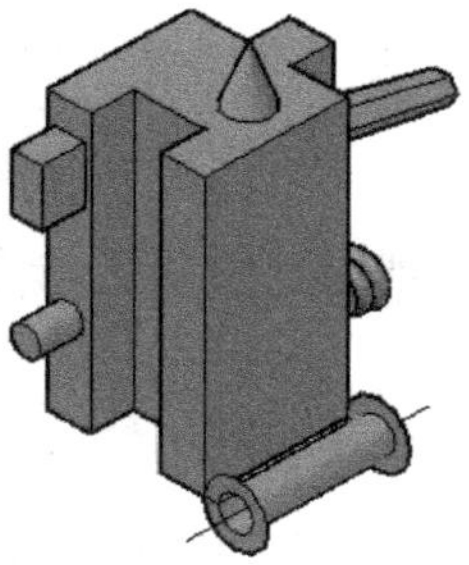

图 5-81 圆锥体

Step17 单击【常用】选项卡 |【视图】面板，选择【俯视】命令。单击【常用】选项卡 |【建模】面板中的【圆锥体】按钮，按命令行提示生成圆锥形实体，最终结果如图 5-81 所示。

命令：_ cone

指定底面的中心点或[三点(3P)/两点(2P)/切点、切点、半径(T)/椭圆(E)]：

//在希望位置单击。

指定底面半径或[直径(D)]：150

指定高度或[两点(2P)/轴端点(A)/顶面半径(T)]：400

图 5-82 棱锥体

Step18 单击【常用】选项卡 |【建模】面板中的【棱锥体】按钮，按命令行提示生成棱锥形实体，最终结果如图 5-82 所示。

命令：_ pyramid

4 个侧面 外切

指定底面的中心点或[边(E)/侧面(S)]：//在希望位置单击。

指定底面半径或[内接(I)]：150

指定高度或[两点(2P)/轴端点(A)/顶面半径(T)]：400

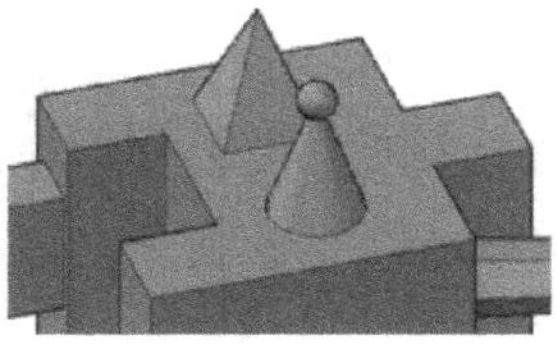

图 5-83 球体

Step19 单击【常用】选项卡 |【建模】面板中的【球体】按钮，按命令行提示生成球形实体，最终结果如图 5-83所示。

命令：_ sphere

指定中心点或[三点(3P)/两点(2P)/切点、切点、半径(T)]：//在希望位置单击。

指定半径或[直径(D)]：60

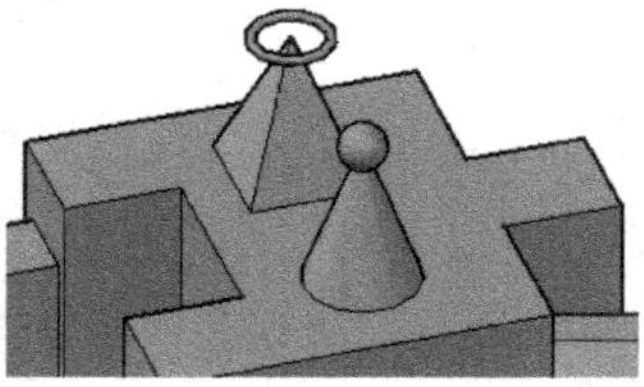

图 5-84 圆环体

Step20 单击【常用】选项卡 |【建模】面板中的【圆环体】按钮，按命令行提示生成圆环形实体，最终结果如图 5-84 所示。

命令：_ torus

指定中心点或[三点(3P)/两点(2P)/切点、切点、半径(T)]：//在希望位置单击。

指定半径或[直径(D)]：100

指定圆管半径或[两点(2P)/直径(D)]：10

5.2.3 编辑三维模型

图 5-85 倒角边

Step01 单击【常用】选项卡｜【视图】面板，选择【右视】命令。

Step02 单击【实体】选项卡｜【实体编辑】面板中的【倒角边】按钮，按命令行提示生成倒角，最终结果如图 5-85 所示。

命令：_ CHAMFEREDGE 距离 1 = 1.0000，距离2 = 1.0000

选择一条边或[环(L)/距离(D)]：//选择要倒角的一条边。

选择同一个面上的其他边或[环(L)/距离(D)]：选择要倒角的另一条边。

选择同一个面上的其他边或[环(L)/距离(D)]：//按【Enter】键。

按 Enter 键接受倒角或[距离(D)]：D

指定基面倒角距离或[表达式(E)]<1.0000>：40

指定其他曲面倒角距离或[表达式(E)]：<1.0000>:40

按 Enter 键接受倒角或[距离(D)]：//按【Enter】键。

图 5-86 圆角边

Step03 单击【常用】选项卡｜【视图】面板，选择【左视】命令。

Step04 单击【实体】选项卡｜【实体编辑】面板中的【圆角边】命令按钮，按命令行提示生成圆角，最终结果如图 5-86 所示。

命令：_ FILLETEDGE

半径 = 1.0000

选择边或[链(C)/环(L)/半径(R)]：//选择要做圆角的第一条边。

选择边或[链(C)/环(L)/半径(R)]：//选择要做圆角的另一条边。

选择边或[链(C)/环(L)/半径(R)]：//按【Enter】回车键。

已选定 2 个边用于圆角。

按 Enter 键接受圆角或[半径(R)]：R

指定半径或[表达式(E)]<1.0000>：40

按 Enter 键接受圆角或[半径(R)]：//按【Enter】回车键。

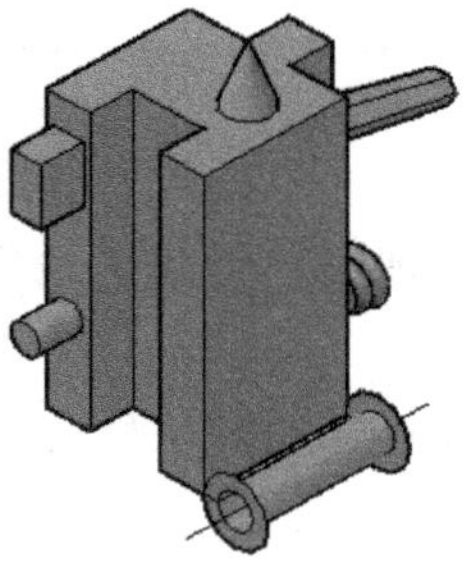

图 5-81　圆锥体

Step17 单击【常用】选项卡｜【视图】面板，选择【俯视】命令。单击【常用】选项卡｜【建模】面板中的【圆锥体】按钮，按命令行提示生成圆锥形实体，最终结果如图 5-81 所示。

命令：_ cone

指定底面的中心点或[三点(3P)/两点(2P)/切点、切点、半径(T)/椭圆(E)]：

//在希望位置单击。

指定底面半径或[直径(D)]：150

指定高度或[两点(2P)/轴端点(A)/顶面半径(T)]：400

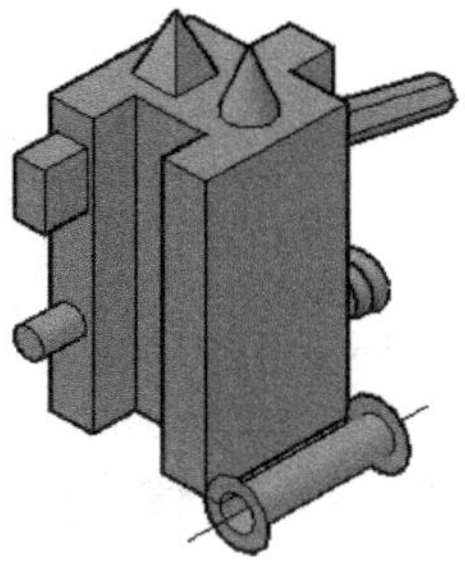

图 5-82　棱锥体

Step18 单击【常用】选项卡｜【建模】面板中的【棱锥体】按钮，按命令行提示生成棱锥形实体，最终结果如图 5-82 所示。

命令：_ pyramid

4 个侧面　外切

指定底面的中心点或[边(E)/侧面(S)]：//在希望位置单击。

指定底面半径或[内接(I)]：150

指定高度或[两点(2P)/轴端点(A)/顶面半径(T)]：400

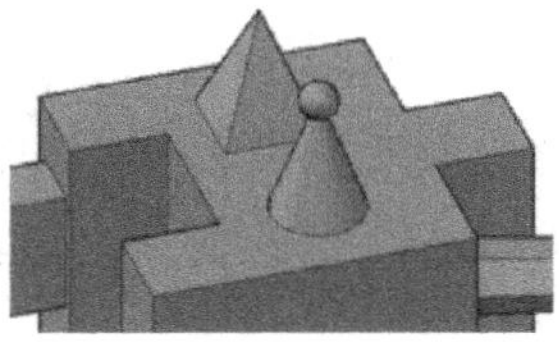

图 5-83　球体

Step19 单击【常用】选项卡｜【建模】面板中的【球体】按钮，按命令行提示生成球形实体，最终结果如图 5-83所示。

命令：_ sphere

指定中心点或[三点(3P)/两点(2P)/切点、切点、半径(T)]：//在希望位置单击。

指定半径或[直径(D)]：60

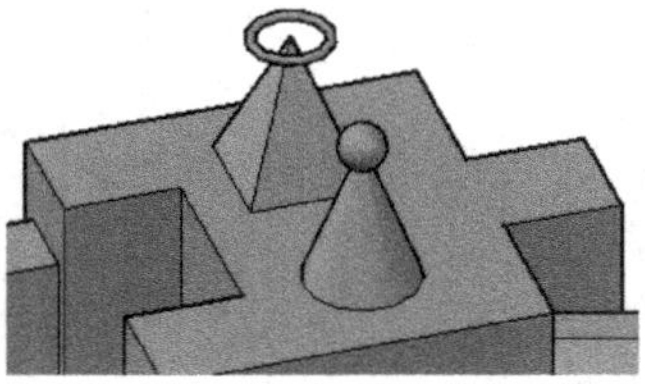

图 5-84　圆环体

Step20 单击【常用】选项卡｜【建模】面板中的【圆环体】按钮，按命令行提示生成圆环形实体，最终结果如图 5-84 所示。

命令：_ torus

指定中心点或[三点(3P)/两点(2P)/切点、切点、半径(T)]：//在希望位置单击。

指定半径或[直径(D)]：100

指定圆管半径或[两点(2P)/直径(D)]：10

5.2.3 编辑三维模型

图 5-85 倒角边

Step01 单击【常用】选项卡 | 【视图】面板，选择【右视】命令。

Step02 单击【实体】选项卡 | 【实体编辑】面板中的【倒角边】按钮，按命令行提示生成倒角，最终结果如图 5-85 所示。

命令：_ CHAMFEREDGE 距离 1 = 1.0000，距离2 = 1.0000

选择一条边或[环(L)/距离(D)]：//选择要倒角的一条边。

选择同一个面上的其他边或[环(L)/距离(D)]：选择要倒角的另一条边。

选择同一个面上的其他边或[环(L)/距离(D)]：//按【Enter】键。

按 Enter 键接受倒角或[距离(D)]：D

指定基面倒角距离或[表达式(E)] <1.0000>：40

指定其他曲面倒角距离或[表达式(E)]：<1.0000> :40

按 Enter 键接受倒角或[距离(D)]：//按【Enter】键。

图 5-86 圆角边

Step03 单击【常用】选项卡 | 【视图】面板，选择【左视】命令。

Step04 单击【实体】选项卡 | 【实体编辑】面板中的【圆角边】命令按钮，按命令行提示生成圆角，最终结果如图 5-86 所示。

命令：_ FILLETEDGE

半径 = 1.0000

选择边或[链(C)/环(L)/半径(R)]：//选择要做圆角的第一条边。

选择边或[链(C)/环(L)/半径(R)]：//选择要做圆角的另一条边。

选择边或[链(C)/环(L)/半径(R)]：//按【Enter】回车键。

已选定 2 个边用于圆角。

按 Enter 键接受圆角或[半径(R)]：R

指定半径或[表达式(E)] <1.0000>：40

按 Enter 键接受圆角或[半径(R)]：//按【Enter】回车键。

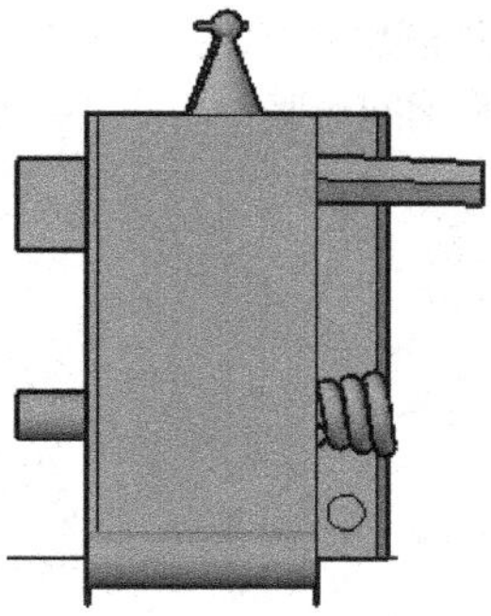

图 5-87　草图

Step05 单击【常用】选项卡｜【视图】面板，选择【前视】命令。

Step06 单击【常用】选项卡｜【绘图】面板中的【圆】按钮，按命令行提示生成草图圆，如图 5-87 所示。

命令：_ circle

指定圆的圆心或[三点(3P)/两点(2P)/切点、切点、半径(T)]：//在希望位置单击。

指定圆的半径或[直径(D)]：80

图 5-88　拉伸圆柱体

Step07 单击【常用】选项卡｜【建模】面板中的【拉伸】按钮，按命令行提示拉伸为实体，最终如图 5-88 所示。

命令：_ extrude

当前线框密度：ISOLINES = 4，闭合轮廓创建模式 = 实体

选择要拉伸的对象或[模式(MO)]:_ MO 闭合轮廓创建模式[实体(SO)/曲面(SU)] <实体>：_ SO

选择要拉伸的对象或[模式(MO)]：找到 1 个：//选择圆形。

选择要拉伸的对象或[模式(MO)]：//按【Enter】键。

指定拉伸的高度或[方向(D)/路径(P)/倾斜角(T)/表达式(E)]：-500

图 5-89　阵列（矩形）

Step08 阵列上一步拉伸的圆柱体，使用“3DARRAY”命令，按照命令行提示操作，生成阵列特征如图 5-89 所示。

命令：3DARRAY

正在初始化... 已加载 3DARRAY。

选择对象：找到 1 个：//选择圆柱体

选择对象：//按【Enter】键。

选择对象：输入阵列类型[矩形(R)/环形(P)] <R>：_ R

输入行数(- - -) <1>：6

输入列数(|||) <1>1

输入行间距或指定单位单元(- - -):300. 0000000000000

图 5-90　差集

Step09 单击【常用】选项卡｜【实体编辑】面板中的【实体，差集】按钮，按命令行提示操作，最终结果如图 5-90 所示。

命令：_ subtract 选择要从中减去的实体、曲面和面域...
选择对象：找到 1 个：//找到选择要保留的实体。
选择对象：//按【Enter】键。
选择要减去的实体、曲面和面域...
选择对象：找到 1 个
选择对象：找到 1 个，总计 2 个
选择对象：找到 1 个，总计 3 个
选择对象：找到 1 个，总计 4 个
选择对象：找到 1 个，总计 5 个
选择对象：找到 1 个，总计 6 个：//依次选择要减去的 6 个小圆柱体。
选择对象：//按【Enter】键。

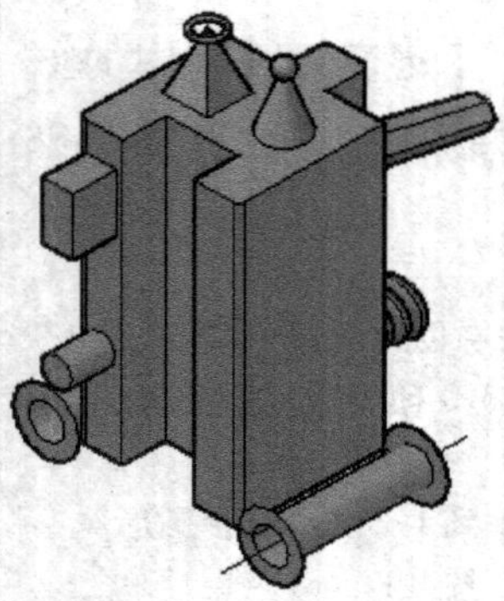

图 5-91　镜像

Step10 镜像模型中的旋转实体，镜像平面为模型中面，利用“MIRROR3D”命令，按命令行提示操作，形成左右对称的镜像特征，如图 5-91 所示。

命令：MIRROR3D
选择对象：找到 1 个：//选择模型中的旋转实体。
选择对象：//按【Enter】键。
指定镜像平面（三点）的第一个点或[对象(O)/最近的(L)/Z 轴(Z)/视图(V)/XY 平面(XY)/YZ 平面(YZ)/ZX 平面(ZX)/三点(3)]<三点>：//按【Enter】键。
在镜像平面上指定第一点：//指定镜像平面的第一个点，即模型下边线的中点。
在镜像平面上指定第二点：//指定镜像平面的第二个点，即模型上边线的中点。
在镜像平面上指定第三点：//指定镜像平面的第三个点，即模型后边线的中点。
是否删除源对象？[是(Y)/否(N)]<否>：N

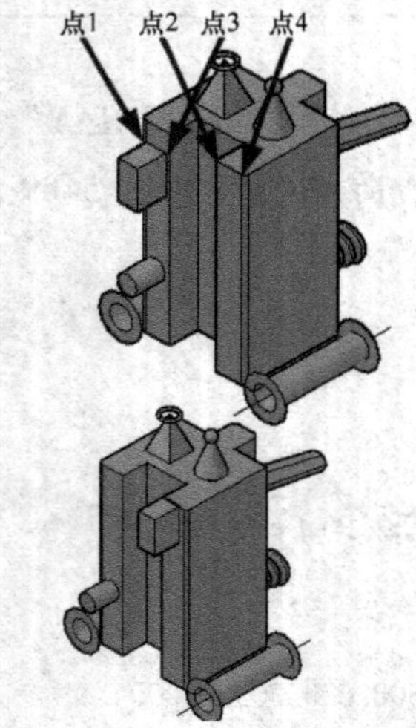

图 5-92　对齐对象

Step11 单击【常用】选项卡｜【修改】面板的【对齐】按钮，按照命令行提示操作，将模型中的长方形实体与指定对象对齐，如图 5-92 所示。

命令：_ align
选择对象：找到 1 个：//选择长方形实体。
选择对象：//按【Enter】键。
指定第一个源点：//如图中所示点 1。
指定第一个目标点：//如图中所示点 2。
指定第二个源点：//如图中所示点 3。
指定第二个目标点：//如图中所示点 4。
指定第三个源点或<继续>：//按【Enter】键。
是否基于对齐点缩放对象？[是(Y)/否(N)]<否>：N

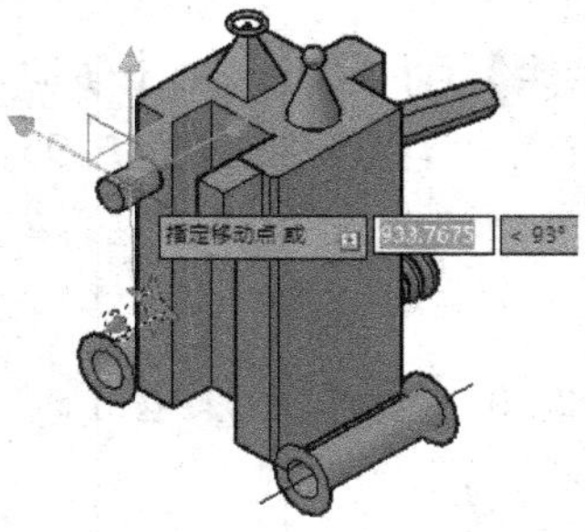

图5-93　三维移动

Step12 单击【常用】选项卡｜【修改】面板的【三维移动】按钮，利用三维移动小控件，将模型中的圆柱形实体移动到一个新的位置，如图5-93所示。

命令：3DMOVE

选择对象：找到1个：//选择圆柱形实体。

选择对象：//按【Enter】键。

指定基点或[位移(D)]<位移>：**MOVE**//单击图中三维移动小控件中的一个箭头。

指定移动点或[基点(B)/复制(C)/放弃(U)/退出(X)]：

//在希望位置单击，完成移动。

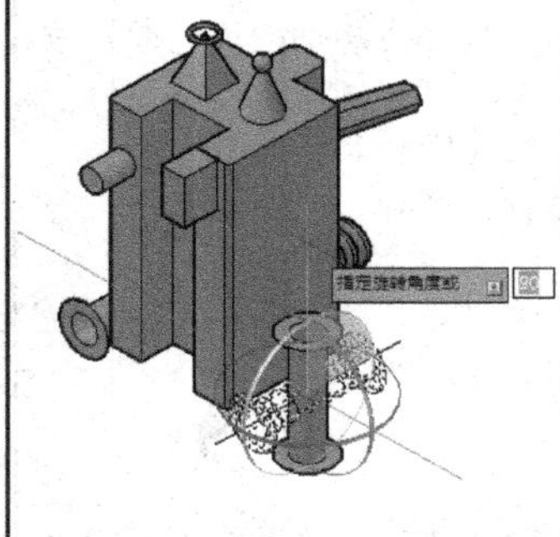

图5-94　三维旋转

Step13 单击【常用】选项卡｜【修改】面板的【三维旋转】按钮，利用三维旋转小控件，将模型中的指定实体绕基点旋转一个角度，如图5-94所示。

命令：3DROTATE

UCS当前的正角方向：ANGDIR=逆时针　ANGBASE=0

选择对象：找到1个：//选中需要旋转的实体。

选择对象：//按【Enter】键。

指定基点：//单击实体的一个顶点。

旋转

指定旋转角度或[基点(B)/复制(C)/放弃(U)/参照(R)/退出(X)]：90

图5-95　拉伸面

Step14 单击【常用】选项卡｜【实体编辑】面板的｜【拉伸面】按钮，按照命令行提示操作对模型指定面进行拉伸，如图5-95所示。

命令：_ solidedit

实体编辑自动检查：SOLIDCHECK=1

输入实体编辑选项[面(F)/边(E)/体(B)/放弃(U)/退出(X)]<退出>：_ face

输入面编辑选项

[拉伸(E)/移动(M)/旋转(R)/偏移(O)/倾斜(T)/删除(D)/复制(C)/颜色(L)/材质(A)/放弃(U)/退出(X)]<退出>：_ extrude

选择面或[放弃(U)/删除(R)]：找到一个面//选择要拉伸的平面。

选择面或[放弃(U)/删除(R)/全部(ALL)]：//按【Enter】键。

指定拉伸高度或[路径(P)]：80

指定拉伸的倾斜角度<0>：40

已开始实体校验。

已完成实体校验。

输入面编辑选项

[拉伸(E)/移动(M)/旋转(R)/偏移(O)/倾斜(T)/删除(D)/复制(C)/颜色(L)/材质(A)/放弃(U)/退出(X)]<退出>：X

实体编辑自动检查：SOLIDCHECK=1

输入实体编辑选项[面(F)/边(E)/体(B)/放弃(U)/退出(X)]<退出>：X

图 5-96　移动面

Step15 单击【常用】选项卡｜【实体编辑】面板的｜【移动面】按钮，按照命令行提示操作对模型指定面进行移动，如图 5-96 所示。

命令：_ solidedit

实体编辑自动检查：SOLIDCHECK = 1

输入实体编辑选项[面(F)/边(E)/体(B)/放弃(U)/退出(X)] < 退出 >：_ face

输入面编辑选项

[拉伸(E)/移动(M)/旋转(R)/偏移(O)/倾斜(T)/删除(D)/复制(C)/颜色(L)/材质(A)/放弃(U)/退出(X)] < 退出 >：_ extrude

选择面或[放弃(U)/删除(R)]：找到一个面：//选择要移动的面，即圆柱体的上表面。

选择面或[放弃(U)/删除(R)/全部(ALL)]：//按【Enter】键。

指定拉伸高度或[路径(P)]：//选择圆柱体上表面的圆心。

指定第二点：500

指定拉伸的倾斜角度 < 0 >：//按【Enter】键。

已开始实体校验。

已完成实体校验。

输入面编辑选项

[拉伸(E)/移动(M)/旋转(R)/偏移(O)/倾斜(T)/删除(D)/复制(C)/颜色(L)/材质(A)/放弃(U)/退出(X)] < 退出 >：X 实体编辑自动检查：SOLIDCHECK = 1

输入实体编辑选项[面(F)/边(E)/体(B)/放弃(U)/退出(X)] < 退出 >：X

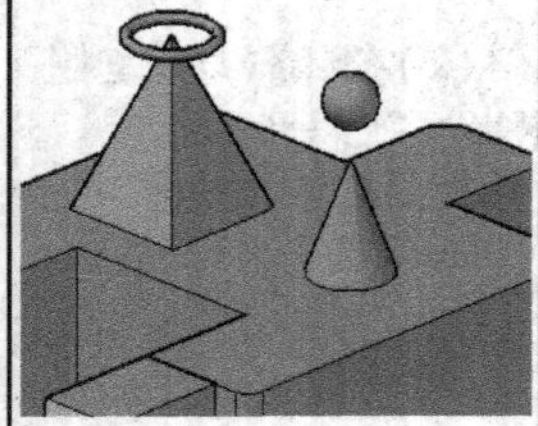

图 5-97　偏移面

Step16 单击【常用】选项卡｜【实体编辑】面板的｜【偏移面】按钮，按照命令行提示操作将模型的特征均匀地增大或减小，如图 5-97 所示。

命令：_ solidedit

实体编辑自动检查：SOLIDCHECK = 1

输入实体编辑选项[面(F)/边(E)/体(B)/放弃(U)/退出(X)] < 退出 >：_ face

输入面编辑选项

[拉伸(E)/移动(M)/旋转(R)/偏移(O)/倾斜(T)/删除(D)/复制(C)/颜色(L)/材质(A)/放弃(U)/退出(X)] < 退出 >：_ offset

选择面或[放弃(U)/删除(R)]：找到 2 个面：//选择要偏移的圆锥面。

选择面或[放弃(U)/删除(R)/全部(ALL)]：//按【Enter】键。

指定偏移距离：-50

已开始实体校验。

已完成实体校验。

输入面编辑选项

[拉伸(E)/移动(M)/旋转(R)/偏移(O)/倾斜(T)/删除(D)/复制(C)/颜色(L)/材质(A)/放弃(U)/退出(X)] < 退出 >：X

实体编辑自动检查：SOLIDCHECK = 1

输入实体编辑选项[面(F)/边(E)/体(B)/放弃(U)/退出(X)] < 退出 >：X

图 5-98 删除面

Step17 单击【常用】选项卡｜【实体编辑】面板的｜【删除面】按钮，按照命令行提示操作对模型指定面进行删除，如图 5-98 所示。

命令：_ solidedit

实体编辑自动检查：SOLIDCHECK = 1

输入实体编辑选项［面（F）/边（E）/体（B）/放弃（U）/退出］<退出>：_ face

输入面编辑选项

［拉伸(E)/移动(M)/旋转(R)/偏移(D)/倾斜(T)/删除(D)/复制(C)/颜色(L)/材质(A)/放弃(U)/退出(X)］<退出>：_ delete

选择面或［放弃(U)/删除(R)］：找到一个面：//选择实体中要删除的圆角。

选择面或［放弃(U)/删除(R)/全部(ALL)］：//按【Enter】键。

已开始实体校验。

已完成实体校验。

输入面编辑选项

［拉伸(E)/移动(M)/旋转(R)/偏移(O)/倾斜(T)/删除(D)/复制(C)/颜色(L)/材质(A)/放弃(U)/退出(X)］<退出>：X 实体编辑自动检查：SOLIDCHECK = 1

输入实体编辑选项［面(F)/边(E)/体(B)/放弃(U)/退出(X)］<退出>：X

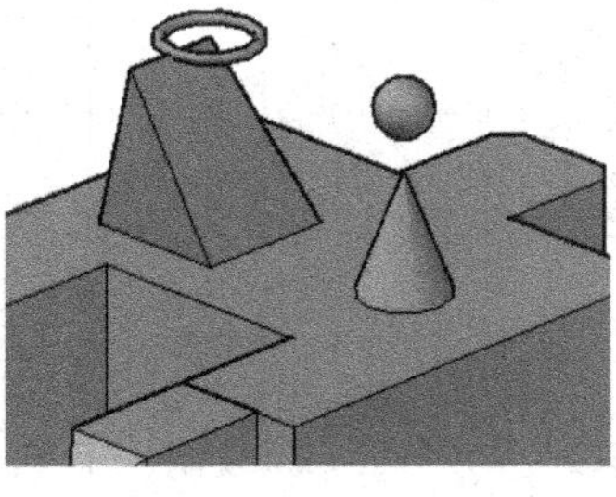

图 5-99 旋转面

Step18 单击【常用】选项卡｜【实体编辑】面板的｜【旋转面】按钮，按照命令行提示操作对模型指定面进行旋转，如图 5-99 所示。

命令：_ solidedit

实体编辑自动检查：SOLIDCHECK = 1

输入实体编辑选项［面(F)/边(E)/体(B)/放弃(U)/退出(X)］<退出>：_ face

输入面编辑选项

［拉伸(E)/移动(M)/旋转(R)/偏移(O)/倾斜(T)/删除(D)/复制(C)/颜色(L)/材质(A)/放弃(U)/退出(X)］<退出>：_ rotate

选择面或［放弃(U)/删除(R)］：找到一个面：//选择实体中需要旋转的棱锥体的其中一个面。

选择面或［放弃(U)/删除(R)/全部(ALL)］：//按【Enter】键。

指定轴点或［经过对象的轴(A)/视图(V)/X 轴(X)/Y 轴(Y)/Z 轴(Z)］<两点>：

//选择棱锥体底面边线的一点。

在旋转轴上指定第二个点：//选择棱锥体底面边线的另一点。

指定旋转角度或[参照(R)]：30

已开始实体校验。

已完成实体校验。

输入面编辑选项

[拉伸(E)/移动/(M)/旋转(R)/偏移(O)/倾斜(T)/删除(D)/复制(C)/颜色(L)/材质(A)/放弃(U)/退出(X)]<退出>：X

实体编辑自动检查：SOLIDCHECK=1

输入实体编辑选项[面(F)/边(E)/体(B)/放弃(U)/退出(X)]<退出>：X

：//按【Enter】键。

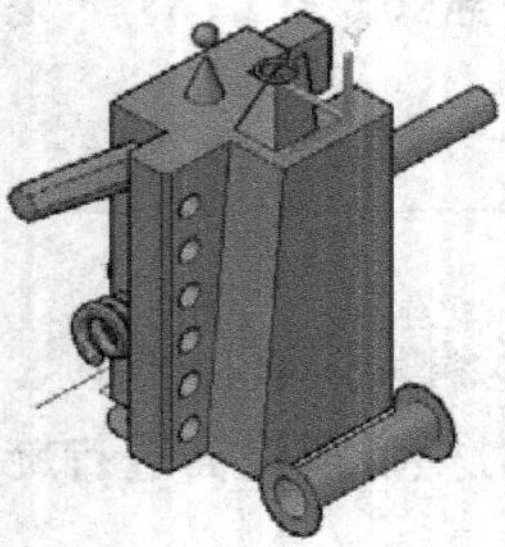

图 5-100　倾斜面

Step19 单击【常用】选项卡|【实体编辑】面板的|【倾斜面】按钮，按照命令行提示操作对模型指定面进行倾斜，如图 5-100 所示。

命令：_ solidedit

实体编辑自动检查：SOLIDCHECK=1

输入实体编辑选项[面(F)/边(E)/体(B)/放弃(U)/退出(X)]<退出>：_ face

输入面编辑选项

[拉伸(E)/移动(M)/旋转(R)/偏移(O)/倾斜(T)/删除(D)/复制(C)/颜色(L)/材质(A)/放弃(U)/退出(X)]<退出>：_ taper

选择面或[放弃(U)/删除(R)]：找到一个面：//选择要倾斜的面。

选择面或[放弃(U)/删除(R)/全部(ALL)]：//按【Enter】键。

指定基点：//选择模型前表面右侧边线底点。

指定沿倾斜轴的另一个点：//选择模型前表面右侧边线顶点。

指定倾斜角度：5

已开始实体校验。

已完成实体校验。

输入面编辑选项

[拉伸(E)/移动(M)/旋转(R)/偏移(O)/倾斜(T)/删除(D)复制(C)/颜色(L)/材质(A)/放弃(U)/退出(X)]<退出>：X 实体编辑自动检查：SOLIDCHECK=1

输入实体编辑选项[面(F)/边(E)/体(B)/放弃(U)/退出(X)]<退出>：X

图 5-101 着色面

Step20 单击【常用】选项卡｜【实体编辑】面板的｜【着色面】按钮，按照命令行提示操作对模型指定面进行着色，如图 5-101 所示。

命令：_ solidedit

实体编辑自动检查：SOLIDCHECK = 1

输入实体编辑选项[面(F)/边(E)/体(B)/放弃(U)/退出(X)] <退出>：_ edge

输入边编辑选项[复制(C)/着色(L)/放弃(U)/退出(X)] <退出>：_ color

选择边或[放弃(U)/删除(R)]：//按【Enter】键。

输入边编辑选项[复制(C)/着色(L)/放弃(U)/退出(X)] <退出>：//按【Enter】键。

实体编辑自动检查：SOLIDCHECK = 1

输入实体编辑选项[面(F)/边(E)/体(B)/放弃(U)/退出(X)] <退出>：F

输入面编辑选项

[拉伸(E)/移动(M)/旋转(R)/偏移(O)/倾斜(T)/删除(D)/复制(C)/颜色(L)/材质(A)/放弃(U)/退出(X)] <退出>：L

选择面或[放弃(U)/删除(R)]：找到一个面 //选择要着色的面。

选择面或[放弃(U)/删除(R)/全部(ALL)]：//按【Enter】键，选择要着色的颜色。

输入面编辑选项

[拉伸(E)/移动(M)/旋转(R)/偏移(O)/倾斜(T)/删除(D)/复制(C)/颜色(L)/材质(A)/放弃(U)/退出(X)] <退出>：X 实体编辑自动检查：SOLIDCHECK = 1

输入实体编辑选项[面(F)/边(E)/体(B)/放弃(U)/退出(X)] <退出>：X

注：要切换一下视图类型才能更好地显示着色特性，本例中将视图由【灰度】调为【概念】。

图 5-102 复制面（一）

Step21 单击【常用】选项卡｜【实体编辑】面板的｜【复制面】按钮，按照命令行提示操作将三维实体上的选定面复制出来，如图 5-102 所示。

命令：_ solidedit

实体编辑自动检查：SOLIDCHECK = 1

输入实体编辑选项[面(F)/边(E)/体(B)/放弃(U)/退出(X)] <退出>：_ face

输入面编辑选项

［拉伸(E)/移动(M)/旋转(R)/偏移(O)/倾斜(T)/删除(D)/复制(C)/颜色(L)/材质(A)/放弃(U)/退出(X)］<退出>:_copy

选择面或［放弃(U)/删除(R)］：找到一个面：//选择球体作为要复制的面。

选择面或［放弃(U)/删除(R)/全部(ALL)］：//按【Enter】键。

指定基点或位移：//选择球体的圆心作为基点。

指定位移的第二点：//选择长方体的中心点。

输入面编辑选项

［拉伸(E)/移动(M)/旋转(R)/偏移(O)/倾斜(T)/删除(D)/复制(C)/颜色(L)/材质(A)/放弃(U)/退出(X)］<退出>：//按【Enter】键。

实体编辑自动检查：SOLIDCHECK=1

输入实体编辑选项［面(F)/边(E)/体(B)/放弃(U)/退出(X)］<退出>：

//按【Enter】键。

图 5-103　复制面（二）

Step22 单击【网格】选项卡｜【图元】面板的｜【网格球体】按钮，按照命令行提示操作将三维实体进行网格化，如图 5-103 所示。

命令：_ MESH

当前平滑度设置为：0

输入选项［长方体(B)/圆锥体(C)/圆柱体(CY)/棱锥体(P)/球体(S)/楔体(W)/圆环体(T)/设置(SE)］<球体>：_ SPHERE

指定中心点或［三点(3P)/两点(2P)/切点、切点、半径(T)］：//选择球体的圆心作为中心点。

指定半径或［直径(D)］：100

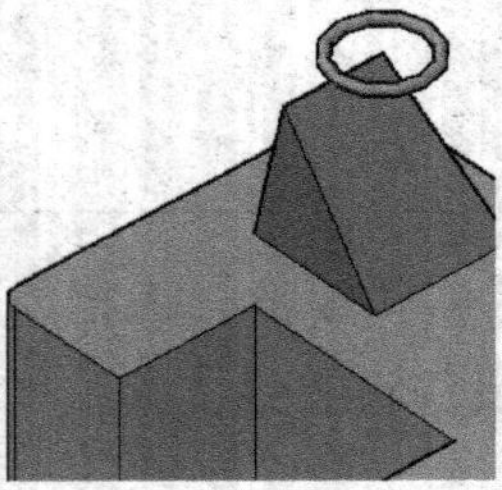

图 5-104　复制边

Step23 单击【常用】选项卡｜【实体编辑】面板的｜【复制边】按钮，按照命令行提示操作将三维实体上的选定边复制出来，如图 5-104 所示。

命令：_ solidedit

实体编辑自动检查：SOLIDCHECK=1

输入实体编辑选项［面(F)/边(E)/体(B)/放弃(U)/退出(X)］<退出>：_ edge

输入边编辑选项［复制(C)/着色(L)/放弃(U)/退出(X)］<退出>：_ copy

选择边或［放弃(U)/删除(R)］：//选择要复制的边。

选择边或［放弃(U)/删除(R)］：//按【Enter】键。

指定基点或位移：//单击要复制边的上端点。

指定位移的第二点：//在希望的位置单击。

输入边编辑选项［复制(C)/着色(L)/放弃(U)/退出(X)］<退出>：X

实体编辑自动检查：　SOLIDCHECK=1

输入实体编辑选项［面(F)/边(E)/体(B)/放弃(U)/退出(X)］<退出>：X

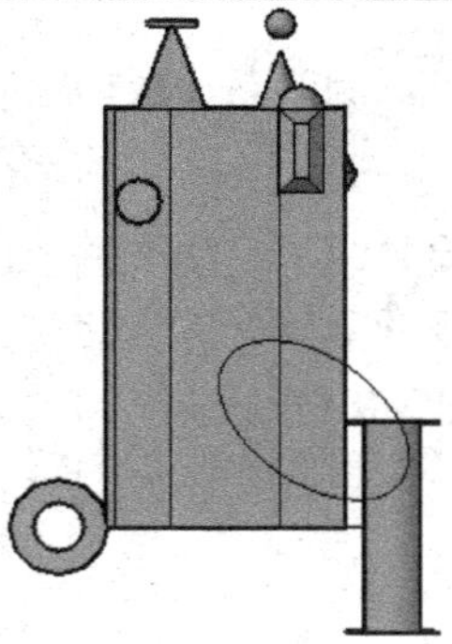

图5-105 草图

Step24 单击【常用】选项卡|【视图】面板，选择【左视】命令。

Step25 单击【常用】选项卡|【绘图】面板中的【圆心、椭圆】按钮，按照命令提示绘制草图如图5-105所示。

命令：_ ellipse
指定椭圆的轴端点或[圆弧(A)/中心点(C)]：_ c
指定椭圆的中心点：//在希望的中心点位置单击。
指定轴的端点：500
指定另一条半轴长度或[旋转(R)]：300

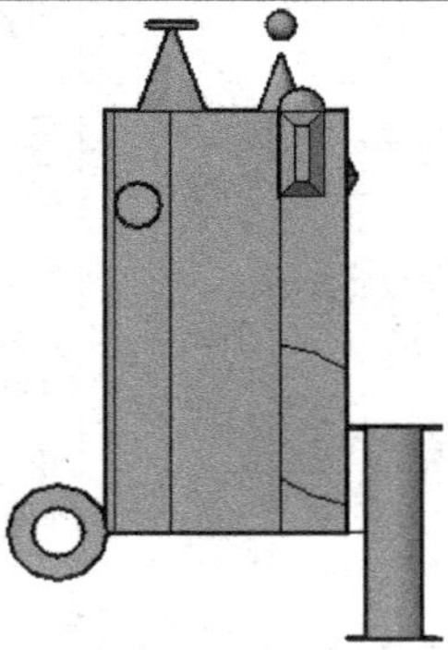

图5-106 压印

Step26 单击【常用】选项卡|【实体编辑】面板的|【压印】按钮，也可以应用"SOLIDEDIT"命令，按照命令行提示操作将二维图形压印到三维实体上，如图5-106所示。

命令：_ imprint
选择三维实体或曲面：//选择图中三维实体。
选择要压印的对象：//选择图中二维椭圆。
是否删除源对象[是(Y)/否(N)]<N>：Y
选择要压印的对象：//按【Enter】键。

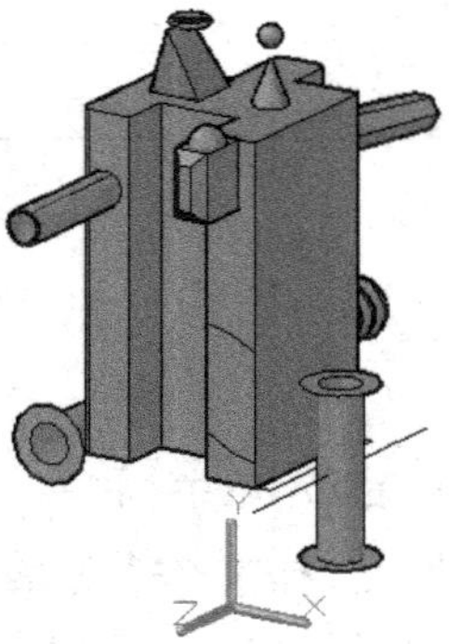

图5-107 抽壳

Step27 单击【常用】选项卡|【实体编辑】面板的|【抽壳】按钮，按照命令行提示操作将三维实体进行抽壳，如图5-107所示。

命令：_ solidedit
实体编辑自动检查：SOLIDCHECK = 1
输入实体编辑选项[面(F)/边(E)/体(B)/放弃(U)/退出(X)]<退出>：_ body
输入体编辑选项
[压印(I)/分割实体(P)/抽壳(S)/清除(L)/检查(C)/放弃(U)/退出(X)]<退出>：_ shell
选择三维实体：//选择图中圆柱体。
删除面或[放弃(U)/添加(A)/全部(ALL)]：找到一个面，已删除1个。//单击圆柱体上表面。
删除面或[放弃(U)/添加(A)/全部(ALL)]：//按【Enter】键。
输入抽壳偏移距离：8
已开始实体校验。
已完成实体校验。
输入体编辑选项
[压印(I)/分割实体(P)/抽壳(S)/清除(L)/检查(C)/放弃(U)/退出(X)]<退出>：X
实体编辑自动检查：SOLIDCHECK = 1
输入实体编辑选项[面(F)/边(E)/体(B)/放弃(U)/退出(X)]<退出>：X

5.3 如何制作座椅图片

本范例对一个具体的三维模型进行渲染生成比较逼真的模型图片，主要介绍了启动文件，设置视图，光源和阳光，增加平滑度，设置材质和渲染参数，保存文件等命令的具体内容，着重介绍了视图的各种变化以及光源和阳光变化对模型的影响，座椅三维模型如图5-108所示。

图 5-108　座椅三维模型

	完成模型	配套光盘\模型文件\5\5.3
	作图录制	配套光盘\屏幕录像\5\5.3

具体步骤如下。

5.3.1 启动文件

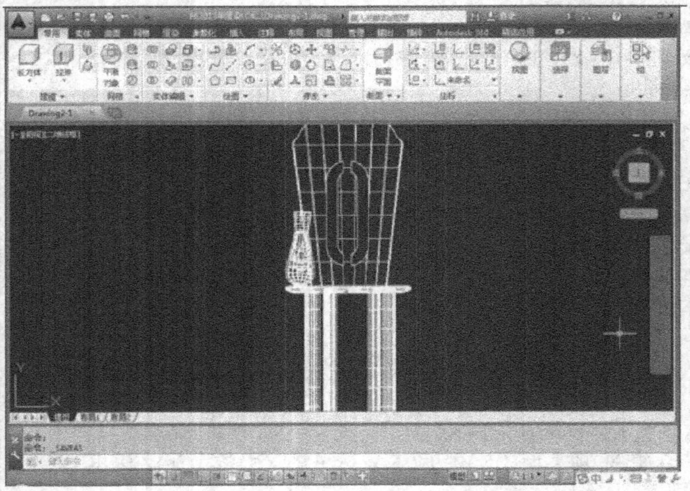

图 5-109　打开模型

启动 AutoCAD 2017，单击（打开）按钮，弹出【选择文件】对话框，选择素材文件，单击【打开】按钮，如图 5-109 所示。

5.3.2 设置视图

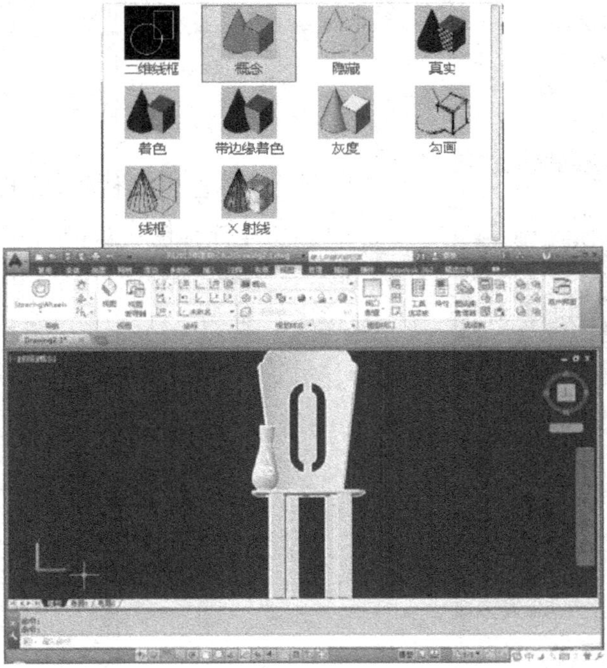

图 5-110 概念样式

Step01 单击工具栏中【视图】选项卡的【视觉样式】面板，在下拉菜单中单击【概念】按钮，视图如图 5-110 所示。

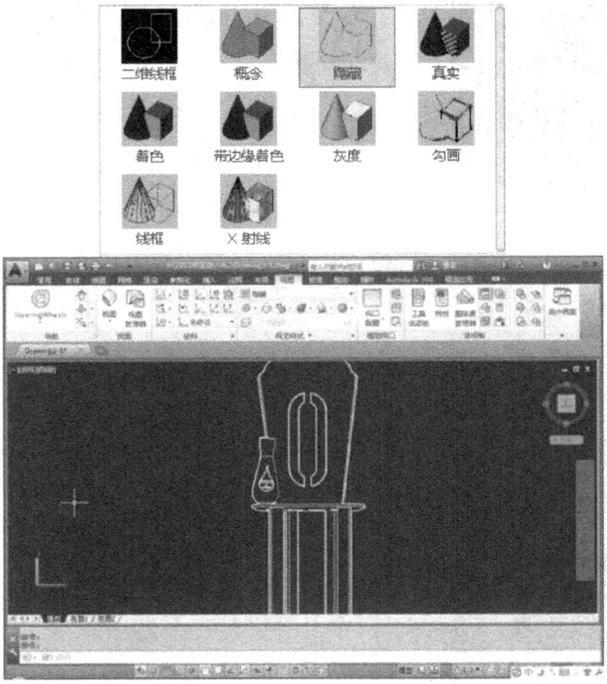

图 5-111 隐藏样式

Step02 单击工具栏中【视图】选项卡的【视觉样式】面板，在下拉菜单中单击【隐藏】按钮，视图如图 5-111 所示。

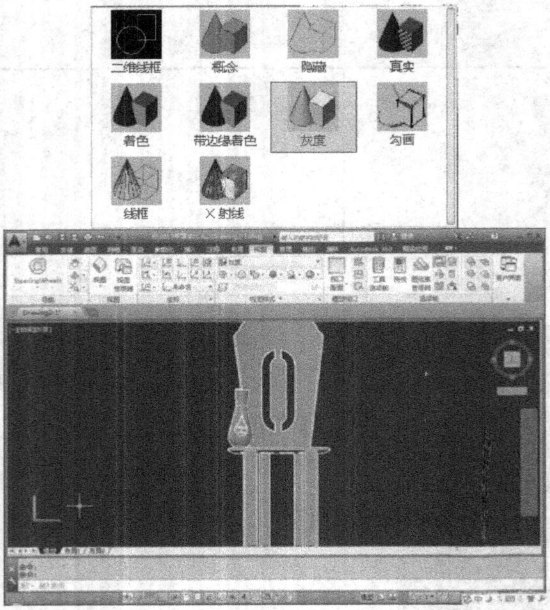

图 5-112　灰度样式

Step03 单击工具栏中【视图】选项卡的【视觉样式】面板，在下拉菜单中单击【灰度】按钮，视图如图 5-112 所示。

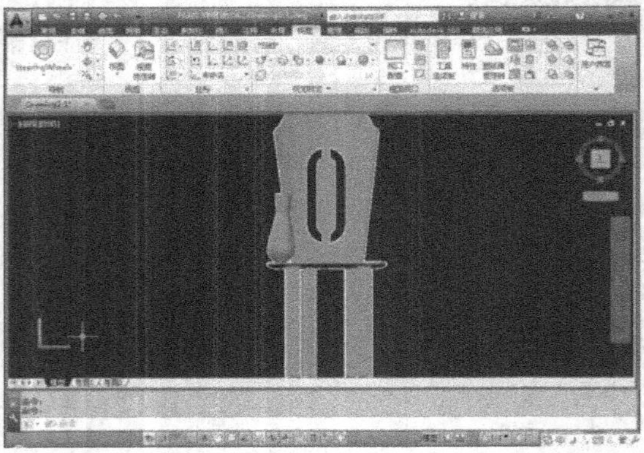

图 5-113　无边样式

Step04 单击工具栏中【视图】选项卡的【视觉样式】面板，在【镶嵌面边】下拉菜单中选取【无边】，视图如图 5-113 所示。

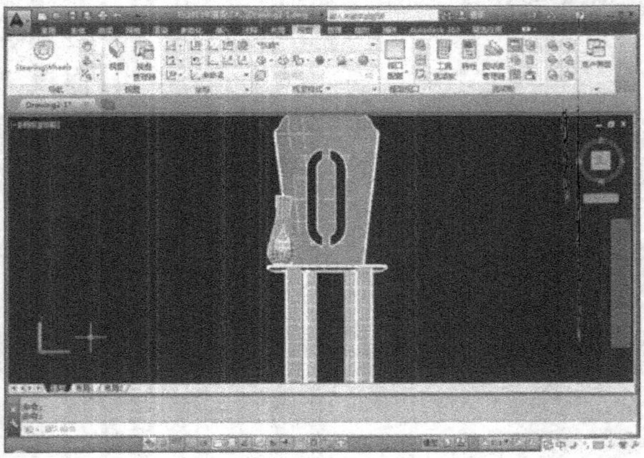

图 5-114　素线样式

Step05 单击工具栏中【视图】选项卡的【视觉样式】面板，在【镶嵌面边】下拉菜单中选取【素线】，视图如图5-114所示。

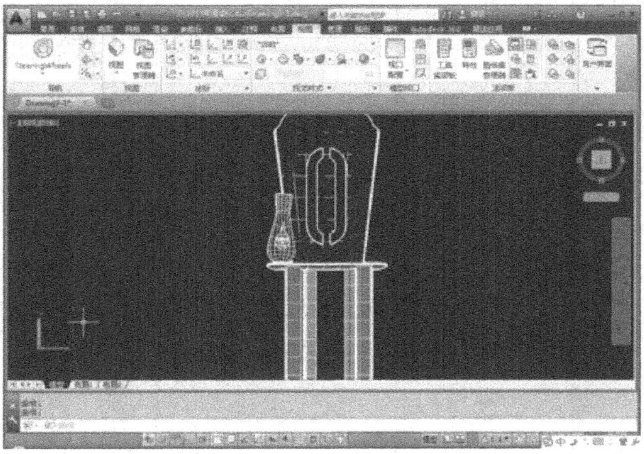

图 5-115 无面样式

Step06 单击工具栏中【视图】选项卡的【视觉样式】面板，在【面样式】下拉菜单中选取【无面样式】，视图如图 5-115 所示。

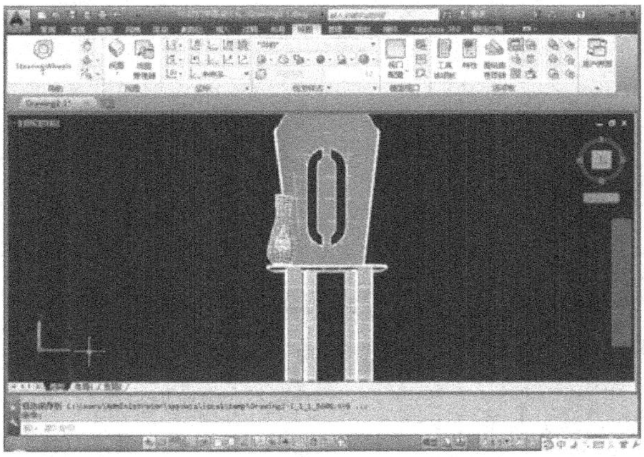

图 5-116 真实面样式

Step07 单击工具栏中【视图】选项卡的【视觉样式】面板，在【面样式】下拉菜单中选取【真实面样式】，视图如图5-116所示。

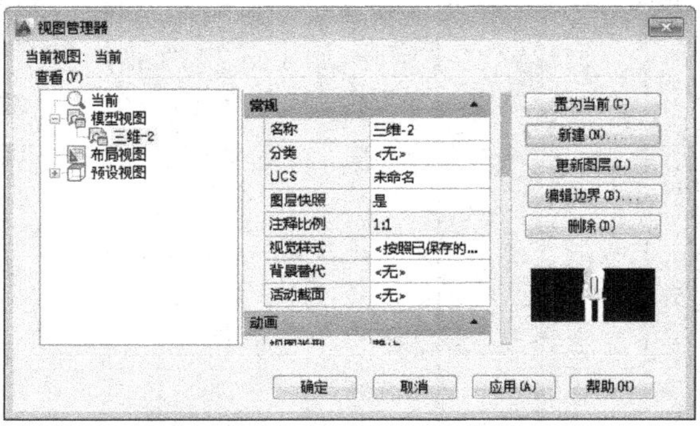

图 5-117 【视图管理器】与【新建视图/快照特性】对话框

Step08 单击工具栏【视图】选项卡中的【视图管理器】面板，弹出对话框。单击【新建】按钮，弹出【新建视图/快照特性】对话框。建立【视图名称】为【三维-2】，【视图类型】为【静止】，【视觉样式】为【当前】，在【背景】下拉菜单中选择【默认】选项，单击【确定】按钮。在【视图管理器】对话

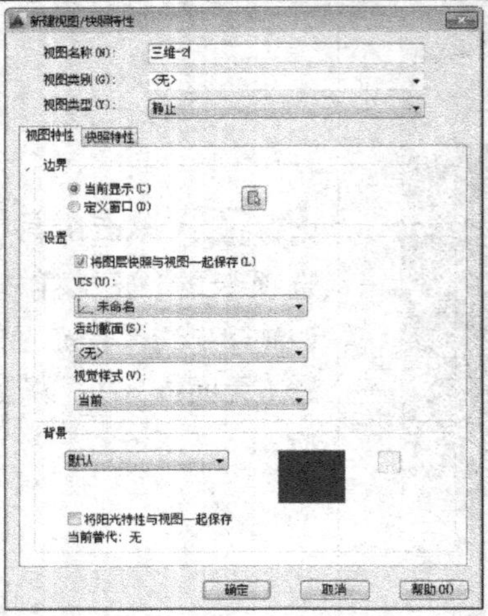

图 5-117 【视图管理器】与【新建视图/快照特性】对话框（续）

框中单击【置为当前】按钮，单击【应用】按钮，单击【确定】按钮，新建的【三维－2】出现在左侧的项目栏中，单击可直接查看，如图 5-117 所示。

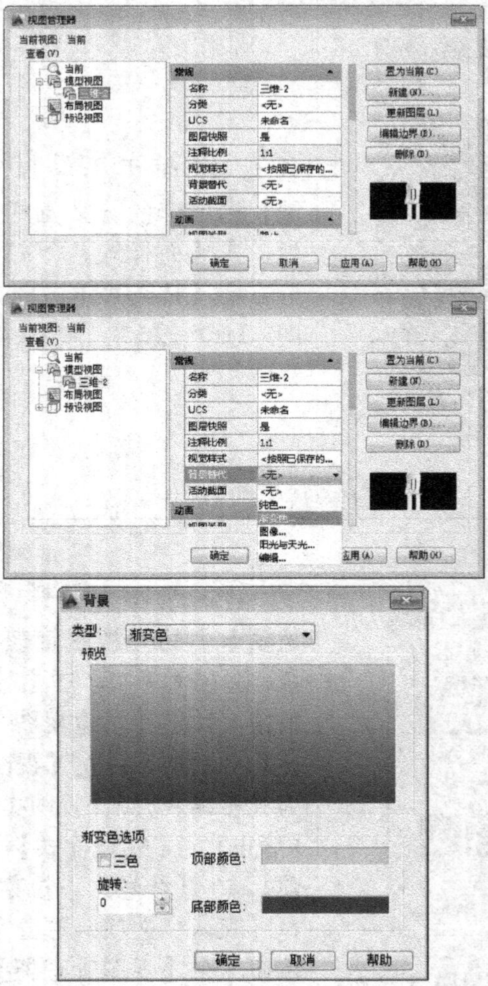

图 5-118 渐变色视图

Step09 在【视图管理器】对话框中可以对设置的视图进行修改。单击【三维－2】，弹出此视图的各项设置，在【背景替代】下拉菜单中选择【渐变色】，弹出对话框。调节顶部和底部的颜色，单击【确定】按钮。在【视图管理器】对话框中单击【置为当前】按钮，单击【应用】按钮，单击【确定】按钮，视图如图 5-118 所示。

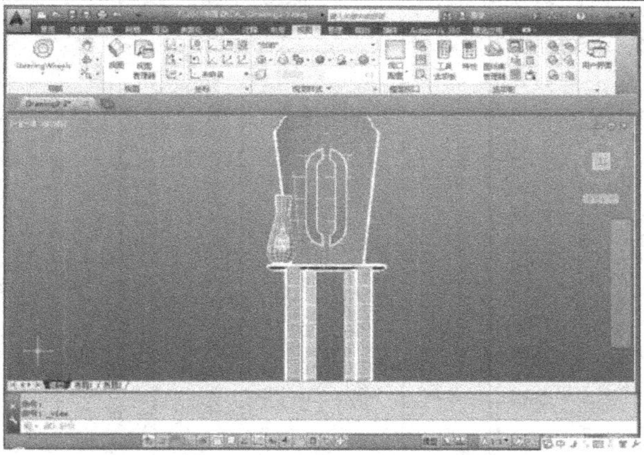

图 5-118 渐变色视图（续）

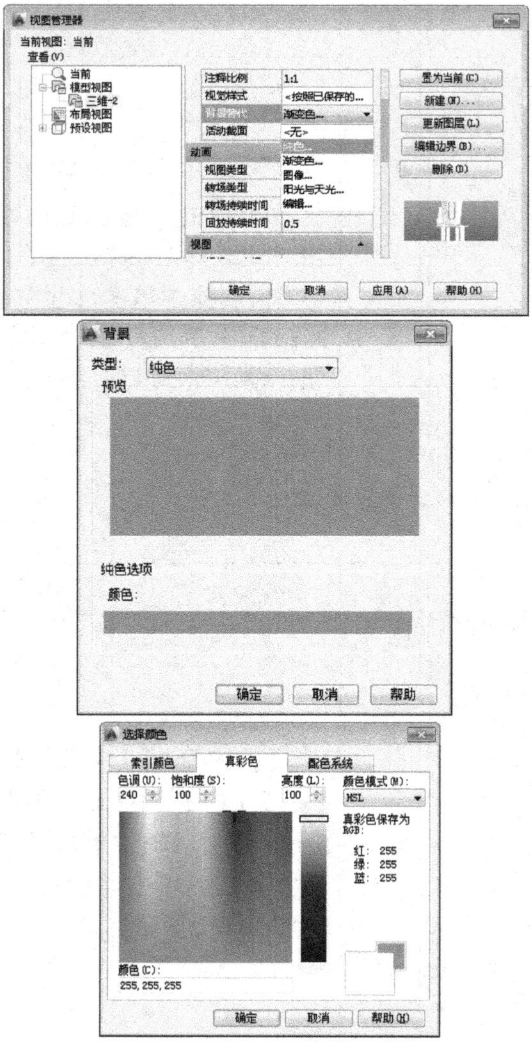

图 5-119 纯色视图

Step10 单击【三维－2】，在【背景替代】下拉菜单中选择【纯色】，弹出【背景】对话框。单击【纯色选项】中的【颜色】，弹出【选择颜色】对话框，拖动滑块调节颜色，单击【确定】按钮。在【背景】对话框中单击【确定】按钮，在【视图管理器】对话框中单击【置为当前】按钮，单击【应用】按钮，单击【确定】按钮，视图如图 5-119 所示。

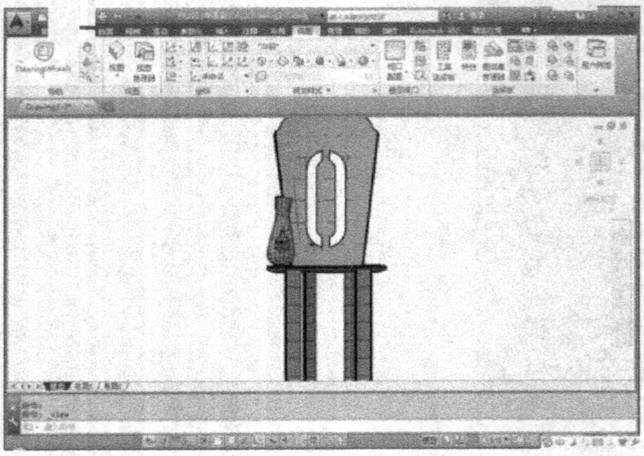

图 5-119　纯色视图（续）

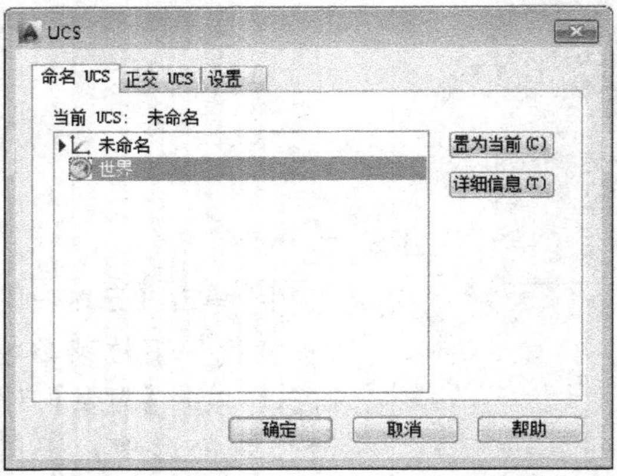

图 5-120　设置坐标（一）

Step11 单击工具栏【视图】选项卡中的【坐标】面板，弹出【UCS】对话框。在【命名 UCS】选项中单击【世界】，在对话框中单击【置为当前】按钮，单击【确定】按钮，如图 5-120 所示。

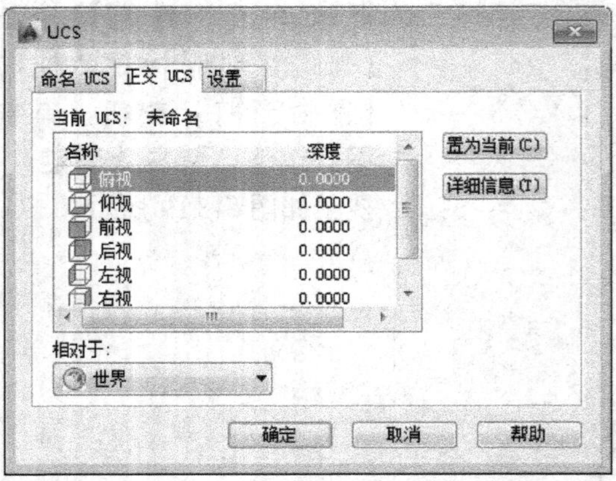

图 5-121　设置坐标（二）

Step12 在【UCS】对话框【正交 UCS】选项卡中单击【俯视】，在对话框中单击【置为当前】按钮，单击【确定】按钮，如图 5-121 所示。

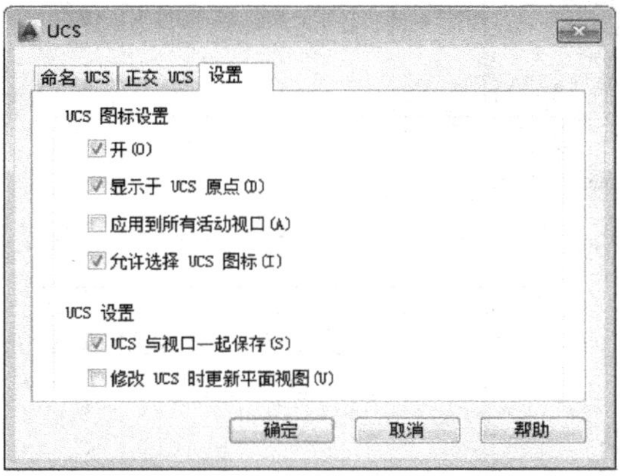

图 5-122　设置坐标（三）

Step13 在【UCS】对话框【设置】选项卡中【UCS 图标设置】勾选【开】、【显示于 UCS 原点】、【允许选择 UCS 图标】，【UCS 设置】中勾选【UCS 与视口一起保存】，单击【确定】按钮，如图 5-122 所示。

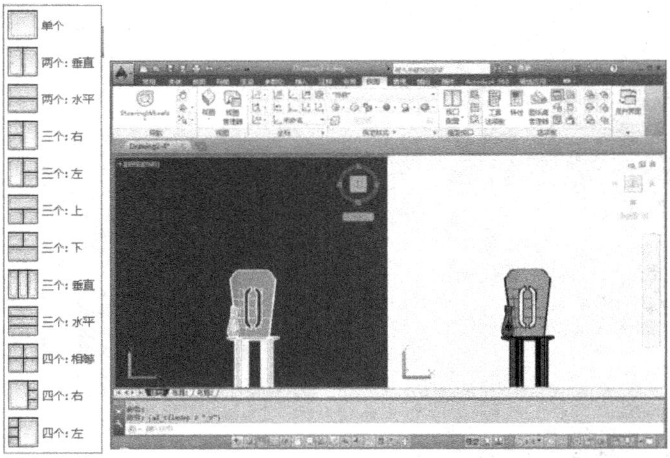

图 5-123　模型视口（一）

Step14 单击工具栏【视图】选项卡中的【视口配置】面板，在下拉菜单中选择【两个：垂直】，视图如图 5-123 所示。

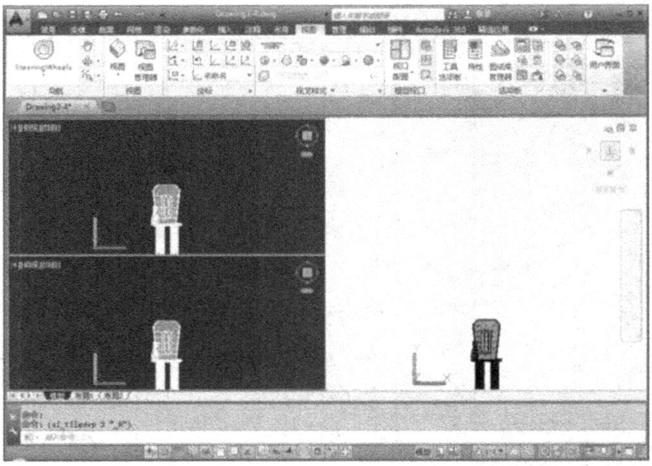
图 5-124　模型视口（二）

Step15 单击工具栏【视图】选项卡中的【视口配置】面板，在下拉菜单中选择【三个：右】，视图如图 5-124 所示。

图 5-125　模型视口（三）

Step16 单击工具栏【视图】选项卡中的【视口配置】面板，在下拉菜单中选择【单个】，视图如图 5-125 所示。

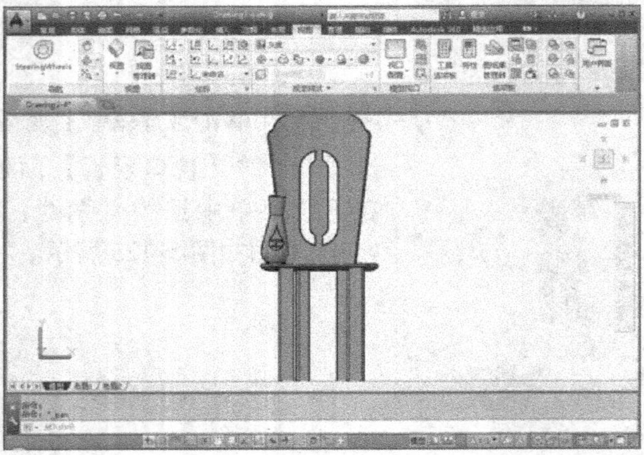

图 5-126　灰度样式

Step17 为使模型更加清晰，在工具栏中【视图】选项卡的【视觉样式】面板中选取【灰度】，视图如图 5-126 所示。

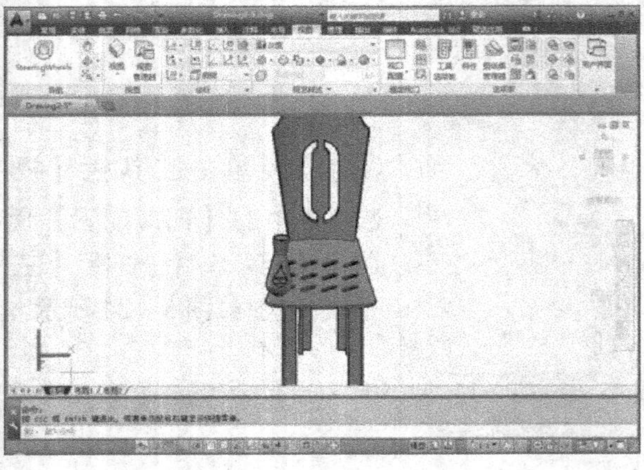

图 5-127　调整模型

Step18 利用窗口右侧的功能键【自由动态观察】拖动光标，滚动光标调整模型的大小，使用【平移】键调整模型位置，在空白处单击鼠标右键，在弹出菜单中单击【退出】，以关闭功能键，如图 5-127 所示。

5.3.3 设置光源和阳光

图 5-128 设置光源（一）

Step01 单击工具栏中【渲染】选项卡的【光源】面板，在下拉菜单中设置【国际光源单位】为【美制光源单位】，设置【亮度】为【58.4】，【对比度】为【22.4】，【中间色调】为【2.88】，视图如图 5-128 所示。

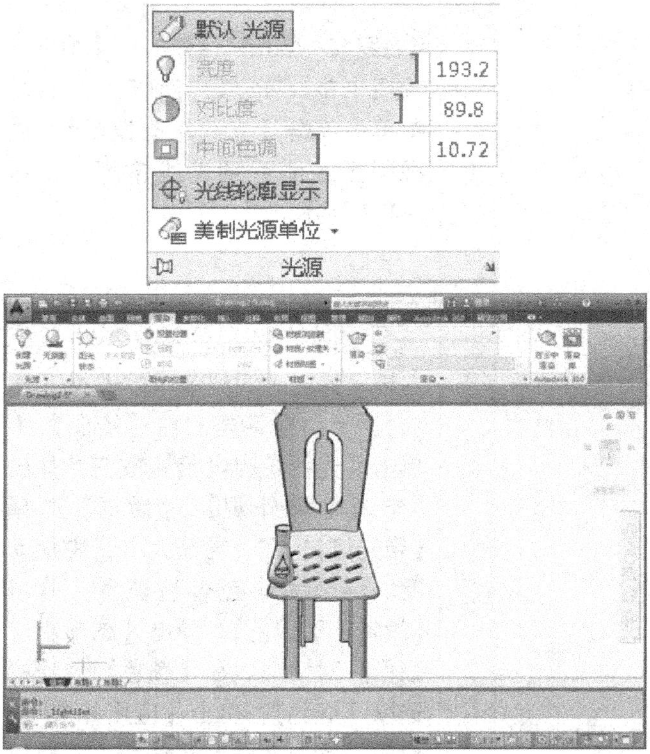

图 5-129 设置光源（二）

Step02 在【美制光源单位】中设置【亮度】为【193.2】，【对比度】为【85.8】，【中间色调】为【10.72】，视图如图 5-129 所示。

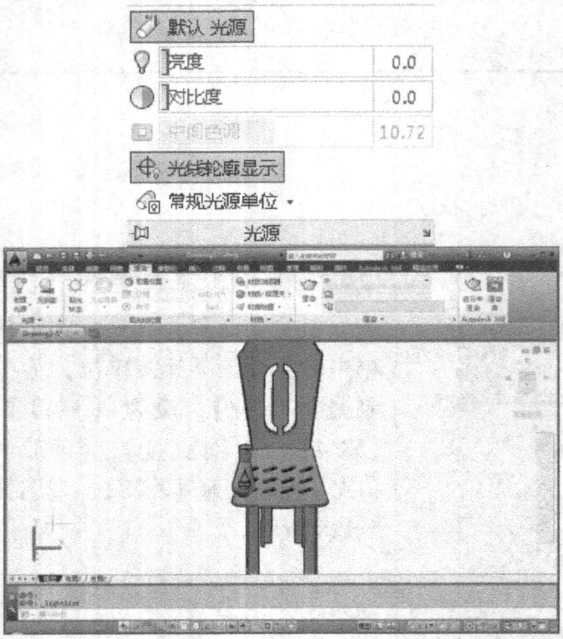

图 5-130　设置光源（三）

Step03 单击工具栏中【渲染】选项卡的【光源】面板，在下拉菜单中设置【国际光源单位】为【常规光源单位】，视图如图 5-130 所示。

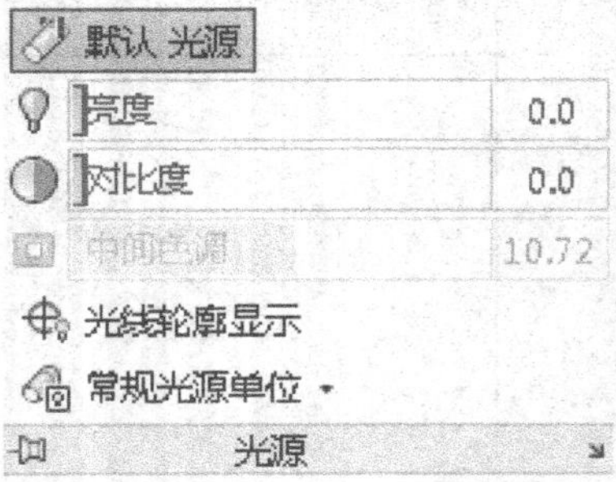

图 5-131　光线轮廓显示

Step04 单击工具栏中【渲染】选项卡的【光源】面板，在下拉菜单中单击【光线轮廓显示】，在视图区域能看到光线轮廓，如图 5-131 所示。

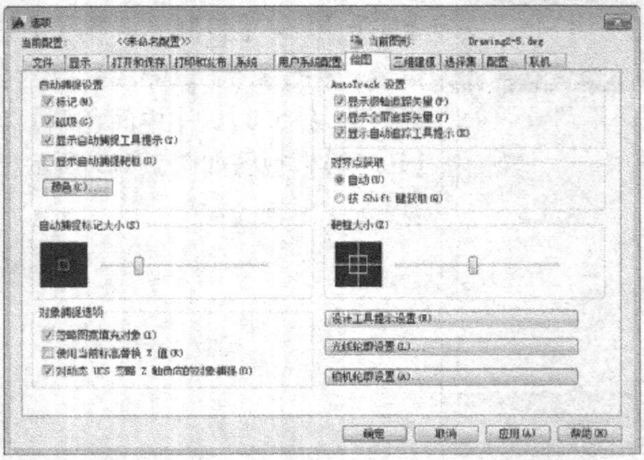

图 5-132　设置光线轮廓及颜色

Step05 在绘图区域中单击鼠标右键，弹出的下拉菜单中选择【选项】，弹出对话框。在【绘图】中单击【光线轮廓设置】按钮，弹出【光线轮廓外观】对话框。选择【聚光灯】，在【轮廓大小】中拖动滑块调节大小至合适位置，单击【编辑轮廓颜色】，弹出【图形窗口颜色】对话框。在【颜色】选项中选取【红色】，单击【应用并关闭】按钮，单击【确定】按钮，其他保持默认值，如图 5-132 所示。

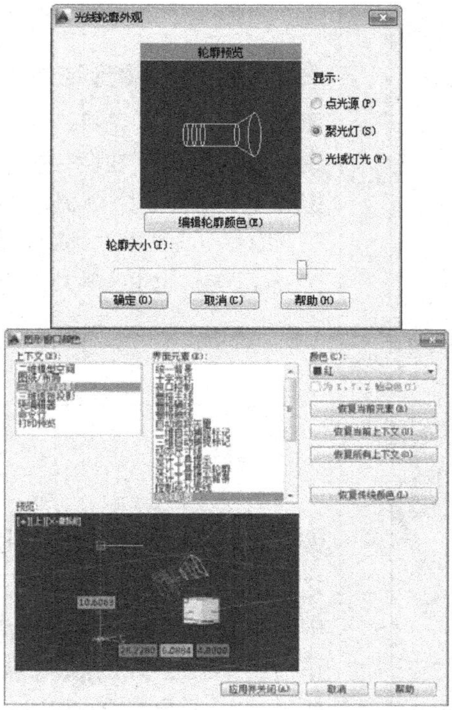

图 5-132 设置光线轮廓及颜色（续）

Step05 在绘图区域中单击鼠标右键，弹出的下拉菜单中选择【选项】，弹出对话框。在【绘图】中单击【光线轮廓设置】按钮，弹出【光线轮廓外观】对话框。选择【聚光灯】，在【轮廓大小】中拖动滑块调节大小至合适位置，单击【编辑轮廓颜色】，弹出【图形窗口颜色】对话框。在【颜色】选项中选取【红色】，单击【应用并关闭】按钮，单击【确定】按钮，其他保持默认值，如图 5-132 所示。

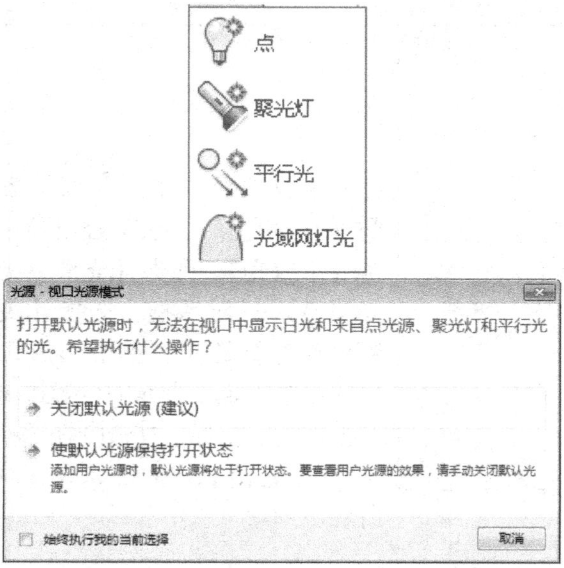

图 5-133 设置聚光灯（一）

Step06 单击【渲染】选项卡中的【创建光源】，在下拉菜单中单击【聚光灯】，弹出【光源－视口光源模式】对话框，选择【使默认光源保持打开状态】，如图 5-133所示。

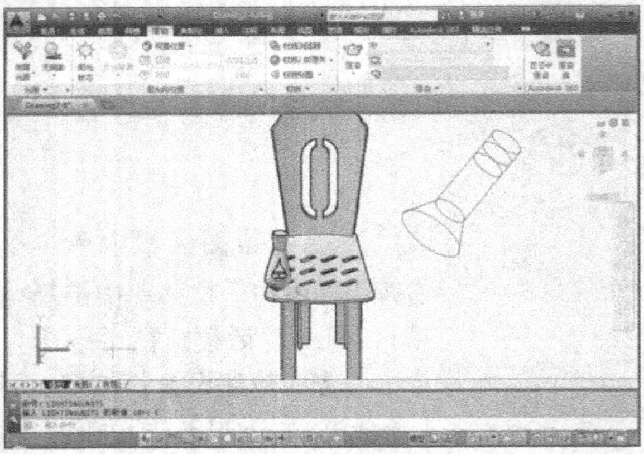

图 5-134 设置聚光灯（二）

Step07 单击图形区域中的位置确定光源的位置，再次单击以指定聚光灯的目标，在命令提示栏中单击【退出】，在命令提示栏中输入“LIGHTINGUNITS”值为 1，单击【Enter】键，如图 5-134 所示。

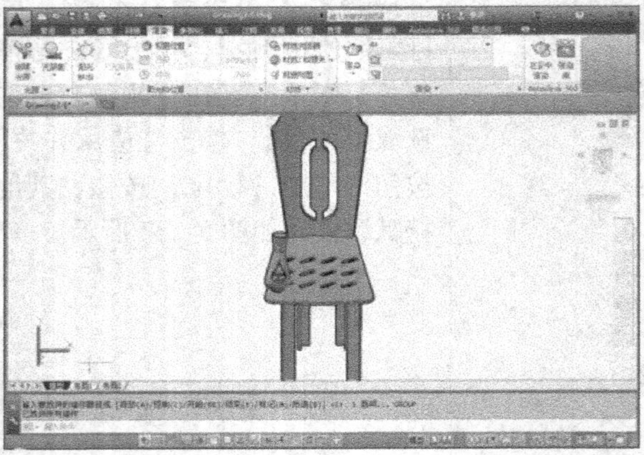

图 5-135 还原模型

Step08 随着灯光的变化模型随之改变，为使模型更清晰，在视口中将模型还原到设置聚光灯之前。单击工具栏上方的【放弃】按钮，直到还原如图 5-135 所示的状态。

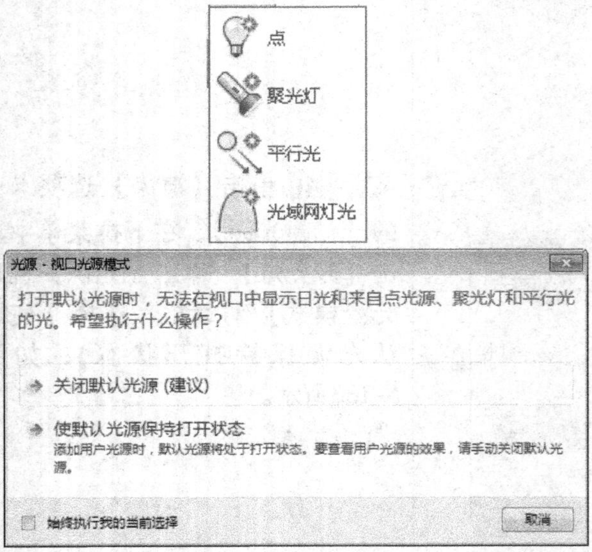

图 5-136 设置平行光（一）

Step09 单击【渲染】选项卡中的【创建光源】，在下拉菜单中单击【平行光】，弹出【光源 - 视口光源模式】对话框，选择【关闭默认光源】选项，单击图形区域中的位置确定平行光的位置，再次单击以指定目标，在命令提示栏中单击【退出】，视图如图 5-136 所示。

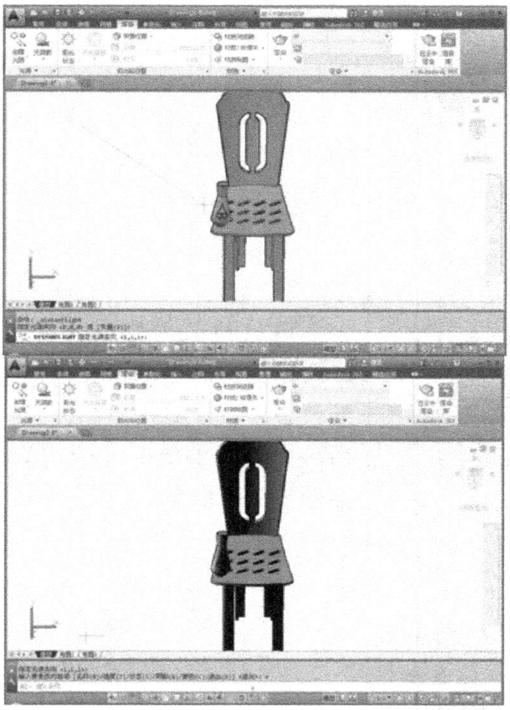

图 5-136 设置平行光（一）（续）

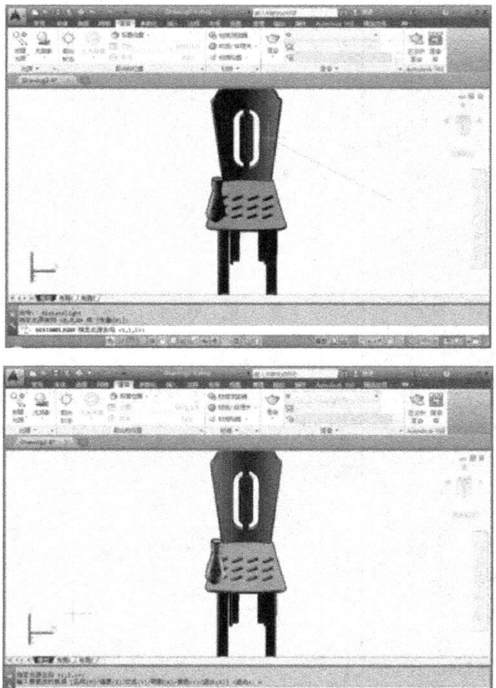

图 5-137 设置平行光（二）

Step10 继续为视图设置平行光，单击图形区域中的位置确定平行光的位置，再次单击以指定目标，在命令提示栏中单击【退出】，视图如图 5-137 所示。

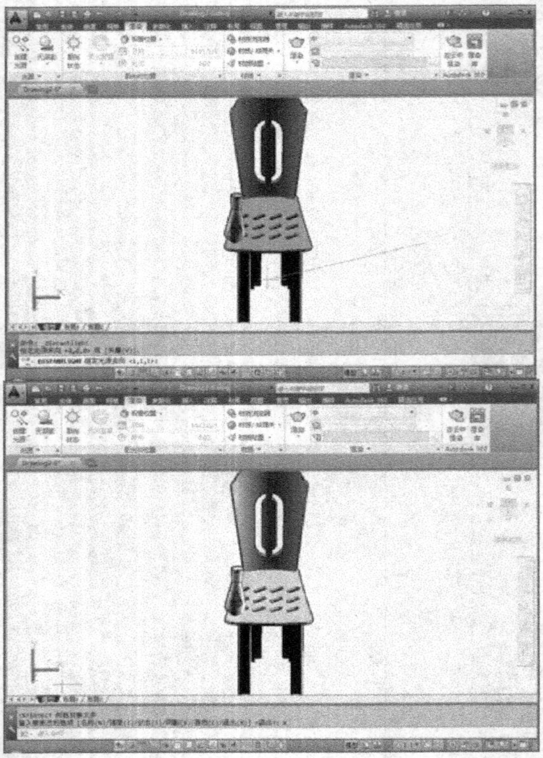 图 5-138　设置平行光（三）	Step11 继续为视图设置平行光，单击图形区域中的位置确定平行光的位置，再次单击以指定目标，在命令提示栏中单击【退出】，视图如图 5-138 所示。
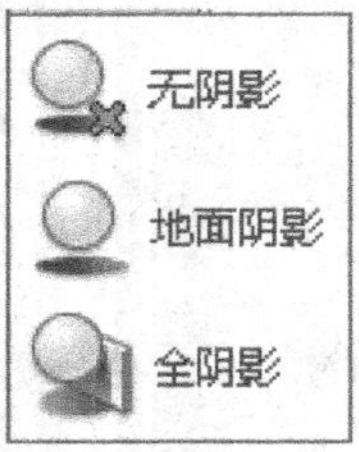 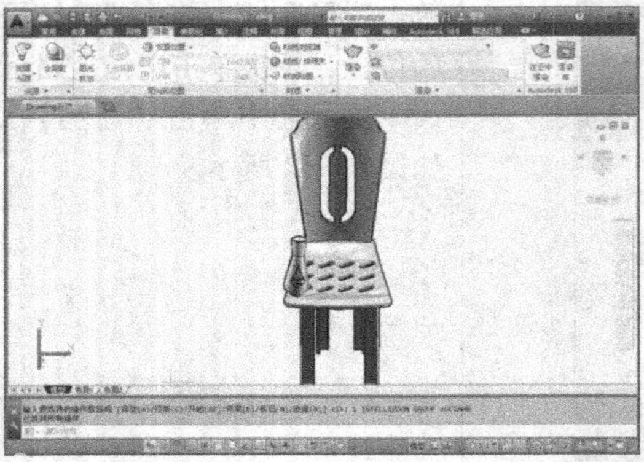 图 5-139　全阴影视图	Step12 单击工具栏【渲染】选项卡【光源】中的【阴影】，在下拉菜单中单击【全阴影】，视图如图 5-139 所示。

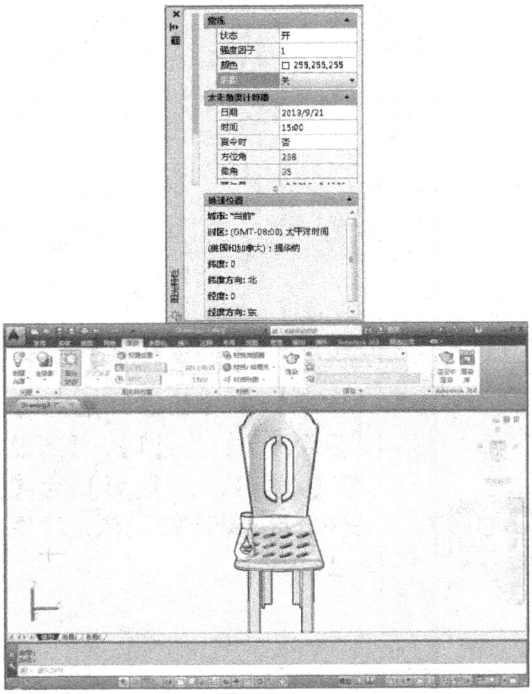

图5-140 阳光视图（一）

Step13 单击工具栏【渲染】选项卡中的【阳光和位置】弹出【阳光特性】下拉菜单。在【常规】中【状态】选择【开】，【强度因子】为【1】，【颜色】为【白色】，【阴影】为【关】，其他设置保持默认值，视图如图5-140所示。

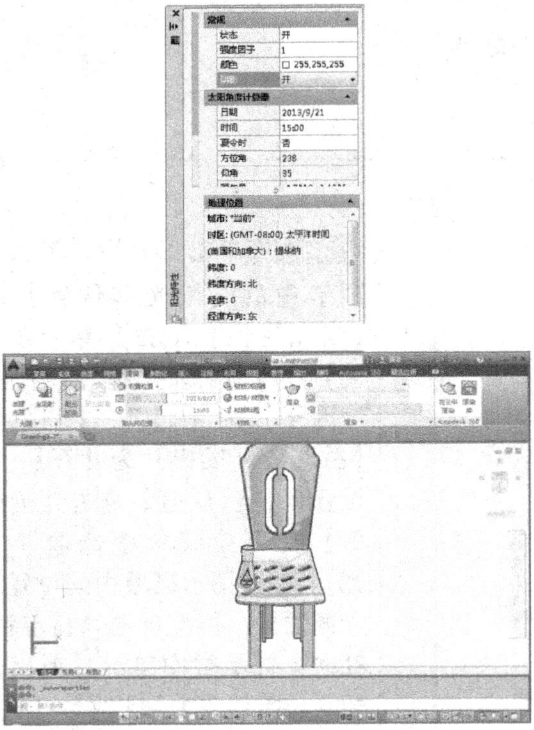

图5-141 阳光视图（二）

Step14 在【常规】中将【阴影】设置为【开】，其他设置保持默认值，视图如图5-141所示。

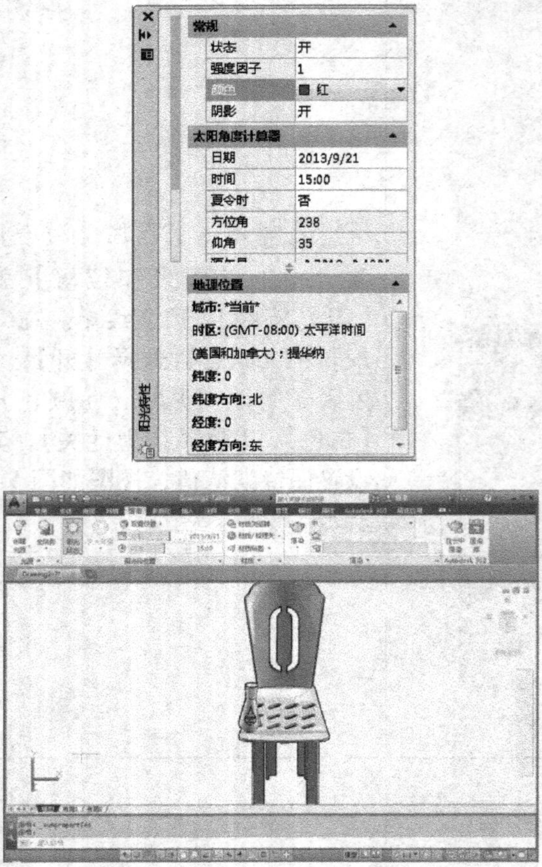

图 5-142　阳光视图（三）

Step15【阳光特性】下拉菜单【常规】中【状态】选择【开】，【强度因子】为【1】，【颜色】设置【红色】，【阴影】为【开】，其他设置保持默认值，视图如图 5-142 所示。

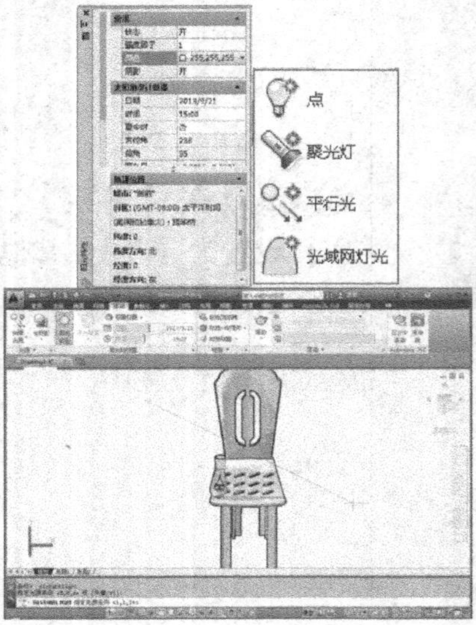

图 5-143　阳光平行光视图

Step16 单击工具栏【渲染】选项卡中的【阳光和位置】弹出【阳光特性】下拉菜单。在【常规】中【状态】选择【开】，【强度因子】为【1】，【颜色】为【白色】，【阴影】为【开】，其他设置保持默认值，单击【创建光源】在下拉菜单中选取【平行光】，单击图形区域中的位置指定光源位置，再次单击以指定目标，在命令提示栏中单击【退出】按钮，视图如图 5-143 所示。

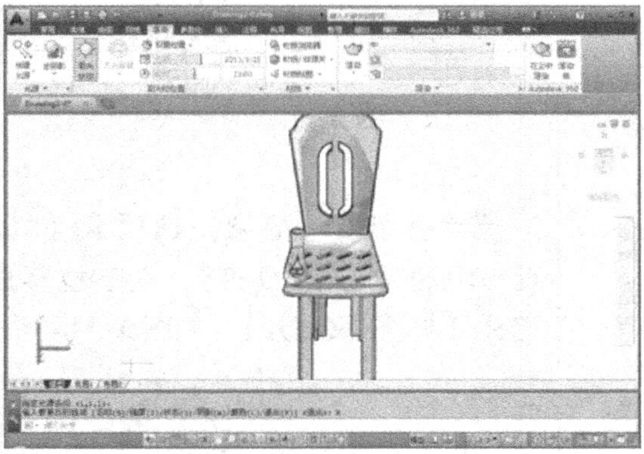

图 5-143 阳光平行光视图（续）

5.3.4 设置平滑度

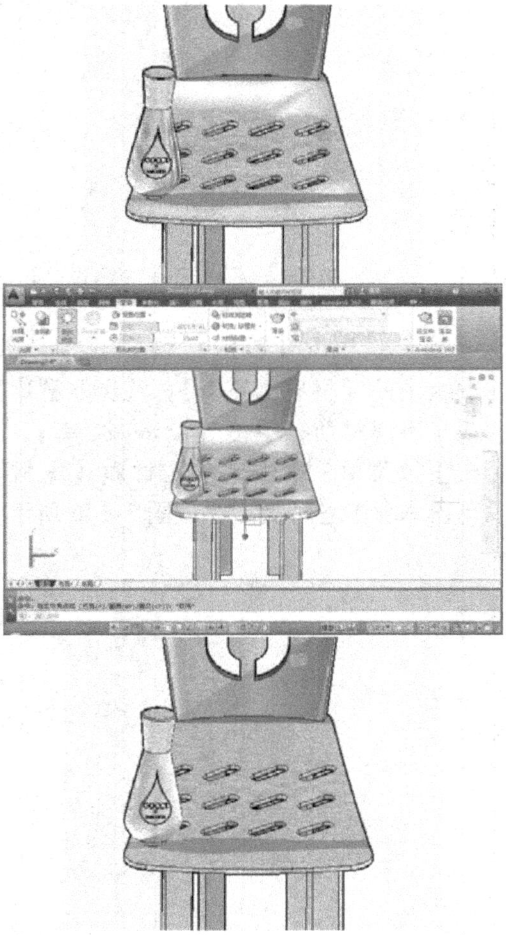

图 5-144 设置平滑度

增加几何体的平滑度，在绘图区中单击要增加平滑度的几何体，在【命令】提示栏中输入“FACETRES”值为 5，单击【Enter】键，视图如图 5-144 所示。

5.3.5 设置材质

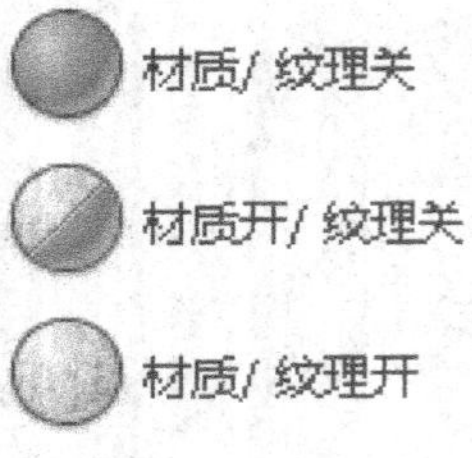

图 5-145 【材质/纹理开】

Step01 单击【渲染】选项卡【材质】面板中的【材质/纹理】，在下拉菜单中选择【材质/纹理开】，如图 5-145 所示。

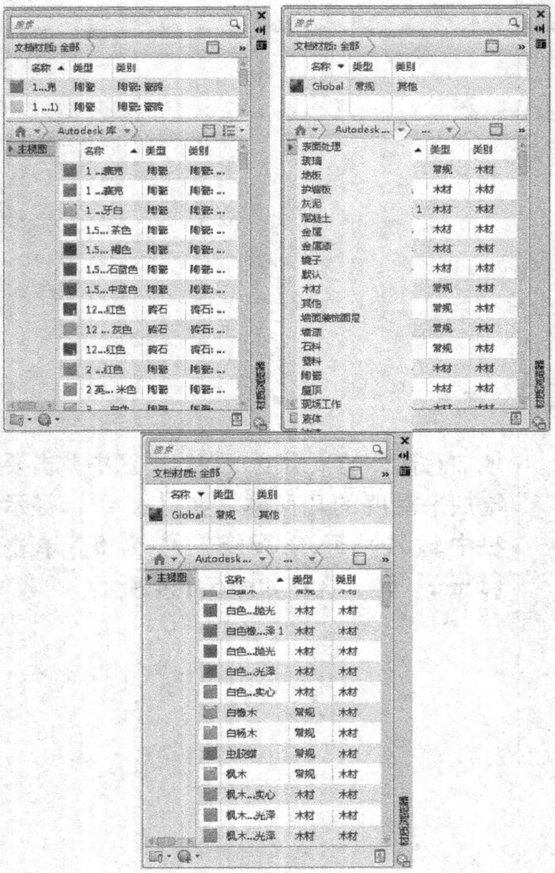

图 5-146 【材质浏览器】

Step02 单击【渲染】选项卡【材质】面板中的【材质浏览器】，在浏览器中提供了不同材质，单击【Autodesk 库】，弹出下拉菜单，单击选中的材质【木材】，弹出木材的各种类型，如图 5-146 所示。

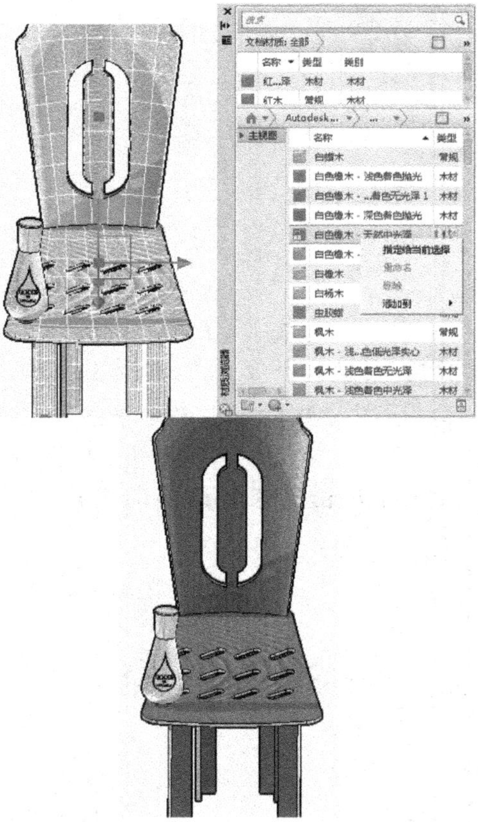

图 5-147　添加材质

Step03 单击要添加材质的实体，在【材质浏览器】中右键单击选中的材质【白色橡木 - 天然中光泽】，在弹出的对话框中单击【指定给当前选择】，渲染效果如图 5-147 所示。

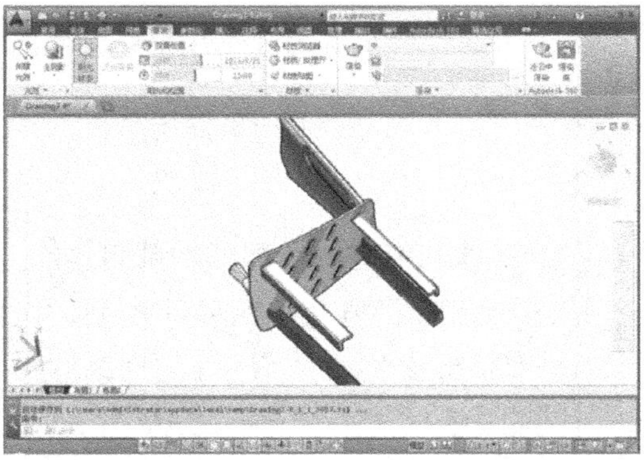

图 5-148　调整模型

Step04 利用窗口右侧的功能键【自由动态观察】，拖动光标移动模型，在弹出的对话框中单击【退出】，将模型调整至如图 5-148 所示位置。

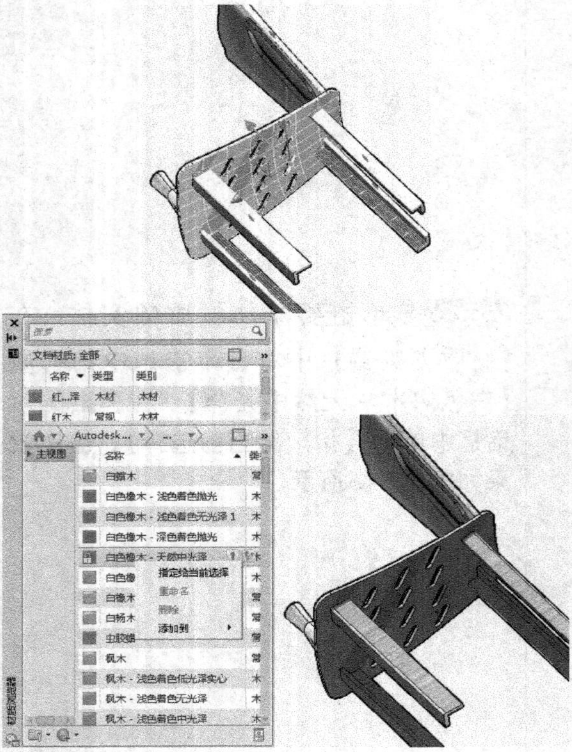 图 5-149　添加材质	Step05 单击要添加材质的实体，在【材质浏览器】中右键单击选中的材质【白色橡木 - 天然中光泽】，在弹出的对话框中单击【指定给当前选择】，如图 5-149所示。
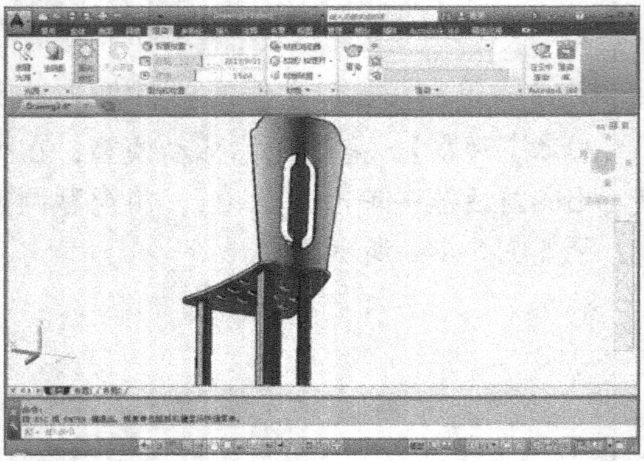 图 5-150　调整模型位置	Step06 利用窗口右侧的功能键【自由动态观察】，拖动光标移动模型，在弹出的对话框中单击【退出】，将模型调整至如图 5-150 所示位置。

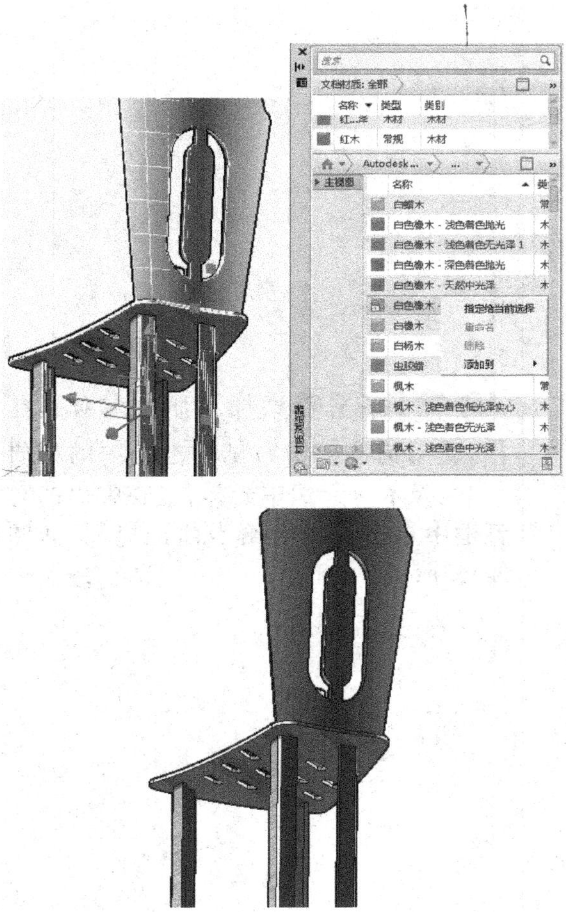 图5-151　渲染效果	Step07 单击要添加材质的实体，在【材质浏览器】中右键单击选中的材质【白色橡木-天然中光泽】，在弹出的对话框中单击【指定给当前选择】，如图5-151所示。
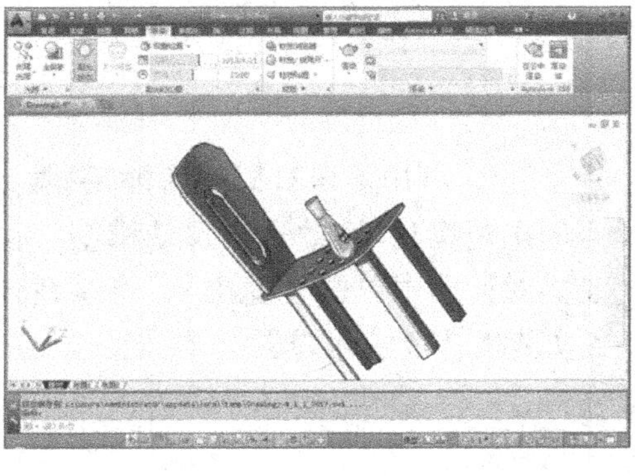 图5-152　调整模型位置	Step08 利用窗口右侧的功能键【自由动态观察】，拖动光标移动模型，在弹出的对话框中单击【退出】，将模型调整至如图5-152所示位置。

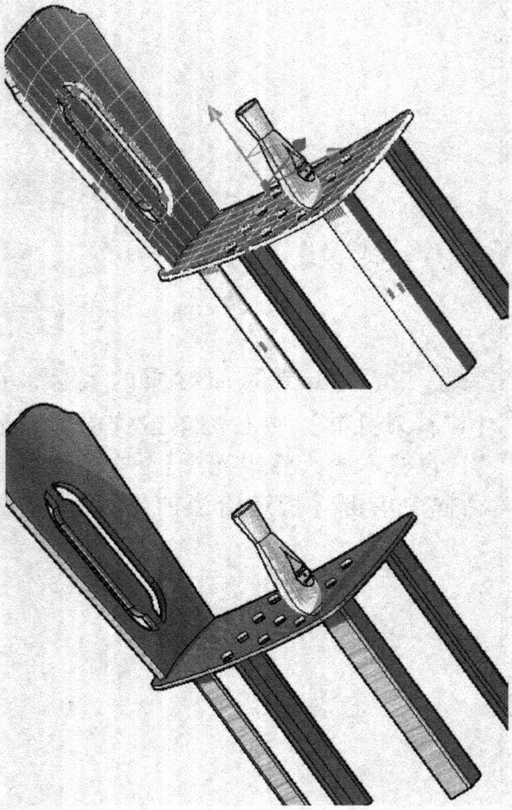

图 5-153　渲染效果

Step09 单击要添加材质的实体，在【材质浏览器】中右键单击选中的材质【白色橡木 - 天然中光泽】，在弹出的对话框中单击【指定给当前选择】，如图 5-153所示。

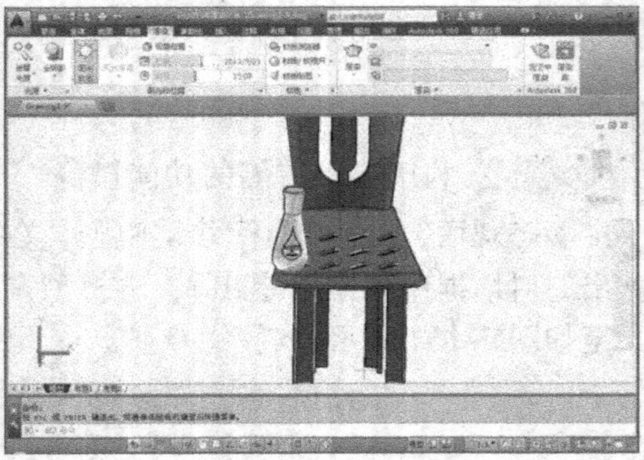

图 5-154　调整模型位置

Step10 利用窗口右侧的功能键【自由动态观察】，拖动光标移动模型，在弹出的对话框中单击【退出】，将模型调整至如图 5-154 所示位置。

图 5-155　【材质浏览器】

Step11 单击【渲染】选项卡【材质】面板中的【材质浏览器】，单击【Autodesk 库】，弹出下拉菜单，单击选中的材质【玻璃】，弹出对话框，如图 5-155 所示。

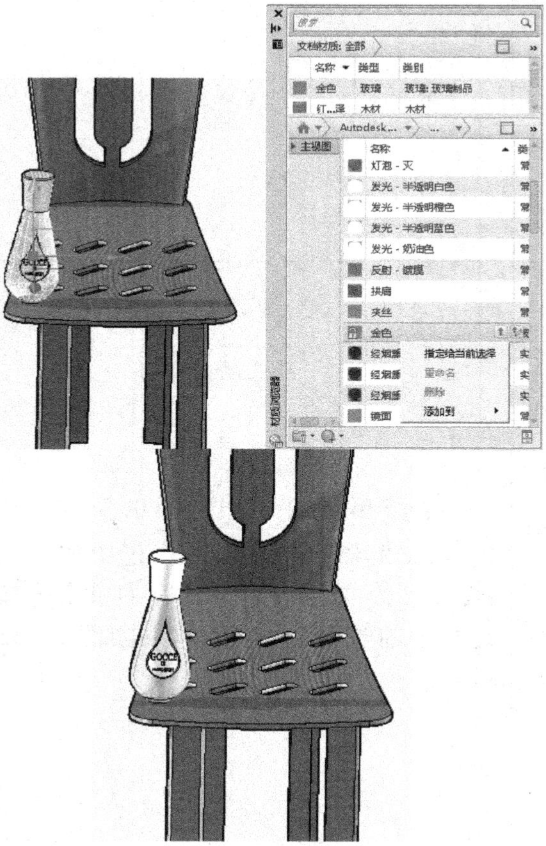

图 5-156　添加材质

Step12 单击要添加材质的实体，在【材质浏览器】中右键单击选中的材质【金色】，在弹出的对话框中单击【指定给当前选择】，如图 5-156 所示。

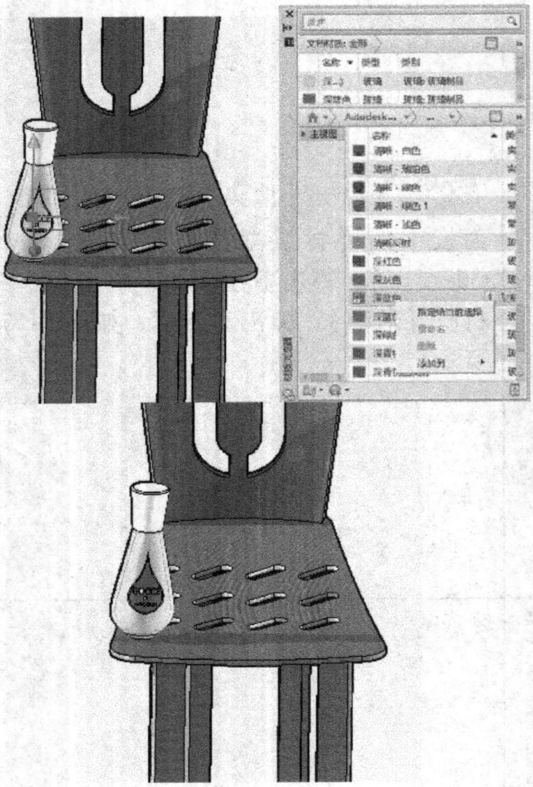

图 5-157　渲染效果

Step13 单击要添加材质的实体，在【材质浏览器】中右键单击选中的材质【深蓝色】，在弹出的对话框中单击【指定给当前选择】，如图 5-157 所示。

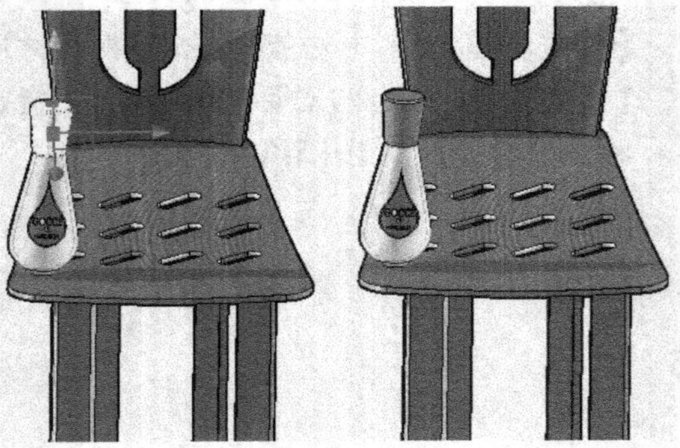

图 5-158　添加材质

Step14 单击要添加材质的实体，在【材质浏览器】中右键单击选中的材质【深蓝色】，在弹出的对话框中单击【指定给当前选择】，渲染效果如图 5-158 所示。

5.3.6 设置渲染参数

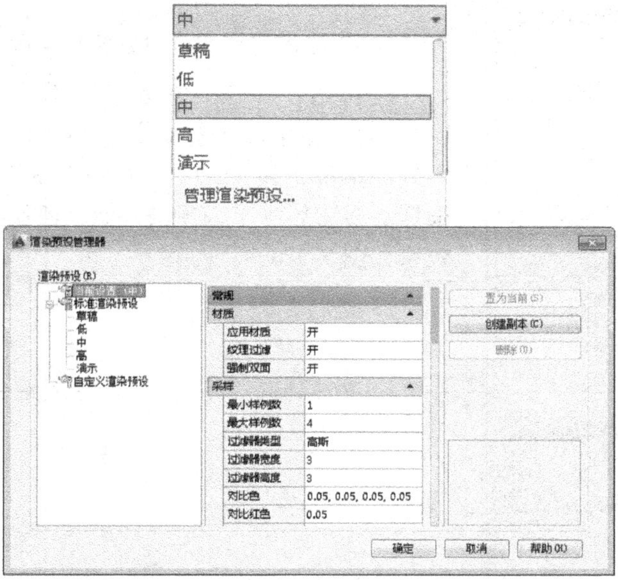

图 5-159 渲染预设

Step01 单击工具栏【渲染】选项卡【渲染】面板中的【渲染预设管理器】，弹出对话框。在【材质】中设置【应用材质】为【开】，【纹理过滤】为【开】，【强制双面】为【开】，其他设置保持默认值，单击【确定】按钮，如图 5-159 所示。

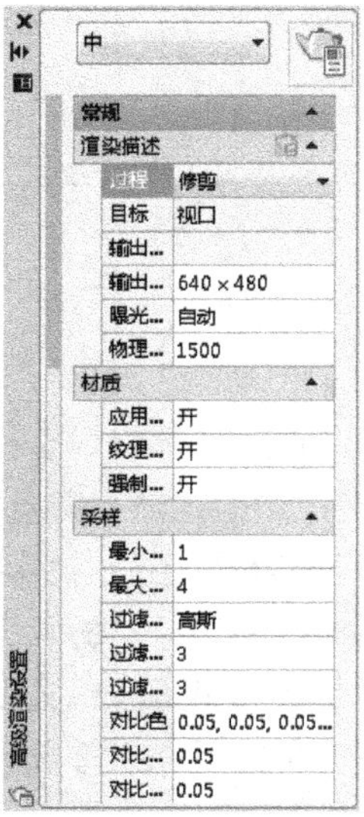

图 5-160 高级渲染设置

Step02 单击【渲染】选项卡【渲染】面板中的↘，弹出【高级渲染设置】对话框。在【渲染描述】选项中设置【过程】为【修剪】，【目标】为【视口】，其他设置保持默认值，单击【关闭】按钮，如图 5-160 所示。

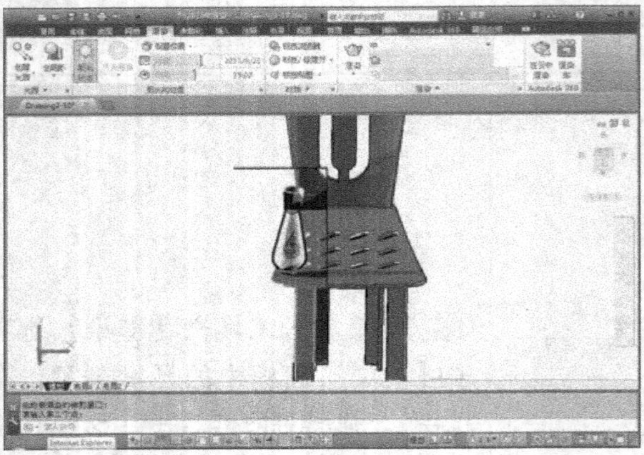

图 5-161　修剪渲染

Step03 单击【渲染】选项卡中的【渲染】，在命令提示栏中弹出【拾取要渲染的修剪窗口】命令，单击确定拾取范围的端点，拖动光标，根据需要渲染的范围单击终点，渲染效果如图 5-161 所示。

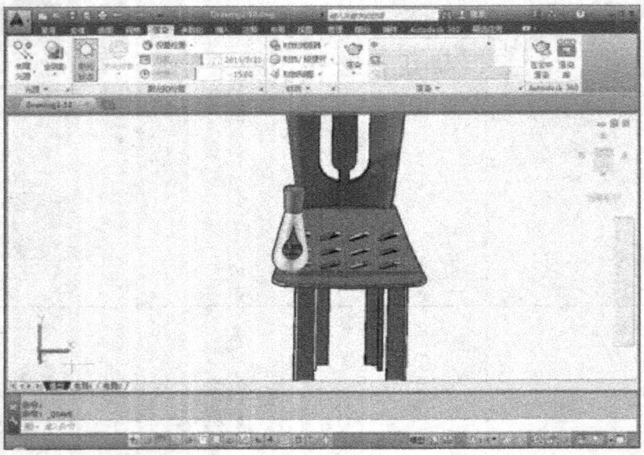

图 5-162　还原模型

Step04 在视口中将模型还原到设置修剪渲染之前，单击工具栏上方的【放弃】按钮，直到还原如图 5-162所示的状态。

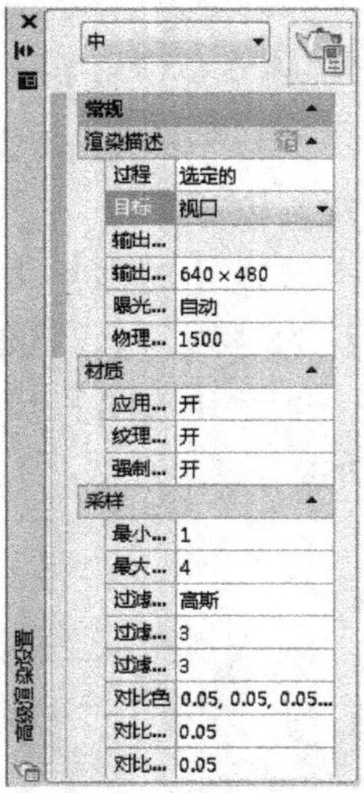

图 5-163　高级渲染设置

Step05 单击【渲染】选项卡【渲染】面板中的【高级渲染设置】，弹出对话框，在【渲染描述】选项中设置【过程】为【选定的】，【目标】为【视口】，其他设置保持默认值，单击【关闭】按钮，如图 5-163 所示。

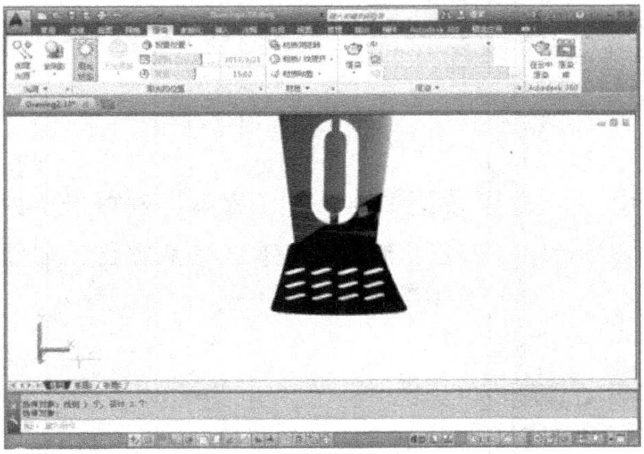

图 5-164 选定渲染效果

Step06 单击【渲染】选项卡中的【渲染】，在命令提示栏中弹出【选择对象】命令，单击确定要渲染的部分，单击【Enter】键，渲染效果如图 5-164 所示。

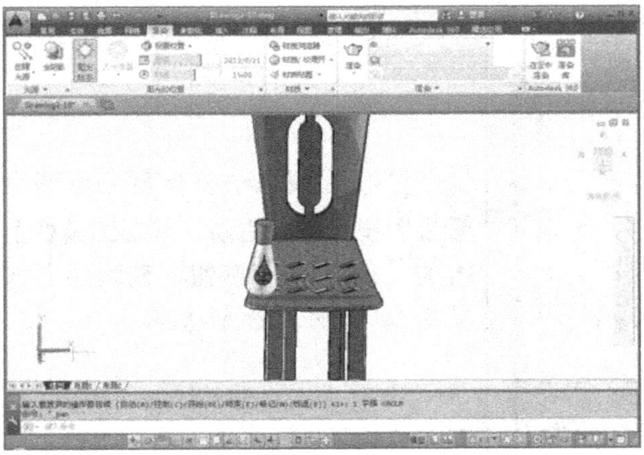

图 5-165 还原模型

Step07 在视口中将模型还原到设置选定渲染之前，单击工具栏上方的【放弃】按钮，直到还原如图 5-165所示的状态。

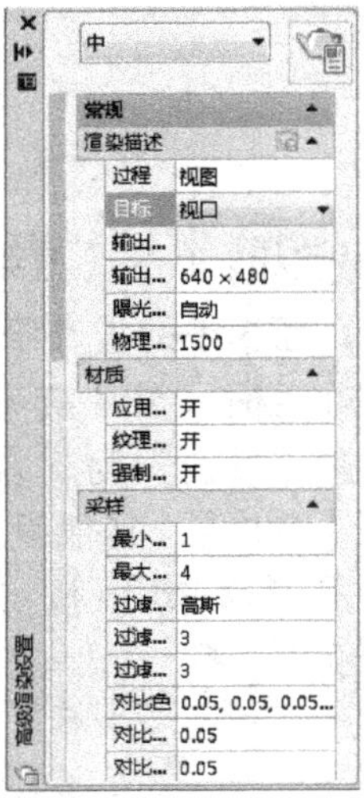

图 5-166 高级渲染设置

Step08 单击【渲染】选项卡【渲染】面板中的【高级渲染设置】，弹出对话框，在【渲染描述】选项中设置【过程】为【视图】，【目标】为【视口】，其他设置保持默认值，单击【关闭】按钮，如图 5-166 所示。

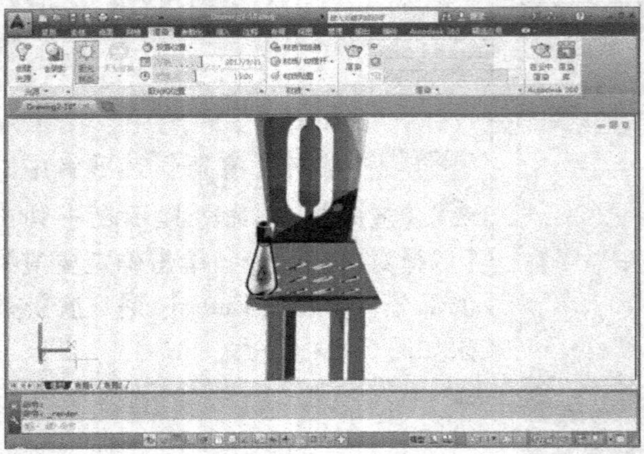

图 5-167　视图视口渲染

Step09 单击【渲染】选项卡中的【渲染】，弹出渲染图像，如图 5-167所示。

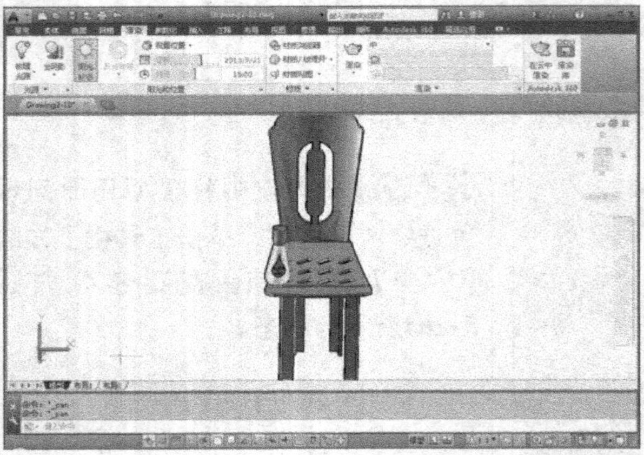

图 5-168　还原模型

Step10 在视口中将模型还原到设置视图视口渲染之前，单击工具栏上方的【放弃】按钮，直到还原如图 5-168 所示的模型状态。

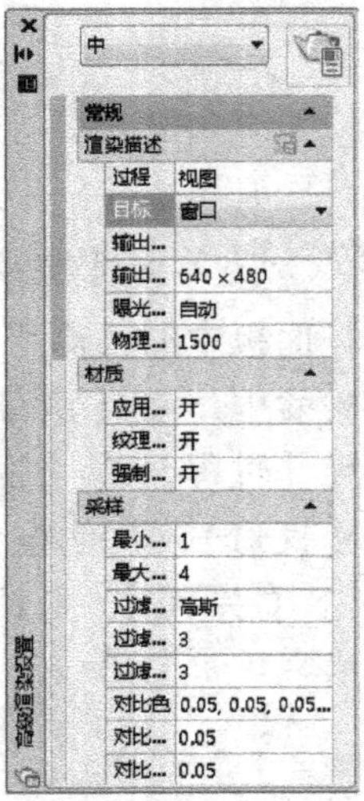

图 5-169　高级渲染设置

Step11 单击【渲染】选项卡【渲染】面板中的【高级渲染设置】，弹出对话框，在【渲染描述】选项中设置【过程】为【视图】，【目标】为【窗口】，其他设置保持默认值，单击【关闭】按钮，如图 5-169 所示。

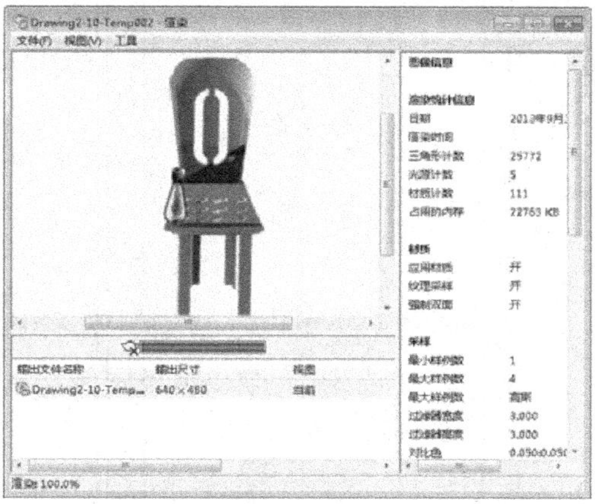

图 5-170 视图窗口渲染

Step12 单击【渲染】选项卡中的【渲染】，弹出渲染图像信息，如图 5-170 所示。

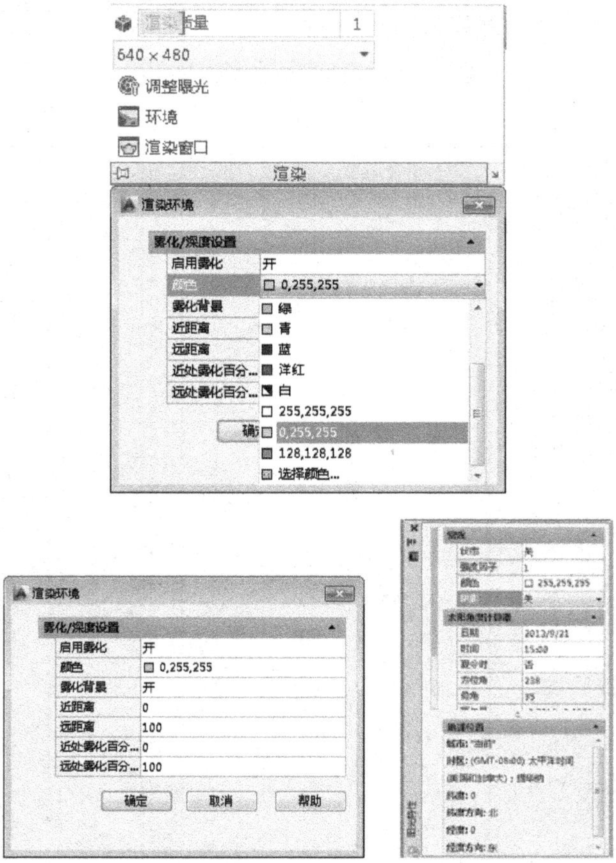

图 5-171 设置【渲染环境】

Step13 单击【渲染】选项卡中的【渲染】面板，弹出对话框，单击【环境】选项，弹出【渲染环境】对话框，设置【启用雾化】为【开】，【颜色】选择【青色】，【雾化背景】为【开】，其他设置保持默认值，单击【确定】按钮。单击工具栏【渲染】选项卡中的【阳光和位置】弹出【阳光特性】下拉菜单，在【常规】中【状态】选择【关】，【强度因子】为【1】，【颜色】为【白色】，【阴影】为【关】，其他设置保持默认值，如图 5-171 所示。

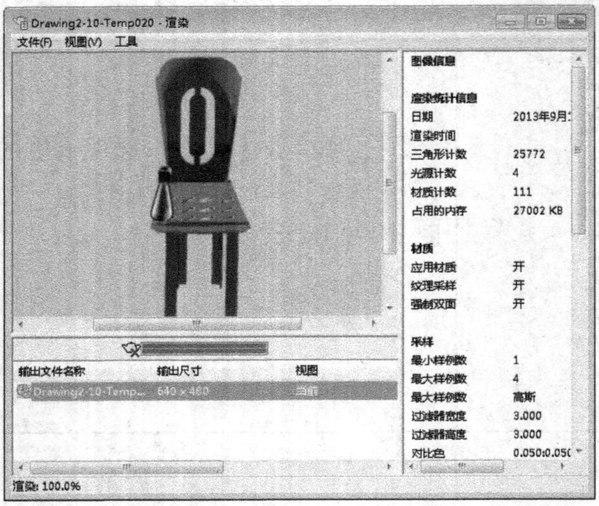

图 5-172 渲染图像信息

Step14 单击【渲染】选项卡中的【渲染】，弹出渲染图像信息，如图 5-172 所示。